教育部高职高专材料类专业教学指导委员会工程材料与成形工艺类专业规划教材

JIAOYUBUGAOZHIGAOZHUANCAILIAOLEIZHUANYE
JIAOXUEZHIDAOWEIYUANHUI
GONGCHENGCAILIAOYUCHENGXINGGONGYILEIZHUANYEGUIHUAJIAOCAI

# 熔焊过程控制与焊接工艺

邱葭菲　蔡建刚／主编　蔡郴英　赵　岩／副主编　谢长林／主审

中南大学出版社
www.csupress.com.cn

# 内容简介

本书是教育部高职高专材料类专业教学指导委员会工程材料与成形工艺类专业规划教材。

本书系统讲述了金属熔焊时的温度、化学成分、组织及性能变化的规律和特点，常用焊接材料的组成、性能及选用，常见焊接缺陷的产生原因、影响因素和防止措施，金属的焊接性试验方法及常用金属材料的焊接工艺等内容。全书共分十三个模块，包括焊接化学冶金基础、焊接凝固冶金基础、焊接热影响区、焊接缺陷、焊接材料、金属焊接性及其试验方法、碳钢的焊接、低合金钢的焊接、不锈钢的焊接、耐热钢的焊接、异种钢的焊接、铸铁的焊接、常用有色金属的焊接。

本书在编写中，力求体现“以就业为导向，突出职业能力培养”的精神，以突出应用性、实践性为原则重组课程结构，教材内容与国家职业标准、职业技能鉴定及职业岗位有机衔接，实现了理论与实践相结合，以满足“教学做合一”的教学需要。本教材内容简明扼要、条理清晰、层次分明、图文并茂、通俗易懂。为利于职业技能鉴定，每个模块后均附有相应的综合训练。

本书可作为高职高专焊接技术及自动化专业教材和各类成人教育焊接专业教材或培训用书，还可供从事焊接工作的工程技术人员参考。

# 教育部高职高专材料类专业教学指导委员会
# 工程材料与成形工艺类专业规划教材编审委员会

（排名不分先后）

## 主　任



## 副主任



## 委　员

# 总 序

当前，高等职业教育改革方兴未艾，各院校积极贯彻落实教育部《关于全面提高高等职业教育教学质量的若干意见》(教高[2006]16号文)和教育部、财政部《关于实施国家示范性高等职业院校建设计划，加快高等职业教育改革与发展的意见》(教高[2006]14号文)文件精神，探索"工学结合"的改革发展之路，取得了很多很好的教学成果。

教育部高等学校高职高专材料类专业教学指导委员会工程材料与成形工艺分委员会，主要负责工程材料及成形工艺类专业与课程改革建设的指导工作。分教指委组织编写了《高职高专工程材料与成形工艺类专业教学规范(试行)》，并已由中南大学出版社正式出版，向全国推广发行，它是对高职院校教学改革的阶段性探索和成果的总结，对开办相关专业的院校有较好的指导意义和参考价值。为了适应工程材料与成形工艺类专业教学改革的新形势，分教指委还积极开展了工程材料与成形工艺类专业高职高专规划教材的建设工作，并成立了高职高专工程材料与成形工艺类专业规划教材编审委员会，编审委员会由教指委委员、分指委专家、企业专家及教学名师组成。教指委及规划教材编审委员会在长沙中南大学召开了教材建设研讨会，会上讨论了焊接技术及自动化专业、金属材料热处理专业、材料成形与控制技术专业(铸造方向、锻压方向、铸热复合)以及工程材料与成形工艺基础等一系列教材的编写大纲，统一了整套书的编写思路、定位、特色、编写模式、体例等。

历经几年的努力，这套教材终于与读者见面了，它凝结了全体编写者与组织者的心血，体现了广大编写者对教育部"质量工程"精神的深刻体会和对当代高等职业教育改革精神及规律的准确把握。

本套教材体系完整、内容丰富。归纳起来，有如下特色：①根据教育部高等学校高职高专材料类专业教学指导委员会工程材料与成形工艺类专业制定的教学规划和课程标准组织编写；②统一规划，结构严谨，体现科学性、创新性、应用性；③贯彻以工作过程和行动为导向，工学结合的教育理念；④以专业技能培养为主线，构建专业知识与职业资格认证、社会能力、方法能力培养相结合的课程体系；⑤注重创新，反映工程材料与成形工艺领域的新知识、新技术、新工艺、新方法和新标准；⑥教材体系立体化，提供电子课件、电子教案、教学与学习指导、教学大纲、考试大纲、题库、案例素材等教学资源平台。

教材的生命力在于质量与特色，希望本系列教材编审委员会及出版社能做到与时俱进，根据高职高专教育改革和发展的形势及产业调整、专业技术发展的趋势，不断对教材进行修订、改进、完善，精益求精，使之更好地适应高职人才培养的需要，也希望他们能够一如既往地依靠业内专家，与科研、教学、产业第一线人员紧密结合，加强合作，不断开拓，出版更多的精品教材，为高职教育提供优质的教学资源和服务。

衷心希望这套教材能在我国材料类高职高专教育中充分发挥它的作用，也期待着在这套教材的哺育下，一大批高素质、应用型、高技能人才能脱颖而出，为经济社会发展和企业发展建功立业。

**王纪安**

2010 年 1 月 18 日

---

王纪安：教授，教育部高等学校高职高专材料类专业教学指导委员会委员，工程材料与成形工艺分委员会主任。

# 前　言

本书是在进一步贯彻落实国务院《关于大力推进职业教育改革与发展的决定》和教育部《全面提高高等职业教育教学质量的若干意见》的文件精神，加强职业教育教材建设，满足职业院校深化教学改革对教材建设要求的新形势下，根据教育部高职高专材料类专业教学指导委员会制定的教学规范与课程标准编写而成。

本书主要讲述了金属熔焊时的温度、化学成分、组织及性能变化的规律和特点，常用焊接材料的组成、性能及选用，常见焊接缺陷的产生原因、影响因素和防止措施，金属的焊接性试验方法及常用金属材料的焊接工艺等内容，包括焊接化学冶金基础、焊接凝固冶金基础、焊接热影响区、焊接缺陷、焊接材料、金属焊接性及其试验方法、碳钢的焊接、低合金钢的焊接、不锈钢的焊接、耐热钢的焊接、异种钢的焊接、铸铁的焊接、常用有色金属的焊接十三个模块。

本书的编写具有以下特点：

1. 本书由长期在教学、科研及企业的经验丰富的双师、双教(教学、教研)型教师，在总结多年高职教学、科研、教研、教改的实践经验基础上编写而成。为使教学内容更贴近生产实际，更具有针对性，本书特邀了部分企业生产一线的工程技术人员参加编写工作。

2. 本书在编写中，力求体现"以就业为导向，突出职业能力培养"的精神，教材内容与国家职业标准、职业技能鉴定及职业岗位有机衔接，实现了理论与实践相结合，满足"教学做合一"的教学需要。

3. 本书以突出应用性、实践性为原则重组课程结构，以必须、够用为度，对一些理论知识进行了必要的精简，将必需的理论知识融于职业能力培养过程中，力求符合高等职业教育的课程体系。

4. 本书在编写中，注意体现了焊接专业的新技术、新工艺、新标准，并且叙述简明扼要，条理清晰、层次分明、图文并茂、通俗易懂。

5. 本书在编写中，注重理论对实践的指导，各个金属材料的焊接模块均精选了具体的焊接生产实例，将生产中遇到的技术、案例引进课堂。同时为便于职业技能鉴定，每个模块后均附有相应的综合训练。

本书由邱葭菲和蔡建刚任主编，蔡郴英、赵岩任副主编。浙江机电职业技术学院邱葭菲编写了模块一、模块五及模块八，兰州石化职业技术学院蔡建刚编写了绪论、模块二及模块四，黑龙江工商职业技术学院赵岩编写了模块三、模块九，湖南机电职业技术学院易传佩编写了模块六，浙江机电职业技术学院蔡郴英编写了模块七，沈阳理工大学应用技术学院武丹编写了模块十，安徽国防科技职业技术学院蒋红云编写了模块十一，承德石油高等专科学校刘翔宇编写了模块十二，洛阳理工学院闫红彦编写了模块十三。全书由邱葭菲统稿，谢长林主审。

本书在编写过程中，参阅了大量的国内外出版的有关教材和资料，充分吸收了国内多所高职院校近年来的教学改革经验，得到了许多教授、专家的支持和帮助，在此一并致谢。

由于编者水平有限，书中难免有疏漏和错误，恳请有关专家和广大读者批评指正。

编　者

2010 年 5 月

# 目 录

# 绪 论

在机械制造中，连接金属材料的方法很多，有螺栓连接、键连接、焊接、铆接等。螺栓连接、键连接是可拆卸的连接方法，焊接、铆接则属不可拆卸的永久性连接方法。

焊接是目前应用极为广泛的一种永久性连接方法。焊接在许多工业部门的金属结构中，几乎全部取代了铆接；在机械制造业中，不少一直用整铸、整锻方法生产的大型毛坯也改成了焊接结构，大大简化了生产工艺，降低了成本。目前，世界各国年平均生产的焊接结构用钢占钢产量的45%左右，如2005 年，我国年钢铁消耗量已突破3 亿吨，其中焊接钢结构的用钢则高达 1.4 亿吨。

现在世界上已有50 余种焊接工艺方法应用于生产中，并成功地完成了不少重大工程或产品的焊接，如12000t 水压机、直径 15.7m 的大型球形容器、万吨级远洋考察船“远望号”、世界最大最重的三峡电机定子座（直径22m 、质量832t）等产品及中央电视台大楼（图0－1）、国家体育场（鸟巢）（图0－2）等大型标志性焊接工程。

今天的焊接已经从一种传统的热加工技术发展到了集材料、冶金、结构、力学、电子等多门类学科为一体的工程工艺学科，而且随着科学技术的发展和进步，不断有新的技术融合在焊接之中。

**图0－1 中央电视台大楼**

**图0－2 国家体育场（鸟巢）**

## 0.1　焊接的实质

GB/T 3375—1994《焊接术语》中指出:焊接是通过加热或加压，或者两者并用，并且用或不用填充材料，使焊件间达到结合的一种加工方法。作为一种加工工艺，上述定义从微观上说明了焊接过程的实质——使两个分开的物体(焊件)达到原子结合。也就是说，焊接与其他连接方法最根本的区别在于，两个焊件不仅在宏观上建立了永久的连接，而且在微观上结合为一体。对金属来说，就是在两焊件的原子间建立了金属键。

焊接与其他的连接方法不同，必须使分离金属的原子间产生足够大的结合力，才能建立组织之间的内在联系，形成牢固接头。这对液体来说是很容易的，对固体则比较困难，需要外部施加很大的能量。为此，金属焊接时必须采用加热、加压或两者并用的方法。

对被焊材料进行局部或整体加热，使连接处达到塑性或熔化状态，破坏金属表面的氧化膜，减小变形阻力，同时增加原子的振动能，有利于扩散、化学反应和再结晶过程的进行，从而实现焊接。

加压可以破坏被焊材料表面膜，使连接处发生局部塑性变形，增加有效接触面积。当压力达到一定时，两物体表面原子间的距离可以减小到产生最大引力，最终达到平衡位置，建立起金属键，形成焊接接头。

纯铁焊接时所需加热温度和压力的关系如图0－3所示，其他金属材料焊接所需加热温度与压力的关系与此类似。图中 ABC 为实现焊接所需的温度 $t$ 与压力 $F$ 的关系曲线，曲线上部是可以实现焊接的区域。可以看出，焊接时加热温度越高，所需的压力越小。据此可将温度与压力的关系分为几种类型:当加热温度低于 $t_1$时(Ⅰ区)，称为高压焊接区，实际生产中只有少数高塑性低强度金属才能在此条件下进行焊接;加热温度为 $t_1 \sim t_m$(Ⅱ区)时，称为实际应用的压焊区或电阻焊区;当加热温度超过被焊金属的熔点 $t_m$时，不需加压即可实现焊接，称为熔焊区(Ⅲ区);而曲线 ABC 以下的区域(Ⅳ区)，由于外加能量不足，是不能实现焊接的区域。

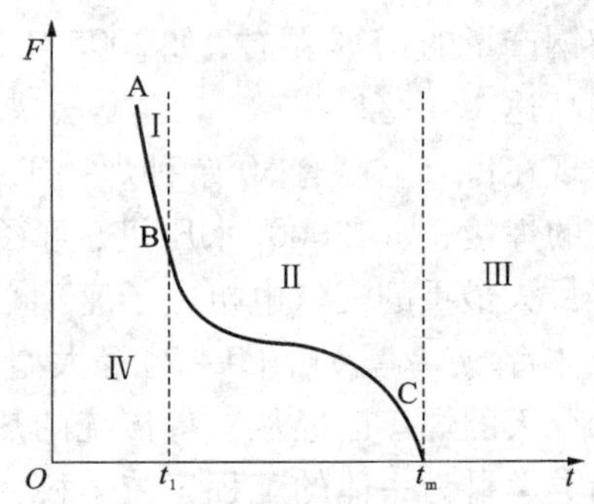


**图0－3　纯铁焊接时所需加热温度与压力的关系**

Ⅰ—高压焊接区 Ⅱ—压焊区;Ⅲ—熔焊区;Ⅳ－不能实现焊接区

## 0.2　焊接的分类

根据图0－3，按照焊接过程中金属状态的不同，可将焊接分为熔焊、压焊及钎焊三大类。

**1.熔焊**

熔焊是指在焊接过程中，将待焊处的母材金属熔化，不加压力形成焊缝的焊接方法。加热增加了金属的原子动能，促进了原子间的相互扩散。当被焊金属加热至熔化状态形成液态熔池时，原子之间可以充分扩散和紧密接触，冷却凝固后就可以形成牢固的焊接接头。熔焊是金属焊接中最主要的一种方法，常用的有焊条电弧焊、埋弧焊、气焊、电渣焊、气体保护焊等。

**2. 压焊**

压焊是指无论加热与否，必须对焊件施加一定压力才能完成的焊接方法。这类连接有两种方式:一是对被焊材料局部或整体加热，使连接处达到塑性或熔化状态，从而破坏金属表面的氧化膜，减小变形阻力，然后施加一定的压力，形成牢固的焊接接头，如电阻焊、摩擦焊、锻焊等；二是不进行加热，仅在被焊金属的接触面上施加足够的压力，借助于压力形成的塑性变形，使原子间相互靠近而形成牢固接头，如冷压焊、爆炸焊等。

**3. 钎焊**

工业中通常也把钎焊作为焊接的一个分类，它是采用比母材熔点低的金属材料做钎料，将焊件和钎料加热到高于钎料熔点但低于母材熔点的温度，利用液态钎料润湿母材，填充接头间隙，并与母材相互扩散而实现连接焊件的方法。

钎焊虽然在宏观上也能形成不可拆卸的接头，但在微观上与压焊和熔焊是有本质区别的。因为熔焊和压焊，在焊件之间(母材和焊缝)能形成共同晶粒，如图0-4(a)所示。而钎焊，由于母材不熔化，一般不易形成共同晶粒，如图0-4(b)所示。

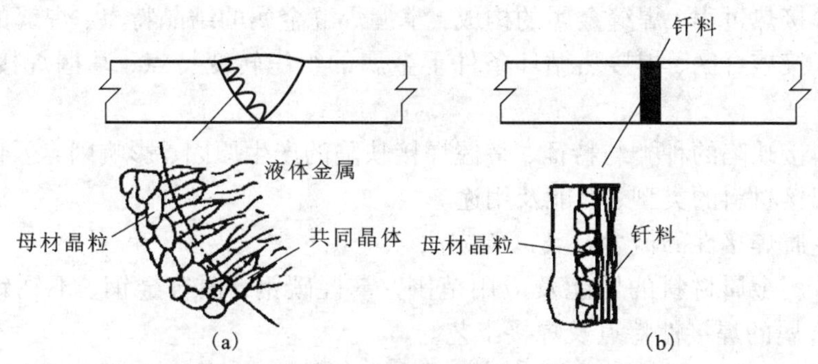


**图0-4 熔焊和压焊与钎焊的区别示意图**

(a)熔焊或压焊；(b)钎焊

## 0.3 熔焊的一般过程及焊接接头构成

金属熔焊时，被焊金属由于热的输入和传导，一般都要经历如下过程:加热—熔化—冶金反应—结晶—固态相变—形成接头。这些过程虽然很复杂，但可归纳为互相联系和交错进行的三个阶段:一是焊条、焊丝及母材的快速加热和局部熔化;二是熔化金属、熔渣、气相之间进行的一系列化学冶金反应，如金属的氧化、还原、脱硫、脱磷、渗合金等;三是快速连续冷却下的焊缝金属的结晶和相变，此时易产生偏析、夹杂、气孔及裂纹等缺陷。

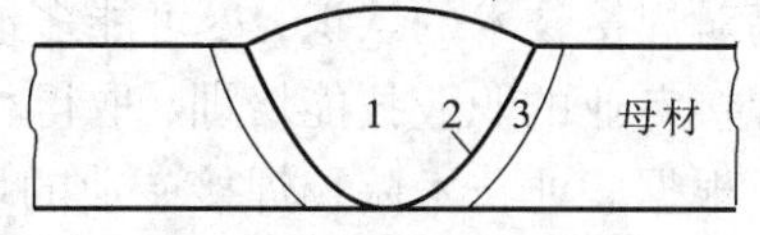


**图0-5 焊接接头构成**

1—焊缝；2—熔合区；3—热影响区

熔焊时，不仅焊缝金属在焊接热源的作用下发生从熔化到固态相变等一系列变化，而且焊缝两侧未熔化的母材也会因焊接热传递的影响而产生组织和性能变化的焊接热影响区。此外，由母材到焊缝也存在着性能既不同于焊缝，又不同于母材的过渡区，即熔合区。这三个区域共同构成了焊接接头。焊接接头构成如图0-5所示。

## 0.4 课程的主要内容及能力目标

**1. 主要内容**

熔焊过程控制与焊接工艺课程是焊接技术及自动化专业必修的核心主干课程，是培养学生掌握金属熔焊过程的基本规律、有关金属材料的焊接性及焊接工艺知识的一门课程，其综合性、理论性强。主要讲授焊接化学冶金基础，焊接材料的性能与使用，焊缝及热影响区金属成分、组织与性能的变化规律，焊接缺陷的产生原因及控制方法，焊接接头性能的改善，金属的焊接性及其试验方法，常用金属材料的焊接性特点及焊接工艺的制定等内容。

**2. 能力目标**

本教材依据教育部高职高专材料类专业教学指导委员会制定的教学规范和课程标准编写，通过学习本教材，应达到以下能力目标：

(1)了解焊接化学冶金特点，掌握焊接熔渣的分类及性能，有害元素对焊缝金属的影响及控制，焊缝金属的合金化。

(2)了解焊接热过程、焊缝金属的构成，掌握焊缝金属的结晶特点、焊缝的组织与性能。

(3)了解焊接熔合区、焊接热循环条件下金属的组织转变特点，掌握焊接热影响区的组织和性能。

(4)了解焊接缺陷的种类与特征，掌握焊接缺陷的产生原因、影响因素及防止措施。

(5)掌握焊接材料的类型、性能及用途。

(6)掌握金属焊接性的概念及其试验方法。

(7)了解常用金属材料的性能及应用范围，掌握碳钢、低合金钢、不锈钢、耐热钢、铸铁、常用有色金属的焊接性特点及焊接工艺。

(8)具备常用金属材料的焊接性分析能力，掌握焊接中易出现的问题及其产生原因、影响因素、解决这些问题的工艺措施与途径;为保证焊接接头的性能和质量，正确选择焊接材料、焊接方法并制定合理的焊接工艺的能力。

## 0.5 对学习本课程的建议

本书较系统地介绍了焊接技术中的熔焊基本原理、焊接材料、常用金属材料的焊接以及有关的焊接工艺知识，容量大、涉及面广。因为焊接技术具有很强的实践性，学习时要注意综合应用已经学过的有关知识，调整和总结自己的学习方法，注意理论与实践的联系，在理解和掌握基本原理的基础上，培养分析和解决问题的能力;要善于总结焊接技术的基本规律，提高对焊接技术的认识，尽可能多地参加与焊接有关的各类实践活动；有条件的情况下应参加焊接专业的职业技能培训，取得相关证书。

根据职业技术院校焊接专业的培养目标，本教材涉及的内容主要是与焊接生产实际紧密联系的基础部分，还有大量更深入、更广泛的专业知识，有待学习者在今后的理论学习与工作实践中进一步探索。

## 【综合训练】

### 一、填空题

1. 连接金属材料的方法主要有__________、__________、__________、__________等形式，其中，属于可拆卸的是__________、__________，属于永久性连接的是__________、__________。

2. 按照焊接过程中金属所处的状态不同，可以把焊接分为__________、__________和__________三类。

3. 常用的熔焊方法有__________、__________、__________等。

4. 焊接是通过__________或__________或两者并用，用或不用__________，使焊件达到结合的一种加工方法。

5. 压焊是在焊接过程中，必须对焊件施加__________，以完成焊接的方法。这类焊接有两种形式:一是将被焊金属既加热又加压，如__________、__________等;二是不加热只加压，如__________、__________等。

### 二、判断题

1. 焊接是一种可拆卸的连接方式。(　)

2. 熔焊是一种既加热又加压的焊接方法。(　)

3. 钎焊是将焊件和钎料加热到一定温度，使它们完全熔化，从而达到原子结合的一种连接方法。(　)

4. 钎焊虽然在宏观上也能形成不可拆卸的接头，但在微观上与压焊和熔焊是有本质区别的。(　)

5. 焊接接头由焊缝和因焊接热传递的影响而产生组织和性能变化的焊接热影响区构成。(　)

### 三、问答题

1. 为什么焊接过程中必须加热或加压或两者并用?

2. 简述金属熔焊的一般过程。

# 模块一　焊接化学冶金基础

焊接区中各种物质(熔化金属、熔渣、气体)之间在高温下相互作用的过程称为焊接化学冶金过程。焊接化学冶金过程主要有两方面的内容：一是对焊接区的金属进行保护，防止空气的有害作用；二是通过熔化金属、气体、熔渣之间的冶金反应以消除焊缝金属中的有害杂质(如氢、氧、氮、硫、磷等)及通过焊缝金属合金化增加焊缝金属中某些有益的合金元素，从而保证焊缝金属的各种性能。

## 1.1　焊接化学冶金的特殊性

焊接化学冶金与普通冶金过程相比具有两方面特殊性：一是焊接化学冶金须对焊接区的金属进行保护；二是焊接化学冶金过程是分区连续进行的。

### 1.1.1　焊接区金属的保护

**1. 焊接区金属保护的必要性**

一般焊接过程的保护不如金属熔炼加工过程。金属熔炼加工过程是在特定的炉中进行的，而焊接化学冶金过程是金属在焊接条件下再熔炼的过程。因此焊接中，空气中的氧、氮会侵入焊接区，使焊缝金属中氧、氮增加，有益合金元素烧损，严重影响接头的力学性能。

表1－1、表1－2分别是不同焊条焊接时低碳钢焊缝金属化学成分的变化和低碳钢光焊丝无保护焊时焊缝的性能数据。可以看出，用光焊丝焊接时，由于熔化金属及其周围的空气激烈地相互作用，焊缝金属中氧和氮的含量显著增加，锰、碳等有益合金元素因蒸发和烧损而大大减少，造成焊缝金属的塑性和韧性急剧下降。同时采用无药皮的光焊丝在空气中焊接，还会发生电弧不稳定、飞溅大等现象，操作十分困难，焊缝成形差，并伴有气孔产生。因此用光焊丝无保护焊接不能满足焊接结构的性能要求，没有实际应用价值。

**表 1－1　不同焊条焊接时低碳钢焊缝金属化学成分的变化/%**

| 分析对象 | | 化学成分 | | | | | |
|---|---|---|---|---|---|---|---|
| | | C | Si | Mn | N | O | H |
| 焊芯 | | 0.13 | 0.07 | 0.66 | 0.005 | 0.021 | 0.0001 |
| 低碳钢母材 | | 0.20 | 0.18 | 0.44 | 0.004 | 0.003 | 0.0005 |
| 焊缝金属 | 光焊丝 | 0.03 | 0.02 | 0.20 | 0.14 | 0.21 | 0.0002 |
| | 酸性焊条 | 0.06 | 0.07 | 0.36 | 0.013 | 0.099 | 0.0009 |
| | 碱性焊条 | 0.07 | 0.23 | 0.43 | 0.026 | 0.051 | 0.0005 |

**表 1－2　低碳钢光焊丝无保护焊时焊缝的性能**

| 性能指标 | 母材 | 焊缝 | 性能指标 | 母材 | 焊缝 |
|---|---|---|---|---|---|
| 抗拉强度/MPa | 390～440 | 324～390 | 冷弯角/(°) | 180 | 20～40 |
| 伸长率/% | 25～30 | 5～10 | 冲击韧度/($J \cdot cm^{-2}$) | >147.0 | 4.9～24.5 |

为了提高焊缝金属的质量，必须尽量减少焊缝金属中有害杂质的含量和有益合金元素的损失，使焊缝金属得到合适的化学成分。因此，焊接化学冶金的首要目的就是对焊接区熔化金属加强保护，以保证焊缝金属的性能。

事实上，大多数熔焊方法都是基于这种考虑发展和完善起来的。迄今为止，已有许多保护材料(如焊条药皮、焊剂、药芯焊丝、保护气体等)和保护手段。

**2. 焊接区金属保护方式**

不同的焊接方法其保护方式不同，熔焊时各种保护方式见表 1－3。

**表 1－3　熔焊方法的保护方式**

| 保护方式 | 焊接方法 |
|---|---|
| 熔渣保护 | 埋弧焊、电渣焊、不含造气物质的焊条或药芯焊丝焊接 |
| 气体保护 | 在惰性气体或其他气体(如 $CO_2$、混合气体)保护中焊接、气焊 |
| 气－渣联合保护 | 具有造气物质的焊条或药芯焊丝焊接 |
| 真空保护 | 真空电子束焊接 |
| 自保护 | 用含有脱氧、脱硫剂的“自保护”焊丝进行焊接 |

1)熔渣保护

埋弧焊是利用焊剂熔化形成的熔渣隔离空气保护金属，其保护效果取决于焊剂的粒度和结构。多孔性的浮石状焊剂比玻璃状的焊剂具有更大的表面积，吸附的空气更多，因此保护效果较差。埋弧焊时焊缝含氮量一般为 0.002%～0.007%，保护效果优于焊条电弧焊。

2)气体保护

气体保护电弧焊是用外加气体作为电弧介质并保护电弧和焊接区的电弧焊方法。气体保护焊时的保护效果取决于保护气的性质、纯度，焊炬的结构，气流的特性等因素。一般来说，这种保护特别是惰性气体(氩、氦等)的保护效果比较好，因此适用于焊接合金钢和化学性质活泼的金属及其合金。

3)气－渣联合保护

焊条药皮和药芯焊丝一般是由造气剂、造渣剂和铁合金等组成的，这些物质在焊接过程中能形成气－渣联合保护。造渣剂熔化以后形成熔渣，覆盖在熔滴和熔池的表面上将空气隔开，这种隔离作用通常称为机械保护。熔渣凝固后在焊缝表面形成渣壳，可以防止处于高温的焊缝金属与空气接触。造气剂(主要是有机物、碳酸盐等)受热以后分解，析出大量气体。据计算，熔化 100 g 焊芯，焊条可以析出 2500 ~ 5080 $cm^3$ 的气体。这些气体在药皮套筒内被电弧加热膨胀，从而形成定向气流吹向熔池，将焊接区与空气隔开。目前，大多数焊条和药芯焊丝均可保证焊缝含氮量小于 0.014%，保护是可靠的。

4)真空保护

在真空度高于 0.01 Pa 的真空室内进行电子束焊接，保护效果是最理想的。虽然不能100% 排除掉空气，但随着真空度的提高，可以把氧和氮的有害作用降至最低。

5)自保护

自保护焊是利用特制焊丝在空气中进行焊接的一种方法。它不是利用机械隔离空气的办法来保护金属，而是在焊丝中加入脱氧和脱氮剂，故称自保护。由于没有外加的保护介质，自保护焊丝的保护效果较差，焊缝金属的塑性和韧性偏低，所以目前生产上很少使用。

需要注意的是，目前关于隔离空气的问题已基本解决。但是仅仅机械地保护熔化金属，在有些情况下仍然不能得到合格的焊缝成分。譬如，在很多情况下药皮、焊剂对金属具有不同程度的氧化性，从而使焊缝金属增氧。因此，焊接化学冶金的另一个作用就是对熔化金属进行冶金处理。通过熔化金属、气体、熔渣之间的冶金反应来去除焊缝金属中的有害杂质，增加焊缝金属中某些有益的合金元素，从而保证焊缝金属的各种性能。

## 1.1.2 焊接化学冶金反应区

焊接化学冶金过程与普通化学冶金过程不同，是分区域(或阶段)连续进行的，且各区的反应条件(反应物的性质和浓度、温度、反应时间、接触面积、对流和搅拌运动等)也有较大的差异，因而也就影响到反应进行的可能性、方向、速度和限度。

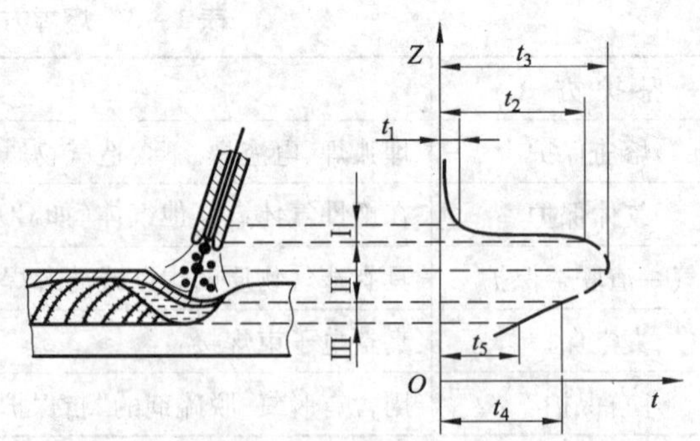


**图 1－1 焊接化学冶金反应区的特性**

Ⅰ—药皮反应区；Ⅱ—熔滴反应区；Ⅲ—熔池反应区

$t_1$—药皮开始反应温度；$t_2$—焊条端熔滴温度；

$t_3$—弧柱间熔滴温度；$t_4$—熔池最高温度；

$t_5$—熔池凝固温度

不同的焊接方法有不同的反应区。最具代表性的是焊条电弧焊，它有药皮、熔滴和熔池三个反应区，如图 1－1 所示。熔化极气体保护焊时，只有熔滴和熔池反应区。不填充金属的气焊、钨极氩弧焊和电子束焊则只有熔池反应区。下面以焊条电弧焊为例加以讨论。

**1. 药皮反应区**

药皮反应区的温度范围从100℃至药皮的熔点（钢焊条约为1200℃）。在药皮反应区发生的物理化学反应主要是：水分的蒸发、某些物质的分解和铁合金的氧化。

1）水分蒸发和物质分解

当药皮加热温度超过100℃时，药皮中的吸附水就开始蒸发；温度超过200℃时，药皮中的有机物，如木粉、纤维素和淀粉等开始分解，产生$CO_2$、$H_2$等气体；温度超过300℃，药皮中某些组成物如白泥、云母中的结晶水开始蒸发；温度继续升高，焊条药皮中的碳酸盐（如菱苦土、大理石等）和高价氧化物（如赤铁矿、锰矿等）也将发生分解，产生大量的$CO_2$、$O_2$等气体。主要反应方程式如下：

$$CaCO_3 \longrightarrow CaO + CO_2$$

$$MgCO_3 \longrightarrow MgO + CO_2$$

$$MnO_2 \longrightarrow MnO + O_2$$

$$Fe_2O_3 \longrightarrow FeO + O_2$$

2）铁合金氧化

上述反应产生的大量气体，一方面对熔化金属有保护作用，另一方面对被焊金属和药皮中的铁合金（如锰铁、硅铁和钛铁等）有很大的氧化作用。例如：

$$2Mn + O_2 = 2MnO$$

$$Mn + CO_2 = MnO + CO$$

$$Mn + H_2O = MnO + H_2$$

试验表明，温度高于600℃就会发生铁合金的明显氧化，这会使气相的氧化性大大下降。这个过程即所谓的“先期脱氧”。

药皮反应阶段为整个冶金过程的准备阶段。这一阶段反应的产物为熔滴和熔池阶段提供了反应物，对整个焊接化学冶金过程和焊接质量有一定的影响。

**2. 熔滴反应区**

从熔滴形成、长大到过渡至熔池之前的区间都属于熔滴反应区。从反应区条件看，熔滴反应区有以下特点：

1）熔滴的温度高

熔滴反应区是焊接区温度最高的部分。钢熔滴的温度接近于焊芯材料的沸点，约为2800℃；熔滴的平均温度根据焊接工艺参数不同，在1800℃～2400℃内变化。这样高的温度使熔滴金属的过热度很大，可达300℃～900℃。

2）熔滴的比表面积大

正常情况下，熔滴的比表面积可达$10^3 \sim 10^4 cm^2/kg$，约为炼钢时的1000倍，所以熔滴金属与气体和熔渣的接触面积大，反应激烈。

3）熔滴的作用时间短

熔滴在焊条末端停留的时间仅有0.01～0.1s。熔滴向熔池过渡的速度高达2.5～10m/s，经过弧柱区的时间极短，只有0.0001～0.001s。由此可知，熔滴阶段的反应主要是在焊条末端进行的。

4）熔滴金属与熔渣发生强烈的混合

熔滴在形成、长大和过渡过程中，形状与尺寸不断地改变，产生表面局部拉长或收缩。

这时有可能拉断覆盖在熔滴表面上的渣层，使熔渣进入熔滴内部。这种混合增加了反应接触面，加快了反应速度。

由上述特点可知，熔滴反应区反应时间虽短，但因温度很高，接触面积很大，并有强烈混合作用，所以冶金反应最激烈，许多反应可以进行得相当完全，因而对焊缝成分影响最大。

**3. 熔池反应区**

从熔滴进入熔池到凝固结晶的区间属于熔池反应区。熔池反应区与熔滴反应区相比有以下主要特点：

1）温度低、比表面积小、反应时间长

熔池的平均温度较低，为1600℃～1900℃；比表面积较小，为3～130$cm^2/kg$；反应时间稍长，但也不超过几十秒，例如焊条电弧焊时通常为3～8s，埋弧焊时为6～25s。在气流和等离子流等因素的作用下，熔池能发生有规律的对流和搅拌运动，这有助于加快反应速度，因此熔池阶段的反应仍比一般冶金反应激烈。

2）温度分布极不均匀

熔池反应区的温度分布极不均匀。在熔池的头部和尾部，反应可以同时向相反的方向进行。在熔池的头部发生金属的熔化、气体的吸收，有利于吸热反应进行。在熔池的尾部发生金属的凝固结晶、气体的析出，有利于放热反应进行。

3）熔池中反应速度比熔滴中小

熔池阶段系统中反应物的浓度与平衡浓度之差比熔滴阶段小，所以在相同的情况下，熔池阶段的反应速度比熔滴阶段要小。

4）熔池反应物不断更新

熔池反应区的反应物是不断更新的。新熔化的母材、焊芯和药皮不断进入熔池的头部，凝固的金属和熔渣不断从熔池尾部退出反应区。在焊接参数一定的情况下，这种物质的更替过程可以达到稳定状态，从而得到成分均匀的焊缝金属。

由上述特点可知，熔池阶段的反应速度比熔滴阶段小，而且对整个化学冶金过程的贡献也较小。合金元素在熔池阶段被氧化损失的程度比熔滴阶段小就证明了这一点，见表1－4。但是在某些情况下（如大厚度药皮）熔池中的反应也会起到相当大的作用。

**表1－4　合金元素在不同冶金反应阶段的损失/%**

| 药 皮 | 元 素 | 元素的损失占原始含量的百分比 | | |
|---|---|---|---|---|
| | | 总的损失 | 熔滴中损失 | 熔池中损失 |
| 赤铁矿 $K_b=0.5$ | C | 87.5 | 80 | 7.5 |
| | Mn | 97 | 97 | 0 |
| | Si | 98.3 | 98.3 | 0 |
| 大理石80%，萤石20% $K_b=0.27$ | C | 40 | 30 | 10 |
| | Mn | 47.2 | 29.2 | 18 |
| | Si | 75 | 47.5 | 27.5 |

注：$K_b$ 为药皮质量系数。

# 1.2　焊接区内的气体和焊接熔渣

焊接区内的气体和焊接熔渣是参与焊接冶金反应的重要两相物质，因此必须了解它们的来源、成分结构和性质。

## 1.2.1　焊接区内的气体

**1. 气体的来源**

焊接过程中，焊接区内充满大量气体，其气体来源主要有以下几个方面：

1）焊接材料

焊条药皮、焊剂和药芯焊丝中的造气剂、高价氧化物和水分都是气体的重要来源。造气剂（如碳酸盐、淀粉、纤维素等）和高价氧化物在加热时发生分解，放出大量的气体（如 $CO_2$、$H_2$、$O_2$等）。若使用潮湿的焊条或焊剂焊接时，会析出大量的水蒸气。在气焊和气体保护焊时，焊接区内的气体主要来自所采用的燃气和保护气体。一般情况下，焊丝和母材中因冶炼而残留的气体是很少的，对气相的成分影响不大。研究表明，焊接区内的气体主要来源于焊接材料。

2）焊接周围的空气

热源周围的空气是一种难以避免的气源，任何焊接方法都不能完全排除电弧周围的空气，此外焊接过程中某些因素的变化也会使空气侵入，保护效果变差。

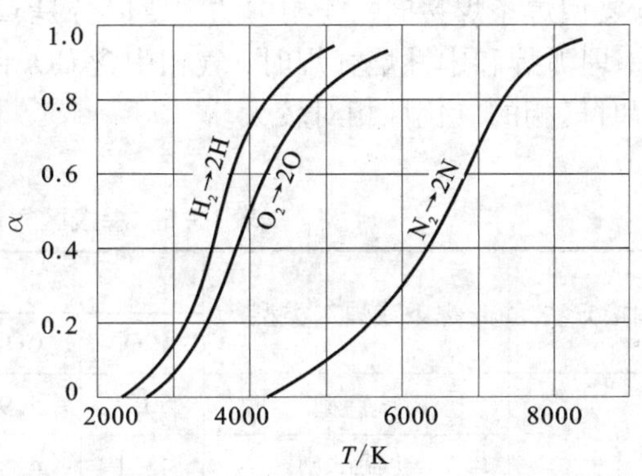


**图 1－2　$H_2$、$O_2$ 和 $N_2$ 的分解度与温度的关系（$p$ = 101kPa）**

3）焊丝和母材表面的杂质

焊丝表面和母材坡口附近的铁锈、油污、油漆和吸附水等，在焊接时也会析出气体，并进入焊接区内。

4）金属和熔渣蒸发产生的气体

在焊接过程中，除焊接材料中的水分会蒸发外，金属元素和熔渣在电弧的高温作用下也会蒸发，形成的蒸气进入气相。

**2. 气体的高温分解**

由于电弧的温度很高（5000K 以上），
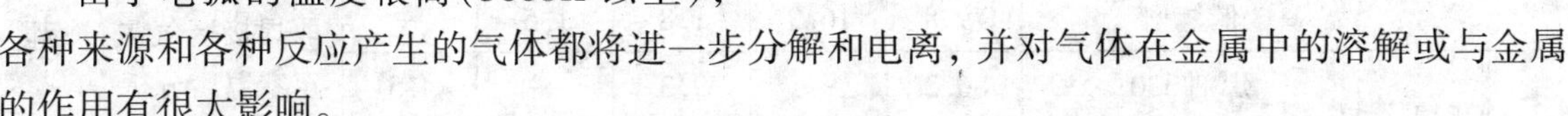
各种来源和各种反应产生的气体都将进一步分解和电离，并对气体在金属中的溶解或与金属的作用有很大影响。

1）简单气体的分解

简单气体是指 $N_2$、$H_2$、$O_2$ 等双原子气体，它们受热获得足够能量后，分解为单个原子或离子和电子。$H_2$、$O_2$、$N_2$ 双原子气体的分解度（已分解的分子数与原始分子数之比）与温度变化的关系如图 1－2 所示。

2）复杂气体的分解

焊接过程中常见的复杂气体 $CO_2$ 和 $H_2O$ 在焊接高温下也将发生分解。$CO_2$ 和 $H_2O$ 在不同温度下分解形成的气体混合物平衡成分 $\varphi$(体积分数)如图 1－3、图 1－4 所示。

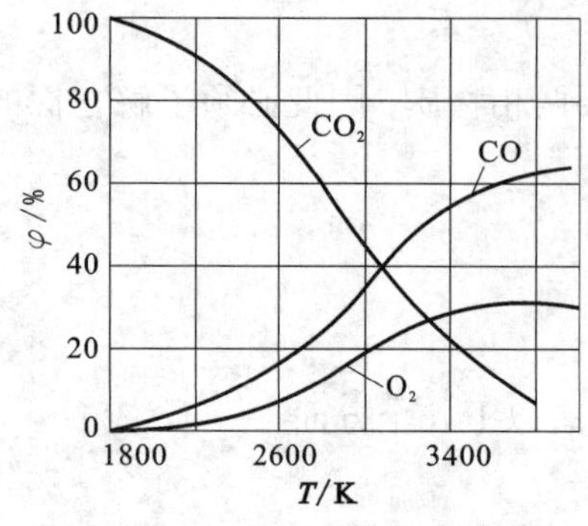

图 1－3 $CO_2$分解形成的气体混合物平衡成分与温度的关系

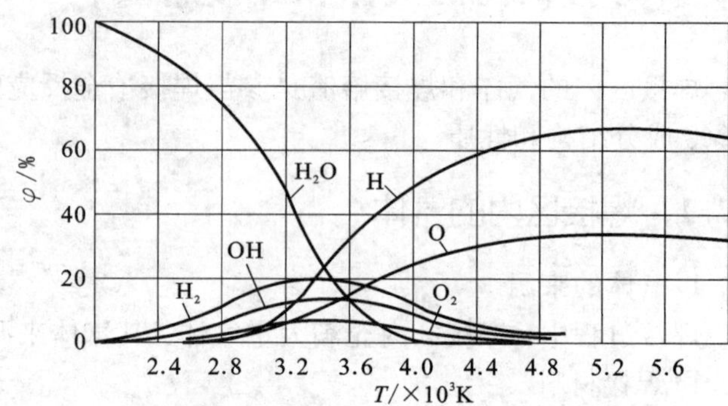

图 1－4 $H_2O$ 分解形成的气体混合物平衡成分与温度的关系

**3. 气体的成分**

焊接时，气相的成分和含量随焊接方法、焊接工艺参数、药皮或焊剂的种类不同而变化，表 1－5 为焊接区气体冷至室温的成分。通过比较不同焊条和焊接方法气相的成分可以看出，用低氢型焊条焊接时，气相中的主要成分是 CO、$CO_2$，而 $H_2O$ 和 $H_2$的含量很少，故称“低氢型”；埋弧焊和中性焰气焊时，气相中含 $CO_2$和 $H_2O$ 很少，因而气相的氧化性很小；而焊条电弧焊时气相的氧化性相对较大。

**表 1－5 焊接区气体冷至室温的成分/%**

| 焊接方法 | 焊条或焊剂类型 | 气氛组成 | | | | | 备 注 |
|---|---|---|---|---|---|---|---|
| | | CO | $CO_2$ | $H_2$ | $H_2O$ | $N_2$ | |
| 焊条电弧焊 | 钛钙型 | 50.7 | 5.9 | 37.7 | 5.7 | — | 焊条经 110℃ 烘干 2h、焊剂为玻璃状时，焊接低碳钢，抽取焊接区气氛，冷却至室温后分析 |
| | 钛铁矿型 | 48.1 | 4.8 | 36.6 | 10.5 | — | |
| | 钛型 | 46.7 | 5.3 | 35.5 | 13.5 | — | |
| | 氧化铁型 | 55.6 | 7.3 | 24.0 | 13.1 | — | |
| | 纤维素型 | 42.3 | 2.9 | 41.2 | 12.6 | — | |
| | 低氢型 | 79.8 | 16.9 | 1.8 | 1.5 | — | |
| 埋弧焊 | 焊剂 330 | 86.2 | — | 9.3 | — | 4.5 | |
| | 焊剂 431 | 89～93 | — | 7～9 | — | <1.5 | |
| 气焊 | $V(O_2)/V(C_2H_2)=1.1\sim1.2$（中性焰） | 60～66 | 有 | 34～40 | 有 | — | |

综上所述，电弧区内的气体是由 CO、$CO_2$、$H_2O$、$O_2$、$H_2$、$N_2$，金属和熔渣的蒸气及其分解或电离产物组成的混合物。对焊接质量影响较大的是 $N_2$、$H_2$、$O_2$、$CO_2$、$H_2O$，其中高温下

$CO_2$和 $H_2O$ 将发生进一步分解，因此焊接区金属与气体的作用归结为氢、氧、氮的作用。

## 1.2.2　焊接熔渣

### 1. 熔渣的作用及分类

熔渣是指焊接过程中焊条药皮或焊剂熔化后，在熔池中参与化学反应并覆盖于熔池表面的熔融状非金属物质。熔渣在焊接区形成独立的相，是焊接冶金反应的主要参与物之一。

1)熔渣的作用

(1)机械保护。焊接时形成的熔渣覆盖在熔滴和熔池的表面上，把液态金属与空气隔开，防止处于高温的焊缝金属受空气的有害作用，对焊缝金属起到机械保护作用。

(2)冶金处理。熔渣和液态金属能够发生一系列物理化学反应，从而对焊缝金属的成分产生很大的影响。通过熔渣对熔化金属的冶金处理作用，去除有害杂质(如氧、氢、硫、磷)，添加有益元素，使焊缝获得符合要求的成分和性能。

(3)改善焊接工艺性能。焊接工艺性能是指焊接操作时的性能，良好的焊接工艺性能是保证焊接化学冶金过程顺利进行的前提。在药皮和焊剂中加入适当的物质可使电弧稳定燃烧，飞溅减少，保证良好的操作性、脱渣性和焊缝成形等。

2)熔渣的分类

根据成分可将焊接熔渣分为盐型熔渣、盐－氧化物型熔渣和氧化物型熔渣三大类，其成分、特点及用途见表 1－6。在以上三类熔渣中，盐－氧化物型熔渣和氧化物型熔渣应用广泛。常用焊条和焊剂的熔渣成分见表 1－7。

**表 1－6　焊接熔渣的成分、特点及用途**

| 熔渣类型 | 熔渣的成分 | 特点及用途 |
| --- | --- | --- |
| 盐型熔渣 | 金属的氟酸盐、氯酸盐和不含氧的化合物组成。属于这个类型的渣系有：$CaF_2-NaF$，$CaF_2-BaCl_2-NaF$，$KCl-NaCl-Na_3AlF_6$，$BaF_2-MgF_2-CaF_2-LiF$ 等 | 熔渣氧化性很小，主要用于焊接活泼易氧化的金属，如铝、钛及其合金等。在某些情况下，也用于焊接含活性元素的高合金钢 |
| 盐－氧化物型熔渣 | 主要由氟化物和强金属氧化物组成。属于这个类型的熔渣有：$CaF_2-CaO-Al_2O_3$，$CaF_2-CaO-SiO_2$，$CaF_2-CaO-Al_2O_3-SiO_2$ 等 | 熔渣的氧化性较小，主要用于焊接重要的高合金钢及合金 |
| 氧化物型熔渣 | 主要是由各种金属氧化物组成的。属于这个类型的渣系有：$MnO-SiO_2$，$FeO-MnO-SiO_2$，$CaO-TiO_2-SiO_2$ 等 | 熔渣的氧化性较大，主要用于焊接低碳钢和低合金钢 |

表 1-7　常用焊条和焊剂的熔渣成分

| 焊条、焊剂类型 | 熔渣化学成分(质量分数)/% | | | | | | | | | | 熔渣碱度 | | 熔渣类型 |
|---|---|---|---|---|---|---|---|---|---|---|---|---|---|
| | $SiO_2$ | $TiO_2$ | $Al_2O_3$ | FeO | MnO | CaO | MgO | $Na_2O$ | $K_2O$ | $CaF_2$ | $B_1$ | $B_2$ | |
| 钛铁矿型 | 29.2 | 14.0 | 1.1 | 15.6 | 26.5 | 8.7 | 1.3 | 1.4 | 1.1 | — | 0.88 | -0.1 | 氧化物型 |
| 钛型 | 23.4 | 37.7 | 10.0 | 6.9 | 11.7 | 3.7 | 0.5 | 2.2 | 2.9 | — | 0.43 | -2.0 | 氧化物型 |
| 钛钙型 | 25.1 | 30.2 | 3.5 | 9.5 | 13.7 | 8.8 | 5.2 | 1.7 | 2.3 | — | 0.76 | -0.9 | 氧化物型 |
| 纤维素型 | 34.7 | 17.5 | 5.5 | 11.9 | 14.4 | 2.1 | 5.8 | 3.8 | 4.3 | — | 0.60 | -1.3 | 氧化物型 |
| 氧化铁型 | 40.4 | 1.3 | 4.5 | 22.7 | 19.3 | 1.3 | 4.6 | 1.8 | 1.5 | — | 0.60 | -0.7 | 氧化物型 |
| 低氢型 | 24.1 | 7.0 | 1.5 | 4.0 | 3.5 | 35.8 | — | 0.8 | 0.8 | 20.3 | 1.86 | 0.9 | 盐-氧化物型 |
| 焊剂 430 | 38.5 | — | 1.3 | 4.7 | 43.0 | 1.7 | 0.45 | — | — | 6.0 | 0.62 | -0.33 | 盐-氧化物型 |
| 焊剂 251 | 18.2~22.0 | — | 18.0~23.0 | ≤1.0 | 7.0~10.0 | 3.0~6.0 | 14.0~17.0 | — | — | 23.0~30.0 | 1.15~1.44 | 0.048~0.49 | 盐-氧化物型 |

**2. 焊接熔渣的结构**

熔渣的物理化学性质及其与金属的作用与熔渣的内部结构有密切的关系。关于熔渣的结构，目前有两种理论，即分子理论和离子理论，在焊接化学冶金中分子理论应用广泛。

1)分子理论

熔渣的分子理论是以对凝固熔渣进行相分析和化学分析的结果为依据的，其要点如下：

(1)熔渣是由分子组成的。其中包括简单氧化物分子(或称自由氧化物，如 CaO、$SiO_2$ 等)、由简单氧化物结合而成的复合物分子(如 CaO · $SiO_2$、MnO · $SiO_2$等)，以及硫化物、氟化物的分子等。

(2)简单氧化物及其复合物之间处于化合与分解的动态平衡。例如：

$$CaO + SiO_2 = CaO \cdot SiO_2$$

温度升高时，反应向左进行，渣中自由氧化物的含量增加，复合物含量减少；温度下降时，则反应向右进行。一般强酸性氧化物和强碱性氧化物亲和力最强，易形成稳定的复合物。

(3)只有自由氧化物才能参与和熔化金属的冶金反应。例如只有渣中的自由 FeO 才能参与下面的反应：

$$(FeO) + [C] = [Fe] + CO$$

式中：( )——渣中的物质；

[ ]——液态金属中的物质。

而硅酸铁$(FeO)_2 \cdot SiO_2$中的 FeO 不能参与上面的反应。

2)离子理论

离子理论是在研究熔渣电化学性质的基础上提出来的，其要点如下：

(1)熔渣是由阳离子和阴离子组成的电中性溶液。熔渣中离子的种类和存在形式取决于熔渣的成分和温度。在一般情况下，负电性大的元素以阴离子的形式存在，如 $F^-$、$O^{2-}$、$S^{2-}$ 等。负电性小的元素形成阳离子，如 $K^+$、$Na^+$、$Ca^{2+}$、$Mg^{2+}$、$Fe^{2+}$、$Mn^{2+}$ 等。还有一些负电性比较大的元素，如 Si、Al、B 等，其阴离子往往不能独立存在，而是与氧离子形成复杂的阴离子，如 $SiO_4^{4-}$、$Al_3O_7^{5-}$ 等。

(2)离子的分布、聚集和相互作用取决于其综合矩。

离子的综合矩可表示为：

$$综合矩 = \frac{z}{r}$$

式中：$z$——离子的电荷(静电单位)；

$r$——离子的半径($10^{-1}$nm)。

温度升高时，离子的半径增大，综合矩减小；反之，离子的半径减小，综合矩增大。

离子的综合矩越大，说明它的静电场越强，对异性离子的引力越大。阳离子中 $Si^{4+}$ 的综合矩最大，而阴离子中 $O^{2-}$ 的综合矩最大，所以二者能结合为复杂的 $SiO_2^{4-}$。熔渣中综合矩较大的正负离子越多，复杂离子就越多。

(3)熔渣与金属之间的相互作用过程是原子与离子交换电荷的过程。

例如，硅还原和铁氧化的过程是金属中的铁原子和渣中的硅离子在两相界面上交换电荷的过程，即

$$(Si^{4+}) + 2[Fe] = 2(Fe^{2+}) + [Si]$$

结果是硅进入液态焊缝金属，而铁变成离子进入熔渣。

**3. 焊接熔渣的性质**

1)熔渣的碱度

碱度是表征熔渣碱性强弱的一个指标，是熔渣的重要化学性质。碱度的倒数称为酸度。熔渣的其他性质，如黏度、表面张力等都与碱度有密切关系。不同的熔渣结构理论，对碱度的定义和计算方法是不同的。

(1)分子理论的碱度定义和计算方法。由分子理论可知，熔渣中存在简单氧化物分子。简单氧化物按其性质可分为酸性氧化物(如 $SiO_2$、$TiO_2$、$P_2O_5$ 等)，碱性氧化物(如 $K_2O$、$Na_2O$、CaO、MgO、BaO、MnO、FeO)和两性氧化物(如 $Al_2O_3$、$Fe_2O_3$、$Cr_2O_3$ 等)三类。

熔渣的碱度可理解为熔渣中碱性氧化物总量与酸性氧化物总量之比，但考虑到计算方便，氧化物量改用质量分数表示，故熔渣碱度 $B_1$ 的计算公式为：

$$B_1 = \frac{\sum 碱性氧化物质量分数(\%)}{\sum 酸性氧化物质量分数(\%)}$$

按碱度值大小，可以把熔渣分为碱性熔渣和酸性熔渣。当 $B_1 > 1$ 时为碱性熔渣，$B_1 < 1$ 时为酸性熔渣，$B_1 = 1$ 时为中性熔渣。

由于以上计算公式中没有考虑不同碱性氧化物或不同酸性氧化物的强弱，也没有考虑碱性氧化物、酸性氧化物会形成中性复合物，并且在一些复合物中，少量的酸性氧化物占据较多的碱性氧化物，因此当 $B > 1.3$ 时，熔渣才为碱性渣。

国际焊接学会(ⅡW)推荐的熔渣碱度的计算公式如下：

$$B=\frac{w(CaO+MgO+K_2O+Na_2O)+0.4w(MnO+FeO+CaF_2)}{w(SiO_2)+0.3w(TiO_2+ZrO_2+Al_2O_3)}$$

式中：$w$——熔渣组成物的质量分数。

当 $B>1.5$ 为碱性熔渣，$B<1$ 为酸性熔渣，$B=1\sim1.5$ 为中性熔渣。

(2)离子理论的碱度定义和计算方法。离子理论把液态熔渣中自由氧离子的浓度(或氧离子的活度)定义为碱度。所谓自由氧离子就是游离状态的氧离子。渣中自由氧离子的浓度越大，其碱度越大。目前广泛采用的计算方法是日本的森氏法，即

$$B_2=\sum_{i=1}^{n}a_iM_i$$

式中：$a_i$——渣中第 $i$ 种氧化物的碱度系数；

$M_i$——渣中第 $i$ 种氧化物的摩尔分数。

当 $B_2>0$ 则为碱性渣；$B_2<0$ 为酸性渣；$B_2=0$ 为中性渣。

2)熔渣的黏度

黏度是焊接熔渣的重要物理性质之一，代表熔渣内部相对运动时各层之间的内摩擦力，对熔渣的保护效果、飞溅、焊接操作性、焊缝成形、熔池中气体的析出、合金元素在渣中的残留损失、化学反应的活泼性等都有显著的影响。

熔渣黏度过大，流动性差，阻碍熔渣与液态金属之间的反应充分进行，使气体从焊缝金属中排出困难，容易形成气孔，并产生压铁水现象，使焊缝表面凸凹不平，成形不良。熔渣黏度过小，则流动性过大，使之难以完全覆盖焊缝金属表面，空气容易进入，丧失保护作用，焊缝成形与焊缝金属力学性能变差，而且全位置焊接十分困难。

熔渣的黏度主要取决于温度和化学成分。温度升高，黏度变小；温度降低，黏度增大。按照熔渣黏度随温度下降的变化率的不同，熔渣可以分为长渣与短渣。随温度降低黏度增加缓慢的熔渣，称为长渣；而随温度降低，黏度迅速增加的熔渣，称为短渣。长渣与短渣的黏度-温度曲线如图1-5所示。

在进行立焊或仰焊时，为防止熔池金属在重力作用下流失，希望熔渣在较窄的温度范围内凝固，应选择短渣焊接；在平焊位置焊接时，则希望熔渣黏度随温度降低而缓慢增加，应选择长渣。几种常用焊条和焊剂的熔渣黏度-温度曲线如图1-6所示，其中E4303和E5015焊条属于短渣，焊剂HJ431为长渣。

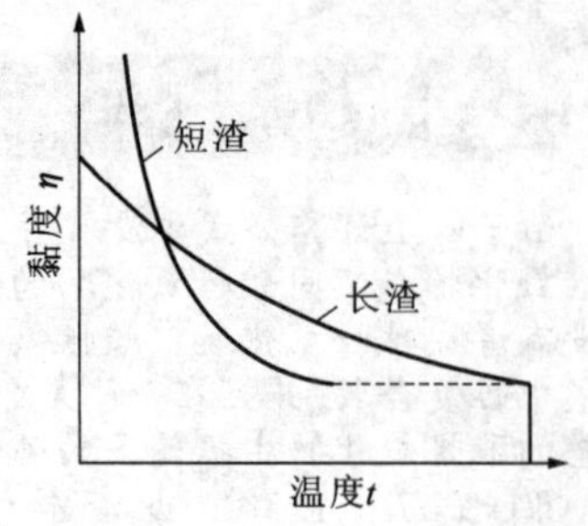


**图1-5 长渣和短渣的黏度-温度曲线**

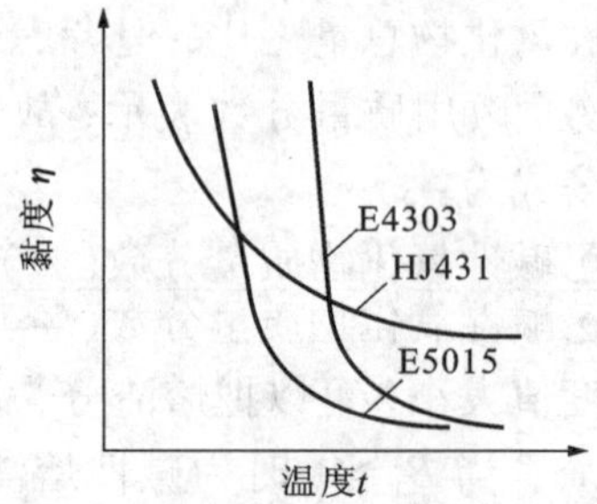


**图1-6 常用焊条和焊剂的熔渣黏度-温度曲线**

熔渣的化学成分对其黏度影响较大，熔渣中 $SiO_2$ 含量增加，黏度增大；而在熔渣中加入

$TiO_2$、$CaF_2$，黏度减小。焊条药皮中加入萤石（$CaF_2$）、金红石（$TiO_2$）可降低熔渣黏度，增加其流动性就是基于这个道理。

3）熔渣的表面张力

表面张力是液体表面受到的指向液体内部的力。熔渣的表面张力对熔滴过渡、焊缝成形、脱渣性以及许多冶金反应都有重要影响。

物质的表面张力与其质点之间的作用力大小有关，或者说与化学键的键能有关。键能越大，其表面张力就越大。离子键物质，如 CaO、MnO、MgO、FeO 等键能比较大，它们的表面张力也较大；$TiO_2$、$SiO_2$是极性键，键能较小，其表面张力也较小；$B_2O_3$、$P_2O_5$是共价键，键能最小，其表面张力最小。

温度升高，熔渣的表面张力下降。这是因为温度升高，离子的半径增大，其综合矩减小，同时离子之间的距离增大，使离子之间的相互作用减弱。

熔渣的表面张力和熔渣与液态金属间的界面张力越小，则熔滴越细，熔渣覆盖的情况越好。但是，界面张力过小，焊条对全位置的焊接难以实现，也容易引起焊缝夹渣。

4）熔渣的熔点

熔渣开始熔化的温度称为熔渣的熔点。熔渣的熔点与药皮开始熔化的温度不同，后者称为造渣温度。一般造渣温度比熔渣的熔点高 100℃～200℃。

熔渣的熔点对焊接工艺性能和焊缝质量影响较大。熔渣的熔点过高，将使其与液态金属之间的反应不充分，易形成夹渣和气孔，使焊缝成形变坏。熔点过低，使熔渣的覆盖性能变差，焊缝表面粗糙不平，并降低熔渣的保护效果，同时导致全位置焊接性变差。一般熔渣的熔点比焊缝金属熔点低 200℃～450℃。

需要注意的是，熔渣组成比较复杂，其熔化是在一定温度范围内进行的。酸性焊条熔渣熔化温度是 100℃～300℃，随着熔渣碱度的提高，其熔化温度范围变窄。表 1－8 为几种焊条熔渣的熔化温度。

**表 1－8　几种焊条熔渣的熔化温度**

| 焊条 | 药皮类型 | 高钛甲型 | 钛钙型 | 钛铁矿型 | 氧化铁型 | 高纤维素甲型 |
| --- | --- | --- | --- | --- | --- | --- |
| | 型号 | E4313 | E4303 | E4301 | E4320 | E4311 |
| | 牌号 | 结 421 | 结 422 | 结 423 | 结 424 | 结 425 |
| 熔渣的熔化温度/℃ | | 1218 | 1185～1240 | 1125～1190 | 1140～1250 | 1185～1230 |

5）密度

密度也是熔渣的基本物理性质之一，对熔渣从焊缝金属中浮出的速度、形成焊缝夹渣的难易以及流动性等都有直接的影响。所以，熔渣的密度必须低于焊缝金属的密度。

常用焊条熔渣的密度见表 1－9。

表 1-9 常用焊条熔渣的密度/($g\cdot cm^{-3}$)

| 药皮类型 | 钛钙型 | 纤维素型 | 高钛型 | 低氢型 | 钛铁矿型 |
|---|---|---|---|---|---|
| 常温 | 3.9 | 3.6 | 3.3 | 3.1 | 3.6 |
| 1300℃ | 3.1 | 2.2 | 2.2 | 2.0 | 3.0 |

6)线膨胀系数

熔渣的线膨胀系数主要影响脱渣性。熔渣与焊缝金属的线膨胀系数的差值越大，脱渣性越好。

## 1.3 焊接区气体、熔渣与焊缝金属的作用

焊接区中气体、熔渣与焊缝金属的作用主要是氢、氮对焊缝金属的作用，焊缝金属的氧化、还原，脱硫与脱磷等。

### 1.3.1 氮对焊缝金属的作用

焊接区周围的空气是气相中氮的主要来源。尽管焊接时采取了保护措施，但总有或多或少的氮侵入焊接区，与熔化金属发生作用。

根据氮与金属作用的特点，大致可分为两种情况。一种是不与氮发生作用的金属，如铜和镍等，它们既不溶解氮，又不形成氮化物，因此焊接这一类金属可用氮作为保护气体；另一类是与氮发生作用的金属，如铁、锰、钛、铬等，它们既能溶解氮，又能与氮形成稳定氮化物。焊接这一类金属及其合金时，必须设法防止氮的有害作用。

**1. 氮在金属中的溶解**

焊接时，氮在高温下发生分解，形成氮原子。

$$N_2 = 2N - 711.4\ kJ/mol$$

氮的分解与温度有关，如图 1-2 所示。在 5000K 时，它的分解度还很小，大部分以分子形态存在。由于碰撞电离的作用，在电弧气氛中还有氮离子存在。因此，气相中存在着氮的分子、原子和离子。氮在金属中的溶解一般认为有以下三种形式：

1)以原子形式溶入

氮原子的半径比较小，能够以原子的形式溶入铁及其合金中。

气相中氮的溶解过程与其他气体一样，分为四步：首先分子氮向气体-金属相界面上运动，其次被熔滴和熔池前部的金属表面吸附，再次在金属表面上分解为原子氮，最后原子氮过渡到金属的表面层内，并向金属内部扩散。

图 1-7 所示为氮在铁中的溶解度与温度的关系。从图中看出，氮在液态铁中的溶解度随温度的升高而增大；当温度为 2200℃时，氮的溶解度达到最大值 $47cm^3/100g$(0.059%)；继续升高温度溶解度急剧下降，至铁的沸点(2750℃)溶解度降为零；当液态铁凝固时，氮的溶解度突然下降至原来的 1/4 左右。

2)通过 NO 形式溶入

实验表明，在含氮的氧化性介质中焊接，与在中性或还原性介质中焊接时相比，焊缝中的含氮量显著增加。这是因为，当气相中同时存在氮和氧时，在电弧高温作用下，氮与氧在 1000℃时开始形成 NO，温度达到 3000℃时，NO 浓度达到最大值。当 NO 与温度较低的熔滴

和熔池金属相遇时，分解为原子氮与氧而溶于金属中。

3）通过离子形式溶入

在电弧焊的条件下，氮除了通过上述化学过程向金属中溶解以外，还可以通过电化学过程向金属溶解。

氮原子在阴极压降区受到高速电子的碰撞而离解为 $N^+$，在电场的作用下向阴极运动，并在阴极表面上与电子中和，溶入金属中。

由此可见，在不同的条件下，氮的溶解形式不同，如在还原气氛中气焊时，氮以原子形式溶解；在惰性焊时，以原子和离子两种形式溶解；在氧化性保护气体介质中焊接时，则上述三种形式同时存在。

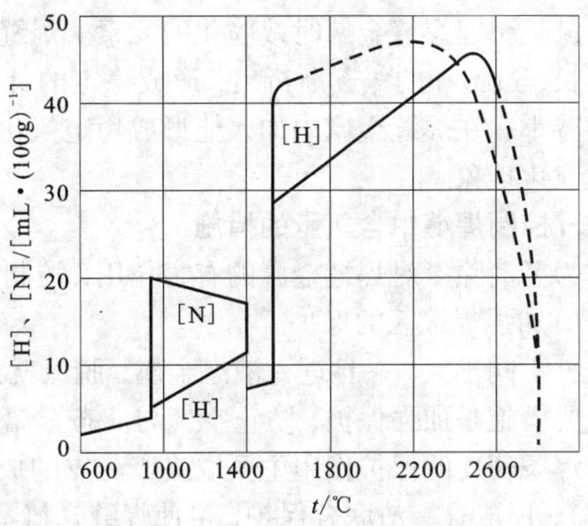


**图 1－7　$H_2$、$N_2$ 在铁中的溶解度与温度的关系**

**2. 氮对焊接质量的影响**

1）形成气孔

在碳钢焊缝中，氮是有害的杂质，是引起焊缝产生气孔的主要原因之一。如上所述，液态金属在高温时可以溶解大量的氮，而在凝固时氮的溶解度突然下降，过饱和的氮以气体的形式从熔池中向外逸出，当焊缝金属的结晶速度大于它的逸出速度时，就形成气孔。

2）降低焊缝金属的力学性能

氮是提高低碳钢和低合金钢焊缝金属强度、降低塑性和韧性的元素。室温下氮在 α－Fe 中的溶解度很小，仅为 0.001%。若熔池中含有较多的氮，焊接时冷却速度很快，一部分氮过饱和而存在于固溶体中，另一部分氮则以针状氮化物（$Fe_4N$）的形式析出，分布于晶界或晶内，使焊缝金属的强度、硬度提高，塑性、韧性急剧下降。氮对焊缝金属力学性能的影响，如图 1－8 所示。

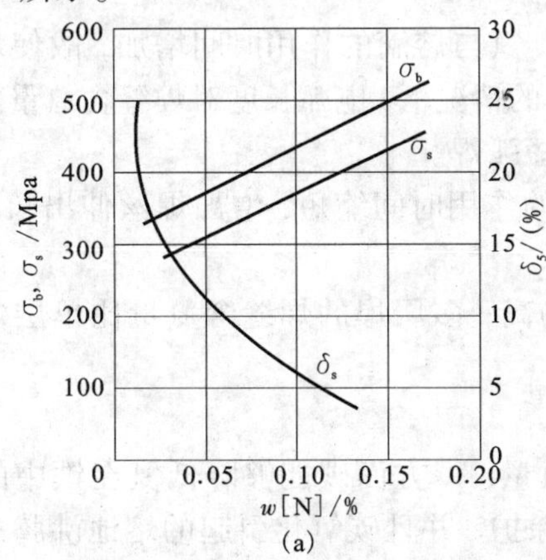


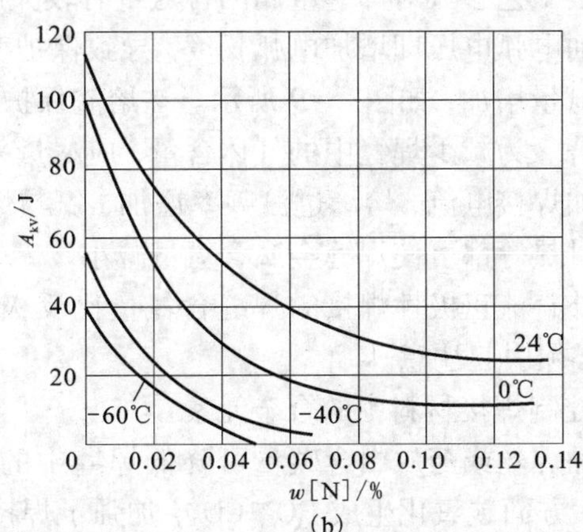


**图 1－8　氮对焊缝金属力学性能的影响**

（a）常温强度及塑性；（b）低温韧性

3)时效脆化

氮是引起焊缝金属时效脆化的元素。焊缝金属中过饱和的氮处于不稳定状态，随着时间的延长，过饱和的氮逐渐析出，形成稳定的针状 $Fe_4N$,使得焊缝金属的强度增大，而韧性和塑性减小。在焊缝金属中加入能形成稳定氮化物的元素，如钛、铝和锆等，可以抑制或消除时效脆化现象。

**3. 控制焊缝中含氮量的措施**

为了消除氮对焊缝金属的有害作用，控制含氮量的措施主要有以下几种：

1)加强焊接区的保护

氮不同于氧，一旦进入液态金属，脱氮就比较困难。由于氮主要来自空气，所以控制氮的主要措施是加强保护，防止空气与液态金属发生作用。

焊条药皮的保护作用主要取决于药皮的成分。若在药皮中加入造气剂(如碳酸盐、有机物等)，形成气－渣联合保护，可使焊缝含氮量下降到0.02%以下。

不同焊接方法的保护效果是不同的，表1－10列出了不同焊接方法焊接低碳钢时焊缝的含氮量。

**表1－10　不同焊接方法焊接低碳钢时焊缝的含氮量/%**

| 焊接方法及材料 | | w[N] | 焊接方法及材料 | w[N] |
|---|---|---|---|---|
| | 光焊丝电弧焊 | 0.08～0.228 | 埋弧焊 | 0.002～0.007 |
| | 纤维素焊条 | 0.013 | $CO_2$ 焊 | 0.008～0.015 |
| 焊条电弧焊 | 钛型焊条 | 0.015 | 熔化极氩弧焊 | 0.0068 |
| | 钛铁矿型焊条 | 0.014 | 药芯焊丝明弧焊 | 0.015～0.04 |
| | 低氢型焊条 | 0.01 | 自保护合金焊丝焊 | <0.12 |

2)选择正确的焊接工艺参数

焊接工艺参数对焊缝金属的含氮量有较大影响。

增加电弧电压即增加电弧长度，导致保护变坏，氮与熔滴的作用时间增加，故使焊缝金属的含氮量增加，如图1－9所示。在熔渣保护不良的情况下，电弧长度对焊缝含氮量的影响尤其显著。为减少焊缝中的气体含量，应尽量采用短弧焊。

增加焊接电流，熔滴过渡频率增加，氮与熔滴的作用时间缩短，增加焊丝伸出长度，降低熔滴过热等都可使焊缝金属含氮量减小。

此外直流正极性焊接的焊缝含氮量比反极性的高；多层焊的焊缝含氮量比单层焊的高等，都必须引起注意。

3)控制焊接材料中的合金元素

增加焊丝或药皮中含碳量可降低焊缝中的含氮量，一方面碳能够降低氮在铁中的溶解度；另一方面碳氧化生成CO、$CO_2$，加强了焊接区保护，并且碳氧化引起的熔池沸腾有利于氮的逸出。

在焊丝中加入一定量的合金元素(如钛、铝、锆等)，可以减少焊缝中的含氮量。因为这些元素对氮的亲和力较大，能形成稳定的氮化物，且它们不溶于液态金属而进入熔渣。同时这些元素对氧的亲和力也较大，可减少气相中NO的含量以及焊缝含氮量。自保护焊就是由于这个原因在焊丝中加入这一类元素进行脱氮的。焊丝中合金元素对焊缝含氮量的影响，如图 1－10 所示。

总之，从目前的经验看，加强机械保护是控制氮的最有效措施，其他办法都有一定的局限性。

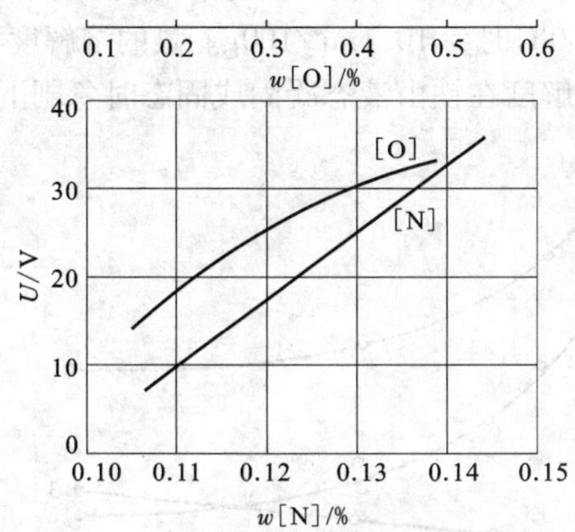


**图 1－9　焊条电弧焊时电弧电压对焊缝含氮量与含氧量的影响**

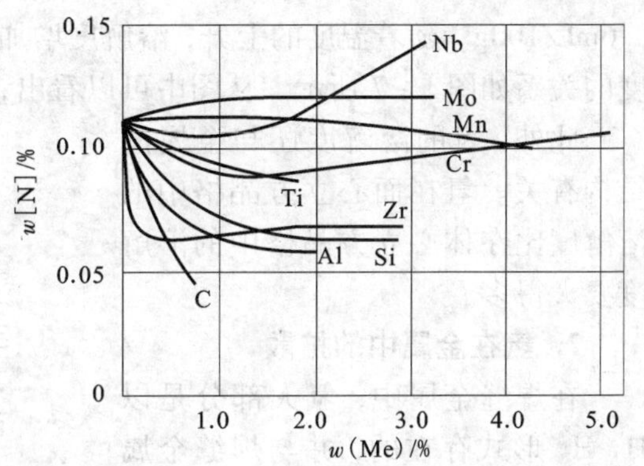


**图 1－10　焊丝中合金元素对焊缝含氮量的影响**

（焊接条件：在 101 kPa 空气中，电流 250 A，电压 25 V，焊接速度 20 cm/min）

## 1.3.2　氢对焊缝金属的作用

焊接时，氢主要来源于焊接材料的水分、有机物及电弧周围空气中的水蒸气、焊丝和母材坡口表面上的铁锈及油污等。各种焊接方法气相中氢的含量见表 1－5。

根据氢与金属相互作用的特点，可以把金属分为两类：第一类是能形成稳定氢化物的金属，如 Zr、Ti、V、Ta、Nb 等。这些金属吸收氢的反应是放热反应，因此在较低温度下吸氢量大，高温时吸氢量少；吸氢不多时，与氢形成固溶体；吸氢较多时，则形成氢化物（$ZrH_2$、$TiH_2$、VH、TaH、$NbH_2$）。在温度为 300℃～700℃时，这类金属在固态下可吸收大量的氢；温度升高时，氢化物分解，由金属中析出氢气。因此焊接这类金属及其合金时，必须防止其在固态下吸收大量氢，否则将严重影响焊接接头的质量。第二类是不形成稳定氢化物的金属，如 Fe、Ni、Cu、Cr、Mo 等。但氢能够溶于这类金属及其合金，溶解反应是吸热反应，溶解度与这类金属的结构及其温度有关。

**1. 氢在金属中的溶解**

在高温下，气相中的 $H_2$ 将分解为氢原子和离子。

$$H_2 = 2H - 432.9\ \text{kJ/mol}$$

$$H_2 = H + H^+ + e - 1745\ \text{kJ/mol}$$

从反应的热效应看，$H_2$ 分解为原子所需的能量较少，因此 $H_2$ 分解为原子比分解为离子的可能性大，即气相中的 $H^+$ 数量很少。由图 1－2 可知，氢的分解度随温度的升高而增加。在弧柱区，温度在 5000K 以上，分解度超过 90%，氢主要以原子的形式存在；而在熔池尾部，温度仅有 2000K 左右，氢主要以分子形式存在。

1）氢的溶解方式

焊接方法不同，氢向金属中溶解的途径也不同。气体保护焊时，氢是通过气相与液态金属的界面以原子或质子的形式溶入金属的；良好的渣保护时，氢是通过熔渣层溶入金属的。这是因为，熔渣中氢多是以 $OH^-$ 形式存在，经与铁离子交换电子形成氢原子而溶入金属。此外溶解在渣中的部分原子氢，通过熔池对流和搅拌到达金属表面，然后溶入金属。

2）氢的溶解度

氢在铁中的溶解度与温度有关。在常温常压条件下，氢在固态铁中的溶解度极小，小于0.6mL/100g。随着温度的上升，溶解度增加，在1350℃时为10.1mL/100g。氢的溶解度与温度的关系如图1－7所示。从图中可以看出，氢的溶解度在铁由液态凝固成固态时急剧下降。

此外，氢的溶解度还与金属的结构有关。氢在面心立方晶格中的溶解度比在体心立方晶格中的溶解度要大得多。

**2. 氢在金属中的扩散**

在焊缝金属中，氢大部分是以H、$H^+$ 形式存在的，并与焊缝金属形成间隙固溶体。由于氢原子和离子的半径很小，这一部分氢可以在焊缝金属的晶格中自由扩散，故称之为扩散氢。还有一部分氢扩散聚集到金属的晶格缺陷、显微裂纹和非金属夹杂物边缘的空隙中，结合为氢分子，因其半径增大，不能自由扩散，故称之为残余氢。对第二类金属来说，扩散氢占80%～90%，因此对接头性能的影响比残余氢大，而对于第一类金属，氢以化合物的形式存在。

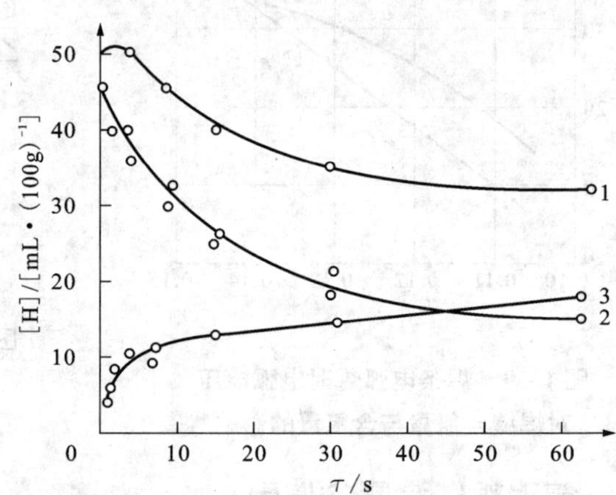


**图1－11　焊缝中含氢量与焊后放置时间的关系**

1—总氢量；2—扩散氢；3—残余氢

随着放置时间的增加，一部分扩散氢会从焊缝中逸出，还有一部分变为残余氢。因此扩散氢量减少，残余氢量增加，而总氢量下降，如图1－11所示。通常所说的焊缝含氢量，是指焊后立即按标准方法测定并换算为标准状态下的含氢量。

**表1－11　焊接低碳钢时焊缝金属中的含氢量**

| 焊接方法 | | 扩散氢/[mL·(100g)$^{-1}$] | 残余氢/[mL·(100g)$^{-1}$] | 总氢量/[mL·(100g)$^{-1}$] | 备注 |
|---|---|---|---|---|---|
| 焊条电弧焊 | 纤维素型 | 35.8 | 6.3 | 42.1 | 40℃～50℃停留48～72h测定扩散氢；真空加热测定残余氢 |
| | 钛型 | 39.1 | 7.1 | 46.2 | |
| | 钛铁矿型 | 30.1 | 6.7 | 36.8 | |
| | 氧化铁型 | 32.3 | 6.5 | 38.8 | |
| | 低氢型 | 4.2 | 2.6 | 6.8 | |
| 埋弧焊 | | 4.40 | 1～1.5 | 5.9 | |
| $CO_2$ 保护焊 | | 0.04 | 1～1.5 | 1.54 | |
| 氧乙炔气焊 | | 5.00 | 1～1.5 | 6.5 | |

用各种焊接方法焊接低碳钢时，焊缝金属中的含氢量不同，见表1－11。由表可知，所有焊接方法都使焊缝金属增氢，都大于低碳钢母材和焊丝的含氢量（一般为0.2～0.5mL/100g）。焊条电弧焊时，用低氢型焊条焊接的焊缝含氢量较低；埋弧焊更低些；$CO_2$焊含氢量最低，是一种超低氢焊接方法。

**3. 氢对焊接质量的影响**

氢气是还原性气体，在电弧气氛中有助于减少金属的氧化；在氩弧焊焊接高合金钢时，氩气中加入少量的氢气可以改善焊接工艺性能；但在大多数情况下，氢气的有害作用是主要的。

氢气的有害作用可分为两类：一类是暂态现象，包括氢脆、白点、硬度升高等，这类现象的特点是，经过时效或热处理之后，氢能自焊接接头中逸出，即可消除；另一类是永久现象，包括气孔、裂纹等，这类现象一旦出现是不可消除的。

1）氢脆

金属因吸收氢而导致其塑性严重下降的现象称为氢脆。氢对钢的强度没有明显影响，钢的塑性，特别是伸长率、断面收缩率随含氢量增加而显著下降，如图1－12所示。若对焊缝金属进行去氢处理，其塑性可以基本恢复。

氢脆现象是溶解在金属晶格中的氢引起的。在试件拉伸过程中，金属中的位错发生运动和堆积，结果形成显微空腔。与此同时，溶解在晶格中的原子氢不断地沿着位错运动的方向扩散，最后聚集到显微空腔内，结合为分子氢。这个过程的发展使空腔内产生很高的压力，导致金属变脆。

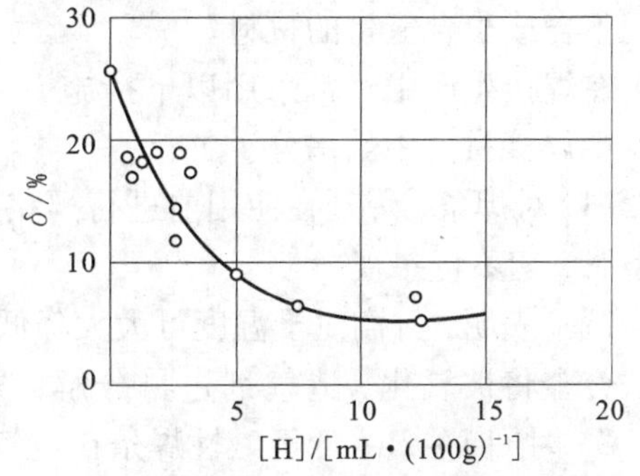


**图1－12　含氢量对低碳钢塑性的影响**

氢脆与焊缝金属的含氢量、试验温度及组织结构等有关。焊缝含氢量越高，氢脆的倾向越大。氢脆只有在一定的试验温度范围内（如室温）才明显表现出来。因为温度较高时，氢可以迅速扩散外逸；而温度很低时，氢的扩散速度很小，来不及扩散聚集。另外氢脆也与金属组织有关，在马氏体中氢脆最严重，而在奥氏体中氢脆不明显。

2）白点

对于碳钢或低合金钢焊缝，如含氢量较高，则常常在其拉伸或弯曲试件的断面上，出现银白色圆形局部脆断点，称之为白点。白点的直径一般为0.5～3 mm，其周围为韧性断口，故用肉眼即可辨认。在大多情况下，白点的中心有小夹杂物或气孔，好像鱼眼一样，故又称鱼眼。如果焊缝金属产生了白点，则其塑性将大大降低。若焊件预先进行消氢处理，则不会出现白点。

焊缝金属对白点的敏感性与含氢量、金属的组织等因素有关。试件含氢量越多，则出现白点的可能性越大。纯铁素体和奥氏体钢焊缝不出现白点：前者是因为氢在其中扩散快，易于逸出；后者是因为氢在其中的溶解度大，且扩散很慢。碳钢和含Cr、Ni、Mo较多的合金化焊缝对白点很敏感。

3）气孔

如果熔池吸收了大量氢，凝固结晶时，由于氢的溶解度发生突变(见图 1－7)，必然发生氢由固态向液态中聚集，在液态中形成过饱和状态。这时部分原子氢将结合为分子氢，进而形成气泡。当气泡外逸速度小于结晶速度时，就留在焊缝中形成了气孔。

4)冷裂纹

冷裂纹是焊接接头冷却到较低温度时产生的一种裂纹，其危害性很大。氢是产生冷裂纹的因素之一，焊缝含氢量越高，产生冷裂纹倾向越大。

**4. 控制氢的措施**

1)限制焊接材料中的含氢量

制造焊条、焊剂、药芯焊丝用的各种材料，如有机物、天然云母、白泥、长石、水玻璃、铁合金等，都不同程度地含有吸附水、结晶水、化合水或溶解氢，这是焊缝中氢的主要来源。因此，要控制这些材料的用量，特别是制造低氢和超低氢(氢含量＜1mL/100g)型焊条和焊剂时，应尽量选用不含或少含氢量的材料。

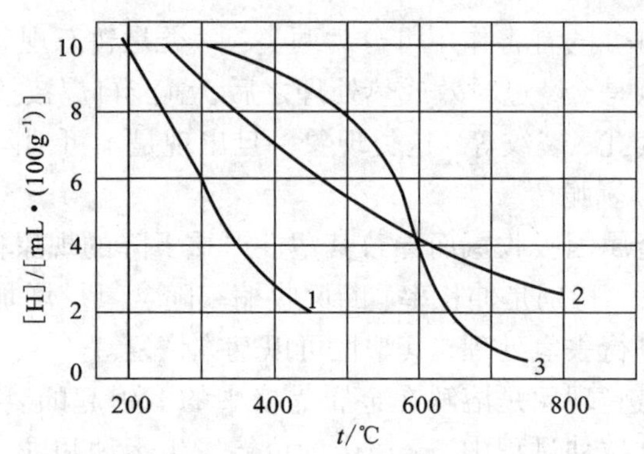


**图 1－13　焊接材料烘干温度与焊缝氢含量的关系**

1—碱性焊条；2—碱性烧结焊剂；3—药芯焊丝

在焊接生产中经常采用以下措施来减少焊接材料中的水分。

(1)对焊条、焊剂在使用前进行严格的烘干。烘干是最有效的措施，特别是使用低氢型焊条时，切不可忽视。

试验表明，升高烘干温度可大大降低焊缝金属的含氢量。但焊条烘干温度不可过高，否则铁合金将被氧化，造气剂过早分解，失去保护作用。一般酸性焊条烘干温度为 75°C ~ 150°C，时间 1 ~2h；低氢碱性焊条在空气中极易吸潮且药皮中没有有机物，因此烘干温度较酸性焊条高些，一般为 350℃ ~ 400℃，保温 1 ~2h；熔炼焊剂要求 200℃ ~250℃下烘干 1 ~ 2h；烧结焊剂应在 300℃ ~400℃下烘干 1 ~2h。常用焊接材料烘干温度与焊缝氢含量的关系如图 1－13 所示。

此外还要注意温度、时间的配合问题。烘干温度较为重要，如果烘干温度过低，即使延长烘干时间其烘烤效果也不佳。

焊条、焊剂烘干后应立即使用，或放在保温筒(或箱)中，以免重新吸潮。

(2)存放焊接材料时，加强防潮。如焊接材料应放在离地、离墙 300 mm 以上的木架上；焊接材料一级库内应配有空调设备和去湿机，保证室温在 5℃ ~25℃，相对湿度低于 60% 等。这是因为焊条、焊剂在大气中长期放置会吸潮，不仅使焊缝含氢量增加，而且使焊接工艺性能变坏，抗裂性下降。

另外，焊接保护气体，如 Ar 和 $CO_2$ 等也常含有水分。为限制焊缝含氢量，就要严格控制保护气体中的含水量，必要时可采取脱水、干燥等措施。

2)清除焊丝和焊件表面上的杂质

焊丝和焊件坡口表面上的铁锈、油污、吸附的水分以及其他含氢物质是增加焊缝含氢量的又一主要来源，因此，焊前应仔细清理。为了防止焊丝生锈，通常在焊丝表面进行镀铜

处理。

焊接铜、铝、铝镁合金、钛及其合金时，因其表面常形成含氢的氧化物薄膜，如 $Al(OH)_3$、$Mg(OH)_2$等，所以必须采用机械或化学方法进行清理，否则由于氢的作用可能产生气孔、裂纹等缺陷。

3）冶金处理

冶金处理就是通过调整焊接材料的成分，利用冶金作用使氢在焊接过程中生成比较稳定的、不溶于液态金属的化合物，如 HF、OH 等，从而降低氢在液态金属中的溶解度，达到降低焊缝中氢含量的目的。

（1）在药皮和焊剂中加入氟化物。在焊条药皮或焊剂中加入氟化物，如 $CaF_2$、$MgF_2$等可以不同程度地降低焊缝含氢量，其中应用最广的是 $CaF_2$。其去氢机理大部分人认为是 $CaF_2$ 与氢或水蒸气进行反应生成稳定的 HF。

在高硅高锰焊剂中加入适当比例的 $CaF_2$ 和 $SiO_2$ 可显著降低焊缝的含氢量。$CaF_2$ 与 $SiO_2$ 共同作用去氢，可认为是经过下列反应最终形成 HF 的结果。

$$2CaF_2 + 3SiO_2 = SiF_4 + 2CaSiO_3$$

$$SiF_4 + 2H_2O = 4HF + SiO_2$$

$$SiF_4 + 3H = 3HF + SiF$$

反应生成的 HF 扩散到大气中，因而能降低焊缝中的氢含量。

（2）控制焊接材料的氧化性。因为氧化性气体和熔渣可夺氢生成高温稳定的 OH 而去氢。其反应式为：

$$CO_2 + H = CO + OH$$

$$O + H = OH$$

$$O_2 + H_2 = 2OH$$

低氢型焊条药皮中含有很多的碳酸盐，它们受热分解析出的 $CO_2$ 可通过反应生成 OH 去氢；$CO_2$ 焊时，尽管含有一定的水分，但焊缝中的含氢量很低，其原因就在于 $CO_2$ 气体具有氧化性；氩弧焊焊接不锈钢、铝、铜和镍时，为了消除气孔、改善工艺性能，常在氩气中加入5%左右的氧气，就是以此为理论依据的。

4）控制焊接工艺参数

焊接工艺参数对焊缝金属的含氢量有一定的影响。

焊条电弧焊时，在其他焊接参数不变的情况下，增大焊接电流使熔滴吸收的氢量增加；增加电弧电压使焊缝含氢量减少。气体保护焊时，采用射流过渡比滴状过渡形式得到的焊缝中氢含量低。电弧焊时，电流种类和极性对焊缝含氢量也有影响，如图 1－14 所示。用交流电焊接时，焊缝含氢量比用直流电焊接时多；采用直流反极性焊接时，焊缝含氢量比采用正极性焊接时少。正极性与反极性焊缝含氢量的不同，可由图 1－15 来解释。当直流正极性时，电弧中的 $H^+$ 向阴极运动，阴极为高温熔滴，氢的溶解较大；反极性时，$H^+$ 仍向阴极运动，但这时阴极是温度较低的熔池，氢的溶解度减小。交流焊接时，由于电流周期性变化使弧柱温度周期性变化，在电流通过零点的瞬时，弧柱温度迅速下降，引起周围气氛的体积变化，在气体膨胀收缩时，熔滴就有更多机会接触气体，因而产生气孔的倾向增大。

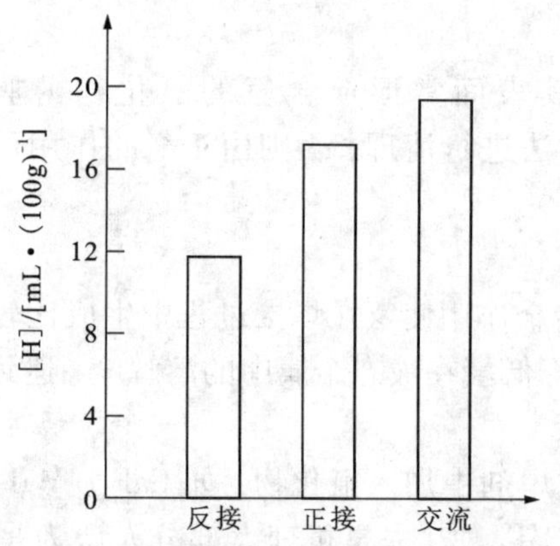


图 1－14　电流种类和极性对焊缝含氢量的影响

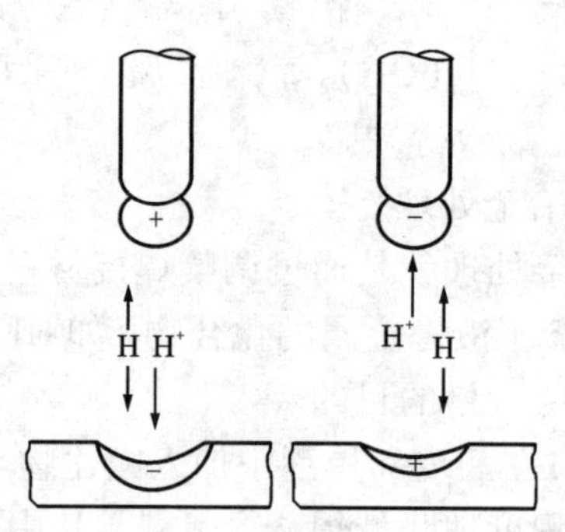


图 1－15　正极性与反极性含氢量的不同

5）焊后脱氢处理

焊后加热焊件，使氢扩散外逸，从而减少接头中含氢量的工艺叫脱氢处理，如图1－16所示。把焊件加热到350℃以上，保温1h，一般可以将扩散氢全部去除。在生产中，对于易产生冷裂纹的焊件常要求进行脱氢处理。

由于氢在奥氏体中的溶解度大，扩散速度小，焊缝中扩散氢含量很低，故对奥氏体钢焊缝没有必要进行脱氢处理。

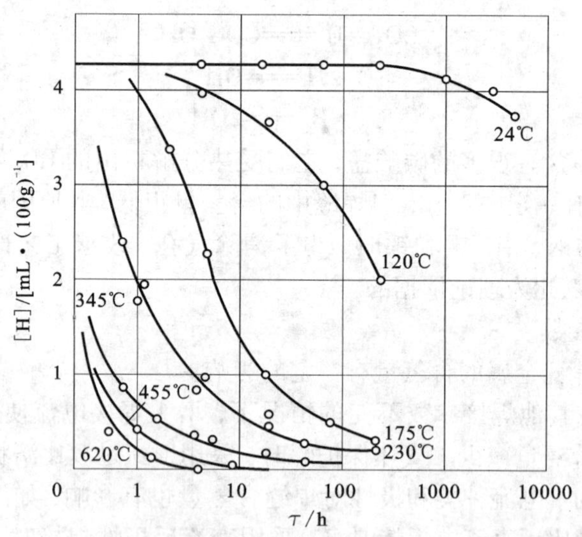


图 1－16　焊后脱氢处理对焊缝含氢量的影响

## 1.3.3　氧对焊缝金属的作用

焊接时的氧主要来自电弧中氧化性气体（$CO_2$、$O_2$、$H_2O$ 等），氧化性熔渣及焊件、焊丝表面的铁锈、水分、氧化物等。

根据氧与金属作用的特点，可把金属分为两类：一类是在固态和液态都不溶解氧的金属，如 Mg、Al 等，但这类金属在焊接时发生激烈的氧化，所形成的氧化物以薄膜或颗粒的形式存在，因此易造成夹杂、未焊透等缺陷，并影响焊接工艺性能；另一类是能有限溶解氧的金属，如 Fe、Ni、Cu、Ti 等，这类金属焊接时也发生氧化，其氧化物能溶解于相应的金属中。例如生成的 FeO 能溶于铁及其合金中。必须注意的是，焊缝金属中的 FeO 还会使其他元素进一步氧化。因此必须采取措施防止氧进入焊缝金属，以减少对焊接质量的影响。

**1. 氧在金属中的溶解**

氧在电弧高温作用下会分解为原子，以原子氧和 FeO 两种形式存在于液态铁中。氧在金属铁中的溶解度与温度有关。温度越高，溶解度越大；反之，溶解度急剧下降。在 1600℃以上，氧的溶解度为 0.3%；凝固结晶时，降为 0.16%；由体心立方 $\delta-Fe$ 转变为面心立方 $\gamma-Fe$ 时，氧的溶解度又下降到 0.05% 以下；到室温时体心立方 $\alpha-Fe$ 时几乎不溶解氧（溶解度 <0.001%）。因此，氧在焊缝金属中大部分以氧化物形式存在，只有极少部分以固溶形式存在于焊缝金属中。

**2. 氧对焊接质量的影响**

氧在焊缝中不论以何种形式存在，对焊缝金属的性能都有很大的影响，如降低力学性能、降低物理和化学性能、产生气孔及合金元素烧损等方面。

1）降低力学、物理和化学性能

随着焊缝金属含氧量的增加，其强度、塑性、韧性明显下降，尤其是低温冲击韧性急剧下降，严重降低其力学性能，如图1-17所示。

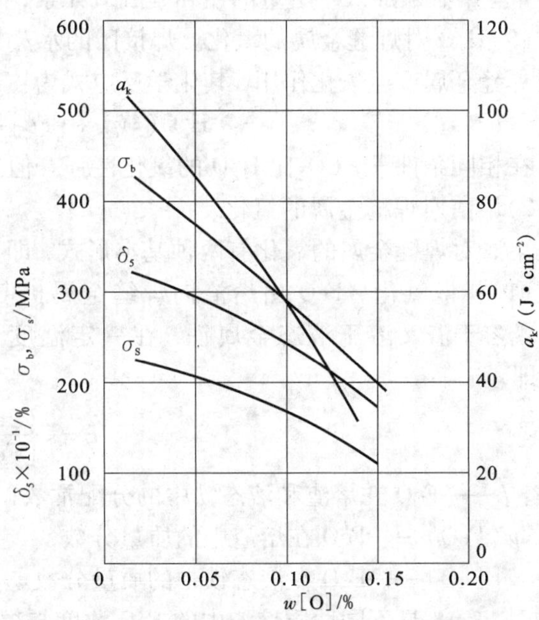


**图1-17　氧对低碳钢焊缝常温力学性能的影响**

氧还引起热脆、冷脆和时效硬化，降低焊缝金属的物理和化学性能，如降低导电性、导磁性和抗腐蚀性能等。

2）产生气孔

溶解在熔池中的氧与碳发生反应，生成不溶于金属的 CO，在熔池结晶时 CO 气泡来不及逸出就会形成气孔。

3）合金元素烧损

氧使有益的合金元素烧损，使焊缝的力学性能达不到母材的水平。同时，熔滴中含氧和碳多时，生成的 CO 受热膨胀，使熔滴爆炸，造成飞溅，影响焊接过程的稳定性。

**3. 焊缝金属的氧化**

焊缝金属的氧化主要有气相对焊缝金属的氧化、熔渣对焊缝金属的氧化及焊件表面氧化物对金属的氧化等。

1）气相对焊缝金属的氧化

气相对焊缝金属的氧化是指气相中的氧化性气体 $O_2$、$CO_2$、$H_2O$ 等对焊缝金属的氧化。

（1）自由氧对焊缝金属的氧化。在焊接低碳钢或低合金钢时，主要考虑铁的氧化，高温时铁的氧化物主要是 FeO。

焊条电弧焊时，虽然采取了气－渣联合保护措施，但空气中氧总是或多或少地侵入电弧，高价氧化物等物质受热分解也会产生氧，从而使铁氧化，其化学反应式为：

$$[Fe] + 1/2O_2 = FeO + 26.97\ kJ/mol$$

$$[Fe] + O = FeO + 515.76\ kJ/mol$$

由反应的热效应看，原子氧对铁的氧化比分子氧更激烈。

在焊接钢时，除铁发生氧化外，钢液中其他对氧亲和力比较大的元素，如 C、Si、Mn 等也会发生氧化。

(2) $CO_2$对焊缝金属的氧化。焊条电弧焊时，药皮中的碳酸盐分解会产生 $CO_2$，$CO_2$本身就是保护介质。高温时，$CO_2$将发生分解，分解的 $O_2$使铁氧化，其反应式为：

$$CO_2 = CO + 1/2O_2$$

$$[Fe] + CO_2 = FeO + CO(气)$$

温度越高，$CO_2$分解度越大，$CO_2$对焊缝金属的氧化作用也就越强(参见图 1－3)。

实践表明，纯 $CO_2$具有强烈的氧化性，即使气相中有少量的 $CO_2$时，也会对焊缝金属有较强的氧化作用。因此，在含有碳酸盐的药皮中，必须加入一些锰、硅等进行脱氧；对于 $CO_2$焊，焊丝中必须加入一定量的锰和硅脱氧元素，才能保证焊接质量。

(3) $H_2O$ 对焊缝金属的氧化。焊接区的水蒸气在高温下分解(参见图 1－4)，产生的氧也会对焊缝金属产生氧化作用，其化学反应式为：

$$H_2O(气) + [Fe] = FeO + H_2$$

在相同条件下，$CO_2$比 $H_2O$ 的氧化性强。但是，水蒸气不仅使铁氧化，还会使焊缝增氢。

2)熔渣对焊缝金属的氧化

熔渣对焊缝金属的氧化有两种基本形式，即扩散氧化和置换氧化。

(1)扩散氧化。FeO 由熔渣向焊缝金属扩散而使焊缝金属增氧的过程称为扩散氧化。FeO 既溶于渣又溶于液态金属铁，在一定温度下平衡时，它在两相中的浓度符合分配定律，即

$$L = \frac{w(FeO)}{w[FeO]}$$

式中：$L$——FeO 在熔渣和液态铁中的分配常数；

$w(FeO)$——FeO 在熔渣中的质量分数；

$w[FeO]$——FeO 在液态铁中的质量分数。

图 1－18 是不同性质熔渣中的 FeO 浓度与焊缝中含氧量的关系。在温度不变的情况下，不管是碱性渣还是酸性渣，当增加熔渣中 FeO 的浓度时，将促使 FeO 向熔池金属中扩散，使焊缝中含氧量增加，即焊缝中的含氧量随着熔渣中 FeO 含量的增加呈直线上升。

FeO 的分配常数 $L$ 与温度和熔渣的性质有关。温度升高，$L$ 减小，即在高温时 FeO 更容易向熔池金属扩散。所以，扩散氧化主要发生在熔滴阶段和熔池头部高温区。

在同样的温度下，FeO 在碱性渣中比在酸性渣中更容易向金属中分配。也就是说，在熔渣 FeO 浓度相同的情况下，碱性渣时焊缝含氧量比酸性渣时大(见图 1－18)。这种现象可用熔渣分子理论解释：碱性渣含 $SiO_2$、$TiO_2$等酸性氧化物较少，FeO 的活度(可理解为有效浓度)大，易向金属中扩散，使焊缝增氧。正因如此，在碱性焊条药皮中一般不加入含 FeO 的

物质，并要求焊接时清除焊件表面上的氧化皮和铁锈，否则将使焊缝增氧并可能产生气孔等缺陷。这就是碱性焊条对铁锈和氧化皮敏感性大的原因。相反，酸性渣含 $SiO_2$、$TiO_2$等酸性氧化物较多，它们与 FeO 形成复合物如 $FeO \cdot SiO_2$，使 FeO 的活度减小，故在 FeO 含量相同的情况下，焊缝含氧量减少。

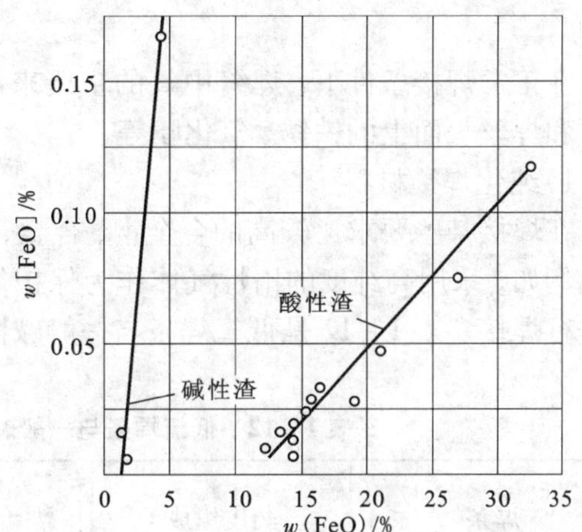


**图 1－18　不同性质熔渣中 FeO 浓度与焊缝中含氧量的关系**

但是，不应由此认为碱性焊条的焊缝含氧量比酸性焊条高，恰恰相反，碱性焊条的焊缝含氧量比酸性焊条低，这是因为严格控制了碱性渣中的 FeO 含量，又在药皮中加入较多脱氧剂的缘故。

(2)置换氧化。焊缝金属与熔渣中易分解的氧化物发生置换反应而被氧化的过程，称为置换氧化。例如，用低碳钢焊丝配合高硅高锰焊剂(HJ431)进行埋弧焊时，发生一系列化学反应：

$$(SiO_2) + 2[Fe] = [Si] + 2FeO$$

$$(MnO) + [Fe] = [Mn] + FeO$$

反应的结果是焊缝硅和锰含量增加，同时使铁氧化，生成的 FeO 大部分进入熔渣，小部分溶于液态铁中，使焊缝增氧。温度升高，反应向右进行，焊缝增氧，因此置换氧化反应主要发生在熔滴阶段和熔池头部的高温区。

焊接碳钢和低合金钢时，尽管上述反应使焊缝增氧，但因硅、锰含量同时增加，使焊缝性能仍能满足使用要求，所以高硅高锰焊剂配合低碳钢焊丝广泛用于焊接低碳钢和低合金钢。但是，在焊接中、高合金钢时，焊缝中含氧量和含硅量增加，使其抗裂性和力学性能特别是低温韧性显著降低。所以，要求药皮或焊剂中不加 $SiO_2$，并不用含硅酸盐的黏结剂，这是在研制焊接高合金钢及其合金焊条或焊剂时必须注意的。

3)焊件表面氧化物对金属的氧化

焊接时，焊件表面上的氧化皮和铁锈都对金属有氧化作用。

铁锈的成分为 $mFe_2O_3 \cdot nH_2O$，其中 $w(Fe_2O_3)$为 83.28%，$w(FeO)$为 5.7%，$w(H_2O)$为 10.7%。铁锈在高温下分解后，$H_2O$ 进入气相，增加了气相的氧化性，而 $Fe_2O_3$和液态铁发生反应：

$$Fe_2O_3 + [Fe] = 3FeO$$

氧化铁皮的主要成分是 $Fe_3O_4$，它与铁也发生反应：

$$Fe_3O_4 + [Fe] = 4FeO$$

反应生成的 FeO 大部分进入熔渣，一部分进入焊缝使之增氧。因此，焊前清理焊件坡口边缘及焊丝表面的氧化物、油污等杂质，对保证焊接质量是非常重要的。

**4. 控制氧的措施**

焊接条件下，控制氧的措施主要有纯化焊接材料、采取严格的焊接工艺及用冶金方法脱氧等。

在正常焊接条件下，焊缝中氧的主要来源不是热源周围的空气，而是焊接材料、水分、工件和焊丝表面上的铁锈、氧化膜等。

1）纯化焊接材料

在焊接某些要求比较高的合金钢、合金、活性金属时，应尽量少用或不用含氧的焊接材料。例如，采用高纯度的惰性气体作为保护气体，采用低氧或无氧焊条、焊剂，甚至在真空中进行焊接。表 1 – 12 是低氧焊条与一般碱性焊条焊接时焊缝中氧含量的比较。

**表 1 – 12　低氧焊条与一般碱性焊条焊缝中氧含量的比较/%**

| 焊条 | 药皮组成 | 焊丝 | 氧含量 | |
|---|---|---|---|---|
| | | | 焊丝 | 焊缝 |
| 低氧焊条 | $CaCO_3$:10 ~ 15<br>$CaF_2$:85 ~ 90 | Cr20Ni80 | 0.013 | 0.010 |
| 一般碱性焊条 | $CaCO_3$:40 ~ 48 | | | 0.035 |

2）采取严格的焊接工艺

焊缝中的含氧量与焊接工艺有密切关系。采用短弧焊、选用合适的气体流量等，都能防止空气侵入，减少氧与熔滴的接触，从而减少焊缝的含氧量。清理焊件及焊丝表面的水分、油污、锈迹，按规定温度烘干焊剂、焊条等焊接材料也是控制焊缝中含氧量的措施。此外，焊接电流的种类和极性以及熔滴过渡的特性等也对含氧量有一定的影响。

3）脱氧

焊接时，除采取措施防止熔化金属氧化外，设法在焊丝、药皮、焊剂中加入一些合金元素，去除或减少已进入熔池中的氧，是保证焊缝质量的关键，这个过程称为焊缝金属的脱氧。用于脱氧的元素或合金叫脱氧剂。对焊缝金属脱氧是生产中行之有效的控制焊缝含氧量的办法。

（1）脱氧剂选择的原则。

①脱氧剂在焊接温度下对氧的亲和力应比被焊金属的亲和力大。元素对氧的亲和力大小按递减顺序为：

$$\xrightarrow{\text{Al, Ti, Si, Mn, Fe}}$$

在实际生产中，常用铁合金或金属粉，如锰铁、硅铁、钛铁、铝粉等作为脱氧剂。元素对氧的亲和力越大，脱氧能力越强。

②脱氧后的产物应不溶于液态金属而容易被排除入渣固定；脱氧后的产物熔点应较低，密度应比金属小，易从熔池中上浮入渣。

（2）焊缝金属的脱氧途径。脱氧反应是分阶段或区域进行的，按其进行的方式和特点有先期脱氧、沉淀脱氧和扩散脱氧三种方式。

①先期脱氧。焊接时，在焊条药皮加热过程中，药皮中的碳酸盐（$CaCO_3$、$MgCO_3$）或高价氧化物（$Fe_2O_3$）受热分解放出 $CO_2$ 和 $O_2$，这时药皮内的脱氧剂，如锰铁、硅铁、钛铁等便与

其反应生成氧化物，从而使气相氧化性降低。这种在药皮加热阶段发生的脱氧方式称为先期脱氧。先期脱氧的目的是尽可能早地把氧去除，减少熔化金属氧化。先期脱氧过程和脱氧产物一般不和熔滴金属发生直接关系。

由于铝、钛对氧的亲和力很大，在先期脱氧过程中大部分被烧损，故主要用于先期脱氧，很难进行沉淀脱氧。由于药皮加热阶段的温度比较低、反应时间短，故先期脱氧是不完全的，需进一步脱氧。

②沉淀脱氧。沉淀脱氧是利用溶解在熔滴和熔池中的脱氧剂直接与 FeO 进行反应脱氧，并使脱氧后的产物排入熔渣而清除。沉淀脱氧的对象主要是液态金属中的 FeO，沉淀脱氧常用的脱氧剂有锰铁、硅铁、钛铁等。

下面以酸、碱性焊条为例分析沉淀脱氧原理。酸性焊条(E4303)一般用锰铁脱氧；碱性焊条(E5015)一般用硅铁、锰铁联合脱氧。硅铁、锰铁的脱氧化学反应式如下：

$$2FeO + Si = SiO_2 + 2Fe$$

$$FeO + Mn = MnO + Fe$$

Si 对氧的亲和力比 Mn 对氧的亲和力大，按理说脱氧作用比 Mn 强，那么为什么酸性焊条(E4303)中，不用 Si 而必须用 Mn 来脱氧呢？这是由于酸性焊条(E4303)的熔渣中含有大量的酸性氧化物 $SiO_2$ 及 $TiO_2$，而用 Si 脱氧后的生成物也是 $SiO_2$，这些生成物无法与熔渣中存在的大量酸性氧化物结合成稳定的复合物而进入熔渣，导致脱氧反应难以进行而无法脱氧。而 MnO 是碱性氧化物，因此很容易与酸性氧化物($SiO_2$、$TiO_2$)结合成稳定的复合物($MnO \cdot SiO_2$ 及 $MnO \cdot TiO_2$)而进入熔渣，所以脱氧反应易于进行，有利于脱氧。

那么碱性焊条(E5015)为何又不能用 Mn 脱氧，而必须用 Si、Mn 来联合脱氧呢？这是因为碱性焊条(E5015)熔渣中含有大量的 CaO 等碱性氧化物，而 Mn 脱氧后的生成物 MnO 也是碱性氧化物，这些生成物无法与熔渣中存在的大量碱性氧化物结合成稳定的复合物进入熔渣。如用 Si、Mn 来联合脱氧，则脱氧后的产物是稳定的复合物 $MnO \cdot SiO_2$。实践证明，当 $[Mn]/[Si] = 3 \sim 7$ 时，脱氧产物密度小，熔点低，容易聚合为半径大的质点(见表 1-13)浮到熔渣中去，从而降低焊缝中的含氧量，达到脱氧目的。

**表 1-13 金属中[Mn]/[Si]对脱氧产物质点半径的影响**

| [Mn]/[Si] | 1.25 | 1.98 | 2.78 | 3.60 | 4.18 | 8.70 | 15.9 |
|---|---|---|---|---|---|---|---|
| 最大质点半径/mm | 0.0075 | 0.0145 | 0.126 | 0.1285 | 0.1835 | 0.0195 | 0.006 |

需要注意的是，硅的脱氧能力虽然比锰强，但生成的 $SiO_2$ 熔点高，不易上浮，易形成夹杂，故一般不宜单独作脱氧剂。

③扩散脱氧。利用 FeO 既能溶于熔池金属，又能溶解于熔渣的特性，使 FeO 从熔池扩散到熔渣，从而降低焊缝含氧量的脱氧方式称为扩散脱氧。扩散过程如下：

$$[FeO] \longrightarrow (FeO)$$

扩散脱氧是扩散氧化的逆过程。由温度与分配常数 $L$ 的关系可知，温度下降，$L$ 增加，有利于扩散脱氧进行，因此扩散脱氧是在熔池尾部的低温区进行的。

酸性焊条焊接时，由于熔渣中存在大量的 $SiO_2$、$TiO_2$ 等酸性氧化物，作为碱性氧化物的

FeO 就比较容易从熔池扩散到熔渣中去，与之结合成稳定的复合物 $FeO \cdot TiO_2$、$FeO \cdot SiO_2$，从而降低了熔池中 FeO 的含量。所以，酸性焊条焊接以扩散脱氧为主要脱氧方式。

碱性焊条焊接时，由于在碱性熔渣中存在大量强碱性的 CaO 等氧化物，而熔池中的 FeO 也是碱性氧化物，因此扩散脱氧难以进行，在碱性焊条中基本不存在。

由此可见，酸性焊条主要以扩散脱氧为主，碱性焊条主要以沉淀脱氧为主。

## 1.3.4 焊缝中硫和磷的控制

焊接时，除氮、氢、氧对焊接质量有不利影响外，硫和磷的存在也会严重影响焊缝的质量，因此焊接时必须对硫、磷加以严格控制。

**1. 硫、磷的来源及存在形式**

焊缝中的硫、磷主要来自母材、焊丝、药皮、焊剂等原材料。母材中的硫几乎可以全部过渡到焊缝中去，但母材中的含硫量一般较低；焊丝中的硫有 70% ~80% 可以过渡到焊缝中去；药皮或焊剂中的硫有 50% 可以过渡到焊缝中。药皮和焊剂中的锰矿是焊缝中磷的主要来源，锰矿中通常含有 0.22% 左右的磷，并以 $(MnO)_3 \cdot P_2O_5$ 的形式存在；高锰熔炼焊剂中磷的含量为 0.15%。这些都可使焊缝增硫、增磷。

硫在焊缝中主要以 FeS 和 MnS 形式存在，由于 MnS 在液态铁中溶解度极小，且易排除入渣，即使不能排走而留在焊缝中，也呈球状分布于焊缝中，因而对焊缝质量影响不大。所以焊缝中硫以 FeS 形式最为有害；磷在焊缝中主要以铁的磷化物 $Fe_2P$、$Fe_3P$ 形式存在。

**2. 硫、磷的危害**

硫是焊缝中的有害杂质。FeS 可无限地溶解于液态铁中，而在固态铁中的溶解度只有 0.015% ~0.020%，因此熔池凝固时 FeS 会析出，并与 Fe、FeO 等形成低熔点共晶 FeS + Fe 和 FeS + FeO，尤其焊接高 Ni 合金钢时，硫与 Ni 形成的 NiS 与 Ni 共晶的熔点更低。这些低熔点共晶呈液态薄膜聚集于晶界，导致晶界处开裂产生结晶裂纹。此外硫还能引起偏析，降低焊缝金属的冲击韧性和耐腐蚀性能。当焊缝金属中含碳量增加时，会促使硫发生偏析，从而增加其危害性。

磷在多数钢焊缝中是一种有害的杂质。液态铁中可溶解较多的磷，P 主要以 $Fe_2P$ 和 $Fe_3P$ 的形式存在，而在固态铁中 P 的溶解度极低。磷与铁和镍可以形成低熔点共晶 $Fe_3P + Fe$ 和 $Ni_3P + Ni$，因此在熔池快速结晶时，磷易发生偏析，促使结晶裂纹形成。磷化铁常分布于晶界，减弱晶粒之间的结合力；其既硬又脆，增加了焊缝金属的冷脆性，即冲击韧性降低，脆性转变温度升高。

因此应尽量减少焊缝中的含硫、含磷量。一般在低碳钢和低合金钢焊缝中硫、磷的质量分数应分别小于 0.035% 和 0.045%，而合金钢焊缝中应分别小于 0.025% 和 0.035%。

硫化物、磷化物低熔点共晶的熔点见表 1－14。

**表 1－14 硫化物、磷化物低熔点共晶的熔点/℃**

| 共晶物 | FeS + Fe | FeS + FeO | NiS + Ni | $Fe_3P + Fe$ | $Ni_3P + Ni$ |
|---|---|---|---|---|---|
| 熔点 | 985 | 940 | 644 | 1050 | 880 |

**3. 控制硫和磷的措施**

控制硫和磷的措施主要有限制母材、焊接材料等原材料的原始硫、磷含量和采取冶金措施在焊缝中脱硫、脱磷。

1)限制母材、焊接材料等原材料的原始硫、磷含量

限制母材、焊接材料等原材料的原始硫、磷含量即控制了焊缝中的硫、磷来源，如低碳钢及低合金钢焊丝中硫的质量分数应小于0.03%～0.04%；合金钢焊丝中硫的质量分数应小于0.025%～0.03%；不锈钢焊丝中硫的质量分数应小于0.02%等，而磷的质量分数不大于0.015%～0.045%。图1-19是焊缝中磷的增量与焊剂中含磷量的关系，可以看出，焊剂中含磷量越高，焊缝中磷的含量、磷的增量越大。

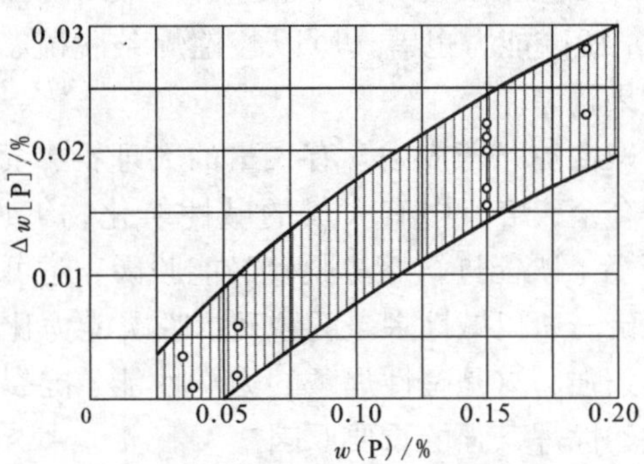


**图1-19　焊缝中磷的增量Δw[P]与焊剂含磷量w(P)的关系**

2)冶金脱硫

焊接过程中脱硫的主要措施有元素脱硫和熔渣脱硫两种。

(1)元素脱硫。元素脱硫就是在液态金属中加入一些对硫的亲和力比铁大的元素，把铁从FeS中还原出来，形成的硫化物不溶于金属而进入熔渣的过程。在焊接中最常用的是Mn脱硫，因为Mn脱硫产物MnS几乎不溶于金属，而进入熔渣，其反应式为：

$$[FeS]+[Mn]=\!=\!=(MnS)+[Fe]$$

(2)熔渣脱硫。熔渣脱硫是利用熔渣中的碱性氧化物如CaO、MnO及$CaF_2$等进行脱硫。脱硫产物CaS、MnS进入熔渣被排除，从而达到脱硫目的。其反应式如下：

$$[FeS]+(MnO)=\!=\!=(MnS)+(FeO)$$

$$[FeS]+(CaO)=\!=\!=(CaS)+(FeO)$$

Ca比Mn对硫的亲和力强，并且CaS完全不溶于金属，所以CaO脱硫效果较MnO好。

$CaF_2$脱硫主要是利用氟与硫能化合成挥发性氟硫化合物及$CaF_2$与$SiO_2$作用可产生CaO来进行的。

3)冶金脱磷

焊接过程中脱磷分为两步：

(1)将P氧化成$P_2O_5$，其反应式如下：

$$2Fe_3P+5FeO=\!=\!=P_2O_5+11Fe$$

$$2Fe_2P+5FeO=\!=\!=P_2O_5+9Fe$$

(2)利用碱性氧化物与$P_2O_5$形成稳定的磷酸盐进入熔渣。

$P_2O_5$是酸性氧化物，易与碱性氧化物结合成稳定的磷酸盐进入熔渣，从而达到脱磷目的。碱性氧化物中CaO效果最好，因此常用CaO脱磷，其反应式如下：

$$P_2O_5+3(CaO)=\!=\!=(CaO)_3\cdot P_2O_5$$

$$P_2O_5+4(CaO)=\!=\!=(CaO)_4\cdot P_2O_5$$

从上述反应可知，增加熔渣的碱度可减少焊缝的含磷量。此外在碱性渣中加入$CaF_2$也有

利于脱磷，这是因为 $CaF_2$ 在渣中能与 $P_2O_5$ 形成稳定的复合物，另外 $CaF_2$ 能降低渣的黏度，有利于物质扩散。

4）酸性焊条和碱性焊条的脱硫和脱磷

酸性焊条熔渣中碱性氧化物 CaO 及 MnO 较少，熔渣脱硫能力弱，仅靠 Mn 元素脱硫；同时，脱磷能力也差。所以酸性焊条脱硫、脱磷效果较差。

碱性焊条药皮中含有大量的大理石、萤石和铁合金，熔渣中有大量的碱性氧化物 CaO、MnO 等，既能进行熔渣脱硫又能脱磷，还可元素脱硫。所以碱性焊条的脱硫、脱磷能力比酸性焊条强。这是碱性焊条的力学性能、抗裂性能比酸性焊条强的重要原因 。

虽然冶金反应脱硫、脱磷能降低焊缝中的含硫、含磷量，碱性焊条的脱硫、脱磷能力比酸性焊条强，但由于焊接冶金时间短，脱硫、脱磷反应来不及充分进行，总的来说，酸性焊条和碱性焊条的脱硫和脱磷效果仍较差。因此严格控制母材和焊接材料中的硫、磷的来源是控制焊缝金属中含硫、磷量的主要措施。

## 1.4　焊缝金属的合金化

焊缝金属的合金化就是将所需的合金元素通过焊接冶金过程过渡到焊缝金属中的反应，也称焊缝金属的渗合金。

**1. 焊缝金属合金化的目的**

（1）补偿焊接过程中由于合金元素氧化和蒸发等造成的损失，以保证焊缝金属的成分、组织和性能符合预定的要求。

（2）通过向焊缝金属中渗入母材不含或少含的合金元素，满足焊件对焊缝金属的特殊要求。如用堆焊的方法来过渡 Cr、Mo、W、Mn 等合金元素，提高焊件表面耐磨、耐热、耐蚀性能等。

（3）消除焊接工艺缺陷，改善焊缝金属的组织和性能。如向焊缝金属中加入锰以消除硫引起的热裂纹，在焊接某些结构钢时，常向焊缝中加入微量 Ti、B 等，以细化晶粒，提高焊缝的韧性等。

**2. 焊缝金属合金化的方式**

焊缝金属合金化主要通过应用合金焊丝（焊芯）、药芯焊丝、焊条药皮或烧结焊剂等进行，也可将合金粉末输送至焊接区或直接撒在工件表面（坡口），使焊接时熔合形成合金化的焊缝。

1）应用合金焊丝或带极

把所需要的合金元素加入焊丝、带极或板极内，配合碱性药皮或低氧、无氧焊剂进行焊接或堆焊，从而把合金元素过渡到焊缝中去。其优点是焊缝成分稳定、均匀可靠，合金损失少；缺点是合金成分不易调整，制造工艺复杂，成本高。对于脆性材料如硬质合金不能轧制、拔丝，故不能采用此方式。

2）应用药芯焊丝或药芯焊条

药芯焊丝的结构是各式各样的。最简单的是圆形断面，其外皮可用低碳钢或其他合金卷

制而成，里面填满铁合金、铁粉等物质。用这种药芯焊丝可进行埋弧焊、气体保护焊和自保护焊。也可以在药芯焊丝表面涂上碱性药皮，制成药芯焊条。这种合金化方式的优点是药芯中合金成分的比例可任意调整，因此可得到任意成分的堆焊合金，且合金的损失较少；缺点是不易制造，成本较高。

3)应用合金药皮或烧结焊剂

这种方式是把所需要的合金元素以纯金属或铁合金的形式加入药皮或烧结焊剂中，配合普通焊丝使用。其优点是制造容易，成本低。但由于氧化损失较大并有一部分残留在渣中，故合金利用率较低。用烧结焊剂埋弧焊时，焊缝成分受焊接工艺，特别是电弧电压的影响较大，工艺参数波动易使焊缝合金成分不均匀。

4)应用合金粉末

将需要的合金元素按比例配制成具有一定粒度的合金粉末，输送到焊接区，或直接涂敷在焊件表面或坡口内，在热源作用下与母材熔合后形成堆焊合金。其优点是合金成分的比例调配方便，不必经过轧制、拔丝等工序，制造容易，合金的损失不大。但成分的均匀性较差。

此外，还可以通过从金属氧化物中还原金属的方式来合金化，如高锰高硅焊剂埋弧焊时，硅锰还原反应使焊缝增硅增锰，用的就是此法。但这种方式合金化的程度是有限的，还会造成增氧。

需要注意的是，这些合金化的方式，在实际生产中可根据具体条件和要求来选择，有时可以几种方式同时使用。

**3. 合金元素的过渡系数及其影响因素**

1)合金元素的过渡系数

焊接过程中，合金元素不能全部过渡到焊缝金属中，为了说明合金元素的过渡情况，常用合金元素的过渡系数，即焊接材料中合金元素过渡到焊缝金属中的含量与其原始含量的百分比来表达。其表达式为：

$$\eta = \frac{w_d}{w_o}$$

式中：$\eta$——合金元素的过渡系数；

$w_d$——合金元素在熔敷金属中的实际含量；

$w_o$——合金元素在焊接材料中的原始含量。

合金元素的过渡系数 $\eta$ 可以通过实验测定。若已知 $\eta$ 值，则可根据焊条中合金元素的原始含量，利用公式预先算出合金元素在熔敷金属中的含量并估算出焊缝金属成分；或者根据焊缝金属成分的要求，求出合金元素在焊条或焊剂中应有的含量。然后再通过试验加以校正。可见，合金元素的过渡系数对于设计和选择焊接材料是有实用价值的。

2)影响合金元素过渡系数的因素

在焊缝合金化过程中，元素主要损失于氧化、蒸发过程和残留在渣中。一般来说，凡能减少元素损失的因素，都可提高过渡系数；反之，则降低过渡系数。

(1)合金元素的物理化学性质。合金元素对氧的亲和力越大，其氧化损失越大，过渡系数越小。例如，在1800℃时各元素对氧的亲和力由小到大的顺序为：

Ni, Cu, W, Mo, Fe, Cr, Nb, Mn, V, Si, Ti, C, Zr, Al

$\longrightarrow$

其中 Ni、Cu 与氧的亲和力最小，几乎无氧化损失，过渡系数 $\eta \approx 1$；而 Ti、Zr、Al 对氧的亲和力很大，氧化损失严重，所以一般很难过渡到焊缝中。为了过渡这类元素，必须创造低氧或无氧的焊接条件，如用无氧焊剂、惰性气体保护，甚至在真空中焊接。

合金元素的沸点越低，焊接时的蒸发损失越大，其过渡系数越小。如锰易蒸发，故在其余条件相同的情况下，锰的过渡系数较小。

当用几个合金元素同时合金化时，只有在无氧的条件下，才可认为其中每个元素的过渡是彼此无关的。否则，其中对氧亲和力较大的元素将依靠自身的氧化减少其他元素的氧化损失，提高其过渡系数。例如，碱性药皮中加入铝和钛，可提高硅和锰的过渡系数。

(2)焊接区介质的氧化性。焊接区介质的氧化性大小对合金元素的过渡系数影响很大。例如，硅在纯氩气体环境中焊接时，过渡系数高达 97%；而在 $CO_2$ 中焊接时，只有 72%。

(3)合金元素的含量。试验表明，随着药皮或焊剂中合金元素含量的增加，其过渡系数 $\eta$ 逐渐增加，最后趋于一个定值。药皮或焊剂的氧化性和元素对氧的亲和力越大，合金元素含量对过渡系数的影响越大。

(4)合金剂的粒度。增加合金剂的粒度，其表面积和氧化损失减少，过渡系数增大。需要注意的是，若粒度过大，则不易熔化，可使渣中残留损失增大，过渡系数减小。

对于合金剂不易被氧化或在无氧条件下焊接，粒度对过渡系数实际上没有影响。一般合金剂的粒度比脱氧剂的大。

(5)药皮(或焊剂)的成分。药皮或焊剂的成分决定了气相和熔渣的氧化性、熔渣的碱度和黏度等性能，因此对合金元素的过渡系数影响很大。

药皮或焊剂的氧化性越大，则合金过渡系数越小。

当合金元素及其氧化物在药皮中共存时，能够提高该元素的过渡系数，因此常在药皮、药芯中加入需添加合金元素的氧化物。

其他条件相同，若合金元素氧化物的酸碱性与熔渣的酸碱性相同，有利于提高过渡系数，否则会降低过渡系数。$SiO_2$ 是酸性的，随着熔渣碱度的增加，硅的过渡系数减小；MnO 是碱性的，随着熔渣碱度增加，锰的过渡系数增大；熔渣是两性氧化物时(如 $Cr_2O_3$)，熔渣的酸碱性对合金元素的过渡系数影响不大。熔渣的碱度与过渡系数关系如图 1-20 所示。

此外，合金元素的过渡系数与焊接工艺参数有关。如电弧电压增大，过渡系数减小；直流反接时，合金元素的过渡系数比直流正接时的小。

## 【综合训练】

### 一、填空题

1. 焊接区的氧主要来自__________、__________、__________和__________。
2. 焊接区中的氮主要来源是__________，控制其含量主要措施是__________。
3. 焊接区中的氢主要来自__________、__________、__________、__________。
4. 降低焊缝中含硫量、含磷量的关键措施是__________。
5. 焊缝成形系数越小，形成热裂纹倾向__________。
6. 焊缝金属的脱氧主要有三个途径，即__________、__________和__________。
7. 在焊接过程中脱硫的主要方法有__________和__________两种。前者最常用的脱硫元素是__________；后者最常用的脱硫物质是__________、__________、__________。

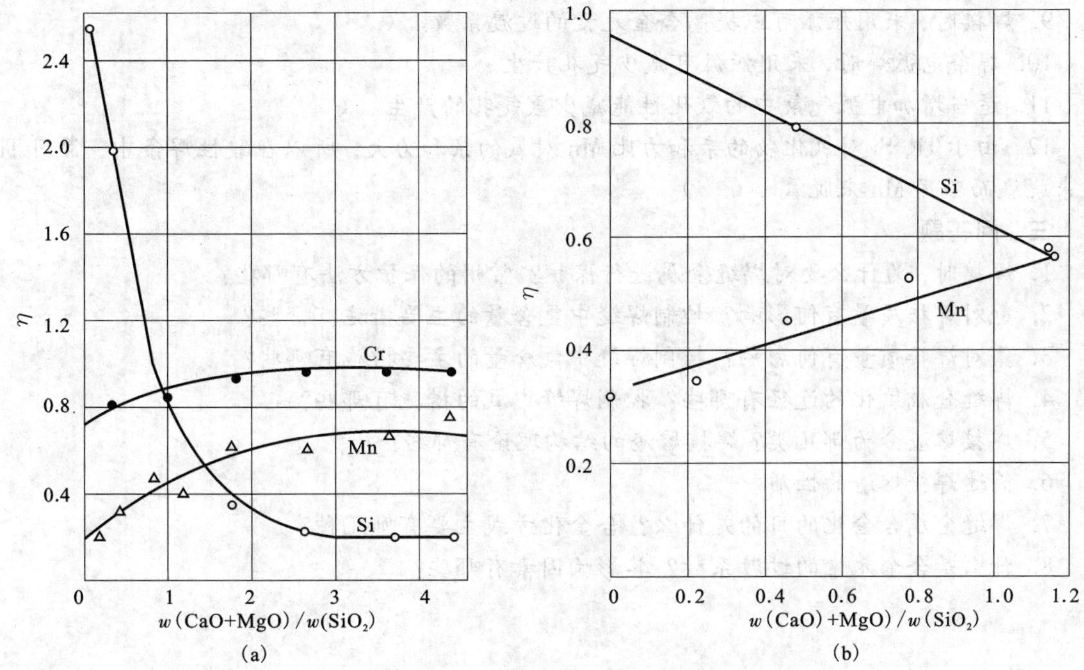


**图1-20　熔渣的碱度与过渡系数的关系**

(a)药皮含20%大理石，焊芯H0Cr19Ni9Ti；(b)无氧药皮，H08A

8. 硫在低碳钢中主要以__________和__________形式存在。前者虽然能无限地溶解于液态中，但在固态铁中的溶解度很小，因此，在熔池凝固时能析出FeS，并与$\alpha$-Fe，FeO等形成__________，产生热裂纹；后者在液态铁中的溶解度极小，所以容易排入渣，即使不能排走而留在焊缝中，也由于它熔点高，并呈__________状分布，不易开裂。

9. 焊缝金属中的磷是以__________和__________形式存在，该磷化物能与铁形成__________，聚集于晶界，易引起__________裂纹，此外这些低熔点共晶削弱了晶粒间的结合力，增加了焊缝金属的__________，使__________。

10. 焊接熔池中脱磷反应可分为两步，第一步是__________；第二步是__________。

11. 焊条电弧焊时，向焊缝中渗合金的方式有两种，一是__________；二是__________。

**二、判断题**

1. 焊接化学冶金过程与普通化学冶金过程一样，是分区域(或阶段)连续进行的。(　)

2. 由于硅、锰的脱氧效果不如钛、铝，所以焊接常用的脱氧剂是钛和铝。(　)

3. E4303焊条的脱硫、脱磷效果比E5015焊条好。(　)

4. 酸性焊条主要采用脱氧剂脱氧，碱性焊条主要采用扩散脱氧。(　)

5. 扩散脱氧主要依靠熔渣中的碱性氧化物，如CaO等。(　)

6. 在其他条件相同时，若合金元素氧化物的酸碱性与熔渣的酸碱性相同，有利于提高过渡系数，否则则降低过渡系数。(　)

7. 碱性熔渣脱硫、脱磷的效果比酸性熔渣好。(　)

8．焊缝金属渗合金的目的之一是可以获得具有特殊性能的堆焊金属。（ ）

9．焊接时，采用短弧可以提高合金元素的过渡系数。（ ）

10．焊条电弧焊时，采用短弧可减少气孔产生。（ ）

11．适当增加电弧气氛中的氧化性能减少氢气孔的产生。（ ）

12．由于Ti、Si对氧化物的亲和力比Mn对氧的亲和力大，所以在酸性焊条中，常用Ti，Si来脱氧而不用Mn来脱氧。（ ）

**三、问答题**

1．焊接时，为什么要对焊缝金属进行保护？常用的保护方法有哪些？

2．氢对焊接质量有何影响？控制焊缝中氢含量的主要措施有哪些？

3．氮对焊接质量有何影响？控制焊缝中氮含量的主要措施有哪些？

4．焊缝金属氧化的途径有哪些？控制焊缝中氧的措施有哪些？

5．焊接熔渣分为哪几类？焊接熔渣的结构理论有哪些？

6．简述焊接熔渣的性质。

7．焊缝金属合金化的目的是什么？合金化方式主要有哪几种？

8．什么是合金元素的过渡系数？其影响因素有哪些？

# 模块二　焊接凝固冶金基础

加热是金属熔焊的必要条件。对焊件进行局部加热，可使焊接区的金属熔化，冷却后形成牢固的接头。此焊接热过程必将引起焊接区金属的成分、组织与性能的变化，其结果将直接决定焊接质量。决定上述变化的主要因素是焊接区的热量传递和温度变化情况等。因此，为了保证焊接质量，必须了解焊接区热过程的基本规律等知识。

## 2.1　焊接热过程

在焊接热源作用下金属局部被加热与熔化，同时出现热量的传递和温度的变化，且这种现象贯穿整个焊接过程，即焊接热过程。一切焊接物理化学过程都在焊接热过程中发生和发展，焊接热过程直接影响着焊接质量和生产率。

### 2.1.1　焊接热过程的特点及对焊接质量的影响

**1. 焊接热过程的特点**

(1)焊接热量集中作用在焊件连接部位，而不是均匀加热整个焊件。与金属热处理不同，不均匀加热是焊接过程的基本特征。

(2)热作用的瞬时性。焊接时，热源以一定速度移动，焊件上任一点受热的作用都具瞬时性，即随时间变化。在集中热源作用下，加热速度很快(电弧焊加热速度为1500℃/s)，在很短时间内热量从热源传递到焊件上。随着热源向前移动，曾被加热到高温的金属迅速传导热量而冷却降温。焊件上各点受热温度不断变化，说明了这种传热过程是不稳定的。

**2. 焊接热过程对焊接质量的影响**

焊缝金属的内在质量、热影响区的组织与性能的变化、焊接接头上的应力状态以及焊接生产率等，直接受到热过程的影响。焊接热过程对焊接质量的影响主要有以下几点：

(1)焊接热过程决定了焊接熔池的温度和存在时间。温度高低和时间长短，直接影响着熔池金属的理化反应。若反应不完全，在焊缝金属中将会产生如偏析、气孔、夹杂等缺陷。

(2)在焊接热过程中，由于热传导的作用，近缝区的母材金属将发生组织与性能的变化，这种变化与焊接热源性质、加热时间和冷却速度有关，受其影响在该区可能产生淬硬、脆化或软化现象。

(3)焊接是不均匀加热和冷却的过程，在接头区发生不同程度热弹塑性变化，焊后将产生不均匀的应力状态和各种变形，焊接应力与冶金因素共同起作用可以产生裂纹。

(4)提高母材和填充材料的熔化速度是提高焊接生产率的重要途径，而熔化速度取决于热作用，故焊接热过程对焊接生产率具有直接影响。

### 2.1.2 焊接热源及传热方式

熔焊时，要对焊件进行局部加热。由于金属具有良好的导热性，加热时热量必然会向金属内部流动。为保证焊接区金属能够迅速熔化，并防止加热区过宽，要求焊接热源温度高且热量集中，即热源温度应明显高于被焊金属的熔点，且加热范围小。生产中常用的焊接热源有以下几种：

(1)电弧热。电弧热是利用气体介质在两电极之间强烈而持续放电过程产生的热能为焊接热源。电弧热是目前应用最广的焊接热源，如焊条电弧焊、埋弧焊、气体保护焊等。

(2)化学热。化学热是利用可燃气体(如乙炔、液化石油气等)的火焰放出的热量或热剂(如铝粉、氧化铁粉)在一定温度下进行化学反应产生的热量作为焊接热源，如气焊、热剂焊等。

(3)电阻热。电阻热是利用电流通过导体产生的电阻热作为热源，如电阻焊、电渣焊等。

(4)摩擦热。摩擦热是利用机械摩擦产生的热量作为热源，如摩擦焊。

(5)电子束。电子束是利用高压高速电子束轰击金属表面产生的热量作为热源，如电子束焊。

(6)等离子束。等离子束利用高电离、高能量密度的高温等离子束作为焊接热源，如等离子弧焊。

(7)激光束。激光束是利用经过聚焦的高能量激光束作为焊接热源，如激光束焊。

(8)高频感应。高频感应是对有磁性的金属，利用高频感应产生的二次感应电流作为热源，如高频感应焊。

**小提示**

焊接过程中，热源能量的传递也不外乎传导、对流和辐射三种形式，对于电弧焊来讲，热量从热源传递到焊件主要是通过热辐射和热对流方式，而在母材和焊丝内部，则以热传导方式为主。

### 2.1.3 焊接温度场

**1. 焊接温度场的定义及特点**

焊接时，焊件上各点的温度不同，并随时间而变化。焊接过程中某一瞬间焊接接头处各点的温度分布称为焊接温度场。

焊接温度场常用等温线或等温面来表示。所谓等温线或等温面，就是温度场中温度相等点的连线或连面。因为在给定温度场中，任何一点不可能同时有两个温度，因此不同温度的等温线(面)绝对不会相交，这是等温线(面)的重要性质。

由图2-1可知，沿热源移动方向温度场分布不对称。热源前面温度场等温线密集，温度下降快；热源后面等温线稀疏，温度下降较慢，如图2-1(b)、图2-1(c)所示。这是因为热源前面是未经加热的冷金属，温差大，故等温线密集；而热源后面是刚焊完的焊缝，尚处于高温，温差小，故等温线稀疏。热源运动对两侧温度分布的影响相同，如图2-1(d)所示。

因此，整个温度场对 $Y$ 轴形成不对称，而对 $X$ 轴的分布仍保持对称。

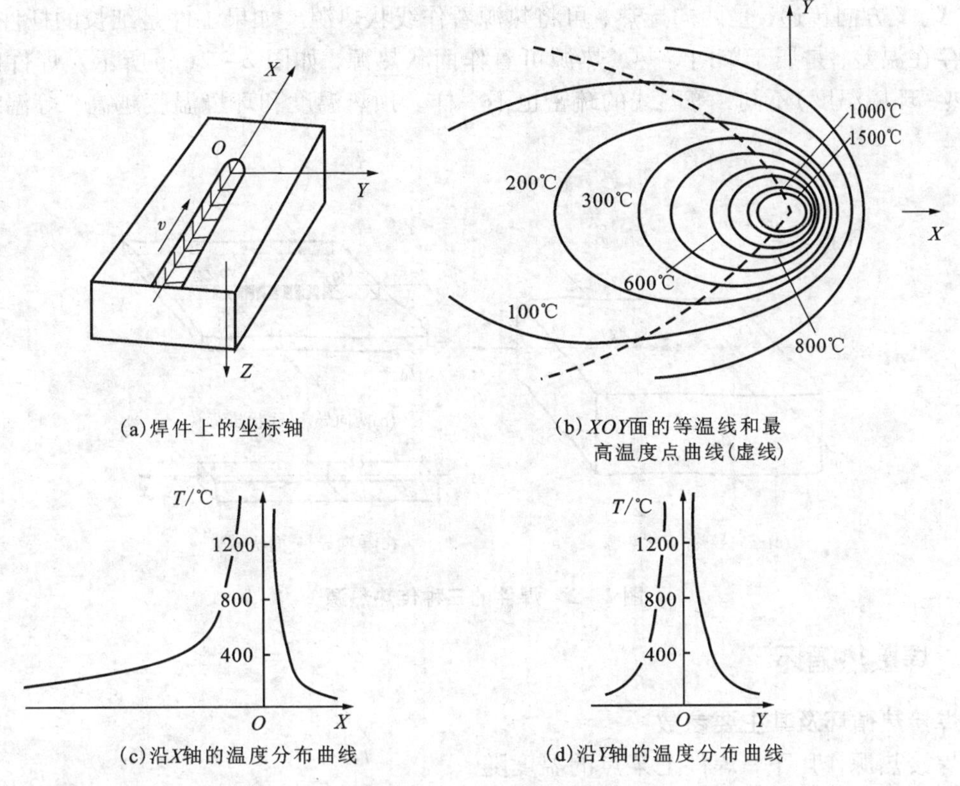


(a)焊件上的坐标轴　(b) XOY面的等温线和最高温度点曲线(虚线)

(c)沿X轴的温度分布曲线　(d)沿Y轴的温度分布曲线

**图 2-1　焊接温度场**

**2. 影响温度场的因素**

(1)热源的性质及焊接工艺参数。热源的性质不同，温度场的分布也不同。热源的能量越集中，则加热面积越小，温度场中等温线(面)的分布越密集。同样的焊接热源，焊接工艺参数不同，温度场的分布也不同。在焊接工艺参数中，热源功率和焊接速度的影响较大。当热源功率一定时，焊接速度 $v$ 增加，等温线的范围变小，即温度场的宽度和长度都变小，但宽度减小更多些，所以温度场的形状变得细长。当焊接速度一定时，随热源功率的增加，温度场的范围随之增大。当 $\frac{P}{v}$ 一定时，等比例改变 $P$ 和 $v$，则等温线有所拉长，温度场的范围也随之变化。

(2)被焊金属的热物理性质。被焊金属的热导率、比热容、传热系数等对焊接温度场的影响较大。如在焊接热输入与工件尺寸一定时，热导率低的不锈钢，600℃以上的高温区比低碳钢的大，而热导率高的铝、纯铜的高温区要小得多。这是因为热导率高时，热量很快向金属内部传导，热作用的范围大，但高温区却缩小了。因此，焊接不同的材料，应选择合适的焊接热源及工艺参数。

(3)焊件的几何尺寸及状态。焊件的几何尺寸影响导热面积和导热方向。焊件的尺寸不同，可形成点状、线状和面状热源三种，如图 2-2 所示。当工件尺寸厚大时，如图 2-2(a)

所示，热量可沿 $X$、$Y$、$Z$ 三个方向传递，属于三向导热，热源相对于工件尺寸可看作点状热源。当工件为尺寸较大的薄板时，如图 2－2(b) 所示，可认为工件在厚度方向不存在温差，热量沿 $X$、$Y$ 方向传递，是两向导热，可将热源看作线状热源。如果工件是细长的杆件，只在 $X$ 方向存在温差，是属于单向导热，热源可看作面状热源，如图 2－2(c) 所示。焊件的状态(如预热、环境温度)不同，等温线的疏密也不一样。预热温度和环境温度越高，等温线分布越稀疏。

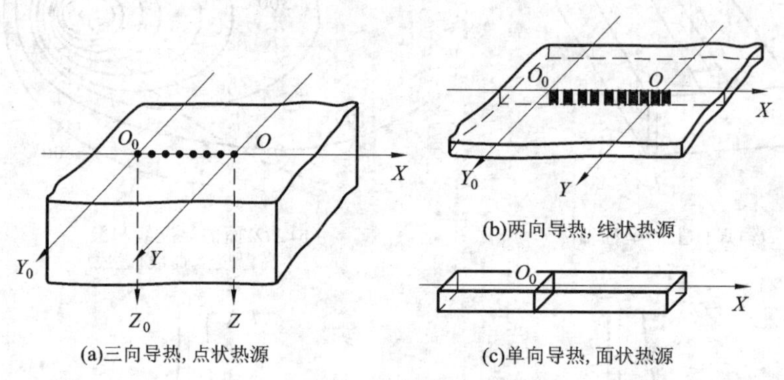


图 2－2　焊件的三种传热热源

## 2.1.4　焊接热循环

### 1. 焊接热循环及其主要参数

在焊接热源作用下，焊件上某点的温度随时间变化的过程称为焊接热循环。焊接热循环是针对某个具体的点而言的。热循环一般用温度－时间曲线来表示，称为焊接热循环曲线，典型的焊接热循环曲线如图 2－3 所示。

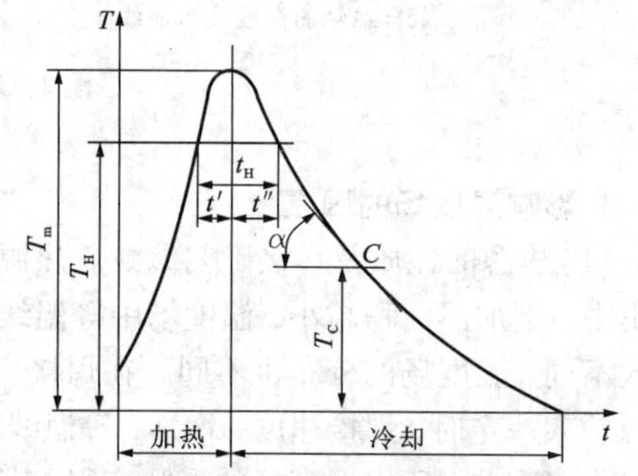


图 2－3　焊接热循环曲线

$T_c$—瞬时温度；$T_H$—相变温度

焊接热循环的主要参数是加热速度($v_H$)、最高加热温度($T_m$)、相变温度以上停留时间($t_H$)及冷却速度。

(1) 加热速度($v_H$)。加热速度是指热循环曲线上加热段的斜率。焊接时的加热速度比热处理时要大得多。随着加热速度升高，相变温度也提高，从而影响接头加热、冷却过程中的组织转变。影响加热速度的因素有焊接方法、工艺参数、焊件成分及工件尺寸等。

(2) 最高加热温度($T_m$)。最高加热温度是焊接热循环中最重要的参数之一，又称为峰值温度。焊件上各部位最高加热温度不同，可发生再结晶、晶粒长大及熔化等一系列的变化，从而影响接头冷却后的组织与性能。

(3) 相变温度以上停留时间($t_H$)

在相变温度以上停留时间越长越有利于奥氏体的均质化过程，但温度太高(如 1100℃以上)会使晶粒长大，温度越高，晶粒长大所需时间越短。所以，相变温度以上高温区

(1100℃)停留时间越长，晶粒长大越严重，接头的组织与性能越差。

焊接时，由于近缝区必然要在相变温度以上的高温区停留，热影响区中不可避免地会发生晶粒粗化现象。在某些条件(如电渣焊或大热量输入的埋弧焊)下，晶粒粗化会对焊接质量带来明显影响，需采取必要的辅助措施加以防止。

(4)冷却速度($t_{8/5}$)。冷却速度是指热循环曲线上冷却阶段的斜率。冷却速度不同，冷却后得到的组织与性能也不一样。一般常用接头从800℃冷却到500℃所需时间($t_{8/5}$或$t_{800\sim500}$)来表示冷却速度。因为这个温度区域正好是焊接接头金属的固态相变区，其值对接头金属的转变、过热和淬硬倾向都有影响。$t_{8/5}$越小，表示冷却速度越大。

**2. 影响焊接热循环的因素**

影响焊接热循环的因素与影响温度场的因素基本相同，主要有焊接工艺参数和热输入、预热和层间温度、焊件尺寸、接头形式、焊道长度等。

(1)焊接工艺参数和热输入的影响。焊接电流、电弧电压、焊接速度等对焊接热循环均有一定的影响。焊接热输入与焊接电流、电弧电压成正比，与焊接速度成反比。热输入增加可显著增加高温停留时间($t_H$)和降低冷却速度。一般通过工艺参数来调整焊接热输入。

(2)预热和层间温度的影响。对焊件预热可以降低冷却速度，预热温度越高，冷却速度越小，但预热对高温停留时间影响不大。层间温度是指多层多道焊时，施焊后继焊道之前，其相邻焊道应保持的温度。控制层间温度可降低冷却速度，促进扩散氢的逸出。

(3)焊件尺寸的影响。当热输入不变和板厚较薄时，板宽增大，$t_{8/5}$明显下降，但板宽增大到150mm以后，$t_{8/5}$变化不大；当板厚较大时，板宽的影响不明显。焊件厚度越大，冷却速度越大，高温停留时间越短。

(4)接头形式的影响。接头形式不同，导热情况存在差异，同样板厚的T形接头或角接接头的冷却速度是对接接头的1.5倍。坡口相同，板厚增加时，冷却速度随之增大。板厚相同，坡口不同，冷却速度也不同，如同样板厚的X形坡口对接接头比V形坡口对接接头的冷却速度大。接头与坡口形式对$t_{8/5}$的影响如图2-4所示。

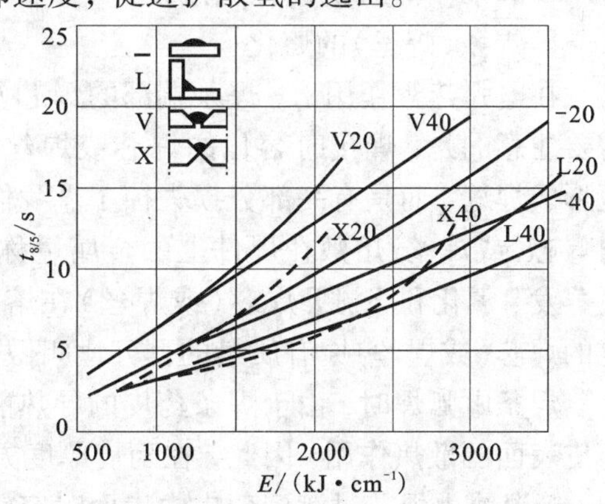


**图2-4　接头形式对$t_{8/5}$的影响**

(图中符号后面的数字表示板厚)

(5)焊道长度的影响。焊道越短，其冷却速度越大。焊道短于40 mm时，冷却速度急剧增大。弧坑处冷却速度最大，约为焊缝中部的2倍，比引弧端大20%。

**3. 调整焊接热循环的方法**

调整焊接热循环的方法主要有：根据被焊金属的成分和性能选择合适的焊接方法，合理选用焊接工艺参数，采用预热或缓冷等措施降低冷却速度，调整多层焊的焊道数、层间温度及焊道长度，选用合适的焊接接头形式，采用短段多层焊等。

## 2.2　焊缝金属的构成

焊件经焊接后所形成的结合部分就是焊缝。熔焊时，焊缝金属由熔化的母材与填充金属熔合而成，其组成的比例取决于具体的焊接工艺条件。

## 2.2.1 焊条(焊丝)的加热与熔化

**1. 加热熔化焊条(焊丝)的热量**

电弧焊时，加热与熔化焊条(焊丝)的热量来自三方面：焊接电弧传给焊条(焊丝)的电弧热；焊接电流通过焊芯(焊丝)时产生的电阻热；化学冶金反应产生的反应热。一般情况下化学反应热仅占1%～3%，可忽略不计。需注意的是，非熔化极电弧焊无焊条、焊丝的电阻热。

(1)焊接电弧热。焊接电弧热是加热熔化焊条(焊丝)的主要能量。焊条电弧焊时这部分热量占焊接电弧总功率的20%～27%。电弧对焊条加热的特点是热量集中，沿焊条轴向和径向的温度场非常窄。电弧热主要集中在焊条端部10 mm以内。

(2)焊接电流通过焊芯(焊丝)所产生的电阻热。电阻热过大会给焊接过程带来不利的影响，如焊条电弧焊时，过高的电阻热将使焊条药皮在熔化前就发红变质，失去保护和参与冶金过程的作用。自动焊时，过高的电阻热将使焊丝发生崩断而影响焊接。因此为了减小过大的电阻热带来的不利影响，在焊接过程中应对电流强度、焊条长度或焊丝的伸出长度加以限制。

**2. 焊条(焊丝)的熔化与过渡**

1)焊条(焊丝)的熔化

在电弧热等作用下，焊条端部的焊芯及焊丝熔化后进入熔池。需要注意的是，焊接时熔化的焊芯或焊丝金属并不是全部进入熔池形成焊缝，而是有一部分损失掉了。我们把单位电流、单位时间内焊芯(或焊丝)熔敷在焊件上的金属量称为熔敷系数。而由于金属蒸发、氧化和飞溅，焊芯(或焊丝)在熔敷过程中的损失量与熔化的焊芯(或焊丝)原有质量的百分比叫做飞溅率($\psi$)。

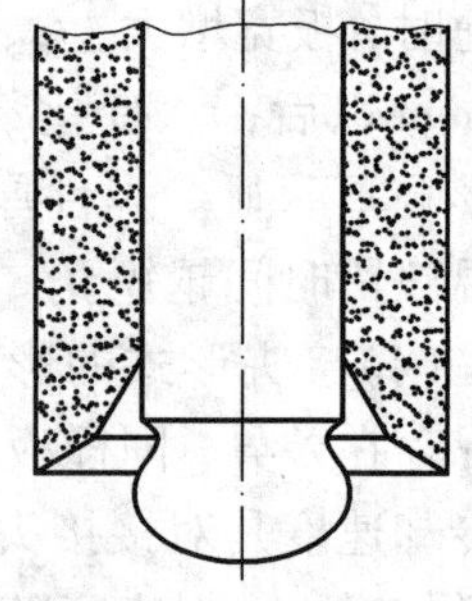

**图2-5 药皮套筒的形成**

焊条电弧焊时，由于焊条药皮的导热能力比焊芯低得多，加之药皮表面的散热作用，因此，在药皮厚度方向的温度分布是不均匀的，等温线由焊芯过渡到药皮内表面时突然转折，以锥面伸展到药皮外表面，这样焊条熔化时在焊条端部形成了所谓的套筒，如图2-5所示。药皮的熔点越高，药皮厚度越大，套筒也就越长。

2）熔滴过渡的作用力

电弧焊时，在焊条(焊丝)端部形成的向熔池过渡的液态金属滴称为熔滴。在熔滴的形成和长大过程中，主要有以下几种作用力：

**小提示**

药皮套筒的长度对焊接工艺性能、熔滴过渡形态和化学冶金过程都有影响。增大套筒长度可以提高电弧吹力，增加熔深，细化熔滴，加强气流对熔滴的保护作用。但套筒过长，将使电弧拉长，造成电弧不稳甚至中断或是药皮成块脱落。

(1)重力。熔滴因自身重力而具有下垂的倾向。平焊时，重力促进熔滴过渡；立焊和仰焊时，重力阻碍熔滴过渡。

(2)表面张力。焊条金属熔化后，在表面张力的作用下形成滴状。平焊时，表面张力阻碍熔滴过渡；立焊、仰焊时，表面张力促进熔滴过渡。表面张力的大小与熔滴的成分、温度、环境气氛和焊条直径等有关。

(3) 电磁压缩力。焊接时，把熔滴看成由许多平行载流导体组成，这样在熔滴上就受到由四周向中心的电磁力，即电磁压缩力。电磁压缩力在任何焊接位置都促使熔滴向熔池过渡。

(4)斑点压力：电弧中的带电质点(电子和正离子)在电场作用下向两极运动，撞击在两极斑点上而产生的机械压力即斑点压力，其作用是阻碍熔滴过渡，并且正接时的斑点压力较反接时大。

(5)等离子流力。电磁压缩力使电弧气流的上、下形成压力差，使上部的等离子体迅速向下流动产生压力，即等离子流力。等离子流力有利于熔滴过渡。

(6)电弧气体吹力。焊条末端形成的套管内含有大量气体，并顺着套管方向以挺直而稳定的气流把熔滴送到熔池中。无论焊接位置如何，电弧气体吹力都有利于熔滴过渡。

3）熔滴过渡的类型

熔滴通过电弧空间向熔池的转移过程称为熔滴过渡。熔滴过渡主要有颗粒状过渡、短路过渡和喷射过渡三种类型。

(1)颗粒状过渡。当电弧长度超过临界值时，熔滴依靠表面张力的作用可以保持在焊丝端部自由长大。当促使熔滴下落的力(如重力、电磁力等)大于表面张力时，熔滴就离开焊丝落到熔池中而不发生短路，因此焊接电流和电压的波动比短路过渡时小。这种过渡形式根据熔滴的大小又可分为粗颗粒过渡和细颗粒过渡。从焊接质量方面的要求来看，希望获得细颗粒过渡。减小焊丝直径，增大焊接电流可以使熔滴细化、单个熔滴的质量减小、过渡频率提高。此外，熔滴过渡还与电源极性、保护气体、焊剂和药皮成分等因素有关。

(2)短路过渡。在短弧焊时，熔滴长大受到电弧空间的限制。这时，熔滴还没有长大到

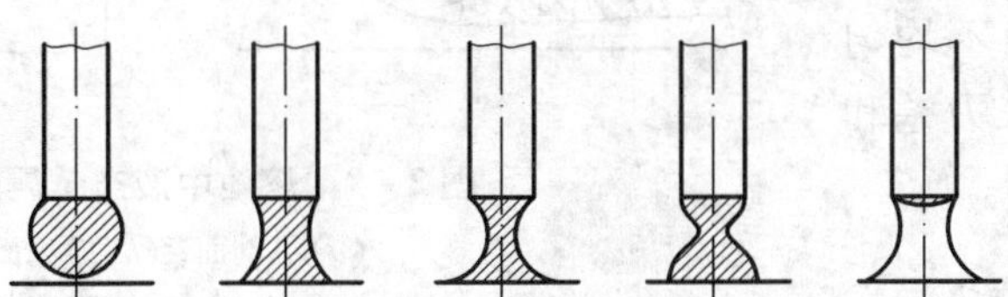

**图2-6　短路过渡**

它在自由成形时的最大尺寸就与熔池接触，形成短路，如图2-6所示。金属熔滴在表面张力和其他力的作用下，开始沿着熔池表面流散，并在熔滴和熔池之间迅速形成缩颈，称之为金属小桥。显然，金属小桥中的电流密度将急剧升高，熔滴强烈过热而发生爆炸便脱离焊丝过渡到熔池内。然后电弧又重新点燃，开始下一个周期的过程。

(3)喷射过渡。如果电流达到某个临界值，将发生喷射过渡。其特点是熔滴细，过渡频率高，熔滴沿焊丝轴向以高速向熔池运动，过程稳定，飞溅小，熔深大，焊缝成形美观。

## 2.2.2　母材的熔化与熔池的形成

熔焊时，当焊接热源作用于母材表面，母材金属瞬时被加热熔化，母材的熔化程度主要由焊接电流决定。

熔焊时在焊接热源作用下，焊件上形成的具有一定几何形状的液态金属部分称为熔池。不加填充材料时，熔池由熔化的母材组成；加填充材料时，熔池由熔化的母材和填充材料组成。

**1. 熔池的形状与尺寸**

熔池的形状如图 2-7 所示，其形状类似于不太规则的半椭球，轮廓为熔点温度的等温面。熔池的主要尺寸是熔池长度 $L$，最大宽度 $B_{\max}$，最大熔深 $H_{\max}$。熔池存在的时间与熔池长度成正比，与焊接速度成反比。

**2. 熔池的温度**

熔池的温度分布是不均匀的，边界温度低，中心温度高。熔池的温度分布如图 2-8 所示。

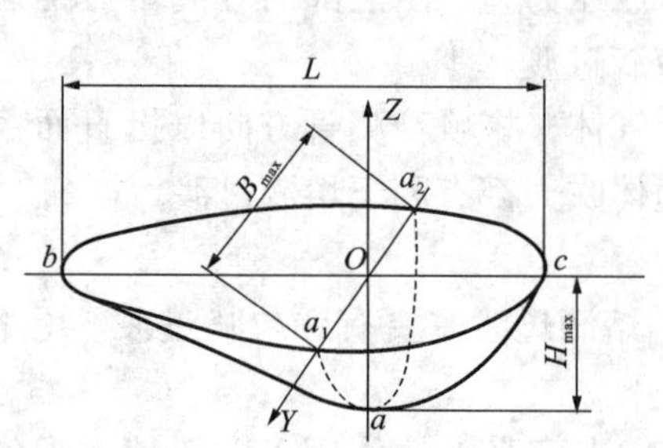


图 2-7 焊接熔池外形尺寸

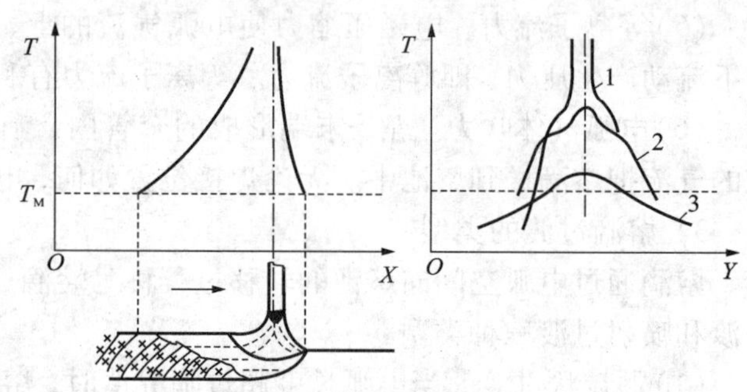


图 2-8 焊接熔池的温度分布

1—熔池中部；2—头部；3—尾部

**3. 熔池金属的流动**

由于熔池金属处于不断的运动状态，其内部金属必然也要流动。熔池金属运动如图 2-9 所示。引起熔池金属运动的力分为两大类：一是焊接热源产生的电磁力、电弧气体吹力、熔滴撞击力等；二是由不均匀温度分布引起的表面张力差和金属密度差产生的浮力。

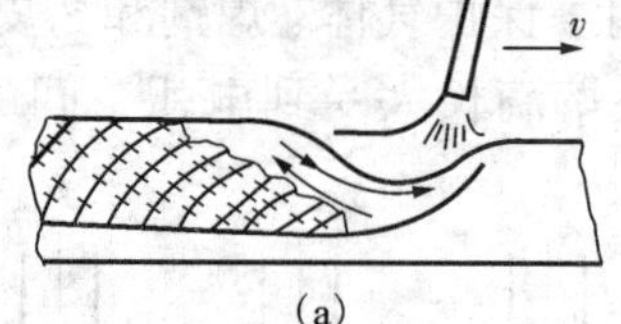


(a)

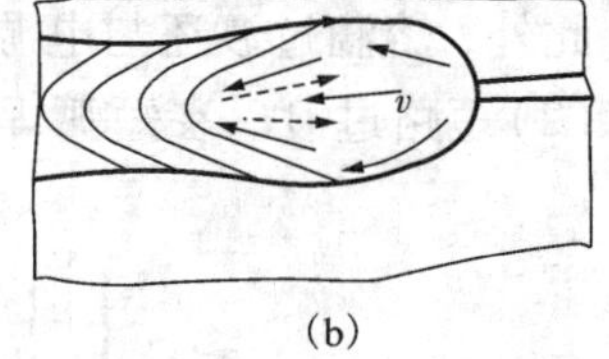


(b)

图 2-9 熔池中液态金属的运动

(a)纵剖面；(b)横剖面

## 2.2.3 焊缝金属的熔合比

焊缝金属由局部熔化的母材与填充金属共同组成，其组成比例决定了焊缝的成分。熔焊时，局部熔化的母材在焊缝金属中所占的百分比叫熔合比。图 2-10 为熔合比概念示意图，其计算公式为：

$$\theta = \frac{A_b}{A_b + A_d} \times 100\%$$

式中：$\theta$——熔合比；

$A_b$——焊缝截面中母材所占的面积(即熔透面积)；

$A_d$——焊缝截面中填充金属所占的面积。

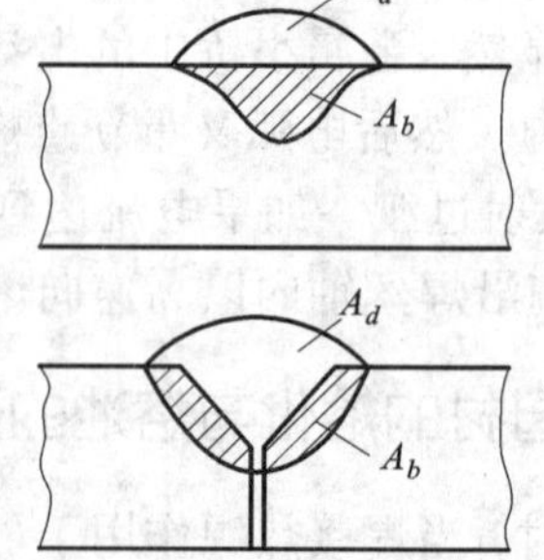


图 2-10 熔合比概念示意图

在实际生产中，母材与焊芯(或焊丝)的成分往往不同，当焊缝金属中的合金元素主要来自于焊芯(如合金堆焊)时，局部熔化的母材将对焊缝的成分起到稀释作用，因此熔合比又称

为稀释率。

熔合比取决于母材的熔透情况以及焊条(或焊丝)的熔化情况，而二者又都与焊接方法、焊接参数、接头尺寸形状、坡口形状、焊道数目以及母材热物理性能有关。

## 2.3　焊缝金属的凝固

焊接过程中，母材在高温热源作用下发生局部熔化，并与熔融的填充金属混合形成熔池。随着焊接过程的进行，熔池的温度下降，熔池金属开始了液态到固态转变的凝固过程，并在继续冷却中发生固态相变，如图 2－11 所示。熔池的凝固与焊缝的固态相变决定了焊缝金属的晶体结构、组织与性能，焊接缺陷等也都产生于焊缝金属的凝固过程中。熔池快速冷却还会使焊缝产生化学成分和组织的不均匀性。

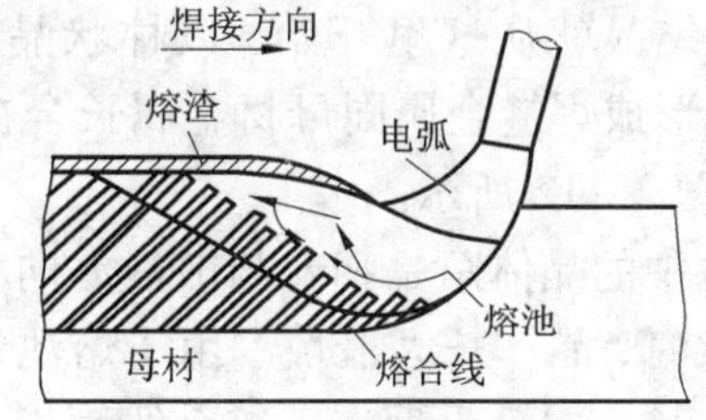


**图 2－11　熔池的凝固过程**

### 2.3.1　焊接熔池凝固的特点

**1. 熔池的体积小，冷却速度大**

在电弧焊条件下，熔池的体积最大也只有 $30cm^3$，一般焊接方法的熔池质量不超过 100g，而且熔池周围又被冷金属包围，因此熔池的冷却速度大，平均冷却速度约为 4℃ ~100℃/s。

**2. 熔池的温度分布不均匀**

熔池中部处于热源中心，呈过热状态，熔池的头部发生母材金属的熔化，熔池的尾部发生液态金属凝固，熔池底部接近母材的熔点，因此，从熔池中心到边缘存在很大的温度梯度。熔池的平均温度一般超过母材金属熔点 200℃ ~500℃。焊接热输入越大，熔池平均温度越高，熔池的过热度越大。

**3. 熔池在运动状态下结晶**

焊接熔池中的液态金属始终处于运动状态。由于熔池随热源作同步运动，熔池头部熔化的同时，熔池尾部在凝固。在焊接过程中，熔池存在着多种作用力，如电弧的机械力、气体吹力、电磁力，同时还存在着由于不均匀温度分布造成的金属密度差和表面张力差，所以熔池液态金属处于不断的搅拌和对流运动状态。熔池液态金属流动的总趋势是从熔池的头部流动向尾部。这种运动作用在其凝固过程中可以使熔池金属中的气体和杂质不断排出，因而焊缝的凝固组织致密性要比一般铸锭好。

**4. 焊接熔池凝固以熔化母材为基础**

熔化母材基础上的凝固过程与熔池的形状、尺寸密切相关，并直接取决于焊接工艺。

### 2.3.2　熔池的凝固(一次结晶)

焊缝金属由液态转变为固态的凝固过程，即焊缝金属晶体结构的形成过程，称为焊缝金属的一次结晶。焊接熔池的凝固过程符合金属结晶的基本规律。宏观上，金属结晶的实际温度总是低于理论结晶温度，即液态金属具有一定的过冷度是凝固的必要条件。微观上，金属的凝固过程由晶核不断形成和长大这两个基本过程共同构成。

焊接熔池的结晶由晶核的产生和长大两个过程组成。熔池中生成的晶核有两种，即自发晶核和非自发晶核。熔池的结晶主要以非自发晶核为主。熔池开始结晶时的非自发晶核有两种：一种是合金元素或杂质的悬浮质点，这种晶核一般情况下所起的作用不大；另一种是熔合区附近加热到半熔化状态的基本金属的晶粒表面。后者是主要的，结晶就从这里开始，以柱状晶的形态向熔池中心生长，形成焊缝金属同母材金属长合在一起的"联生结晶"，如图 2－12 所示。

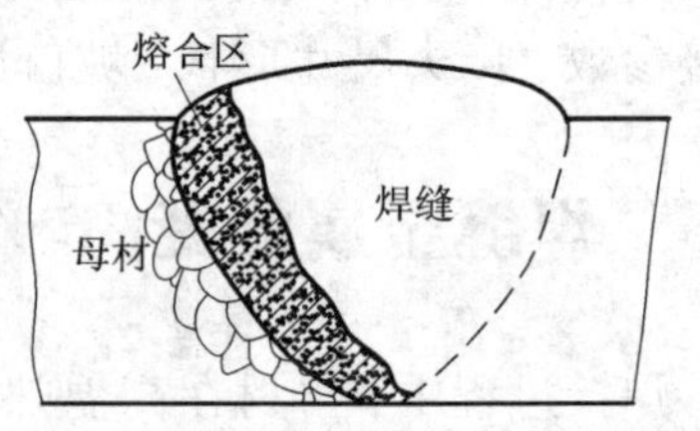


**图 2－12　联生结晶**

熔池中的晶体总是朝着与散热方向相反的方向长大。当晶体的长大方向与散热最快的反方向一致时，晶体长大最快。由于熔池最快的散热方向垂直于熔合线且指向金属内部，所以晶体的成长方向总是垂直于熔合线而指向熔池中心，因而形成了柱状结晶。当柱状结晶不断长大至互相接触时，熔池的一次结晶宣告结束。焊接熔池的结晶过程如图 2－13 所示。

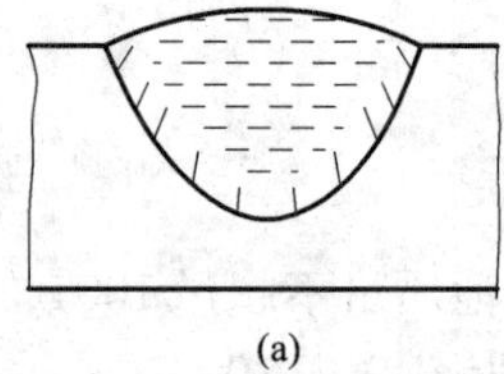
(a)

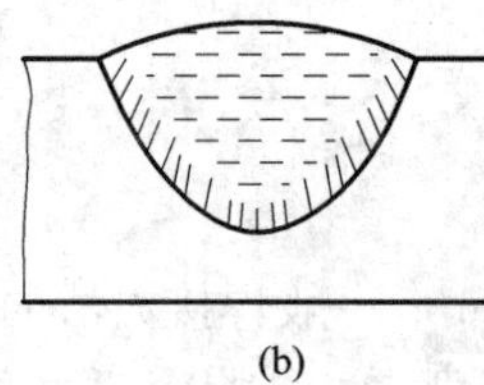
(b)

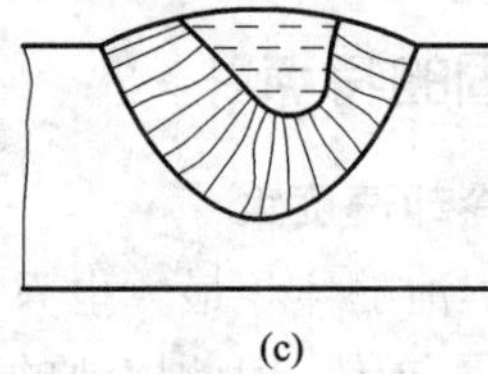
(c)

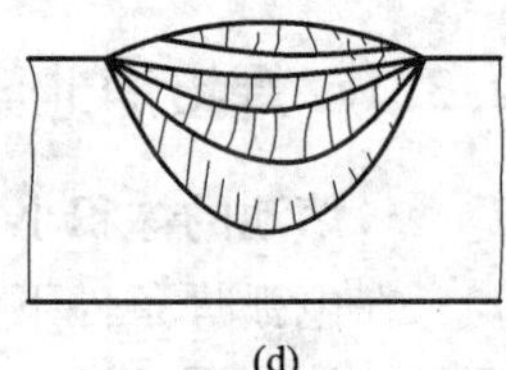
(d)

**图 2－13　焊接熔池的结晶过程**

(a)开始结晶；(b)晶体长大；(c)柱状结晶；(d)结晶结束

总之，焊缝金属的一次结晶从熔合线附近开始形核，以联生结晶的形式呈柱状向熔池中心长大，得到柱状晶组织。

### 2.3.3　熔池金属的固态相变(二次结晶)

熔池凝固以后，焊缝金属从高温冷却到室温还会发生固态相变。焊缝金属的固态相变过程称为焊缝金属的二次结晶。二次结晶的组织主要取决于焊缝金属的化学成分和冷却速度。对于低碳钢来说，焊缝金属的常温组织为铁素体和珠光体。由于焊缝冷却速度快，所得珠光体含量比平衡组织中的含量大。冷却速度越快，珠光体含量越多，焊缝的强度和硬度也随之增加，而塑性和韧性则随之降低。

### 2.3.4　焊缝金属的偏析

在熔池结晶过程中，由于冷却速度很快，已凝固焊缝金属的化学成分来不及扩散，因此合金元素的分布不均匀，这种现象称为偏析。偏析对焊缝质量影响很大，不仅会导致性能改变，同时也是产生裂纹、气孔、夹杂物等焊接缺陷的主要原因之一。

根据焊接过程特点，焊缝中的偏析主要有显微偏析、区域偏析和层状偏析三种。

**1. 显微偏析**

晶粒内部和晶粒之间的化学成分不均匀现象称为显微偏析。熔池结晶时，最先结晶的中心部分的金属最纯，而后结晶部分所含合金元素和杂质略高，最后结晶的部分即晶粒的外缘和前端所含合金元素和杂质最高。

影响显微偏析的主要因素是金属的化学成分。金属的化学成分不同，其结晶区间大小就不同。一般情况下，合金元素的含量越高，结晶区间越大，越容易产生显微偏析。对低碳钢而言，其结晶区间不大，显微偏析并不严重，而高碳钢、合金钢焊接时，因其结晶区间大，显微偏析很严重，常会引起热裂纹等缺陷。所以，高碳钢、合金钢等焊后常进行扩散及细化晶粒等热处理来消除显微偏析。

**2. 区域偏析**

熔池结晶时，由于柱状晶体的不断长大和推移把杂质推向熔池中心，使熔池中心杂质比其他部位多的现象称为区域偏析。

影响区域偏析的主要因素是焊缝的断面形状。对于窄而深的焊缝，各柱状晶的交界在焊缝中心，如图 2－14(a)所示，这时极易形成热裂纹。对于宽而浅的焊缝，杂质聚集在焊缝的上部，如图 2－14(b)所示，这种焊缝具有较强的抗热裂纹能力。因此，可利用这一特点来降低焊缝产生热裂纹的可能。如同样厚度的钢板，多层多道焊比一次深熔焊产生热裂纹的倾向小得多。

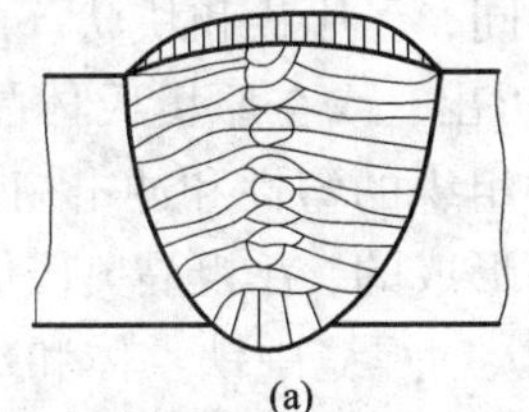
(a)

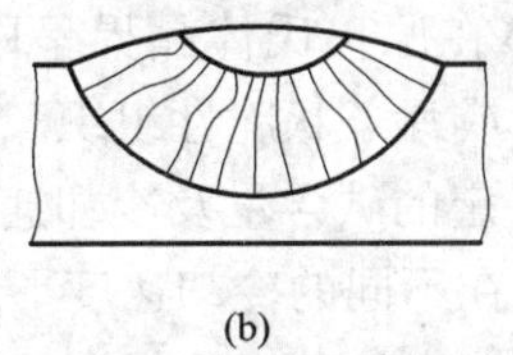
(b)

**图 2－14　焊缝断面形状对区域偏析的影响**

另外，焊缝末端的弧坑处，因熔池杂质的聚集加之断弧点的搅拌不够强烈等综合作用使火口处有较多的杂质，出现严重的火口偏析现象，这也是一种区域偏析。火口偏析易在火口处引起裂纹，称为火口裂纹。

**3. 层状偏析**

焊接熔池始终处于气流和熔滴金属的搅动作用下，所以无论是金属的流动或热量的供应和传递，都具有脉动性。同时，结晶潜热的释放造成结晶过程周期性停顿。这些都使晶体的成长速度出现周期性增加和减小，晶体长大速度的变化可引起结晶前沿液体金属中杂质浓度的变化，从而形成周期性偏析现象，即层状偏析。层状偏析不仅造成焊缝性能不均匀，而且由于一些有害元素的聚集，易产生裂纹和层状分布的气孔。图 2－15 所示为层状偏析所造成的气孔。

## 2.4　焊缝的组织与性能

焊接熔池凝固所得的是一次结晶组织。在继续冷却过程中，一次结晶组织将发生组织转变即固态相变，转变后得到的是二次结晶组织，又称为固态相变组织。在室温下用显微镜观察焊缝金属所见到的即是这种组织。

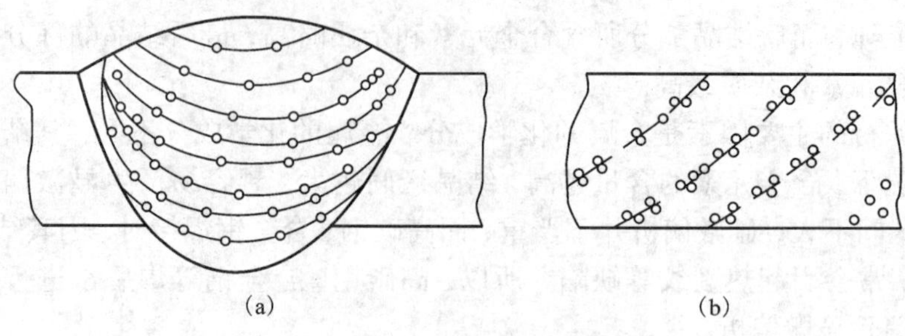


**图 2-15　层状偏析分布的气孔**

(a)焊缝横断面；(b)焊缝纵断面

焊缝金属经历了从液态到室温固态的全过程，其二次组织是在焊后形成的铸造组织基础上经连续冷却形成的。下面以低碳钢和低合金钢的焊缝固态相变为例来分析焊缝固态相变组织及其性能。

## 2.4.1　低碳钢焊缝的固态相变组织与性能

低碳钢的焊缝金属碳含量较低，高温奥氏体固态相变后的组织是铁素体加少量珠光体。铁素体首先沿原奥氏体晶界析出，因冷却条件不同，有片状和块状。此外，焊缝还会有魏氏组织，其特征是铁素体在原奥氏体晶界呈网状析出，或在原奥氏体晶粒内部沿一定方向析出，呈长短不一的针状或片条状脆性组织。这种组织的塑性和冲击韧性差，使脆性转变温度升高。魏氏组织是在一定的碳含量及冷却速度下形成的，在粗晶奥氏体中更容易形成。

焊缝成分相同时，在不同的冷却速度下，低碳钢焊缝中铁素体和珠光体的比例有很大差别。冷却速度越大，焊缝中的珠光体越多、越细，同时焊缝的硬度越大。

低碳钢焊缝经过再次加热后，例如在多层焊或焊后热处理后可以破坏粗大柱状晶，得到细小的铁素体和珠光体组织。使钢中柱状晶消失的临界温度一般在 $A_3$ 点以上 20℃～30℃。试验证明，低碳钢约在 900℃以下短时间加热，即可使柱状组织破坏消失，并使晶粒细化，从而大大改善焊缝的力学性能特别是冲击韧度；超过 1100℃，则发生晶粒粗化；在 500℃～600℃时，焊缝金属中碳、氮元素发生时效而导致冲击韧度下降。

## 2.4.2　低合金钢焊缝的固态相变组织与性能

低合金钢焊缝固态相变的情况比低碳钢复杂得多，随母材、焊接材料及工艺条件的不同而变化。固态相变除铁素体与珠光体转变外，还可能出现贝氏体与马氏体转变。

**1. 铁素体组织**

低合金钢焊缝中的铁素体随转变温度不同而具有不同的形态，并对焊缝性能有明显 的影响。目前公认的有以下四种类型：

(1)先共析铁素体($F_{先}$)。先共析铁素体因在固态相变时首先沿奥氏体晶界析出而得名，转变温度为 770℃～680℃。当高温停留时间较长，冷速较低时，先共析铁素体的数量增加。当先共析铁素体的数量较少时，以细条状或不连续网状分布于晶界；较多时，呈块状。

(2)侧板条铁素体($F_{条}$)。侧板条铁素体的形成温度低于先共析铁素体的形成温度，约在 700℃～550℃。它在奥氏体晶界的先共析铁素体侧面以板条状向晶内伸长。侧板条铁素体的析出抑制了焊缝金属的珠光体转变，因而扩大了贝氏体转变范围。

(3)针状铁素体($F_{针}$)。针状铁素体的形成温度更低，约500℃，以针状在原奥氏体晶内分布。针状铁素体组织具有优良的韧性。冷速越高，针状铁素体越细，韧性越高。

(4)细晶铁素体($F_{细}$)。细晶铁素体是在奥氏体晶内形成的，通常形成于含有细化晶粒元素的焊缝金属中，其转变温度一般在500℃以下。

**2. 珠光体组织**

焊接条件下的固态相变属于非平衡相变，一般情况下，低合金钢焊缝中很少会发生珠光体转变，只有在冷却速度很低的情况下，才能得到少量珠光体。

在不平衡的冷却条件下，随着冷速的提高，珠光体转变温度下降，其层状结构也越来越密。根据组织细密程度不同，又可分为层状珠光体、粒状珠光体(又称托氏体)和细珠光体(又称索氏体)。珠光体各种组织如图2－16所示。

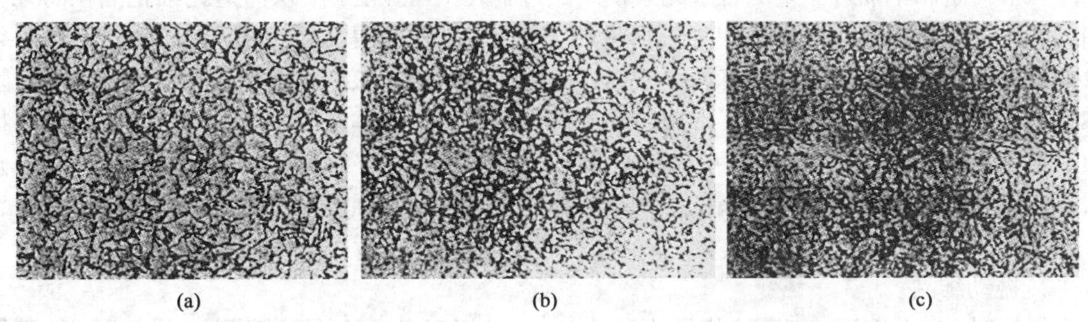


**图2－16　低合金钢焊缝中的珠光体组织**

(a)层状珠光体　400×；(b)托氏体　150×；(c)索氏体　150×

**3. 贝氏体组织**

当冷却速度较高或过冷奥氏体更稳定时，珠光体转变被抑制而出现贝氏体转变。贝氏体转变发生在550℃～$M_s$，由于温度较低，转变时只有碳原子尚能扩散，铁原子扩散很困难，因此奥氏体分解就具有高温扩散相变与低温无扩散相变的综合特征。按转变温度不同，贝氏体又分为上贝氏体($B_上$)与下贝氏体($B_下$)。$B_上$转变温度在550℃～450℃，显微组织呈羽毛状，系板条状铁素体，中间夹有碳化物。$B_下$转变温度在450℃～$M_s$，显微组织呈针状，针与针之间有一定角度。

不同形态的贝氏体在性能上亦有明显的差别。$B_上$的韧性差，而$B_下$韧性相当好。

**4. 马氏体组织**

过冷奥氏体保持在到$M_s$点以下，就会发生无扩散型马氏体转变。马氏体实质上是碳在$\alpha-Fe$中的过饱和固溶体，借助于过饱和碳而强化。按碳含量不同，又可分为板条马氏体与片状马氏体。板条马氏体的特征是在奥氏体晶粒内部形成细的马氏体板条，条与条之间有一定角度，因其通常出现在低碳合金钢焊

**图2－17　焊缝中的马氏体组织**

缝中，又称为低碳马氏体。低碳马氏体不仅强度较高，而且具有优良的韧性。片状马氏体一般出现在碳含量较高（≥0.40%）的焊缝中，其特征是马氏体片相互平行，有些可贯穿整个奥氏体晶粒。片状马氏体又称为高碳马氏体，硬度高且很脆，因此焊缝中不希望出现这种组织。焊缝中的马氏体组织如图2－17所示。

### 2.4.3 焊缝组织与性能的改善

**1. 改善焊缝金属一次组织的措施**

改善焊缝金属的一次组织，即通过冶金和工艺措施控制结晶过程，从而细化晶粒并减少不均匀性。

1）焊缝金属的变质处理

在液体金属中加入少量的合金元素使结晶过程发生明显变化，从而达到细化晶粒的方法叫做变质处理。焊接时向熔池中加入少量的合金元素，可获得晶粒细化，并防止产生结晶裂纹的良好效果。变质剂的作用有两个方面：一是作为新相的核心，增加晶核数量；二是吸附在某一晶面上阻碍晶面的长大。常用的变质剂应该是能在液体金属中处于弥散状态的难熔物质，或是表面活性物质。在一般的钢铁焊接时，主要用Mo、V、Ti、Nb、Zr、Al、B、Re等元素。通过变质处理可使焊缝金属的组织明显细化，既提高了强度和韧性，又提高了抗结晶裂纹的能力。

2）振动结晶

焊接时，振动熔池，打乱柱状晶的生长方向，破坏正在成长的粗大晶粒，增加形核，可得到细晶组织。目前振动结晶的方法有低频机械振动、高频超声波振动和电磁振动等。与变质处理相比，振动结晶需使用复杂的设备，成本高，效率低，在生产中推广使用尚有困难。

3）调整焊接参数

焊接参数决定了熔池的温度、形状、尺寸和冷却速度，最终直接影响其结晶时晶粒的成长方向、形状和尺寸及焊缝金属的化学不均匀性。一般来说，当功率$P$不变时，增大焊接速度$v$，可使焊缝晶粒细化；当焊接热输入不变而同时提高$P$和$v$时，也可使焊缝晶粒细化。此外，为了减少熔池过热，在埋弧焊时可向熔池中送进附加的冷焊丝，或在坡口面预置碎焊丝。

4）锤击坡口或焊道表面

当锤击坡口表面或多层焊层间金属而使表面晶粒破碎时，熔池以被打碎的晶粒方向为基面形核、长大而获得较细晶粒的焊缝。此外，逐层锤击焊缝表面，还可以起到减小残余应力的作用。

**2. 改善焊缝金属二次组织的措施**

常用的改善焊缝金属二次组织的方法有以下几方面：

（1）焊后进行热处理。有些要求严格的产品，焊后应进行热处理。按处理工艺不同，焊后热处理可分别起到改善组织、性能，消除残余应力或排除扩散氢的作用。改善组织与性能的焊后热处理工艺主要是正火（或正火＋回火）和淬火＋回火，具体的选用应根据母材的成分、产品的技术要求及焊接方法而定。有些产品（如大型结构或在工地进行装焊）进行整体热处理有困难，也可采用局部热处理。

（2）进行多层焊。根据多层焊的热循环特点可知，可通过调整焊道数和焊接参数来改善一次结晶的条件，同时逐层焊道间的后热作用也可以改善其金属的二次组织。

(3)跟踪回火。跟踪回火就是在焊完每道焊缝后用气焊火焰在焊缝表面跟踪加热，以达到改善焊缝金属二次组织的目的。跟踪回火加热温度为900℃～1000℃，加热可对焊缝内3～10 mm的金属起到不同的回火作用。

跟踪回火使用中性焰，将焰心对准焊道“之”字形运动，火焰横向摆动范围应超出焊缝两侧各2～3 mm，如图2－18所示。

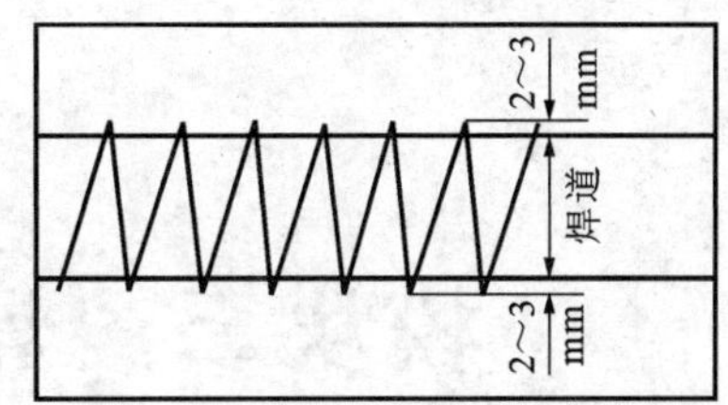

**图2－18　跟踪回火运行轨迹**

## 【综合训练】

### 一、填空题

1. 在焊接条件下，热源离开后被熔化的金属便快速冷却，并发生__________和__________过程，最后形成__________。

2. 根据研究结果认为，热能由热源传给焊件主要是以__________和__________为主；而母材和焊条获得热能后，热的传播则以__________为主。

3. 焊接热循环的四个参数是__________、__________、__________、__________。

4. 在正常焊接参数条件下，焊条的平均熔化速度与__________成正比。

5. 熔焊时，__________在焊缝金属中所占的百分比叫做熔合比。

6. 焊缝金属中的偏析主要有__________、__________和__________。

### 二、判断题

1. 低碳马氏体呈板条状，这种马氏体除具有较高的强度外，还有良好的韧性。(　)

2. 通常后结晶的焊缝含有溶质的浓度较低，并聚集了较多的杂质。(　)

3. 熔池结晶开始时出现的晶体，总是向着散热方向相反的方向长大。(　)

4. 焊接熔池的温度分布不均匀，热源作用中心处于过热状态。(　)

5. 熔敷金属等于焊缝金属。(　)

6. 焊接熔池凝固后所得到的组织为一次组织，室温状态在显微镜下所观察到的焊缝组织皆为二次组织。(　)

### 三、简答题

1. 影响焊接温度场分布的因素有哪些？它们对焊接温度场的分布有什么影响？

2. 生产中常用的焊接热源有哪些？

3. 改善焊缝金属一次结晶组织、二次结晶组织的措施有哪些？

# 模块三　焊接热影响区

焊接接头是由焊缝和焊接热影响区以及熔合区组成。因此焊接质量不仅仅取决于焊缝，而且还取决于焊接热影响区及熔合区。

## 3.1　焊接熔合区

### 3.1.1　熔合区的构成

通常所说的焊缝边界或熔合线并非一条光滑曲线，从图 3－1 可以看出该曲线呈不规则的锯齿形，甚至有“折叠”现象。这种参差不齐的焊缝轮廓线表明，这是一个熔化不均匀的区域，即熔合区。

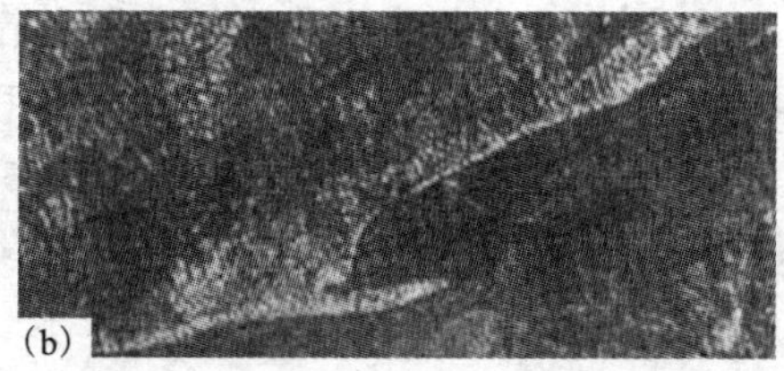


**图 3－1　熔合线的形状特征**

（母材为 25SiMnMo）

（a）焊条电弧焊，焊条为 A507，400×；（b）埋弧焊，焊丝为 Cr20Ni10Mn6，100×

熔合区是焊接条件下由坡口的复杂熔化情况形成的。首先由于电弧熔滴的过渡特性及电弧吹力的作用带来熔化的不均匀性，其次由于母材晶粒最有利的导热方向有差异，也会产生熔化的不均匀性，如图 3－2 所示，有阴影的部分是熔化了的晶粒，其中 1、3、5 晶粒的取向有利于导热而熔化较多，2、4 晶粒则熔化较少；最后，由于母材各点的溶质

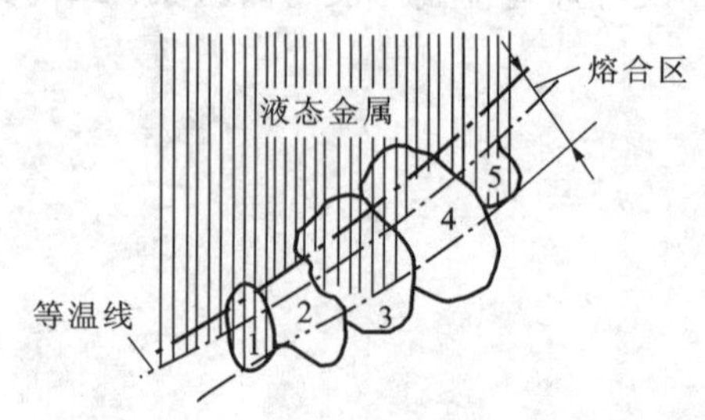


**图 3－2　熔合区晶粒熔化情况**

分布（化学成分）并不均匀，使其实际熔化温度与理论熔化温度存在一定偏差，也会造成熔化的不均匀。其结果必然使母材与焊缝交界处同时存在局部熔化部位和局部不熔化部位，这种固液两相交错共存的部位就是熔合区。

**小提示**

大量实践证明，熔合区是整个焊接接头的薄弱环节，某些缺陷，如冷裂纹、再热裂纹、脆性相等常起源于这里，并常常引起焊接结构的失效。

### 3.1.2　熔合区的特征

熔合区的特征是具有明显的化学、物理及组织的不均匀性，给焊接接头的性能带来很大影响。

**1. 熔合区的化学不均匀性**

化学不均匀性决定于一次结晶的不平衡程度，与冷却条件、溶质元素的性质和数量等有关。

一般来说，钢中的合金元素及杂质在液相中的溶解度都大于固相。因此在熔池凝固过程中，随着固相的增加，溶质原子必然要大量地堆积在固相前沿的液相中。特别是开始凝固时，高温析出的固相比较纯，堆积更加明显。这样在固液交界的地方溶质的浓度将发生突变，如图3－3所示。图中实线表示固液并存时溶质浓度的变化，虚线表示熔池完全凝固后的情况。这说明了凝固过程中堆积在固相前沿的液相中的溶质，因来不及扩散到液相中心而将不均匀的分布状态保留到凝固后。

在凝固后的冷却过程中，扩散能力较强的元素还有可能在浓度梯度的推动下由焊缝向母材扩散，使化学不均匀性有所缓和。对同种钢焊接时，由于碳扩散能力较强，还来得及均匀化，而硫、磷扩散能力较弱，在熔合区的浓度改变很少，不均匀性程度比较严重。

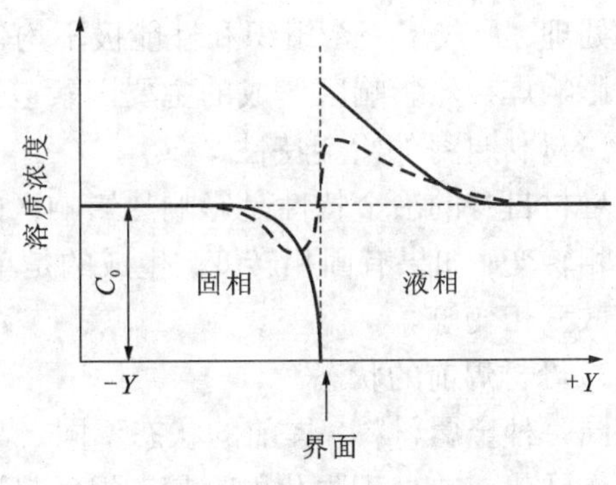


**图3－3　固液界面溶质浓度分布**

**2. 熔合区的物理不均匀性**

熔合区的物理不均匀性主要表现为不平衡加热引起的空位和位错的聚集或重新分布。其中空位的形成、分布及高度可动性对金属断裂强度有重大影响。焊接时的高温加热使原子的热振动加强，削弱了原子的结合力，使空位浓度增加，不平衡快速冷却时，空位处于过饱和状态，因此熔合线附近是空位密度最大的区域。这种空位的聚合可能是熔合区延迟裂纹形成的原因之一。

同时，塑性形变也促使空位形成。塑性变形越大，越易于形成空位，而且空位往往趋于向应力集中部位扩散运动。

根据上述讨论可知，熔合区内存在着严重的化学和物理不均匀性，在组织和性能上也是不均匀的。熔合区常常是焊接接头最薄弱的部位，脆性断裂和焊接裂纹都容易在此部位发生和发展。

## 3.2 焊接热影响区的形成及固态相变

### 3.2.1 焊接热影响区的形成

焊缝两侧不同位置经历着不同的焊接热循环，离焊缝边界越近，其加热的峰值温度越高，加热速度和冷却速度也越大。在焊接热循环作用下，焊缝两侧母材处于固态且发生明显的组织和性能变化的区域，称为焊接热影响区(HAZ)，其形貌如图3-4所示。

焊接接头是由焊缝、热影响区和母材组成的。凡是通过局部加热使金属连接的焊接方法，由于其加热的瞬时性和局部性使焊缝附近的母材都经受了一种特殊的热循环作用。焊接加热的一个特点为升温速度快，冷却速度快，因此凡是与扩散有关的过程都很难充分进行；另一个特点为热场分布极不均匀，紧靠焊缝的高温区接近熔点，远离焊缝的低温区接近室温。而且峰值温度愈高的部位，加热速度和冷却速度愈快。因此，焊接过程在形成焊缝的同时不可避免地使其附近的母材经受了一次特殊的热处理，形成了一个组织和性能极不均匀的焊接热影响区。

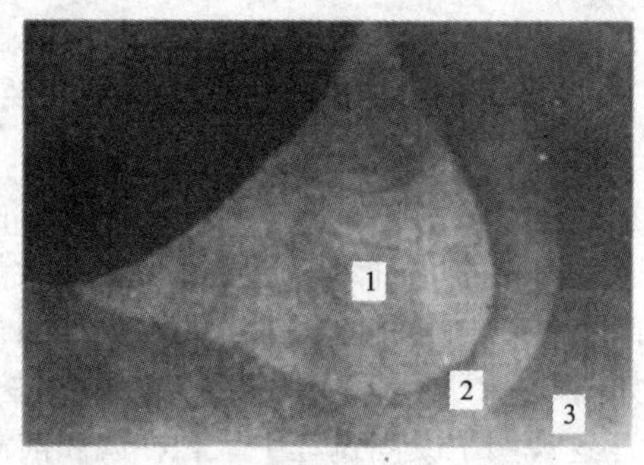


**图3-4 焊接热影响区的形貌**

1—焊缝；2—HAZ；3—母材

影响焊接热影响区形成的主要因素包括：

1)母材自身的冶金特性

母材自身的冶金特性是影响热影响区的根本因素，其将决定被焊金属在热循环作用下有无固相转变；如果有固相转变，生成的是单相合金还是多相合金，发生的是扩散型相变还是无扩散型相变等。

2)母材焊前的状态

同一种金属材料，焊前的状态不同，焊后热影响区的组织和性能也不同。例如，焊前经过冷作硬化或热处理强化的金属，焊后热影响内就会出现回火软化。对于易淬火金属，若焊前处于退火状态，则焊后会出现淬火硬化区；若焊前是淬火状态，则焊后会出现软化区。

3)焊接方法及其工艺参数

不同焊接方法热源的集中程度不同，通过工艺参数的选择又可以获得不同的热输入，这两者基本上就确定了焊接温度场的分布和场上各点热循环曲线的特征。温度场的分布影响着热影响区的宽窄，而热循环曲线的特征参数，如加热速度、高温停留时间和冷却速度等直接影响着组织和性能的变化。

### 3.2.2 焊接热影响区固态相变特点

焊接条件下的组织转变与热处理条件下的组织转变，从原理来讲是一致的。但由于焊接热循环的特点，使得焊接时组织转变具有一定的特殊性。因此，必须将金属相变的普遍规律与焊接热循环的特点相结合，才能正确掌握焊接热影响区组织转变的情况。

**1. 焊接加热时热影响区的组织转变特点**

焊接时，加热的特殊条件对热影响区的组织转变有以下影响：

1)使相变温度升高

从金属学原理可以知道，加热时由珠光体、铁素体转变为奥氏体的过程是扩散性重结晶过程，需要有孕育期。在快速加热的条件下，来不及完成扩散过程所需的孕育期，必然会引起相变温度升高。

大量实验结果证明，加热速度越快，被焊金属的相变点 $A_{c_1}$ 和 $A_{c_3}$ 的温度越高，而且两者的差值越大，见表 3－1。

**表 3－1　加热速度对相变温度 $A_{c_1}$、$A_{c_3}$ 的影响**

| 钢种 | 相变点 | 平衡温度/℃ | 加热速度 $v_H$/(℃·s$^{-1}$) | | | | $A_{c_1}$、$A_{c_3}$ 值的变化量/℃ | | |
|---|---|---|---|---|---|---|---|---|---|
| | | | 6～8 | 40～50 | 250～300 | 1400～1700 | 40～50 | 250～300 | 1400～1700 |
| 45 钢 | $A_{c_1}$ | 730 | 770 | 775 | 790 | 840 | 45 | 60 | 110 |
| | $A_{c_3}$ | 770 | 820 | 835 | 860 | 950 | 65 | 90 | 180 |
| 40Cr | $A_{c_1}$ | 735 | 735 | 750 | 770 | 840 | 15 | 35 | 105 |
| | $A_{c_3}$ | 780 | 775 | 800 | 850 | 940 | 25 | 75 | 165 |
| 23Mn | $A_{c_1}$ | 735 | 750 | 770 | 785 | 830 | 35 | 50 | 95 |
| | $A_{c_3}$ | 830 | 810 | 850 | 890 | 940 | 40 | 60 | 110 |
| 30CrMnSi | $A_{c_1}$ | 740 | 740 | 775 | 825 | 920 | 15 | 85 | 180 |
| | $A_{c_3}$ | 790 | 820 | 835 | 890 | 980 | 45 | 100 | 190 |
| 18Cr2WV | $A_{c_1}$ | 800 | 800 | 860 | 930 | 1000 | 60 | 130 | 200 |
| | $A_{c_3}$ | 860 | 860 | 930 | 1020 | 1120 | 70 | 160 | 260 |

对于含有碳化物形成元素(如 Cr、W、Mo、V、Ti、Nb 等)的钢来说，由于这些元素的扩散速度小，同时它们本身还阻碍碳的扩散，因此加热速度对相变温度的影响更大。

2)影响奥氏体均质化程度

焊接的快速加热不利于元素的扩散，会使已形成的奥氏体来不及均匀化。加热速度越高，高温停留时间越短，不均匀的程度就越严重。这种不均匀的高温组织将影响冷却过程的组织转变。

**2. 焊接冷却时热影响区的组织转变特点**

1)过冷奥氏体组织转变形式

焊接加热时已奥氏体化的热影响区金属，在冷却时会发生组织转变。其转变有三种基本形式，即珠光体转变、贝氏体转变和马氏体转变。

(1)珠光体转变。这种转变是在紧邻 $A_{r_1}$ 以下的一段温度区间(大体在 $A_{r_1}$～550℃)发生的，碳原子的扩散和铁原子的自扩散都比较容易进行，属扩散相变。珠光体一般是在奥氏体晶界上不均匀形核。珠光体转变产物随转变温度的降低越来越细，形成较多较密的片层。

(2)贝氏体转变。这种转变是在温度区间为 $B_s$～$M_s$ 的发生的，$B_s$ 低于 550℃。在此温度区间，铁及合金元素均已不能扩散移动，而碳原子尚能进行扩散，具有高温扩散相变和低温无扩散相变的综合特点。贝氏体转变产物和珠光体有相似之处，通常也是铁素体和渗碳体两相组织，但形成方式及组织形态有所不同，故贝氏体又称“中间组织”。如果针状铁素体形成之后，待转变的富碳奥氏体呈岛状分布在针状铁素体中，在中等冷却条件下，富碳奥氏体岛将转变成富碳马氏体及富碳残余奥氏体混合组织，即所谓的 M－A 组元。

(3)马氏体转变。这是奥氏体在很大的过冷度下过冷到 $M_s$ 以下所发生的转变。由于在这样低温下碳原子已无法扩散，铁原子想通过较大距离的迁移来改组晶格排列形式也是困难的，属于无扩散相变。马氏体主要借助于碳的过饱和而固溶强化。马氏体主要有条状马氏体和片状马氏体两种形态。

2)焊接热影响区 CCT 图

焊接热影响区 CCT 图是用来表示焊接热影响区金属在各种连续冷却条件下转变开始和终了温度、转变开始和终了时间，以及转变组织、室温硬度与冷却速度之间关系的曲线图。

实用的焊接热影响区 CCT 图一般都是按奥氏体化温度 $t_A = 1350℃$ 绘制的。这是因为加热峰值温度为1350℃左右的部位往往是整个接头的薄弱环节。Q345(16Mn)钢焊接热影响区的 CCT 图如图 3－5 所示。

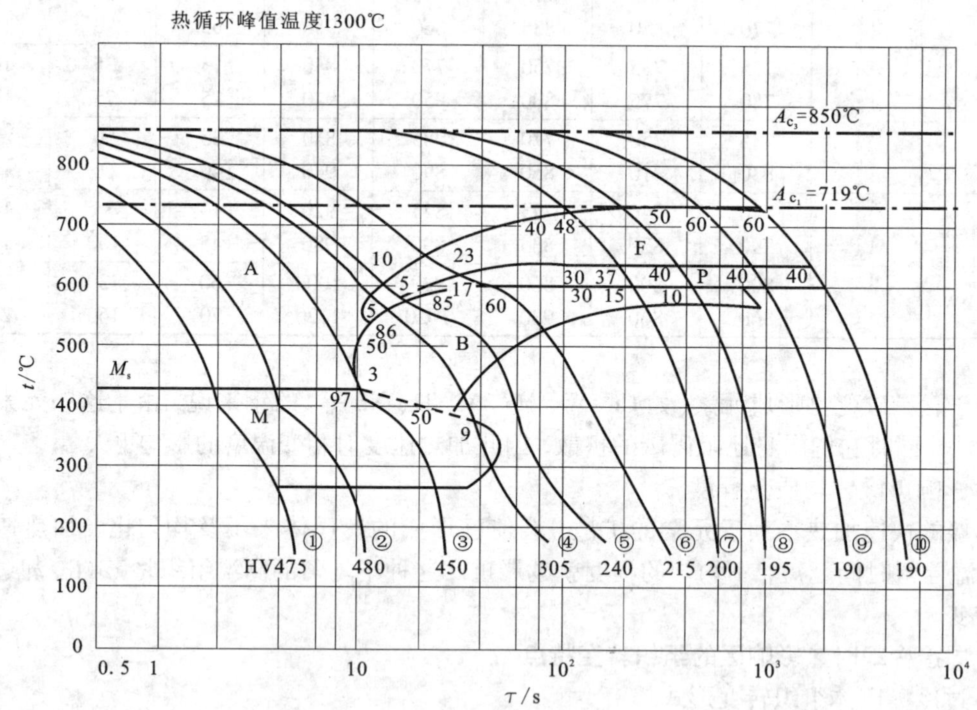


**图 3－5　Q345(16Mn)钢热影响区 CCT 图**

$w(C)=0.16\%$，$w(Si)=0.35\%$，$w(Mn)=1.35\%$，$w(S)=0.026\%$，$w(P)=0.014\%$

图中曲线 1～10 表示不同的冷却速度，坐标平面由各个转变点的连线划分为几个区域，连线与冷却速度曲线交点处的数字表示在该冷速下相应组织的百分比。利用焊接热影响区 CCT 图，可以根据冷却速度较方便地预测焊接热影响区的组织及性能，也可以根据预期的组织来确定所需的冷却速度，从而选择焊接工艺参数、预热等工艺措施。因此，国内外都很重视这项工作，常在新钢种投产前就测定出该钢种的焊接热影响区 CCT 图。

# 3.3　焊接热影响区的组织和性能

## 3.3.1　焊接热影响区的组织

**1. 不易淬火钢的焊接热影响区组织**

一般常用的低碳钢和某些低合金钢，常称为不易淬火钢，根据组织特征，其焊接热影响区可分为过热区、细晶区、不完全重结晶区及再结晶区，如图 3-6 所示。

1) 过热区(又称粗晶区)

该区紧邻熔合区，温度范围是在固相线以下到 1100℃。由于加热温度很高，一些难熔质点(如碳化物和氮化物等)也都熔入奥氏体中，因此，奥氏体晶粒长得非常粗大。这种粗大的奥氏体在较快冷却速度下易形成一种特殊的过热组织——魏氏组织，这是引起焊接接头变脆的一个主要原因。

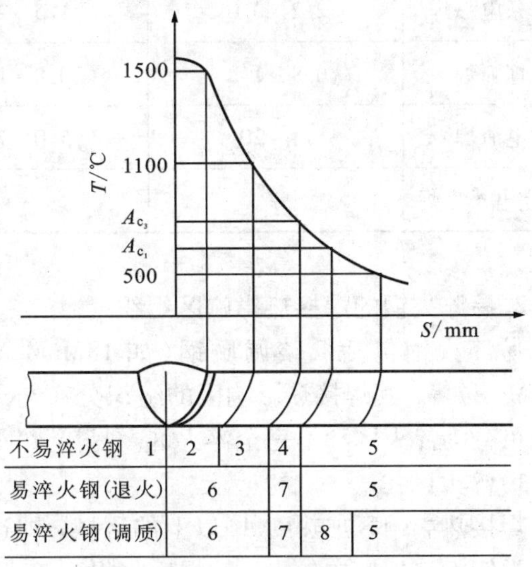


**图 3-6　焊接热影响区的分布特征**

1—熔合区；2—过热区；3—细晶区；4—不完全重结晶区；5—母材；6—淬火区；7—部分淬火区；8—回火区

过热区的塑性和韧性较低，特别是冲击韧性要比母材低 20% ~30%，因此，焊接刚性较大的结构时，常在过热粗晶区产生脆化和裂纹。过热区的大小与焊接方法、焊接热输入和母材的板厚等有关，气焊和电渣焊时过热区较宽，焊条电弧焊和埋弧焊时较窄，而真空电子束、激光焊接时过热区几乎不存在。过热区与熔合区一样，都是焊接接头的薄弱环节。

2) 细晶区(又称正火区或相变重结晶区)

细晶区是焊接时母材金属被加热到 1100℃ ~$A_{c_3}$ 的部位。加热时该区的铁素体和珠光体全部转变为奥氏体。由于温度不高，晶粒长大较慢，冷却后，获得均匀而细小的铁素体和珠光体组织，相当于热处理时的正火组织，因此该区也称相变重结晶区或正火区。其力学性能略优于母材，是热影响区中综合力学性能最好的区域。

3) 不完全重结晶区

焊接时母材金属加热到 $A_{c_1}$ ~$A_{c_3}$ 的部位。加热时，该区的部分铁素体和珠光体转变为奥氏体，冷却时奥氏体转变为细小的铁素体和珠光体；而未溶入奥氏体的铁素体不发生转变，晶粒长大粗化，成为粗大的铁素体。所以这个区域的金属组织是不均匀的，一部分是经过重结晶的晶粒细小的铁素体和珠光体，另一部分是粗大的铁素体。由于晶粒大小不同，所以力学性能也不均匀。

4) 再结晶区

对于焊前经过冷塑性变形(冷轧、冷成形)的母材，加热温度在 $A_{c_1}$ 到 450℃，将发生再结晶。经过再结晶，其塑性、韧性提高了，但强度却降低了。

焊接热影响区的大小受许多因素的影响，例如焊接方法、板厚、热输入以及不同的施工工艺等都会使热影响区的尺寸发生变化，用不同焊接方法焊接低碳钢时热影响区的平均尺寸可参见表3－2。

**表3－2 不同焊接方法焊接低碳钢时热影响区的平均尺寸/mm**

| 焊接方法 | 各区的平均尺寸 | | | 总宽 |
|---|---|---|---|---|
| | 过 热 | 相变重结晶 | 不完全结晶 | |
| 焊条电弧焊 | 2.2～3.0 | 1.5～2.5 | 2.2～3.0 | 6.0～8.5 |
| 埋弧焊 | 0.8～1.2 | 0.8～1.7 | 0.7～1.0 | 2.3～4.0 |
| 电渣焊 | 18～20 | 5.0～7.0 | 2.0～3.0 | 25～30 |
| 真空电子束焊 | — | — | — | 0.05～0.75 |

**2. 易淬火钢的焊接热影响区组织**

易淬火钢包括低碳调质钢（如18MnMoNb）、中碳钢（如45号钢）和中碳调质钢（如30CrMoSi）等，其焊接热影响区的组织分布与母材焊前的热处理状态有关。焊接热影响区的组织可分为淬火区和不完全淬火区。易淬火钢焊接热影响区的分布特征见图3－6。

1）淬火区

焊接热影响区加热到$A_{c3}$以上的区域，即达到了完全奥氏体化的区域都属于淬火区。由于这类钢的淬硬倾向较大，故焊后将得到淬火组织马氏体。该区域晶粒严重长大，在靠近焊缝附近（相当于低碳钢的过热区）形成粗大的马氏体。而相当于正火区的部位得到细小的马氏体。根据冷却速度和热输入的不同，还可能出现贝氏体及M－A组元等组织。因此，淬火区的硬度和强度，塑性和韧性下降，尤其是粗晶马氏体区塑性和韧性严重下降。

2）不完全淬火区

相当于不易淬火钢焊接热影响区的重结晶区温度范围。在$A_{c_1}$～$A_{c_3}$的温度内加热时，铁素体只有部分发生转变，奥氏体主要是由珠光体转变而来的。在随后的冷却过程中也只有奥氏体才能转变为马氏体，原来未转变的铁素体则保持不变，最终冷却下来的组织为马氏体＋铁素体混合组织，故称不完全淬火区。这种不完全淬火组织使部分淬火区的性能不均匀程度增加，脆性加大，塑性和韧性下降。

小提示

如果焊前母材处于调质状态，焊接热影响区还存在回火区，即加热峰值温度超过母材回火温度（如500℃），一直到$A_{c_1}$的区域。母材原来的回火温度越高，则焊接热影响区内的回火区越小。

总之，金属在焊接热循环的作用下，热影响区的组织分布是不均匀的，熔合区和过热区出现了严重的晶粒粗化，是整个焊接接头的薄弱地带。对于含碳高、合金元素较多、淬硬倾向较大的钢种还出现淬火组织马氏体，塑性和韧性降低，因而易产生裂纹。

## 3.3.2　焊接热影响区的性能

由前所述，焊接热影响区组织分布不均匀使其性能产生差异。对于一般的焊接结构，主要考虑硬度分布、力学性能（主要是常温，特殊情况下也考虑低温或高温情况下的强度、韧性、脆化、软化）、抗腐蚀性能和疲劳性能等，这要根据焊接结构的具体使用条件而定。

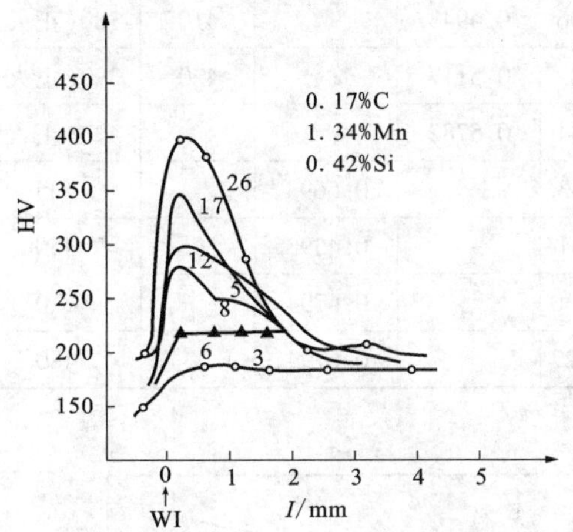


**图 3-7　非调质钢焊接热影响区的硬度分布**

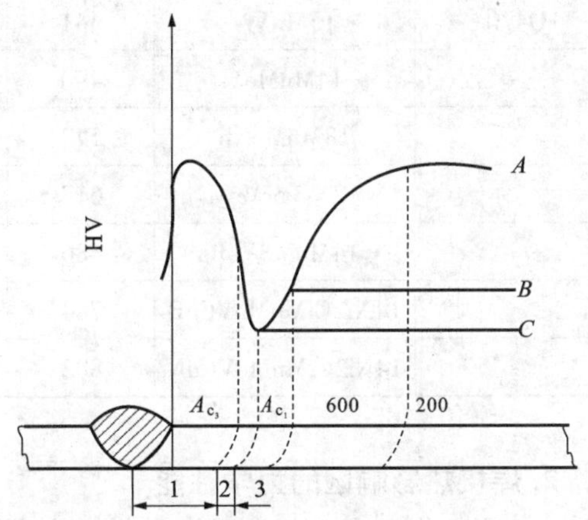


**图 3-8　调质钢焊接热影响区硬度分布**

*A*—焊前淬火＋低温回火；
*B*—焊前淬火＋高温回火；*C*—焊前退火；
1—淬火区；2—部分淬火区；3—回火区

### 1. 焊接热影响区的硬度分布

焊接热影响区的组织分布具有不均匀的特征，与此相应焊接热影响区的硬度分布也是不均匀的，非调质钢焊接热影响区的硬度分布如图3-7所示，焊接热影响区的硬度峰值落在熔合线附近，但不在熔合线上，远离熔合线的部位硬度值迅速降低。调质钢焊接热影响区的硬度分布则和焊前组织状态有密切关系，如图3-8所示。总之，熔合线附近是焊接热影响区硬度最高的部位。焊接热影响区的硬度与钢的化学成分和冷却速度有关。含碳量（或碳当量）越大，硬度呈直线增加，这是淬硬倾向增加的缘故；随着冷却速度增加，硬度也随之增加，当冷却速度增至40～50℃/s，再增加冷却速度，则硬度变化不大，这意味着硬度达到了极限，可以认为是全部获得了马氏体组织所致。

硬度是反映材料的成分、组织与力学性能的综合指标。一般情况下，硬度升高的同时，强度提高，塑性、韧性下降。因此，热影响区中硬度最高的部位往往就是接头中的薄弱地带。最高硬度值越高，接头的综合力学性能就越低，产生裂纹等缺陷的可能性就越大。因此人们常用熔合线附近的最高硬度值间接判断焊接热影响区的性能。

热影响区的最高硬度值可以通过试验确定，也可以根据母材的化学成分估算。母材化学成分估算最常用的方法是碳当量法。热影响区的最高硬度试验方法及碳当量法详见模块六。

对于一般用于焊接结构的钢材，钢厂都提供了焊接热影响区的最高硬度数据，常用焊接用钢的碳当量与焊接热影响区允许的最高硬度值见表3-3。

表 3-3　常用焊接用钢的碳当量与焊接热影响区允许的最高硬度

| 钢种 | | $\sigma_b$/MPa | $\sigma_s$/MPa | Ceq | | $HV_{max}$ | |
|---|---|---|---|---|---|---|---|
| GB/T 1591-1994 | GB/T 1591-1988 | | | 非调质 | 调质 | 非调质 | 调质 |
| Q345 | 16Mn | 353 | 520~637 | 0.415 | | 390 | |
| Q390 | 15MnV | 392 | 559~676 | 0.3993 | | 400 | |
| Q420 | 15MnVN | 441 | 588~706 | 0.4943 | | 410 | 380(正火) |
| | 14MnMoV | 490 | 608~725 | 0.5117 | | 420 | 390(正火) |
| | 18MnMoNb | 549 | 668~804 | 0.5782 | | | 420(正火) |
| | 12Ni3CrMoV | 617 | 706~843 | | 0.6693 | | 435 |
| | 14MnMoNbB | 686 | 784~931 | | 0.4593 | | 450 |
| | 14Ni2CrMnMoVCuB | 784 | 862~1030 | | 0.6794 | | 470 |
| | 14Ni2CrMnMoVCuN | 882 | 961~1127 | | 0.6794 | | 480 |

**2. 焊接热影响区的力学性能**

一般来讲，对热影响区力学性能的研究工作主要从两方面进行：一方面是焊接热影响区不同部位（如过热区、重结晶区、不完全重结晶区等）的各种性能；另一方面是熔合区附近（$T_m$ = 1300℃ ~1400℃）的性能，因为这个区域是焊接接头中产生问题较多的地方。

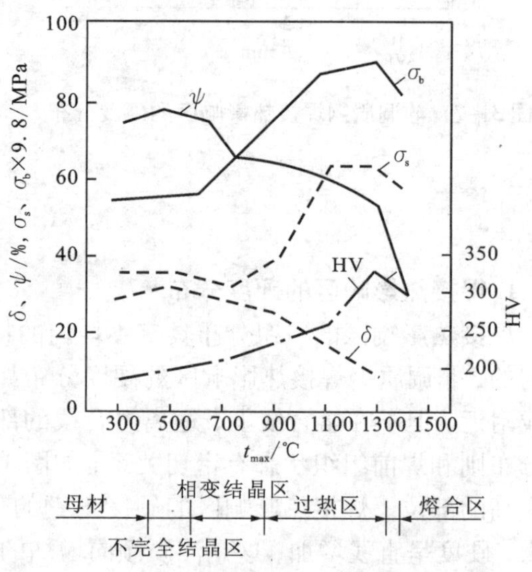


图 3-9　热影响区各部位力学性能

(0.17%C，1.28%Mn，0.40%Si)

对于淬硬倾向不大的钢种（如热轧和正火钢），热影响区不同部位的常规力学性能如图3-9所示。由该图可知，当峰值温度 $T_m$ 超过 $A_{c_1}$ 时，随温度 $T_m$ 的增高，强度和硬度也随之增大，延伸率和断面收缩率随之减小，但在不完全重结晶区，由于晶粒的大小不均，故屈服强度 $\sigma_s$ 反而最低。当 $T_m$ 值达 1300℃左右时，强度和硬度达到最高（属于粗晶过热区的范围）。在 $T_m$ 超过 1300℃的区域，塑性继续减小的同时，强度也有所减小。这可能是由于过热区晶粒过于粗大，晶界疏松。

热影响区中过热区的力学性能除与化学成分和加热的峰值温度有关之外，还与冷却条件有关。如图 3-10 是冷却速度对低碳钢和 Q345（16Mn）钢过热区力学性能的影响。可以看出，随冷却速度的增加，强度和硬度增大，而延伸率和断面收缩率减小。

**3. 焊接热影响区的脆化**

焊接热影响区脆化有多种类型，如粗晶脆化、析出相脆化、M-A 组元脆化、热应变脆化以及氢脆化和石墨脆化等。这里主要介绍粗晶脆化、M-A 组元脆化及热应变时效脆化。

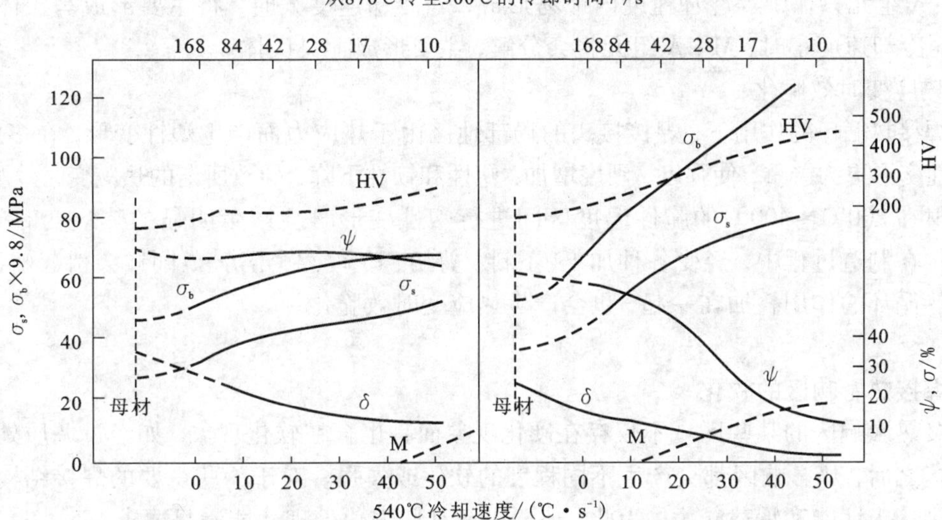


**图3-10　冷却速度对过热区力学性能的影响**

(a)低碳钢：0.15%C，0.95%Mn，0.08%Si；(b)Q345(16Mn)：0.18%C，1.4%Mn，0.47%Si

利用韧脆转变温度($t_{cr}$)作为判据，碳锰钢热影响区不同部位$t_{cr}$的变化如图3-11所示。韧脆转变温度越高，脆化倾向越大。由图3-11可知，从焊缝到热影响区，韧脆转变温度有两个峰值，即过热粗晶区和$A_{c_1}$以下时效脆化区(400℃~600℃)。而在900℃附近的具有最低的$t_{cr}$，说明这个部位的韧性高，抗脆化的能力较强。

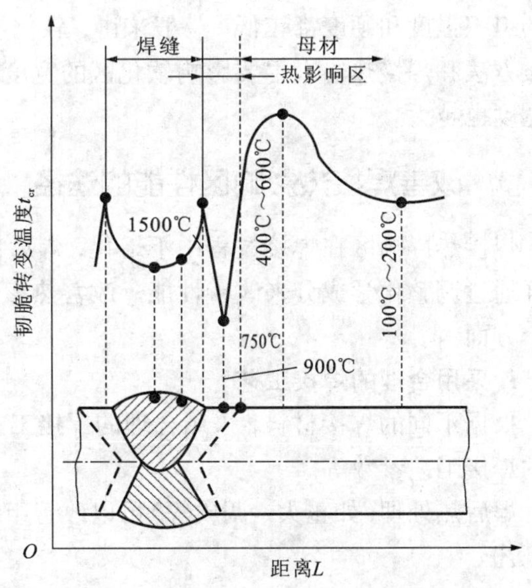


**图3-11　碳锰钢热影响区$t_{cr}$分布规律**

1)粗晶脆化

从冶金因素来看，对淬硬倾向较小的钢，粗晶脆化主要是因为晶粒长大甚至形成粗大的魏氏组织。而对于易淬火钢，主要是由于产生脆硬的马氏体所致。

应当指出，脆化程度与粗晶区的马氏体类型有关，一般来讲，低碳马氏体反而有改善粗晶区韧性的作用。对于含碳高的高强钢在热影响区出现的高碳马氏体(孪晶)则脆化严重。由此看来，影响粗晶脆化的主要因素是钢中的化学成分和焊后的金相组织(粗晶区)。

2)M-A组元脆化

焊接低合金高强钢时，不仅焊缝有形成M-A组元的可能，在热影响区也能形成M-A

组元。随着 M－A 组元数量的增多，韧脆转变温度显著升高。

M－A 组元只在中等冷却速度内最易形成，当冷却速度大时，将主要形成马氏体和下贝氏体，而冷却速度小时，M－A 组元将会分解，主要形成上贝氏体。

3）热应变时效脆化

在焊接热循环的作用下，焊接接头的局部地区由于热应力而产生塑性变形，在多层焊时，这种塑性变形更为严重，使强度、硬度增加，塑性和韧性下降，导致所谓的热应变时效脆化。

钢材在 200℃～400℃的脆性温度区间进行塑性变形时会产生明显的热应变时效脆化。焊接结构在制造过程中，经受各种加工（下料、剪切、冷弯、锤击等），同样会引起塑性变形，如果与热循环的作用叠加在一起，也会产生热应变时效脆化。

**4. 焊接热影响区的软化**

焊接热影响区的某些区域不仅存在硬化现象而且也存在软化现象，如经过调质处理的高强钢焊接之后，热影响区都会产生不同程度的软化或失强。对于一些重要的焊接结构会严重影响焊接接头性能和承载能力，为此，还要进行某些强化处理才能满足要求。

调质钢焊接时的热影响区软化程度与母材焊接前的热处理状态有关，如图 3－8 所示，母材在焊前调质时的回火温度越低（即强化程度越大），焊后的软化程度越大。

大量的试验证明，在不同的焊接方法和焊接热输入条件下，热影响区中软化最明显的部位大多在 $A_{c_1}$～$A_{c_3}$，这与不完全淬火过程有密切关系。因为在不完全淬火区的奥氏体的成分远未达到平衡浓度，铁素体和碳化物并未充分溶解，冷却时奥氏体将发生分解，造成这个区域的组织强度和硬度都较低。一般来讲，软化或失强最大的部位是在峰值加热温度 $A_{c_1}$ 附近。焊接方法和焊接热输入主要影响软化区的宽度，焊接热输入越大，焊接热源越分散，软化区的宽度也越大。

## 3.3.3 改善焊接热影响区性能的途径

焊接热影响区在焊接过程中不熔化，焊后化学成分基本不发生变化，因此，不能像焊缝那样通过调整化学成分来改善性能。改善热影响区的性能主要从提高韧性入手，具体有以下两个方面：

**1. 采用合理的焊接工艺**

根据不同的焊接材料，采用合理的焊接工艺，包括焊前预热、后热、焊后热处理、选用正确的焊接工艺参数等。

焊后热处理（如正火、调质等）可以改善组织，有效提高性能，是重要产品制造常用的一种工艺。

**2. 采用高韧性母材**

选用低碳微量多元素强化的钢种。这些钢在焊接热影响区可获得韧性较高的组织，如针状铁素体、下贝氏体或低碳马氏体。

近年来在国际上大力发展的冶金精炼技术，使钢中的杂质（S、P、O、N 等）含量极低，加之微量元素的强化作用，所生产的高强度钢纯度高、晶粒细。这些钢有很高的韧性，热影响区的韧性相应也有明显的提高。

## 【综合训练】

### 一、填空题

1. 低碳钢细晶区是焊接时母材金属被加热到__________的部位，它是焊接热影响区性能__________的一个区域。

2. 熔合区的特征是具有明显的__________和__________，从而引起的不均匀性，给焊接接头的性能带来很大的影响。

3. 易淬火钢焊接热影响区，可分为__________、__________和__________。

4. 焊接加热时热影响区的组织转变特点是__________和__________。

5. 不易淬火钢的焊接热影响区可分为______________、______________、____________和____________。

### 二、判断题

1. 焊接热影响区是一个组织和性能非常均匀的区域。(　)

2. 熔合区是整个焊接接头的薄弱区域，某些缺陷，如冷裂纹、再热裂纹、脆性相等常源于这里，并常常引起焊接结构的失效。(　)

3. 焊接热影响区的组织分布与母材焊前的热处理状态无关。(　)

4. 人们常用熔合线附近的热影响区的最高硬度值来间接判断焊接热影响区的性能。(　)

5. 焊接热影响区 CCT 图是表示焊接热影响区金属在各种连续冷却条件下转变开始和终了温度、转变开始和终了时间，以及转变组织、室温硬度与冷却速度之间关系的曲线图。(　)

6. 对淬硬倾向较小的钢，粗晶脆化主要是由于晶粒长大，甚至形成粗大的魏氏组织。(　)

### 三、简答题

1. 简述熔合区的形成。

2. 简述焊接热影响区的形成。

3. 简述焊接热影响区的性能特点。

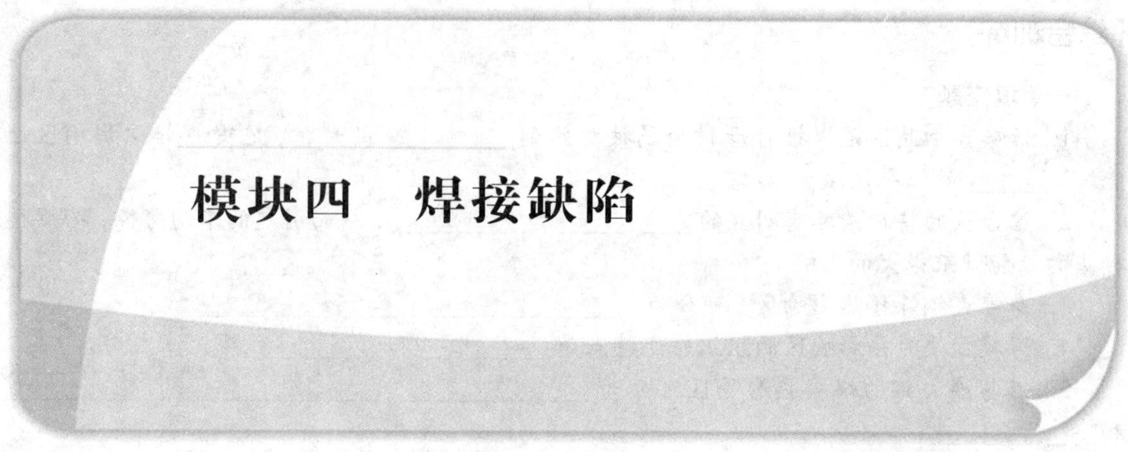

# 模块四　焊接缺陷

在焊接生产中，焊接缺陷的存在可能会造成焊件在生产过程中的返修或报废。大部分焊接缺陷会造成焊接产品力学性能和抗腐蚀性能降低，使用寿命缩短，严重的焊接缺陷会引发事故。因此，要提高焊接质量，就要最大限度地减少或杜绝焊接缺陷的产生。

## 4.1　焊接缺陷的种类、特征及危害

### 4.1.1　焊接缺陷的种类

焊接缺陷泛指焊接接头中的不连续性、不均匀性以及其他不健全等缺陷，特指那些不符合设计或工艺要求及具体焊接产品使用性能要求的焊接缺陷。焊接缺陷的分类方法较多且不统一，通常可按以下几种方法划分。

**1. 缺陷在焊缝中的位置**

常见的缺陷按其在焊缝中位置的不同可分为两类，即外部缺陷和内部缺陷。

外部缺陷：位于焊缝表面，用肉眼或低倍放大镜就可以观察到，如焊缝外形尺寸不符合要求、咬边、焊瘤、凹陷、弧坑、表面气孔、表面裂纹及表面夹渣等。

内部缺陷：位于焊缝内部，必须通过无损探伤才能检测到，如焊缝内部的夹渣、未焊透、未熔合、气孔、裂纹等。

**2. 焊接缺陷的成因**

按焊接缺陷的成因，焊接缺陷可分为图 4－1 所示的几种类型。

**3. 焊接缺陷的分布或影响断裂的机制等**

在 GB 6417《金属熔化焊缝缺陷分类及说明》中根据缺陷的分布或影响断裂的机制等，将焊接缺陷分为六大类，其中：

第一类为裂纹，包括微观裂纹、纵向裂纹、横向裂纹、放射状裂纹、弧坑裂纹等；

第二类为孔穴，主要指各种类型的气孔，如球形气孔、均布气孔、条形气孔、虫形气孔、表面气孔等；

第三类为固体夹杂，包括夹渣、焊剂或熔剂熔渣、氧化物夹杂、金属夹杂等；

第四类为未熔合和未焊透；

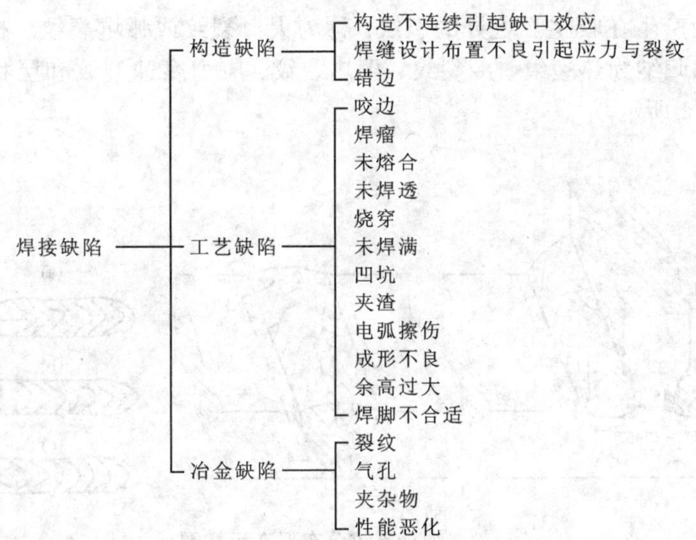


**图 4 – 1　焊接缺陷按成因分类**

第五类为形状缺陷，包括焊缝超高、下塌、焊瘤、错边、烧穿、未焊满等；

第六类为其他焊接缺陷，包括除了第一到第五类缺陷中的所有缺陷，如电弧擦伤、飞溅、打磨过量等。

### 4.1.2　常见焊接缺陷的特征及危害

常见的焊接缺陷类型有气孔、裂纹和一些工艺缺陷，如咬边、烧穿、焊缝尺寸不符合要求、未焊透等。

**1. 气孔**

焊接时，熔池中的气体在金属凝固以前未来得及逸出，而在焊缝金属中残留下来所形成的孔穴，称为气孔。气孔是焊缝中常见的缺陷之一。

气孔按形状可分为球形气孔、虫状气孔、条形气孔、针状气孔等；按分布分为单个气孔、均布气孔、局部密集气孔、链状气孔；按形成气孔的气体分为氢气孔、一氧化碳气孔、氮气孔等。气孔的分布特征往往与生成的原因和条件有密切关系，从气孔生成部位看，有的在表面，有的在焊缝内部或根部，也有的贯穿整个焊缝。内部气孔不易发现，因而有更大的危害。

气孔的存在首先影响焊缝的致密性，其次将减小焊缝的有效面积。此外，气孔还将造成应力集中，显著降低焊缝的强度和韧性。实践证明，少量小气孔对焊缝的力学性能无明显影响，但随其尺寸及数量的增加，焊缝的强度、塑性和韧性都将明显下降，对结构的动载强度有显著影响。因此，在焊接中防止气孔产生是焊缝质量的重要保证。

**2. 裂纹**

裂纹是指在焊接应力及其他致脆因素共同作用下，材料的原子结合遭到破坏，形成新界面而产生的缝隙。它具有尖锐的缺口和长宽比大的特征。裂纹是焊接生产中比较常见而且危害最严重的一种焊接缺陷。

由于母材和焊接结构不同，焊接生产中可能会出现各种各样的裂纹。有的裂纹出现在焊缝表面，肉眼就能看到；有的隐藏在焊缝内部，不通过探伤检查就不能发现；有的则产生在焊接热影响区中。在焊缝或热影响区中的裂纹，平行于焊缝的称为纵向裂纹，垂直于焊缝的称为横向裂纹，而产生在收尾弧坑处的裂纹，称为火口裂纹或弧坑裂纹。根据裂纹产生的情况，焊接裂纹可以归纳为热裂纹、冷裂纹、再热裂纹、应力腐蚀裂纹和层状撕裂。焊接裂纹分布形态如图 4－2 所示。

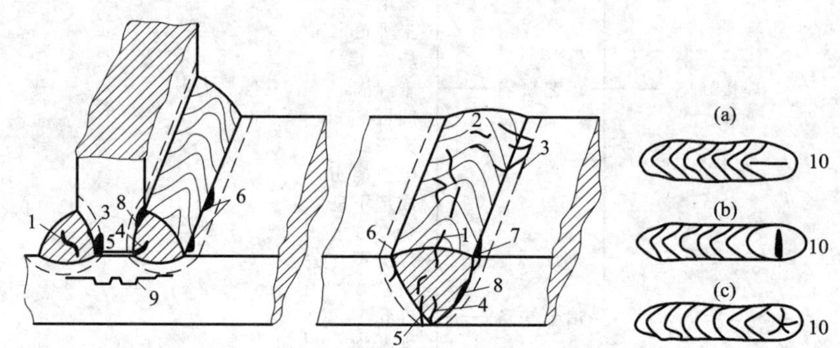


4－2　焊接裂纹分布形态示意图

（a）纵向裂纹；（b）横向裂纹；（c）星形裂纹

1—焊缝中纵向裂纹；2—焊缝中横向裂纹；3—熔合区裂纹；4—焊缝根部裂纹；5—HAZ 根部裂纹；6—焊趾纵向裂纹（延迟裂纹）；7—焊趾纵向裂纹（液化裂纹、再热裂纹）；8—焊道下裂纹（延迟裂纹、液化裂纹、多边化裂纹）；9—层状撕裂；10—弧坑裂纹（火口裂纹）

1）热裂纹

焊接过程中，焊缝和热影响区金属冷却到固相线附近时，高温区产生的裂纹称为热裂纹。热裂纹可分为结晶裂纹（凝固裂纹）和液化裂纹等。热裂纹的主要特征如下：

（1）产生的温度和时间。热裂纹一般产生在焊缝金属的结晶过程中，且在随后的冷却过程中还可能继续发展。所以，它的发生和发展都是在高温下，从时间上来说是产生于焊接过程中。

（2）产生的部位。热裂纹绝大多数产生在焊缝金属中，有的是纵向，有的是横向，发生在弧坑中的热裂纹往往呈星状。有时热裂纹也会发展到热影响区中。

（3）外观特征。热裂纹或者处在焊缝中，或者处在焊缝两侧的热影响区，其方向与焊缝的波纹线相垂直，露在焊缝表面的有明显的锯齿形状。凡露出焊缝表面的热裂纹，由于氧在高温下进入裂纹内部，所以裂纹断面上都可以发现明显的氧化色彩。

（4）金相结构特征。从焊接裂纹处的金相断面看，热裂纹都发生在晶界上，由于晶界就是交错生长的晶粒轮廓线，因此，热裂纹的外形一般呈锯齿形状。

2）冷裂纹

冷裂纹是焊接接头冷却到较低温度（对钢来说 $M_s$ 温度以下）时产生的裂纹。冷裂纹的主要特征如下：

（1）产生的温度和时间。产生冷裂纹的温度通常在马氏体转变温度内，即 200℃～300℃。可以在焊后立即出现，也可以延迟几小时、几周甚至在更长时间以后产生，这种冷裂纹又称为延迟裂纹。由于这种延时产生的裂纹在生产中难以检测，其危害更为严重。

（2）产生的部位。冷裂纹大多产生在热影响区或母材与焊缝交界的熔合线上。最常见的部位即如图 4－2 所示的焊道下裂纹、焊趾裂纹和焊根裂纹。

(3)外观特征。冷裂纹多数是纵向裂纹，在少数情况下，也可能有横向裂纹。显露在接头金属表面的冷裂纹断面上没有明显的氧化色彩，所以裂口发亮。

(4)金相结构特征。冷裂纹一般为穿晶裂纹，在少数情况下也可能沿晶界发展。

3)再热裂纹

焊件焊后在一定温度范围再次加热时，由于高温、残余应力共同作用而产生的裂纹，称为再热裂纹，也称为消除应力裂纹。再热裂纹常发生在含有沉淀强化元素的高强钢、珠光体钢、奥氏体钢、镍基合金等被焊材料中。

4)层状撕裂

层状撕裂是指在焊接构件中沿钢板轧层形成的呈阶梯状的一种裂纹。层状撕裂常发生在含有杂质的低合金高强钢厚板结构的热影响区附近。

5)应力腐蚀裂纹

焊接结构(如容器、管道等)在腐蚀介质和拉伸应力共同作用下产生的延迟开裂现象，称为应力腐蚀裂纹。应力腐蚀裂纹已成为工业特别是石油化工中最突出的问题，据统计，在化工设备所发生的破坏事故中，有近半数属于应力腐蚀开裂。由于这种裂纹是在服役过程中产生的，因此具有更大的危害性。

裂纹是最重要的焊接缺陷，是焊接结构发生破坏事故的主要原因。据统计，焊接结构引起的各种事故，除少数是由设计不当和产品运行不规范而造成的之外，绝大多数是由焊接裂纹引起的断裂。究其原因，不仅因为裂纹会造成接头强度降低，而且裂纹两端的缺口效应造成了严重的应力集中，很容易使裂纹扩展而形成宏观开裂或整体断裂。因此，在焊接生产中，裂纹一般是不允许存在的。

**3. 其他焊接缺陷**

1)咬边

沿焊趾的母材部位产生的沟槽或凹陷即为咬边，如图 4－3 所示。咬边使母材金属有效截面减少，减弱了焊接接头的强度；并且咬边处容易引起应力集中，承载后有可能产生裂纹，甚至引起结构破坏。产生咬边的原因是操作工艺不当、操作规范选择不正确，如焊接电流过大、电弧过长、焊条角度不当等。

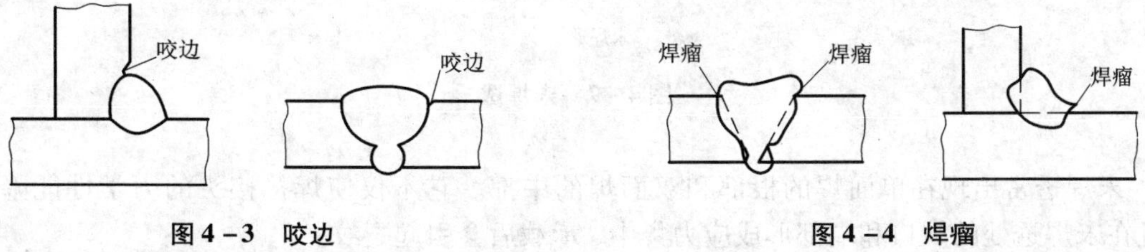


**图 4－3 咬边**　　**图 4－4 焊瘤**

防止咬边的措施是：正确选择焊接电流、电压和焊接速度，掌握正确的运条角度和电弧长度等。

2)焊瘤

焊接过程中，熔化金属流淌到焊缝之外未熔化的母材上所形成的金属瘤即为焊瘤，如图 4－4所示。

焊瘤不仅影响焊缝外表的美观，而且焊瘤下面常有未焊透缺陷，易造成应力集中。对于管接头来说，管道内部的焊瘤还会使管内的有效面积减少，严重时使管内产生堵塞。焊缝间隙过大、焊条位置和运条方法不正确、焊接电流过大或焊接速度太慢等均可引起焊瘤的产生。焊瘤常在立焊和仰焊时发生，立焊中的焊瘤部位往往还存在夹渣和未焊透等。

防止焊瘤的措施是：正确选择焊接工艺参数，灵活调节焊条角度，掌握正确的运条方法和运条角度，选择合适的焊接设备，尽量选择平焊位置。最重要的是要提高焊工的操作技术水平。

3）凹坑与弧坑

凹坑是指在焊缝表面或焊缝背面形成的低于母材表面的低洼部分，如图 4－5 所示。

弧坑指焊道末端的凹陷，且在后续焊道焊接之前或焊接过程中未被消除，如图 4－6 所示。常见的弧坑是发生在焊缝收尾处的下陷。

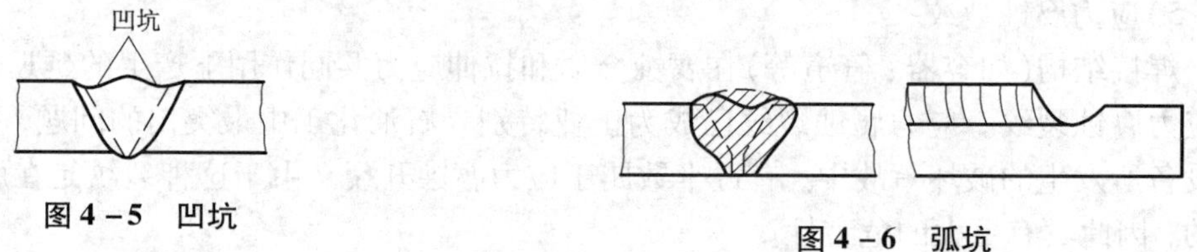


**图 4－5　凹坑**

**图 4－6　弧坑**

凹坑或弧坑处由于填充金属不足，焊缝的有效面积削弱了，容易造成应力集中并使焊缝的强度严重减弱。弧坑在冷却过程中还容易产生弧坑裂纹(也称火口裂纹)。

防止凹坑或弧坑的方法是：选择正确的焊接工艺参数，如焊接电流、焊接速度等，提高焊工的操作水平，掌握正确的焊接工艺方法。为防止弧坑的产生，焊条电弧焊时焊条必须在收尾处短时间停留或进行几次环形运条，以保证有足够的焊条金属填满熔池。埋弧焊时，收弧时应先停止送丝再切断电源。

4）未焊透与未熔合

焊接时接头根部未完全熔透的现象称为未焊透，如图 4－7 所示。

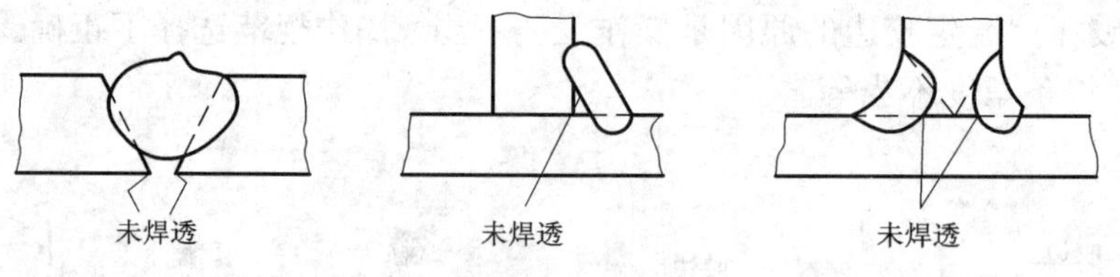


**图 4－7　未焊透**

未焊透常出现在单面焊的根部和双面焊的中部。它不仅使焊接接头的力学性能降低，而且在未焊透处的缺口和端部形成应力集中，承载后会引起裂纹。

未焊透产生的原因是焊接电流太小；运条速度太快；焊条角度不当或电弧发生偏吹；坡口角度或根部间隙太小；焊件散热太快；氧化物和熔渣等阻碍了金属间充分熔合等。凡是造成焊条金属和母材金属不能充分熔合的因素都会引起未焊透。

防止未焊透的措施包括：正确选择坡口形式和装配间隙，清除坡口两侧和焊层间的污物及熔渣；选择适当的焊接电流和焊接速度；运条时，应随时注意调整焊条角度，特别是遇到偏吹和焊条偏心时，更要注意调整焊条角度，以使焊缝金属和母材金属充分熔合；对导热快、散热面积大的焊件，应采取焊前预热或焊接过程中加热的措施。

未熔合是指焊接时焊道与母材之间或焊道与焊道之间未完全熔化结合的部分，或指点焊时母材与母材之间未完全熔化结合的部分，如图 4－8 所示。

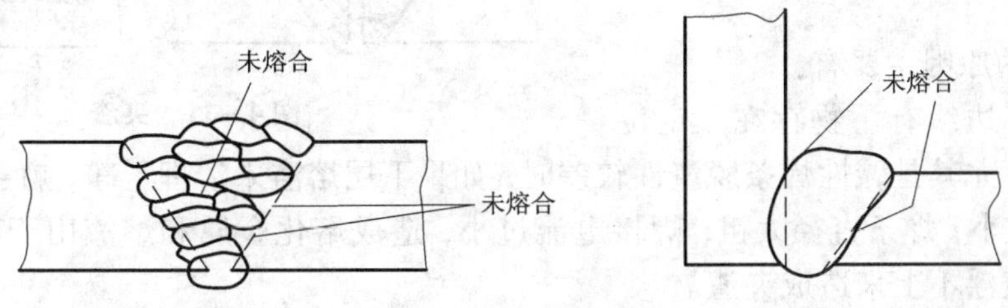


**图 4－8　未熔合**

未熔合产生的危害与未焊透大致相同，产生原因有：焊接热输入太低；电弧发生偏吹；坡口侧壁有锈垢和污物；焊层间清渣不彻底等。未熔合是一种会造成结构破坏的危险缺陷。

防止未熔合的措施是：选择合适的焊条；提高焊工的操作技术水平；按工艺要求加工坡口；合理选择焊接工艺参数；焊前清理坡口处的锈垢和污物。

5）塌陷与烧穿

塌陷是指单面熔化焊时，由焊接工艺不当造成焊缝金属过量透过背面，使焊缝正面塌陷而背面凸起的现象，如图 4－9 所示。

产生塌陷的原因主要是焊接电流过大而焊接速度偏小以及坡口钝边偏小而根部间隙过大。焊工技术水平低也是造成塌陷的原因。塌陷易在立焊和仰焊时产生，特别是管道的焊接，往往由于熔化金属下坠出现这种缺陷。

塌陷削弱了焊缝的有效面积，容易造成应力集中并使焊缝的强度减弱。同时，在塌陷处由于金属组织过烧，对有淬火倾向的钢易产生淬火裂纹，使其承受动载荷时容易产生应力集中。

为防止塌陷应合理选择焊接工艺参数，提高焊工水平，合理选择焊接设备。

焊接过程中，熔化金属自坡口背面流出形成穿孔的缺陷称为烧穿，如图 4－10 所示。烧穿在焊条电弧焊中，尤其是在焊接薄板时，是一种常见的缺陷。烧穿是一种不允许存在的焊接缺陷。产生烧穿的主要原因是焊接电流过大而焊接速度太小。当装配间隙过大或钝边太薄时，也会发生烧穿现象。

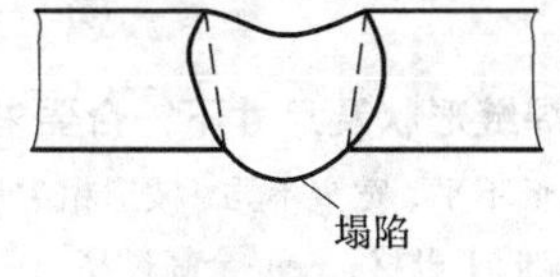


**图 4－9　塌陷**

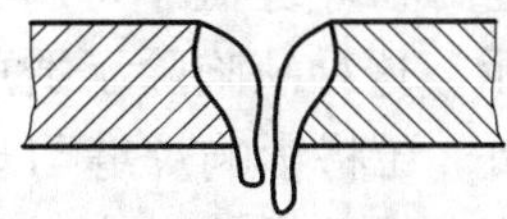

**图 4－10　烧穿**

为了防止烧穿现象，要正确设计焊接坡口尺寸，确保装配质量，选用适当的焊接工艺参数。单面焊可采用加铜垫板或焊剂垫等办法防止熔化金属下塌及烧穿。焊条电弧焊焊接薄板时，可采用跳弧焊接法或断续灭弧焊接法。

6）夹渣

焊后残留在焊缝中的熔渣称为夹渣，如图 4－11 所示。夹渣会降低焊接接头的塑性和韧性；夹渣的尖角处会造成应力集中；特别是对于淬火倾向较大的焊缝金属，容易在夹渣尖角处产生很大的内应力而形成焊接裂纹。

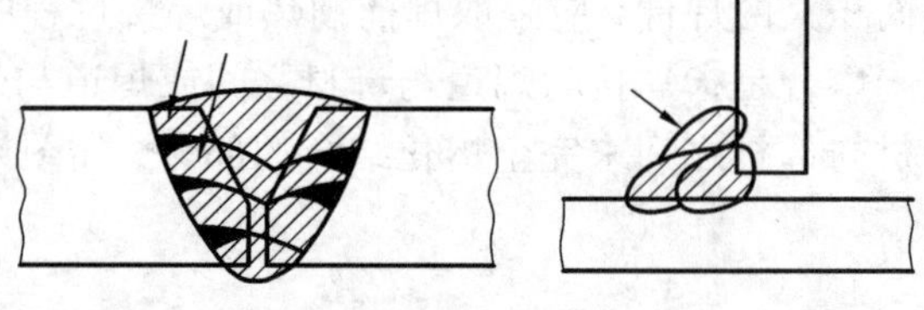

图 4－11　夹渣

夹渣产生的原因主要有：

(1)在坡口边缘有污物存在。定位焊和多层焊时，尤其是碱性焊条脱渣性较差时，如果下层熔渣未清理干净，就会出现夹渣。

(2)坡口太小，焊条直径太粗，焊接电流过小，造成熔化金属和熔渣由于热量不足而流动性差，使熔渣浮不上来造成夹渣。

(3)焊接时，焊条的角度和运条方法不恰当，对熔渣和铁水辨认不清，把熔化金属和熔渣混杂在一起。

(4)冷却速度过快，熔渣来不及上浮。

(5)母材金属和焊接材料的化学成分不当，如当熔渣内含氧、氮、锰、硅等成分较多时容易出现夹渣。

(6)焊接电流过小，使熔池存在时间太短。

防止夹渣产生的措施主要有：

(1)认真将坡口及焊层间的熔渣清理干净，并将凹凸处铲平，然后施焊。

(2)适当增加焊接电流，避免熔化金属冷却过快，必要时把电弧缩短，并增加电弧停留时间，使熔化金属和熔渣分离良好。

(3)根据熔化情况，随时调整焊条角度和运条方法。焊条横向摆动幅度不宜过大，在焊接过程中应始终保持轮廓清晰的焊接熔池，使熔渣上浮到铁水表面，防止熔渣混杂在熔化金属中或流到熔池前面而引起夹渣。

(4)正确选择母材和焊接材料，调整焊条药皮或焊剂的化学成分，降低熔渣的熔点和黏度。

7)焊缝形状与尺寸不符合要求

焊缝形状与尺寸不符合要求主要指焊缝的外表高低不平，波形粗劣，宽窄不一，余高过高和焊缝低于母材等，如图 4－12 所示。这种缺陷除了造成焊缝成形不美观外，还将影响焊缝与母材金属的结合强度。焊缝尺寸过小会降低焊接接头的承载能力；焊缝尺寸过大会增加焊接工作量，使焊接残余应力和焊接变形增加，并会造成应力集中。焊接坡口角度不当或装配间隙不均匀、焊接电流过大或过小、运条方式或速度及焊角角度不当等均会造成焊缝尺寸及形状不符合要求。

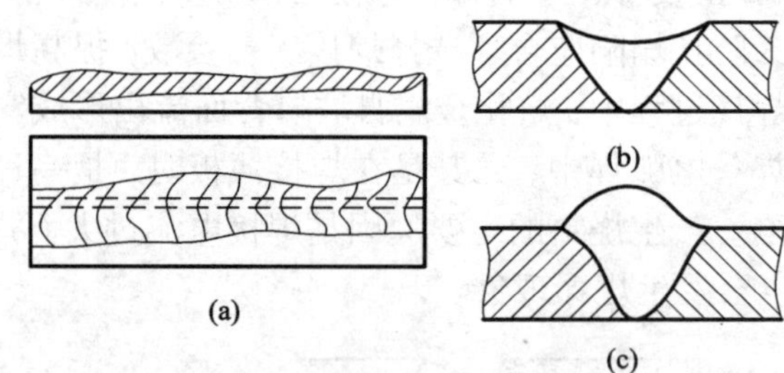


图 4－12　焊缝形状及尺寸不符合要求

(a) 焊缝高低不平、宽窄不均、波形粗劣
(b) 焊缝低于母材；(c) 余高过高

为防止此类缺陷，焊接时应注意选择正确的焊件坡口角度及装配间隙；正确选择焊接电流等焊接工艺参数；提高焊工操作水平；正确地掌握运条手法和控制速度等。

## 4.2　焊缝中的气孔

气孔是焊接生产中经常遇到的一种缺陷，是由于焊接过程中熔池内的气泡在凝固时未能及时逸出而残留下来形成的空穴。在碳钢、高合金钢和非铁金属的焊缝中都有出现气孔的可能。气孔不仅出现在焊缝表面，也会出现在焊缝内部。焊缝中的气孔不仅削弱焊缝的有效工作截面积，同时也会带来应力集中，从而降低焊缝金属的强度和韧性，对动载强度和疲劳强度更为不利，因此，防止气孔是保证焊接质量的重要内容。

### 4.2.1　形成气孔的气体

在焊接过程中遇到气孔的问题是相当普遍的，几乎稍不留意就有产生气孔的可能。例如，焊条、焊剂的质量不好(有较多的水分和杂质)，烘干不足，被焊金属的表面有锈蚀、油等其他杂质，焊接工艺不够稳定(电弧电压偏高、焊速过大和电流过小等)，以及焊接区域保护不良等，都会不同程度地出现气孔。此外焊接过程中冶金反应时产生的气体，由于熔池冷却速度过快未能及时逸出也会产生气孔。

由此可见焊接过程中能够形成气孔的气体主要来自:

(1)周围介质。在高温时能大量溶于液体金属，而在凝固过程中，由于温度降低溶解度突然下降的气体，如 $H_2$、$N_2$。

(2)化学冶金反应的产物。在熔池进行化学冶金反应中形成的，而又不溶解于液体金属中的气体，如 CO、$H_2O$(气)。

### 4.2.2　气孔的类型及产生原因

焊缝中常出现各式各样的气孔。气孔的分布不同，有时出现在焊缝表面，有时出现在焊缝的根部，有时以弥散状分布在整个焊缝的断面上。根据气孔的产生原因，可以把气孔分为析出型气孔和反应型气孔两类。

**1. 析出型气孔**

这类气孔是金属液在冷却及凝固过程中因气体在液、固金属中的溶解度差造成过饱和状态的气体来不及从液面析出所形成的气孔。由于产生气孔的气体种类不同，所形成的气孔的形态和特征也有所不同。

(1)氢气孔。在低碳钢和低合金钢焊缝中，氢气大都出现在焊缝的表面上，气孔的断面形状呈螺钉状，从焊缝的表面上看呈喇叭口形，气孔的四周有光滑的内壁。这是由于氢气是在液态金属和枝晶界面上积聚析出，随枝晶生长而逐渐形成气孔的。

如果焊条药皮中含有较多的结晶水，使焊缝中的氢含量过高，或在焊接铝、镁合金时，液态金属中氢由于溶解度随着温度下降急剧降低，在凝固时来不及上浮而残存在焊缝内部，形成内部气孔。

(2)氮气孔。氮气孔也多出现在焊缝表面，多数情况下是成堆出现的，与蜂窝相似。氮气孔的产生主要是由较多的空气侵入焊接区所致。

**2. 反应型气孔**

熔池中由于冶金反应产生不溶于液态金属的 CO、$H_2O$ 而生成的气孔叫反应型气孔。

1）CO 气孔

在焊接碳钢时，当液态金属中的碳含量较高而脱氧不足时会通过下述冶金反应生成 CO：

$$[C]+[O]=CO$$

$$[FeO]+[C]=CO+[Fe]$$

$$[MnO]+[C]=CO+[Mn]$$

这些反应可以发生在熔滴过渡过程中，也可以发生在熔池里即熔渣与金属相互作用过程中。因为 CO 不溶于金属，如果上述冶金反应是在高温时进行，CO 会以气泡的形式从熔池中高速逸出，引起飞溅，但不会形成气孔。随着焊接过程的进行，当焊接热源离开、熔池开始结晶时，铁碳合金溶质偏析(即先结晶部分较纯，后结晶部分的溶质浓度偏高，杂质较多)，可使熔池中各种氧化物和碳的浓度局部偏高，有利于上述反应的进行。同时，结晶过程中熔池金属的浓度不断增大，此时产生的 CO 就不易逸出，很容易产生气孔。

2）$H_2O$ 气孔

焊接铜时形成的 $Cu_2O$ 在 1200℃以上能溶于液态铜，但当温度降低到 1200℃以下时将逐渐析出，并与溶解于铜中的氢发生如下反应：

$$[Cu_2O]+2[H]=2[Cu]+H_2O\uparrow$$

形成的 $H_2O$(气)不溶于液态铜，是焊接铜时产生气孔的主要原因。

焊接镍时产生水气，与铜类似，如下式：

$$[Ni_2O]+2[H]=2[Ni]+H_2O\uparrow$$

$H_2O$(气)也不溶于液态镍，是焊接镍时产生气孔的主要原因。

通常，气泡中的气体不是单一的，往往是几种气体并存。在一定条件下，某一种气体对气孔的形成起主要作用，而在各种气体共同作用下气泡得以迅速长大。

### 4.2.3 焊缝中气孔的形成过程

虽然不同的气体形成的气孔不仅在外观与分布上各有特点，使其产生的冶金与工艺因素也不尽相同。但任何气体在熔池中形成气泡的过程都是在液相中形成气相的过程，即服从于新相形成的一般规律，由形核与长大两个基本过程组成。气孔的形成是由气体被液态金属吸收，气泡的形核、长大和上浮四个过程共同作用的结果。

**1. 气体被液态金属吸收**

在焊接过程中，熔池周围充满着成分复杂的各种气体，这些气体主要来自于空气，药皮和焊剂的分解及其燃烧产物，焊件上的铁锈、油漆、油脂受热后产生的气体等。这些气体分子在电弧高温作用下很快被分解成原子，并被金属熔滴吸附，不断地向液体熔池内部扩散和溶解，基本上以原子状态溶解到熔池金属中。温度越高，金属中溶解的气体量越多。

在焊接钢材时，由于熔池温度可达到 1700℃，熔滴的温度更高，因此在电弧空间如有氢和氮存在，便会溶入铁中。这种气体溶入金属或冶金反应生成不溶于液态金属的气体，是形成气孔的前提条件。

**2. 气泡的形核**

气泡的形核要具备两个条件：液态金属中有过饱和的气体；有形核所需要的能量。

焊接时，在电弧高温作用下，熔池与熔滴吸收的气体大大超过了其在熔点的溶解度。随着焊接过程中熔池温度的降低，气体在熔池中的溶解度也相应减小，达到过饱和状态。以铁为例，采用直流正接时熔池中氢的含量可以达到它在铁的熔点时溶解度的1.4倍，而CO在液态中是不溶解的。因此，焊接时，熔池中获得了形成气泡所必需的物质条件。

在极纯的液态金属中形成气泡核心是很困难的，所需形核功很大。而在焊接熔池中，由于半熔化晶粒及悬浮质点等表面的存在，气泡形核所需能量大大降低。因此，焊接熔池中气泡的形核率较高。

**3. 气泡的长大**

气泡核形成后要继续长大需要的两个条件是：内压大于所受的外压；有足够的速度，以保证在熔池凝固前达到一定的宏观尺寸。

作用于气泡的外压，包括大气压力、液体金属与熔渣的静压力及表面张力所形成的附加压力等，其中影响较大的是附加压力。附加压力的作用使气泡表面积缩小，阻碍气泡长大，其大小与气泡半径 $r$ 成反比，即气泡半径 $r$ 越小，附加压力就越大。例如，当 $r=10^{-4}$ cm时，附加压力可达大气压力的20倍左右。在这样大的外压作用下，气泡长大很困难。但当气泡依附于某些现成表面形核时，呈椭圆形，半径比较大，因而附加压力大大减小。同时，形核的现成表面对气体有吸附作用，使局部气体浓度大大提高，缩短了气泡长大所需的时间，为气泡长大提供了条件。

**4. 气泡的上浮**

熔池中的气泡长大到一定尺寸后，开始脱离吸附表面上浮。此时，焊缝中是否会形成气孔，取决于气泡能否从熔池中浮出。

气泡的上浮由两个过程组成，首先气泡必须脱离所依附的现成表面，其难易程度与气泡和表面的接触情况有关。图4－13所示为气泡与表面两种不同的接触情况，显然图4－13(a)中的气泡更容易脱离依附的表面。气体的性质决定接触情况，形成气体的主要元素(如氧、氢、碳)都是可以改善接触情况的，对气泡脱离表面有利。

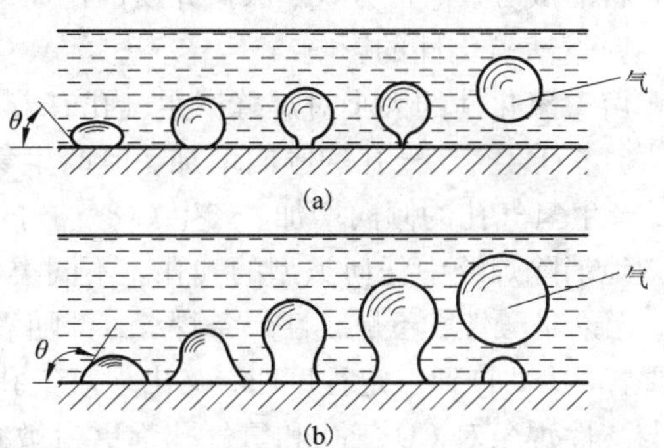

**图4－13 气泡与表面两种不同的接触情况**

(a) $\theta<90°$；(b) $\theta>90°$

气泡脱离现成表面后，上浮速度是决定能否形成气孔的最终条件。气泡浮出速度可按下式估算：

$$v_{泡}=\frac{2(\rho_1-\rho_2)}{9\eta}gr^2 \tag{4-1}$$

式中：$v_{泡}$——气泡上浮速度，g/cm$^2$；

$\rho_1$，$\rho_2$——熔池液体金属与气体密度，g/cm$^3$；

$g$——重力加速度，cm/s$^2$；

$r$——气泡半径，cm；

$\eta$——液体金属黏度，Pa·s。

由上式可以看出，气泡上浮速度与下列因素有关：

(1)气泡半径($r$)。气泡浮出速度与 $r^2$ 成正比，当 $r$ 增加时，气泡浮出速度迅速增大。

(2)熔池金属的密度($\rho_1$)。一般情况下，气体密度 $\rho_2$ 远小于熔池金属的密度 $\rho_1$，因此，

$(\rho_1-\rho_2)$的大小主要取决于$\rho_1$。$\rho_1$越大，气泡上浮的速度越大。所以在焊接轻金属(如Al、Mg及其合金)时，产生气孔的倾向比焊接钢时大得多。

(3)液体金属的黏度($\eta$)。当温度下降时，特别是熔池开始凝固后，$\eta$值急剧上升，这时气泡浮出的速度明显降低。因此，在凝固过程中形成的气泡浮出较困难。

### 4.2.4 影响气孔形成的因素及防止措施

焊缝中产生气孔的因素是多方面的，有时是几种因素共同作用的结果。在生产中一般将影响气孔形成的因素归纳为冶金与工艺两方面，而工艺因素往往通过冶金反应来起作用，所以解决气孔的问题，冶金因素的作用更为重要。

**1. 冶金因素对气孔的影响**

冶金因素主要指与焊接冶金过程有关的因素，如被焊金属与填充金属的成分、熔渣的组成与性质、电弧气氛的种类，以及铁锈、吸附水的有无等。对特定的产品来说，则主要是焊接材料的成分、保护方式、保护介质的性质、铁锈及水分等。

1)熔渣氧化性的影响

熔渣氧化性的大小对焊缝产生气孔有着重要的影响。大量的实验表明，当熔渣的氧化性增大时，产生CO气孔的倾向增加，但产生氢气孔的倾向减小；相反，当熔渣的还原性增大时，产生氢气孔的倾向增加，产生CO气孔的倾向减小。因此，适当调整熔渣的氧化性，可以有效地消除焊缝中任何类型的气孔。不同类型焊条试验的结果见表4-1。从表4-1可以看出，无论是酸性，还是碱性焊条焊缝，都随氧化性的增加而出现CO气孔，随氧化性减小(或还原性的增加)到一定程度时，又出现氢气孔；酸、碱性熔渣对气孔的敏感性不同，碱性焊条比与酸性焊条对CO气孔和氢气孔都更为敏感。因此，在用碱性焊条焊接时，应更严格控制气体的来源。

**表4-1　焊条的氧化性对气孔倾向的影响**

| 焊条牌号 | 焊缝中氧和碳的质量分数及氢含量 | | | 氧化性 | 气孔倾向 |
|---|---|---|---|---|---|
| | $w(O)/\%$ | $w(O)\times w(C)\times10^{-4}$ | $[H]/[mL\cdot(100g)^{-1}]$ | | |
| J424-1 | 0.0046 | 4.37 | 8.80 | 增↓加 | 较多气孔(氢) |
| J424-2 | – | – | 6.82 | | 个别气孔(氢) |
| J424-3 | 0.0271 | 23.03 | 5.24 | | 无气孔 |
| J424-4 | 0.0448 | 31.36 | 4.53 | | 无气孔 |
| J424-5 | 0.0743 | 46.07 | 3.47 | | 较多气孔(CO) |
| J424-6 | 0.1113 | 57.88 | 2.70 | | 更多气孔(CO) |
| J507-1 | 0.0035 | 3.32 | 3.90 | 增↓加 | 个别气孔(氢) |
| J507-2 | 0.0024 | 2.16 | 3.17 | | 无气孔 |
| J507-3 | 0.0047 | 4.04 | 2.80 | | 无气孔 |
| J507-4 | 0.0160 | 12.16 | 2.61 | | 无气孔 |
| J507-5 | 0.0390 | 27.30 | 1.99 | | 更多气孔(CO) |
| J507-6 | 0.1680 | 94.08 | 0.80 | | 密集大量气孔(CO) |

2)焊条药皮与焊剂组成物的影响

焊条药皮与焊剂的组成都比较复杂，依被焊材料不同而异。

$CaF_2$(萤石)是碱性焊条与焊剂常用的原材料之一。碱性焊条药皮中加入一定量 $CaF_2$，焊接时可与氢、水蒸气反应，产生稳定的化合物气体氟化氢(HF)，将游离氢转化为化合氢。氟化氢不溶于液体金属而直接从电弧空间扩散到空气中，从而减少了氢气的来源，有效防止了氢气孔的产生。其反应如下：

$$CaF_2 + H_2O = CaO + 2HF\uparrow$$

$$CaF_2 + H = CaF + HF\uparrow$$

$$CaF_2 + 2H = Ca + 2HF\uparrow$$

高锰高硅焊剂(如 HJ431)中加入一定量 $CaF_2$，焊接时 $CaF_2$与 $SiO_2$作用后生成 $SiF_4$，亦可起到脱氢作用。其反应如下：

$$2CaF_2 + 3SiO_2 = SiF_4 + 2CaSiO_3$$

$$SiF_4 + 2H_2O = SiO_2 + 4HF\uparrow$$

$$SiF_4 + 3H = SiF + 3HF\uparrow$$

$CaF_2$对防止氢气孔的产生是很有效的，但 $CaF_2$的含量增加时会影响电弧稳定性，同时还会产生不利于焊接人员健康的可溶性氟(NaF、KF 等)。

对不含 $CaF_2$的酸性焊条，一般在药皮中加入一定的强氧化性组成物，如 $SiO_2$、MnO、FeO、MgO 等。氧化物分解后与氢化合，生成稳定性仅次于 HF 的自由氢氧基 OH，也可起到防止氢气孔产生的作用。在含有 $CaF_2$的焊条药皮或焊剂中，为了稳定电弧而需加入含 K、Na 等低电离电位物质，如 $Na_2CO_3$、$K_2CO_3$、$KHCO_3$，水玻璃等。但这也会使氢气孔的产生倾向增大，应引起注意。

3)铁锈及水分等的影响

焊接生产中有时会遇到因母材或焊接材料表面不清洁而产生气孔的现象。焊件或焊接材料表面的氧化皮、铁锈、水分、油渍以及焊接材料中的水分是导致气孔产生的重要原因，其中以母材表面铁锈的影响最大。

氧化皮的主要成分是 $Fe_3O_4$，有时也含有一定的 $Fe_2O_3$。而铁锈由于形成条件不同，其成分一般表达为 $mFe_2O_3 \cdot nH_2O$，其中 $Fe_2O_3$含量约为 83.3%，并含有一定的结晶水。加热时氧化皮和铁锈中的高价氧化物及结晶水都要分解，即：

$$3Fe_2O_3 = 2Fe_3O_4 + \frac{1}{2}O_2$$

$$2Fe_3O_4 + H_2O = 3Fe_2O_3 + H_2$$

$$Fe + H_2O = FeO + H_2$$

结晶水分解后可产生 $H_2$、H、$O_2$ 等，因而使产生 CO 气孔与氢气孔的倾向都有可能增大。

对酸性焊条来说，少量的铁锈或氧化皮影响不大，这是因为酸性再容易形成复合物，活度较低，不易向熔池中过渡。此外，酸性熔渣的氧化性比较强，所以对氢气孔也不很敏感。为此，酸性焊条焊前烘干温度比较低，一般规定为 75℃ ~150℃。

碱性焊条对铁锈及氧化皮等比较敏感，这主要是因为碱性熔渣中 FeO 活度较大，再稍有增加，焊缝中的 FeO 就明显增多。因此，用碱性焊条焊接时，为了防止气孔的产生，要求对工件表面进行较严格的清理。此外，碱性焊条对水分也很敏感，因为这类焊条熔池脱氧比较完全，不具有利用 CO 气泡沸腾来排除氢气的能力，熔池中一旦溶解了氢就很难排出。碱性焊条要求在350℃～400℃下烘干。

**2. 工艺条件对气孔的影响**

工艺条件主要是指焊接工艺规范、电流种类、操作技术等。对气孔影响较大的条件有以下几个：

一般称碱性焊条为低氢型焊条，这是因为焊条药皮中含有较多的碳酸盐及氟化物，而且不含有机物，焊接时弧柱气氛中氢的含量很低，从而保证了焊缝中扩散氢含量也很低。

1）焊接工艺规范的影响

焊接工艺规范主要影响熔池存在时间，熔池存在时间越短，气体越不容易逸出，形成气孔的倾向越大。熔池存在时间与主要焊接工艺参数之间的关系为

$$t_s = \frac{KUI}{v} \tag{4-2}$$

式中：$t_s$——熔池存在时间，s；

$K$——与被焊金属物理性能有关的系数；

$U$——电弧电压，V；

$I$——焊接电流，A；

$v$——焊接速度，cm/s。

由上式可以看出，当电弧的功率（$UI$）不变，焊接速度（$v$）增大时，熔池存在的时间变短，因而增加了产生气孔的倾向。若焊速不变，增加功率则可以使熔池的存在时间增长，有利于气体的逸出，可减小气孔产生的倾向。但实际上增大电流有时反而增大了气孔产生的倾向，这是因为电流增大时，熔滴变细而表面积增大，熔滴吸收氢气增多，使熔池的含氢量上升，故增加了气孔产生的倾向。因此，通过调节焊接电流、电压和焊接速度的方法来防止气孔并不是有效的。

实践证明，当提高电弧电压时，由于电弧长度增加，使熔滴过渡的距离加长，并影响气体保护的效果，同样也会吸收较多的氢（或氮），这样不仅增大了形成氢气孔的倾向，还可能引起氮气孔。

2）电流的种类和极性

电流的种类和极性主要影响对氢气孔的敏感性。在使用未经烘干的焊条焊接时，采用交流电源最容易产生气孔；用直流正接，氢气孔产生较少；而用直流反接，氢气孔产生最少。

3）点固焊或定位焊

实践表明，点固焊部位很容易出现气孔，这主要是保护不好、冷却速度高所致。有时焊点上的气孔还可能成为正式焊缝上气泡的核心。为此，要求在点固焊时应使用与正式焊接完全相同的焊条，并且认真操作。

4）其他操作因素

焊前清理、焊条（焊剂）的烘干、操作技术的熟练程度等都对气孔倾向有影响。

**3. 防止气孔产生措施**

气孔是焊缝中常见缺陷之一，影响因素来自多方面。实际生产中可从以下两方面采取措施来防止气孔的产生。

1）母材和焊接材料方面

焊前应清除焊件坡口面及两侧的水分、油污及防腐底漆。采用焊条电弧焊时，如果焊条

药皮受潮、变质、剥落、焊芯生锈等，都会产生气孔。焊前烘干焊条，对防止气孔的产生十分关键。一般，酸性焊条抗气孔性好，要求药皮的含水量不得大于4%。对于低氢型碱性焊条，要求药皮的含水量不得超过0.1%。气体保护焊时，保护气体的纯度必须符合要求。

2)焊接工艺方面

焊条电弧焊时，焊接电流不能过大；否则，焊条发红，药皮提前分解，将会失去保护作用。对于碱性焊条，要采用短弧进行焊接，防止有害气体侵入。当发现焊条有偏心时，要及时转动或倾斜焊条。焊前预热可以减慢熔池的冷却速度，有利于气体的浮出。选择正确的焊接工艺，焊接速度不应过快，焊接过程中不要断弧，保证引弧处、接头处、收弧处的焊接质量，在焊接时避免风吹雨打等均能防止气孔产生。焊接重要焊件时，为减小气孔产生的倾向，可采用直流反接。

## 4.3　焊缝中的夹杂

由冶金反应产生的并残留在焊缝金属中的微粒、非金属杂质(如氧化物、硫化物)等，统称为夹杂物，简称夹杂。

焊接时，由于熔池的冷却速度较快，一些脱氧、脱硫的产物来不及聚集逸出就留在焊缝中而形成夹杂。

### 4.3.1　夹杂的种类及危害

夹杂物的组成及分布形式多种多样，随被焊金属的成分、焊接方法与材料的不同而变化。焊缝金属中常见的夹杂物有氧化物、硫化物和氮化物三类。

**1. 氧化物夹杂**

焊接金属材料时，氧化物夹杂较为普遍，其主要组成物是$SiO_2$、MnO、$TiO_2$及$Al_2O_3$等，一般以硅酸盐的形式存在。这种氧化物夹杂主要是在熔池冶金反应中产生，熔池脱氧反应越充分，焊缝中的氧化物夹杂就越少。焊缝中的氧化物夹杂如果以密集的块状或片状分布，常引起热裂纹，同时也会降低焊缝的韧性。

**2. 硫化物夹杂**

硫化物夹杂主要来源于焊条药皮或焊剂；母材和焊丝中硫含量偏高时，也会造成硫化物夹杂。硫化物夹杂硫从过饱和的固溶体中析出而形成。其中多以 MnS、FeS 的形式存在。MnS 一般呈小颗粒状弥散分布于焊缝金属中，对焊缝性能影响不大；而 FeS 则在晶界析出，并与 Fe 或 FeO 形成低熔点共晶物(FeS + Fe 的熔点为985℃，FeS + FeO 的熔点为940℃)，这些低熔点共晶物在焊缝结晶后期为凝固裂纹的形成创造了一定的条件，会使焊缝金属的热裂倾向增大。

**3. 氮化物夹杂**

氮的主要来源是空气，只有在焊接保护不良的情况下才会出现较多的氮化物夹杂。氮化物夹杂的形成是因为焊接时有过饱和氮溶入液态金属中，熔池冷却时氮来不及析出而固溶于焊缝金属中，然后在时效过程中以 $Fe_4N$ 的形式析出。这种 $Fe_4N$ 在焊缝金属中以针状形式分布在晶粒上或贯穿于晶界。由于 $Fe_4N$ 是一种很硬很脆的化合物，当其在焊缝金属中含量较高时，会使焊缝的硬度提高，塑性和韧性下降。

### 4.3.2 焊缝中夹杂物的防止措施

夹杂物的危害性与其分布状态有关。一般来说，分布均匀的细小显微夹杂物对塑性和韧性影响较小，甚至还可使焊缝的强度有所提高。所以，需采取措施加以防止的是宏观的大颗粒夹杂物。

防止夹杂物产生的主要措施是控制其来源，即从冶金方面入手，正确选择焊条、焊剂的渣系以保证熔池能较充分脱氧与脱硫。此外，对母材、焊丝及焊条药皮(或焊剂)原材料中杂质含量应严加控制，以杜绝夹杂物的来源。

工艺方面的措施主要是为夹杂物从熔池中浮出创造条件。具体措施如下：

(1)选用合适的焊接热输入，保证熔池有必要的存在时间。

(2)多层焊时，每一层焊缝(特别是打底焊缝)焊完后，必须彻底清理焊缝表面的焊渣，以防止残留的焊渣在焊接下一层焊缝时进入熔池而形成夹杂物。

(3)焊条电弧焊时，焊条进行适当摆动有利于夹杂物浮出。

(4)施焊时注意保护熔池，包括控制电弧长度。埋弧焊时应保证焊剂有适当的厚度；气体保护焊时要有足够的气体流量等，以防止空气侵入。

## 4.4 焊接热裂纹

焊接结构常用的钢或非铁金属在焊接中都有可能产生热裂纹。热裂纹是焊接生产中比较常见的一种缺陷。金属在产生焊接热裂纹的高温下，晶界强度低于晶粒强度，因而热裂纹具有沿晶界开裂的特征。热裂纹可分为结晶裂纹、多边化裂纹和液化裂纹三类，其中结晶裂纹是最常见的。

结晶裂纹又称为凝固裂纹，是在焊缝凝固后期形成的，是生产中最常见的热裂纹之一。结晶裂纹主要产生在含杂质(S、P、C、Si)偏高的碳钢、低合金钢以及单相奥氏体钢、镍基合金及某些铝合金焊缝中。

### 4.4.1 结晶裂纹产生的原因

裂纹是一种局部的破坏，这种破坏能够发生必然有力的作用存在，且作用力必须大于其抵抗能力。焊缝凝固结晶过程中，液态金属变成固态，体积要缩小，同时凝固后的焊缝金属在冷却过程中体积也会收缩，而焊缝周围金属阻碍上述收缩，这样焊缝就受到一定的拉应力作用。在焊缝刚开始凝固结晶时，这种拉应力就产生了，但这时不会引起裂纹，因为此时晶粒刚开始生长，液体金属比较多，流动性较好，可以在晶粒间自由流动，因而由拉应力造成的晶粒间的间隙都能被液体金属填满。

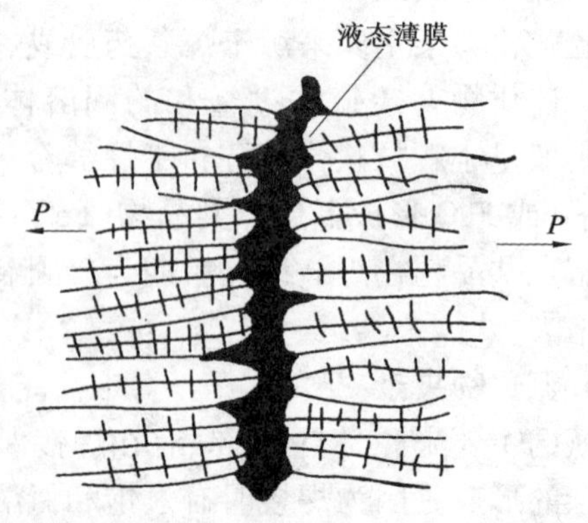

图 4-14 焊缝中“液态薄膜”示意图

金属在结晶过程中先结晶的金属比较纯，后结晶的金属含有较多的杂质，这些杂质会被不断生长的柱状晶体推向晶界，并聚集在晶界上。杂质中的S、P、Si等都能形成低熔点共晶物。当焊缝温度继续下降，大部分液态焊缝已凝固时，这些低熔点共晶由于熔点较低仍未凝固，从而在晶界间形成了一层液体夹层，即所谓的"液态薄膜"(图4－14)。由于液体金属本身不具有抗拉能力，这层液态薄膜使得晶粒与晶粒之间的结合力大为削弱。这样，在已增大了的拉应力的作用下，柱状晶体间的缝隙增大。此时仅靠低熔点共晶液体难以填充扩大了的缝隙，就产生了裂纹。

由此可见，结晶裂纹是焊缝中存在的拉应力通过作用在晶界上的低熔点共晶而造成的。如果没有低熔点共晶存在，或者数量很少，则晶粒与晶粒之间的结合比较牢固，即使有拉应力的作用，仍不会产生裂纹。

## 4.4.2 影响结晶裂纹产生的因素

结晶裂纹产生的主要原因是在焊接过程中焊缝金属存在抗拉能力极差的"低熔点共晶"和作用在其上的拉应力。其中，前者是由冶金因素引起的，后者则取决于力的因素。因此，在分析结晶裂纹的影响因素时，应从冶金及力学两个因素着手。

**1. 冶金因素对结晶裂纹的影响**

1)合金元素的影响

合金元素对结晶裂纹的影响十分复杂，而且各种合金元素除有单一的影响之外，多种元素相互之间也会影响。这里主要分析低碳钢和低合金钢中常见的几种合金元素的影响。

(1)硫和磷的影响。硫和磷在钢中很容易产生偏析，同时会形成多种低熔点的化合物或共晶物。它们在结晶时极易形成液态薄膜，使结晶裂纹产生的倾向增大。

(2)碳的影响。由于碳含量增加，初生相可由$\delta$相转为$\gamma$相，而硫、磷在$\gamma$相中的溶解度比在$\delta$相中低很多，结果使硫、磷在晶界析出，使结晶裂纹产生的倾向增大。

(3)锰的影响。锰是良好的脱硫剂，在焊接时，锰会与熔池中的硫作用，降低焊缝中的硫含量，使结晶裂纹的倾向减小。因此，随着碳含量的增大，Mn/S也应随着增大。

(4)硅的影响。硅是$\delta$相的形成元素，有利于消除结晶裂纹产生的倾向，但当硅的含量超过4%时，容易形成硅酸盐夹杂物，增加结晶裂纹产生的倾向。

(5)镍的影响。焊缝中加入镍元素后，可以改善焊接接头的低温韧性，硫和磷的含量不高时，有利于减小裂纹产生的倾向。但当焊缝中硫和磷的含量增大时，镍与硫之间会形成低熔点共晶物，且呈膜状分布于晶界，使结晶裂纹产生的倾向增大。

(6)钛、锆和镧或铈等元素的影响。钛、锆和镧或铈等元素能形成高熔点的硫化物，使结晶裂纹产生的倾向减小。

2)合金相图

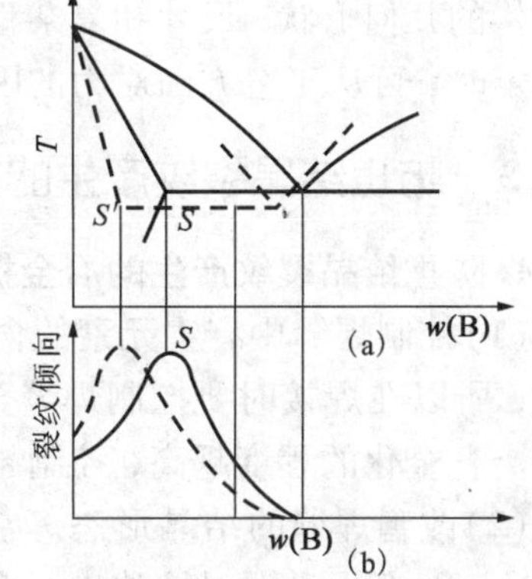

**图4－15 结晶温度区间与裂纹倾向**

结晶裂纹的产生与固液相温度差有密切联系。结晶裂纹产生的倾向随结晶温度区间的变化而变化，如图4－15所示。由图可以看出，随着合金成分的增加，结晶温度区间随之增大，结晶裂纹的倾向也随之增加，如图4－15(b)所示，一直到$S$点，此时结晶温度区间最大，结晶裂纹的倾向也最大。当合金元素进一步增加时，结晶温度区间反而变小，所以结晶裂纹的倾向也随之降低，一直到共晶点，此时整个合金几乎在同一个温度下结晶，故结晶裂纹产生的倾向最小。实际生产中，不平衡结晶时 $S$ 点向左下方移到 $S'$ 点，因此实际的裂纹倾向变化规律如图 4－15(b)中虚线所示。

3)组织形态的影响

焊缝一次结晶的晶粒度越大，结晶的方向性越强，杂质的偏析越严重，结晶后期越容易形成液态薄膜，使结晶裂纹产生的倾向增大。

如果一次结晶组织为 $\delta$(铁素体)，或 $\delta+\gamma$ 的双相组织，则结晶裂纹的倾向就会减小。这是因为 $\delta$ 相能固溶更多的有害杂质而减少其偏析。$\delta$ 相在 $\gamma$ 相中的分散存在，可能使 $\gamma$ 相枝晶发展受到限制，产生一定的细化晶粒和打乱结晶方向的作用，提高焊缝金属的抗裂性能。

上述各冶金因素的影响归纳于表 4－2。

**表 4－2　影响结晶裂纹的冶金因素**

| 影响因素 | | 增加裂纹倾向 | 降低裂纹倾向 |
|---|---|---|---|
| 结晶温度区间 | | 大 | 小 |
| 碳当量(化学成分) | | 大 | 小 |
| 残液特征(表面张力) | | 薄膜状 | 球状 |
| 一次结晶组织 | 晶粒度 | 粗大 | 细小 |
| | 初生相 | $\gamma$ | $\delta$ |

**2. 力对结晶裂纹的影响**

金属的温度超过一定值时，晶界强度 $\sigma_0$ < 晶内强度 $\sigma_G$，因此当外力超过 $\sigma_0$ 时就会开裂。如果焊缝所承受的应力为 $\sigma$，在温度升高时 $\sigma$ 始终低于 $\sigma_0$，就不会产生裂纹；反之，超过了金属的高温强度 $\sigma_0$，就会产生裂纹。可见拉应力的大小是开裂与否的决定因素。

焊接拉应力是产生结晶裂纹的必要条件。焊接拉应力大小和许多因素有关，其中包括焊接结构的几何形状、尺寸和复杂程度、焊接顺序、装配焊接方案以及冷却速度等。在产品结构一定时，可从工艺方面对力的因素加以控制。

### 4.4.3　防止结晶裂纹产生的措施

**1. 防止结晶裂纹产生的冶金措施**

(1)控制焊缝中有害元素的含量。焊缝中杂质的含量增加时，会使结晶裂纹产生的倾向增大，所以在焊接时要控制焊缝金属中杂质的含量，特别是硫、磷、碳等强促进结晶裂纹的元素。合金化的程度越高，控制越严格。

(2)改善焊缝的结晶形态。在焊缝或母材中加入一些细化晶粒的元素，如 Mo、V、Ti、Zr、Al、Re 等元素，对熔池进行变质处理，使焊缝金属形成细小的晶粒，以提高其抗裂性能。

(3)调整熔渣的碱度。实验证明，焊接熔渣的碱度越高，熔池中脱硫、脱氧越完全，杂质越少，从而不易形成低熔点化合物，可以显著降低焊缝金属结晶裂纹产生的倾向。因此，在焊接较重要的产品时，应选用碱性焊条或焊剂。

**2. 防止结晶裂纹产生的工艺措施**

(1) 控制焊缝成形系数。熔焊时，焊缝成形系数 $\phi(\phi = B/H)$ 影响柱状晶长大的方向和区域偏析情况，如图4－16所示。一般来说，提高成形系数可以提高焊缝的抗裂能力。

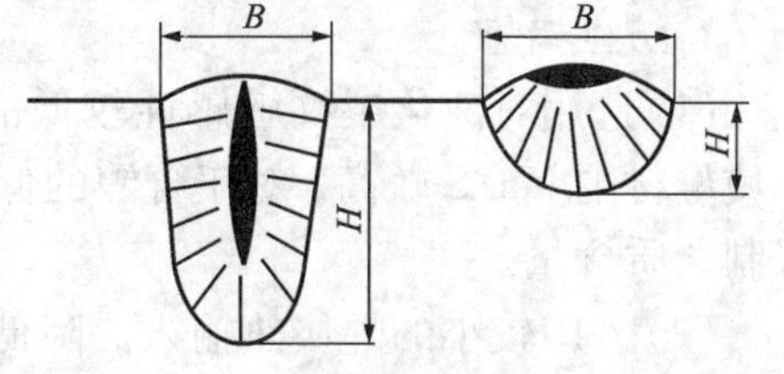

图4－16　不同成形系数时的焊缝结晶

为防止结晶裂纹，所需要的成形系数应相应提高，以保证枝晶呈人字形向上生长，避免因晶粒相对生长而在焊缝中心形成杂质聚集的脆弱面。为此，要求 $\phi > 1$，但也不宜过大。如，当 $\phi > 7$ 时，由于焊缝过薄，抗裂能力反而下降。

为了调整成形系数，必须合理选用焊接参数。一般情况下，成形系数随电弧电压升高而增加，随焊接电流增大而减小。

(2)调整冷却速度。冷却速度越大，变形增长率越大，结晶裂纹倾向也越大。降低冷却速度可通过调整焊接参数或预热来实现。用增加热输入来降低冷却速度的效果是有限的，采用预热则效果较明显。但要注意，结晶裂纹形成于固相线附近的高温，需用较高的预热温度才能降低冷却速度。高温预热将提高成本，恶化劳动条件，有时还会影响接头金属的性能，应用时要全面权衡利弊。实际生产中，只在焊接一些对结晶裂纹非常敏感的材料(如中碳钢、高碳钢或某些高合金钢)时，才用预热来防止结晶裂纹。

(3)降低接头的刚性与拘束应力。接头刚性越大，焊缝金属冷却收缩时受到的拘束应力也越大。在产品尺寸一定时，合理的接头设计与焊接顺序，对降低接头的刚性、减小内变形有明显效果，从而可以有效防止结晶裂纹。

## 4.4.4　液化裂纹

焊接过程中，在焊接热循环峰值温度作用下，母材近缝区与多层焊的层间金属，由于其中的低熔点共晶被加热熔化，在一定收缩应力作用下沿奥氏体晶界产生的开裂，即为液化裂纹。

**1. 形成机理**

液化裂纹的形成机理在本质上与结晶裂纹类似，都是由于晶间脆弱的低熔相或共晶在高温下承受不了拉应力的作用而开裂。但二者也有不同的地方，结晶裂纹是在液态焊缝金属凝固过程中形成的；而液化裂纹一般认为发生在焊接时热影响区或多层焊焊缝层间金属中，高温下这些区域的奥氏体晶界上的低熔点共晶重新熔化，金属的塑性和强度急剧下降，由拉应力作用使奥氏体晶界开裂而形成。

**2. 影响因素**

对结晶裂纹产生影响的因素也同样对液化裂纹有影响。

在冶金方面主要是合金元素的影响。对于易出现液化裂纹的高强度钢、不锈钢和耐热合金的焊件，除了硫、磷、碳的有害作用外，也有镍、铬和硼元素的影响。镍是强烈的奥氏体形成元素，可显著降低有害元素(硫、磷)的溶解度，引起偏析，使液化裂纹的倾向增大。硼在铁中的溶解度很小，但只要有微量的硼(如 $w(B) = 0.003\% \sim 0.005\%$)就能产生明显的偏析，除能形成硼化物和硼碳化物外，还与铁、镍形成低熔点共晶物，如Fe－B熔点为1149℃、Ni－B为1140℃或990℃。所以微量的硼就可能引起液化裂纹。

在工艺因素方面，焊接热输入对液化裂纹有很大的影响。热输入越大，由于输入的热量多则低熔相熔化越严重则处于液态的时间越长，液化裂纹产生的倾向也就越大。另外，多层焊时，热输入增大，焊层变厚，焊缝应力增加，液化裂纹产生的倾向增大。

**3. 防止措施**

(1)选用对液化裂纹敏感性较低的母材。可选用含有碳、镍、硫和磷含量较低的母材，并使母材中 Mn/S 较高，对于含镍的低合金钢，Mn/S 最好大于 50；含镍较高的钢，则应严格限制杂质含量。

(2)采用较小的焊接热输入。降低焊接热输入，可以降低母材的过热，从而达到防止液化裂纹的目的。

(3)减小焊缝的凹度。实验表明，当焊缝断面呈明显的蘑菇状时，凹入处很容易产生微小的裂纹，而且裂纹率随着凹度的增加而增加。为了减小凹度，可采取用焊条电弧焊盖面或将焊丝倾斜一定角度等办法。

## 4.5 焊接冷裂纹

冷裂纹与热裂纹不同，是在焊后较低温度下产生的。通常将焊接接头冷却到较低温度(对于钢来说在 $M_s$ 温度以下)时产生的裂纹，统称为冷裂纹。大多数冷裂纹具有延迟性，焊后不易及时发现。在由焊接裂纹所引发的事故中，冷裂纹造成的约占 90%。

### 4.5.1 焊接冷裂纹的类型

焊接生产中，由于采用的钢种、焊接材料不同，结构的类型、刚性以及施工的条件不同，可能出现不同形态的冷裂纹。焊接冷裂纹大致可分为延迟裂纹、淬硬脆化裂纹和低塑性脆化裂纹。

**1. 淬硬脆化裂纹**

淬硬脆化裂纹又称淬火裂纹。这种冷裂纹一般出现在淬硬倾向大的钢种中，是由于焊接时形成硬脆的马氏体组织和拘束应力而产生的。与氢无关，没有延迟现象，焊后常立即出现，在焊缝和热影响区都有可能产生。通常焊后采用较高的预热温度和使用高韧性焊条可基本上防止这类裂纹。

**2. 低塑性脆化裂纹**

它是某些塑性较低的材料冷至低温时，由于收缩引起的应变超过了材料本身所具有的塑性储备或材质变脆而产生的裂纹。通常也是焊后立即出现，没有延迟现象。

**3. 延迟裂纹**

这种裂纹在焊后并不立即出现，有一定的孕育期，具有延迟现象。这种裂纹经常出现，而且因其延迟性，在焊后检验中并不能及时发现，危害也是最大的。

### 4.5.2 焊接冷裂纹产生的原因

大量的生产实践和研究证明，钢的淬硬倾向、焊接接头扩散氢的含量及分布、接头所受的拘束应力是引起冷裂纹的三大原因。通常把它们称为形成冷裂纹的三要素。

**1. 氢的作用**

焊缝金属中的扩散氢是延迟裂纹形成的主要影响因素。氢在钢中分为残余氢和扩散氢，只有扩散氢对钢的焊接冷裂纹起直接影响。

（1）氢在焊缝中的溶解。在焊接过程中，氢往往因为焊接材料、焊件表面的杂质等被带入焊接区，并在高温下溶入焊接熔池中。氢在金属中的溶解度随温度的变化很大，在液态铁中的溶解度远远高于固态铁。这样，在熔池冷凝过程中，凝固点氢的溶解度会发生突变，由于熔池的体积小，冷却速度快，因溶解度下降而过饱和的氢就会来不及逸出而存在于焊缝中。

（2）氢在焊缝金属中的扩散。焊缝中过饱和的氢处于不稳定状态，在浓度差的作用下会自动地向周围热影响区和大气中扩散。这种扩散速度与温度有关，当温度很高时，氢的扩散速度很快而从焊缝金属中逸出；当温度很低时，氢的扩散速度很慢，不会产生聚集，这两种情况都不会产生裂纹。只有在一定的温度范围内，氢来不及扩散逸出且又在焊缝金属中聚集，才会形成冷裂纹。

（3）焊缝金属结晶过程中氢的溶解与扩散。在焊接低碳低合金钢时，焊缝与母材的成分并不完全相同，为了防止焊缝产生焊接缺陷，常控制焊缝金属的含碳量低于母材。由于焊缝的含碳量低于母材，因此焊缝在较高温度时先于母材发生相变，即由奥氏体分解为铁素体、珠光体、贝氏体以及低碳马氏体等（根据焊缝化学成分和冷却速度而定）。此时，母材热影响区因含碳量较高，发生相变滞后，仍为奥氏体。焊缝进行奥氏体分解时，氢的溶解度突降，扩散速度突升，过多的氢必然通过熔合线向尚未转变的热影响区扩散。氢扩散到母材后，由于奥氏体溶解度大而扩散速度低，在快冷时就不可能继续向母材内部扩散，而聚集在熔合线附近形成了富氢区。随后，此处的奥氏体向马氏体等转变，氢就以过饱和的形式残留于马氏体（或贝氏体）中，并扩散到应力集中或晶格缺陷处结合成分子，形成了较高的局部应力，加上热应力、组织应力的共同作用，就可能造成开裂。

**2. 钢的淬硬倾向**

焊接接头的淬硬倾向主要取决于钢种的化学成分，其次是焊接工艺、结构板厚及冷却条件等。一般来说，钢的淬硬倾向越大，出现马氏体的可能性也越大，裂纹也越容易产生。当材料一定，冷却速度不同时接头的组织将相应改变，冷却速度越高，马氏体的含量就越高，从而使裂纹率上升。这个规律对各种钢都是适用的，只是钢种的化学成分不同，因马氏体的形态不同而产生冷裂纹的临界马氏体含量不同。总之，钢种的淬硬倾向决定了接头中硬脆组织的数量，是促使冷裂纹形成的重要因素之一。

但是不同化学成分和形态的马氏体组织对冷裂纹的敏感性不同。如果出现的是板条状低碳马氏体，则因 $M_s$ 较高，转变后有自回火过程使其既有较高的强度又有足够的韧性，从而抗裂性能优于碳含量高的片状孪晶马氏体。经大量的实验证明，获得的各种组织对冷裂纹的敏感性由小到大的排列顺序如下：

铁素体（F）→珠光体（P）→下贝氏体（$B_{下}$）→低碳马氏体（$M_{低}$）→上贝氏体（$B_{上}$）→粒状贝氏体（$B_{粒}$）→岛状 M－A 组元→高碳孪晶马氏体（$M_{高}$）

**3. 焊接接头的拘束应力**

焊接接头的拘束应力，包括接头在焊接过程中因不均匀受热和冷却而产生的热应力、金属结晶时由于体积变化产生的组织应力和结构自身约束条件（包括结构刚性、焊接顺序、焊缝位置等）造成的内应力。上述三方面的应力都是不可避免的，由于都与拘束条件有关而统称为拘束应力。拘束应力的作用也是形成冷裂纹的重要因素之一，在其他条件一定时，拘束应力达到一定数值就会产生开裂。

### 4.5.3 防止焊接冷裂纹产生的措施

根据冷裂纹产生的条件和影响因素，防止冷裂纹的产生一般采取下列措施：

**1. 选用对冷裂纹敏感性低的母材**

母材的化学成分不仅决定了其组织与性能，而且决定了所用的焊接材料，因而对接头的冷裂纹敏感性有着决定性作用。在化学成分中，碳对冷裂纹敏感性影响最大，所以选用低碳多元合金化钢材，可以有效提高焊接接头的抗冷裂纹性能。

**2. 严格控制氢**

(1)选用优质焊接材料或低氢的焊接方法。目前，对不同强度级别的钢种，都有配套的焊条、焊丝和焊剂，基本上满足了生产的要求。对于重要结构，则应选用超低氢、高强高韧性的焊接材料。$CO_2$气体保护电弧焊具有氧化性，可以获得低氢焊缝([H]仅为0.04～1.0mL/100g)。

(2)严格按规定对焊接材料烘干及进行焊前清理工作。

**3. 提高焊缝金属的塑性和韧性**

(1)通过焊接材料向焊缝过渡Ti、Nb、Mo、V、B、Te或稀土元素来提高焊缝塑性和韧性，利用焊缝的塑性储备减轻热影响区的负担，从而降低整个接头的冷裂纹敏感性。

(2)采用奥氏体焊条焊接某些淬硬倾向较大的中、低合金高强度钢，也可较好地防止冷裂纹。如用E310－15(A407)焊条补焊20CrMoV钢汽缸体；用E316－16(A202)焊条焊接30CrNiMo钢都取得了较好效果。但奥氏体焊缝本身强度低，对于承受较大应力的焊缝需经过计算，在强度条件允许的情况下才可使用。

**4. 焊前预热**

焊前预热可以有效降低冷却速度，从而改善接头组织，降低拘束应力，并有利于氢的析出，可有效防止冷裂纹，是生产中常用的方法。但焊前预热使劳动条件恶化，增加了结构制造的难度与工作量；预热温度选择不当，还会对产品质量带来不良影响。选择最佳预热温度是保证产品质量的关键。影响预热温度的因素有以下几方面：

(1)钢种的强度等级。在焊缝与母材等强的情况下，钢材的强度$\sigma_s$越高，预热温度$t_0$也应越高。

(2)焊条类型。不同类型焊条的焊缝金属扩散氢含量不同，预热温度亦应不同。焊缝金属中扩散氢含量越低，预热温度也应越低。用奥氏体钢焊条焊接时，扩散氢含量低，可以不用预热。用低氢(或超低氢)焊条焊接高强钢，可以降低预热温度。

(3)坡口形式。一般来说，坡口根部造成的应力集中越严重，要求预热温度越高。

(4)环境温度。环境温度过低会使冷却速度上升，预热温度应相应提高，但一般提高的幅度不超过50℃。板厚增加，冷却速度增大，预热温度应提高。

**5. 控制焊接热输入**

焊接热输入增加可以降低冷却速度，从而降低冷裂纹产生的倾向。但热输入过大，则可能造成焊缝及过热区的晶粒粗化，而粗大的奥氏体一旦转变为粗大的马氏体，产生裂纹的倾向反而增加。因此，通过调整焊接热输入来降低冷裂纹产生的倾向，效果是有限的。

**6. 焊后热处理**

焊后进行不同的热处理，可分别起到消除扩散氢、降低和消除残余应力、改善组织或降

低硬度等作用。焊后常用的热处理方式有退火、正火和淬火+回火等。

## 【综合训练】

### 一、填空题

1. 按照裂纹的产生条件，可以把裂纹分为__________、__________、__________、和__________。

2. 冷裂纹通常是__________、__________及__________三者共同作用的结果。通常把这三个因素，称为冷裂纹形成的三要素。

3. 焊接时，在结晶后期由于存在所形成的__________和__________是产生结晶裂纹的必要条件。

4. 当熔渣的氧化性增大时，则产生__________的气孔倾向增大；相反，当熔渣的还原性增大时，则产生__________的倾向增大。

5. 夹杂物的组成及分布形式多种多样，随__________、__________与__________而变化。焊缝金属中常见的夹杂物有__________、__________和__________三类。

6. 如果焊缝一次结晶的晶粒度越大，__________，杂质的偏析越严重，在结晶后期越容易形成__________，使结晶裂纹产生的倾向增大。

### 二、判断题

1. 硫和磷在钢中能形成多种低熔点共晶，并在结晶过程中极易形成液态薄膜，因而裂纹倾向显著增大。(　)

2. 热裂纹是在高温下产生的，而且是沿奥氏体晶界开裂的。(　)

3. 冷裂纹有延时的特性，说明冷裂纹的产生和氢的扩散有关。(　)

4. 焊接过程中，母材的淬硬性越大，焊接接头越容易产生裂纹。(　)

5. 在低碳钢焊缝中，当C含量一定时，随着Mn含量的增多，结晶裂纹产生的倾向将会上升。(　)

### 三、简答题

1. 影响气孔产生的因素有哪些？如何防止？

2. 防止焊缝中产生夹杂物的措施主要有哪几方面？

3. 试说明防止结晶裂纹的措施有哪些？

4. 试说明冷裂纹的产生原因。

5. 什么是未焊透、未熔合、咬边、焊瘤、烧穿？试分析它们产生的原因。

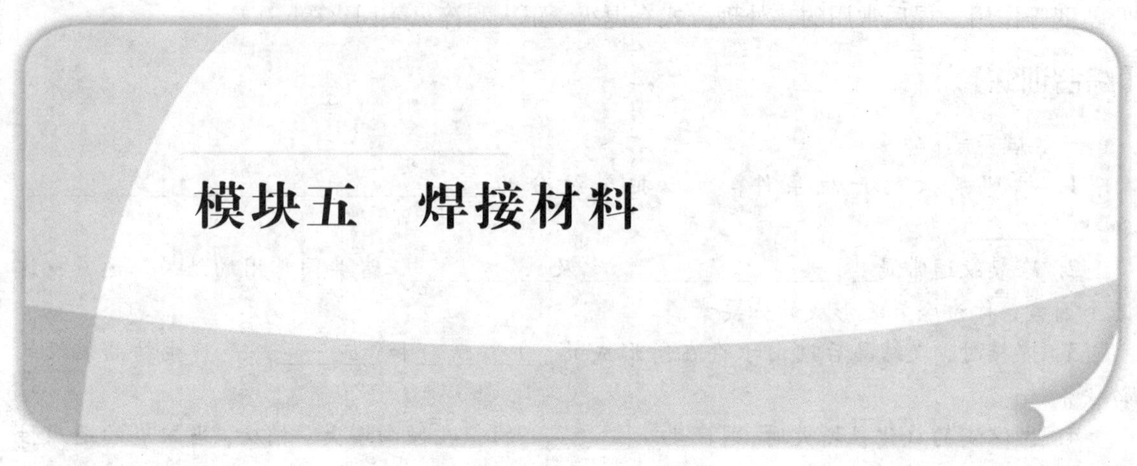

# 模块五　焊接材料

焊接时所消耗的材料叫焊接材料，熔焊的焊接材料有焊条、焊丝、焊剂、气体、电极及熔剂等。焊接材料选用正确与否，不仅影响焊接过程的稳定性、接头性能和质量，同时也决定焊接生产率和产品成本。

## 5.1　焊条

焊条是焊条电弧焊使用的焊使接材料。焊条电弧焊时，焊条既作电极又作填充金属，熔化后与母材熔合形成焊缝。因此，焊条的性能将直接影响电弧的稳定性、焊缝金属的化学成分和力学性能及焊接生产率等。

### 5.1.1　焊条的组成及作用

焊条由焊芯和药皮组成，如图 5－1 所示。焊条前端药皮有 45°左右的倒角，以便于引弧，在尾部有段裸焊芯，长10～35 mm，便于焊钳夹持和导电，焊条长度一般在 250～450 mm。焊条直径是以焊芯直径来表示的，常用的有 $\phi 2$，$\phi 2.5$，$\phi 3.2$，$\phi 4$，$\phi 5$，$\phi 6$ 等几种规格。

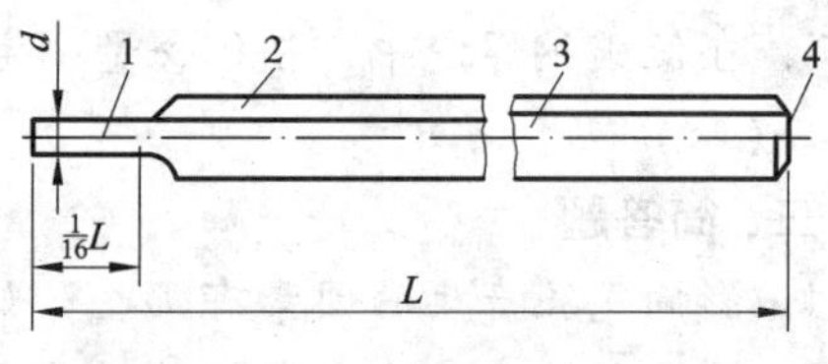


**图 5－1　焊条的组成**

1—夹持端；2—药皮；3—焊芯；4—引弧端

**1. 焊芯**

1）焊芯的作用

焊条中被药皮包覆的金属芯称为焊芯，焊芯一般是一根具有一定长度及直径的钢丝。焊接时，焊芯有两个作用：一是传导焊接电流，产生电弧把电能转换成热能；二是焊芯本身熔化作填充金属与液体母材金属熔合形成焊缝。

焊芯用的钢丝都是经过特殊冶炼的。这种焊接专用钢丝用于制造焊条，就是焊芯；如果用在埋弧焊、气体保护电弧焊、电渣焊、气焊等作填充金属，则称为焊丝。

焊条电弧焊时，焊芯金属约占整个焊缝金属的 50%～70%，所以焊芯的化学成分直接影响焊缝的质量。

2）焊芯中各合金元素对焊接质量的影响

焊芯中的合金元素有碳、锰、硅、铬、镍及有害杂质硫、磷等，它们对焊接质量的影响见表5-1。

**表5-1　合金元素对焊接质量的影响**

| 合金元素 | 合金元素对焊接质量的影响 |
|---|---|
| 碳(C) | 碳是一种良好的脱氧剂，在高温时与氧化合生成的一氧化碳和二氧化碳气体，能将电弧区和熔池周围空气排除，减少空气中的氧、氮有害气体对熔池的不良作用，减少焊缝金属中氧和氮的含量。但含碳量过高，还原作用剧烈，会引起较大的飞溅和气孔，同时会明显提高焊缝强度、硬度，降低塑性。所以焊芯中的含碳量一般不大于0.1% |
| 锰(Mn) | 锰是一种较好的合金剂和脱氧剂。锰既能减少焊缝中氧的含量，又能与硫化合形成硫化锰起脱硫作用，减少焊缝热裂纹倾向。锰作为合金元素能提高焊缝的力学性能。一般碳素结构钢焊芯的含锰量为0.30%～0.55%，焊接某些特殊用途的钢丝，其含锰量可高达1.70%～2.10% |
| 硅(Si) | 硅是一种较好的合金剂，适量的硅能提高焊缝的强度、弹性及抗酸性能。硅也是一种较好的脱氧剂，比锰的脱氧能力还强，易与氧形成二氧化硅，但它会提高渣的黏度，促使非金属夹杂物生成，降低塑性和韧性。且过多的二氧化硅还会增加焊接熔化金属的飞溅。因此焊芯中的含硅量一般限制在0.03%以下 |
| 铬(Cr) | 铬是一种重要的合金元素，用它来冶炼合金钢和不锈钢，能够提高钢的硬度、耐磨性和耐腐蚀性。对于低碳钢来说，铬是一种杂质，因为它易于氧化，形成难熔的三氧化二铬($Cr_2O_3$)，不仅使焊缝产生夹渣而且使熔渣黏度升高，流动性降低。因此焊芯中的含铬量限制在0.20%以下 |
| 镍(Ni) | 镍对低碳钢来说，是一种杂质。因此焊芯中的含镍量要求小于0.30%。镍对钢的韧性有比较显著的影响，一般低温冲击值要求较高时，适当掺入一些镍 |
| 硫(S) | 硫是一种有害杂质，能使焊缝金属力学性能降低。随着硫含量的增加，将增大焊缝产生结晶裂纹的倾向。因此焊芯中硫的含量不得大于0.04%，在焊接重要结构时，硫含量不得大于0.03% |
| 磷(P) | 磷是一种有害杂质，能使焊缝金属力学性能降低。磷的主要危害是使焊缝产生结晶裂纹及冷脆，造成焊缝金属的韧性特别是低温冲击韧性下降。因此焊芯中磷含量不得大于0.04%，在焊接重要结构时，磷含量不得大于0.03% |

3)焊芯的分类及牌号

焊芯应符合国家标准GB/T 14957—1994《熔化焊用钢丝》及YB/T 5092—2005《焊接用不锈钢焊丝》，用于焊芯的专用钢丝可分为碳素结构钢、合金结构钢、不锈钢三类。各类焊条所用的焊芯见表5-2。常用的低碳钢和奥氏体不锈钢焊芯化学成分见表5-3。

表 5－2　各类焊条使用的焊芯

| 焊条种类 | 使用的焊芯 |
| --- | --- |
| 碳钢焊条 | 低碳钢焊芯(H08A、H08E 等) |
| 低合金钢焊条 | 低碳钢或低合金钢焊芯 |
| 不锈钢焊条 | 不锈钢或低碳钢焊芯 |
| 堆焊焊条 | 低碳钢或合金钢焊芯 |
| 铸铁焊条 | 低碳钢、铸铁、非铁合金焊芯 |
| 有色金属焊条 | 有色金属焊芯 |

表 5－3　常用低碳钢和奥氏体不锈钢焊芯化学成分/%

| 牌号 | 化学成分(质量分数) | | | | | | | | |
| --- | --- | --- | --- | --- | --- | --- | --- | --- | --- |
| | C | Mn | Si | Cr | Ni | Mo | Cu | S | P |
| H08A | ≤0.10 | 0.03～0.55 | ≤0.03 | ≤0.20 | ≤0.30 | – | – | ≤0.030 | ≤0.030 |
| H08E | ≤0.10 | 0.03～0.55 | ≤0.03 | ≤0.20 | ≤0.30 | – | – | ≤0.025 | ≤0.025 |
| H03Cr21Ni10 | ≤0.03 | 1.00～2.50 | ≤0.35 | 19.50～22.00 | 9.00～11.00 | ≤0.75 | ≤0.75 | ≤0.030 | ≤0.030 |

碳钢和合金钢结构焊芯的牌号编制方法为：①字母“H”表示焊丝；②“H”后的 1 位或 2 位数字表示含碳量；③化学元素符号及其后的数字表示该元素的近似含量，当某合金元素的含量低于1%时，可省略数字，只标元素符号；④尾部标有“A”或“E” 或“C”时，分别表示为“优质品”或“高级优质品”，表明 S、P 等杂质含量更低。碳钢焊芯 H08MnA 牌号的意义如下：

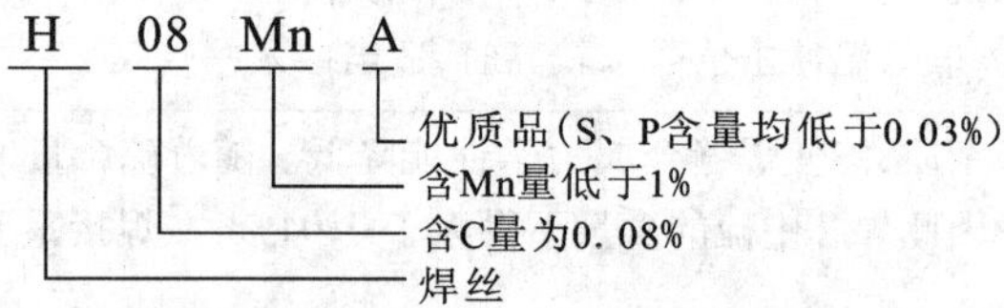


**2. 药皮**

压涂在焊芯表面上的涂料层称为药皮。焊条药皮在焊接过程中起着极为重要的作用，是决定焊缝金属质量的主要因素之一。生产实践证明，焊芯和药皮之间要有一个适当的比例，这个比例就是焊条药皮与焊芯(不包括夹持端)的质量比，称为药皮的质量系数，用 $K_b$ 表示。$K_b$ 值一般为 40%～60%。

1)焊条药皮的作用

(1)机械保护。焊条药皮熔化后产生大量的气体和熔渣，起隔离空气的作用，能防止空气中的氧、氮侵入，保护熔滴和熔池金属。

(2)冶金处理渗合金。通过熔渣与熔化金属冶金反应，除去有害杂质(如氧、氢、硫、磷)和添加有益元素，使焊缝获得符合要求的力学性能。

(3)改善焊接工艺性能。焊接工艺性能是指焊条使用和操作时的性能，包括稳弧性、脱渣性、全位置焊接性、焊缝成形、飞溅大小等。好的焊接工艺性能使电弧稳定燃烧、飞溅少、焊缝成形好、易脱渣，熔敷效率高，适用于全位置焊接等。

2）焊条药皮的组成

焊条药皮是由各种矿物类、铁合金和金属类、有机物类及化工产品等原料组成。药皮组成物的成分相当复杂，一种焊条药皮的配方，一般都由八九种以上的原料组成。焊条药皮组成物按其在焊接过程中的作用可分为稳弧剂、造渣剂、造气剂、脱氧剂、合金剂、稀释剂、黏结剂及增塑、增弹、增滑剂 8 大类，其成分、作用见表 5－4。

**表 5－4　焊条药皮组成物的成分及主要作用**

| 名　称 | 成　分 | 主要作用 |
|---|---|---|
| 稳弧剂 | 碳酸钾、碳酸钠、钾硝石、水玻璃及大理石或石灰石、花岗石、钛白粉等 | 稳弧剂的主要作用是改善焊条引弧性能和提高焊接电弧稳定性 |
| 造渣剂 | 钛铁矿、赤铁矿、金红石、长石、大理石、石英、花岗石、萤石、菱苦土、锰矿、钛白粉等 | 造渣剂的主要作用是能形成具有一定物理、化学性能的熔渣，产生良好的机械保护作用和冶金处理作用 |
| 造气剂 | 造气剂有有机物和无机物两类。无机物常用碳酸盐类矿物，如大理石、菱镁矿、白云石等；有机物常用木粉、纤维素、淀粉等 | 造气剂的主要作用是形成保护气氛，有效地保护焊缝金属，同时也有利于熔滴过渡 |
| 脱氧剂 | 锰铁、硅铁、钛铁等 | 脱氧剂的主要作用是对熔渣和焊缝金属脱氧 |
| 合金剂 | 铬、钼、锰、硅、钛，钨、钒的铁合金和金属铬、锰等纯金属 | 合金剂的主要作用是向焊缝金属中掺入必要的合金成分，以补偿已经烧损或蒸发的合金元素和补加特殊性能要求的合金元素 |
| 稀释剂 | 萤石、长石、钛铁矿、金红石、锰矿等 | 稀释剂的主要作用是降低焊接熔渣的黏度，增加熔渣的流动性 |
| 黏结剂 | 水玻璃或树胶类物质 | 黏结剂的主要作用是将药皮牢固地黏结在焊芯上 |
| 增塑、增弹、增滑剂 | 白泥、钛白粉增加塑性，云母增加弹性，滑石和纯碱增加滑性 | 增塑、增弹、增滑剂的主要作用是改善涂料的塑性、弹性和滑性，使之易于用机器压涂在焊芯上 |

焊条药皮中的许多物质，往往同时可起几种作用。例如，大理石既有稳弧作用，又是造气剂和造渣剂。某些铁合金（如锰铁、硅铁）既可作脱氧剂，又可作合金剂。水玻璃虽然主要作为黏结剂，但实际上也是稳弧剂和造渣剂。

常用的碳钢焊条 E4303、E5015 药皮配方见表 5－5。需要说明的是，由于各个焊条制造厂原材料来源不同，即使是同一类型药皮的焊条，配方也是有出入的，但药皮的成分基本相同。

表 5-5　碳钢焊条 E4303、E5015 药皮配方(质量分数)/%

| 焊条型号 | 金红石 ($TiO_2$) | 钛白粉 ($TiO_2$) | 钛铁矿 ($TiO_2$, FeO) | 大理石 ($CaCO_3$) | 萤石 ($CaF_2$) | 长石 ($SiO_2$, $Al_2O_3$, $K_2O + Na_2O$) | 白泥 ($SiO_2$, $Al_2O_3$, $H_2O$) |
|---|---|---|---|---|---|---|---|
| E4303 | 11 | 7 | 19 | 19 | | 8 | 14 |
| E5015 | | 2 | | 48 | 19 | | |
| 焊条型号 | 中碳锰铁 (Mn, Fe) | 石英 ($SiO_2$) | 低硅铁 (Si, Fe) | 钛铁 (Ti, Fe) | 纯碱 ($Na_2CO_3$) | 云母 ($SiO_2$, $Al_2O_3$, $H_2O$, $K_2O$) | |
| E4303 | 14 | | | | | 8 | |
| E5015 | 5 | 9 | 3 | 13 | 1 | | |

注：焊芯用 H08A，黏结剂为水玻璃。

3)焊条药皮的类型

为了适应各种工作条件下材料的焊接，对于不同的焊芯和焊缝要求，必须有一定特性的药皮。药皮主要材料成分不同，其类型操作工艺和其他性能及特点也不同。如焊芯牌号相同，涂的药皮类型不同，则焊条的性能也不同。

根据国家标准，常用几种药皮类型的主要成分、性能特点及适用范围见表 5-6。

表 5-6　常用药皮类型的主要成分、性能特点、适用范围

| 药皮类型 | 药皮主要成分 | 性能特点 | 适用范围 |
|---|---|---|---|
| 钛铁矿型 | 30% 以上的钛铁矿 | 熔渣流动性良好,电弧吹力较大,熔深较深,熔渣覆盖良好,脱渣容易,飞溅一般,焊波整齐。焊接电流为交流或直流正、反接,适用于全位置焊接 | 用于焊接较重要的碳钢及强度等级较低的低合金钢结构。常用焊条为 E4301,E5001 |
| 钛钙型 | 30% 以上的氧化钛和 20% 以下钙或镁的碳酸盐矿 | 熔渣流动性良好,脱渣容易、电弧稳定,熔深适中,飞溅少,焊波整齐,成形美观。焊接电流为交流或直流正、反接,适用于全位置焊接 | 主要用于焊接较重要的碳钢结构及强度等级较低的低合金钢。常用焊条为 E4303,E5003 |
| 高纤维素钠型 | 大量的纤维素有机物及氧化钛 | 焊接时有机物分解,产生大量气体,熔化速度快,电弧稳定,熔渣少,飞溅一般。焊接电流为直流反接,适用于全位置焊接 | 主要焊接一般低碳钢结构,也可打底焊及立向下焊。常用焊条为 E4310,E5010 |
| 高钛钠型 | 35% 以上的氧化钛及少量的纤维素、锰铁、硅酸盐和钠水玻璃等 | 电弧稳定,再引弧容易。脱渣容易,焊波整齐,成形美观,焊接电流为交流或直流正接 | 主要用于焊接一般的碳钢结构，特别适合薄板结构，也可用于盖面焊。常用焊条为 E4312 |

续表 5－6

| 药皮类型 | 药皮主要成分 | 性能特点 | 适应范围 |
| --- | --- | --- | --- |
| 低氢钠型 | 碳酸盐矿和萤石 | 焊接工艺性能一般,熔渣流动性好,焊波较粗,熔深中等,脱渣性较好,可全位置焊接,焊接电流为直流反接。焊接时要求焊条干燥,并采用短弧。该类焊条的熔敷金属具有良好的抗裂性能和力学性能 | 主要用于焊接重要的碳钢及低合金钢结构。常用焊条为E4315,E5015 |
| 低氢钾型 | 在低氢钠型焊条药皮的基础上添加了稳弧剂,如钾水玻璃等 | 电弧稳定,工艺性能、焊接位置与低氢钠型焊条相似,焊接电流为交流或直流反接。该类焊条的熔敷金属具有良好的抗裂性能和力学性能 | 主要用于焊接重要的碳钢结构,也可焊接相适用的低合金钢结构。常用焊条为E4316,E5016 |
| 氧化铁型 | 大量氧化铁及较多的锰铁 | 焊条熔化速度快,焊接生产率高,电弧燃烧稳定,再引弧容易,熔深较大,脱渣性好,焊缝金属抗裂性好。但飞溅稍大,不宜焊薄板,只适宜平焊及平角焊,焊接电流为交流或直流 | 主要用于焊接重要的低碳钢及强度等级较低的低合金钢结构。常用焊条为E4320,E4322 |

## 5.1.2　焊条的工艺性能

焊条的工艺性能是指焊条在焊接操作时的性能，是衡量焊条质量的重要标志之一。焊条的工艺性能主要包括：焊接电弧的稳定性、焊缝成形性、对各种位置焊接的适应性、脱渣性、飞溅程度、焊条的熔化效率、药皮发红程度以及焊条发尘量等。

**1. 焊接电弧的稳定性**

焊接电弧的稳定性就是保持电弧持续而稳定燃烧的能力。它对焊接过程能否顺利进行和焊缝质量都有显著的影响。

电弧稳定性与很多因素有关，焊条药皮的组成则是主要因素。焊条药皮中加入少量的低电离电位物质，即可有效地提高电弧稳定性。酸性焊条药皮中含有钾、钠等低电离电位物质，因而用交、直流电源焊接时电弧都能稳定燃烧。而低氢钠型焊条药皮中含有较多的萤石，电弧稳定性降低，所以必须采用直流电源。如低氢钠型药皮另加碳酸钾、钾水玻璃等稳弧剂，则成为低氢钾型药皮，可采用交流或直流电源。

**2. 焊缝成形性**

良好的焊缝成形，应该是焊缝表面波纹细腻、美观、几何形状正确、焊缝余高适中、焊缝与母材圆滑过渡、无咬边等缺陷。焊缝成形性与熔渣的物理性能有关，熔渣的熔点和黏度太高或太低，都会使焊缝的成形变坏。熔渣的表面张力对焊缝成形也有影响，熔渣的表面张力越小，对焊缝的覆盖就越好。

**3. 全位置焊接性**

在实际生产中经常需要进行平焊、横焊、立焊、仰焊等各种位置的焊接。几乎所有的焊条都能适用于平焊。有些焊条进行横焊、立焊或仰焊时困难，主要是重力作用使熔池金属和熔渣下淌，妨碍熔滴过渡所致。给焊条药皮配方时，可考虑适当提高电弧和气流的吹力，以便把熔滴送进熔池，并阻碍液体金属和熔渣下淌。提高电弧和气流的吹力首先可通过调整药皮的熔点和厚度及在药皮中增加造气剂，使焊条端部形成合适的套筒来解决；其次是使熔渣具有合适的熔点和黏度，使之能在较高的温度和较短的时间内凝固；再次是熔渣还应具有适当的表面张力，以阻止熔滴金属下淌。

**4. 脱渣性**

脱渣性是指熔渣从焊缝表面脱落的难易程度。脱渣性差会显著降低生产率，尤其在多层焊时。另外，还易造成夹渣缺陷。

影响脱渣性的因素有线膨胀系数、氧化性、疏松度和表面张力等，其中熔渣的线膨胀系数是影响脱渣性的主要因素。焊缝金属与熔渣的线膨胀系数之差越大，脱渣越容易。钛型焊条(结421)熔渣与低碳钢焊缝的线膨胀系数相差最大，脱渣性较好；而低氢钠型焊条(结427)熔渣与焊缝金属线膨胀系数相差最小，脱渣性较差。几种焊条线膨胀系数的比较如图5－2所示。

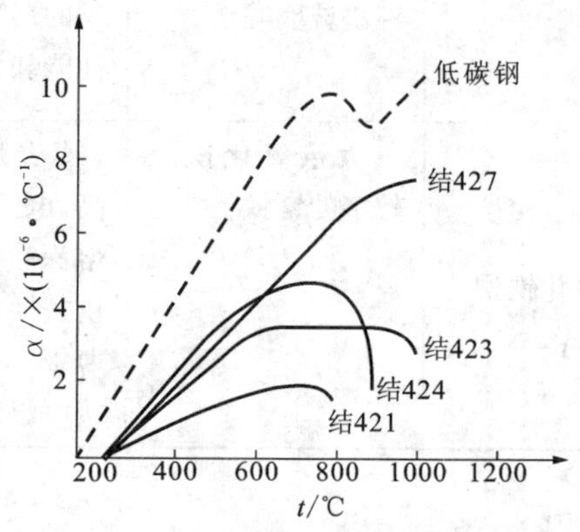


**图5－2 几种焊条线膨胀系数的比较**

熔渣氧化性的影响在于当氧化性较强时会在焊缝表面生成一层以 FeO 为主的氧化膜。FeO 是体心立方晶格，搭建在焊缝金属的 $\alpha-Fe$ 晶格上。FeO 氧化膜牢固地“黏”在焊缝金属表面，而熔渣中其他具有体心立方晶格的氧化物又搭建在氧化铁晶格上。这样，中间的氧化物起到了“黏结剂”的作用，使脱渣性变坏。在这种情况下，加强熔渣的脱氧能力有助于改善脱渣性。

熔渣的疏松度和脆性对角焊缝深坡口的底层焊缝的脱渣性有较明显的影响。在上述情况下，熔渣夹在两个被焊表面之间，结构致密、结实，难以清除。钛型焊条在平板堆焊时脱渣性很好，但在深坡口中就较困难，主要就是由于熔渣较致密的缘故。

**5. 飞溅**

飞溅是指在熔焊过程中液体金属颗粒向周围飞散的现象。飞溅太多会影响焊接过程的稳定性，增加金属的损失等。

影响飞溅大小的因素很多，熔渣黏度增大、焊接电流过大、药皮水分过多、电弧过长、焊条偏心等都能引起飞溅增加。

电流种类和极性也会影响飞溅大小，交流电焊接时比直流电时飞溅大，低氢钠型焊条直流正接时比反接飞溅大。

熔滴过渡形态、电弧的稳定性对飞溅也有很大影响。钛钙型焊条电弧燃烧稳定，熔滴以细颗粒过渡为主，飞溅较小。低氢型焊条电弧稳定性差，熔滴以大颗粒过渡为主，飞溅较大。

**6. 焊条的熔化速度**

影响焊条熔化速度的因素，主要有焊条药皮的组成及厚度、电弧电压、焊接电流、焊芯成分及直径等，其中焊条药皮的组成对焊条的熔化速度影响最明显。

在药皮中加入较多的铁粉，不仅可以提高焊条的熔化速度，而且由于药皮导电及导热性提高，允许焊接时使用较大的电流，工艺性能也得到改善。这种焊条称为铁粉焊条。

**7. 药皮发红**

药皮发红是指焊条焊到后半段时，由于焊条药皮升温过高而导致发红、开裂或脱落的现象。这将使药皮失掉保护作用，引起焊条工艺性能恶化，严重影响焊接质量。这个问题在不锈钢焊条的应用中显得更为突出。经研究测试发现，通过提高电弧能量来提高焊条熔化系数，缩短熔化时间等，可以减少焊芯的电阻热和降低焊条药皮表面的温度，从而解决药皮发红的问题。目前，国内从熔滴过渡形式对熔化系数的影响着手，调整了药皮成分，使熔滴由以短路过渡为主变成以细滴过渡为主，使熔化系数提高了10% 以上，缩短了熔化时间，基本解决了药皮发红的问题。

**8. 焊接发尘量**

在电弧高温作用下，焊条端部、熔滴和熔池表面的液体金属及熔渣被激烈蒸发，产生的蒸气排出电弧区外即迅速被氧化或冷却，变成细小颗粒漂浮于空气中，形成焊接烟尘。如钛钙型焊条每千克发尘量为6～8 g，钛铁矿型为8～10 g，低氢型为10～20 g。

焊接烟尘污染环境并影响焊工健康。为了改善焊接工作环境，许多国家先后制定了工业卫生的有关标准，以控制焊接烟尘的含量和毒性。

## 5.1.3　焊条的分类

焊条的分类方法很多，按不同角度分类见表5－7。

**表5－7　焊条的分类**

| 分类方法 | 名　称 | 分类方法 | 名　称 |
|---|---|---|---|
| 按药皮成分分类 | 不定型 | 按焊条性能分类 | 超低氢焊条 |
| | 氧化钛型 | | 低尘、低毒焊条 |
| | 钛钙型 | | 立向下焊条 |
| | 钛铁矿型 | | 底层焊条 |
| | 氧化铁型 | | 铁粉高效焊条 |
| | 纤维素型 | | 抗潮焊条 |
| | 低氢钾型 | | 水下焊条 |
| | 低氢钠型 | | 重力焊条 |
| | 石墨型 | | 躺焊焊条 |
| | 盐基型 | | |

续表 5－7

| 分类方法 | 名 称 | 分类方法 | 名 称 |
|---|---|---|---|
| 按熔渣特性分类 | 酸性焊条 | 按焊条的用途分类 | 结构钢焊条（碳钢焊条和低合金钢焊条） |
| | | | 钼和铬钼耐热钢焊条 |
| | | | 不锈钢焊条 |
| | | | 堆焊焊条 |
| | | | 低温钢焊条 |
| | 碱性焊条 | | 铸铁焊条 |
| | | | 铜及铜合金焊条 |
| | | | 铝及铝合金焊条 |
| | | | 镍及镍合金焊条 |
| | | | 特殊用途焊条 |

按焊条药皮熔化后的熔渣特性，焊条可分为酸性和碱性两大类。焊条药皮熔化后熔渣主要以酸性氧化物组成的焊条，称为酸性焊条，如钛铁矿型、钛钙型、纤维素型（如高纤维素钾型）、氧化钛型（如高钛钠型）及氧化铁型药皮的焊条。焊条药皮熔化后熔渣主要以碱性氧化物组成的焊条，称为碱性焊条，如低氢钠型和低氢钾型药皮的焊条。碱性焊条的力学性能、抗裂纹性能优于酸性焊条，而酸性焊条的工艺性能优于碱性焊条，酸性焊条和碱性焊条的性能对比见表 5－8。

表 5－8 酸性焊条和碱性焊条的性能对比

| 序号 | 酸 性 焊 条 | 碱 性 焊 条 |
|---|---|---|
| 1 | 对水、铁锈的敏感性不大，使用前须在 75℃ ~150℃烘干，保温 1 ~2h | 对水、铁锈的敏感性较大，使用前须在 350℃ ~400℃烘干，保温 1 ~2h |
| 2 | 电弧稳定，可用交流或直流施焊 | 须用直流反接施焊，当药皮中加稳弧剂后，可交、直流两用 |
| 3 | 焊接电流较大 | 电流比同规格酸性焊条小 10% ~15% |
| 4 | 可长弧操作 | 须短弧操作，否则易引起气孔 |
| 5 | 合金元素过渡效果差 | 合金元素过渡效果好 |
| 6 | 熔深较浅，焊缝成形较好 | 熔深较深，焊缝成形一般 |
| 7 | 熔渣呈玻璃状，脱渣较方便 | 熔渣呈结晶状，脱渣不及酸性焊条 |
| 8 | 焊缝的常、低温冲击韧度一般 | 焊缝的常、低温冲击韧度高 |
| 9 | 焊缝的抗裂性较差 | 焊缝的抗裂性好 |
| 10 | 焊缝的含氢量较高，影响塑性 | 焊缝的含氢量低 |
| 11 | 焊接时烟尘较少 | 焊接时烟尘稍多，烟尘中含有害物质 |

## 5.1.4　焊条的型号及牌号

焊条型号和牌号都是焊条的代号，焊条型号是指国家标准规定的各类焊条的代号。牌号则是焊条制造厂对作为产品出厂的焊条规定的代号，我国焊条制造厂在原机械电子工业部组织下，编写了《焊接材料产品样本》，实行了统一的牌号制度。近年来，焊条的国家标准参照国际标准作了较大修改，因此《焊接材料产品样本》中的焊条牌号与国家标准的焊条型号不能完全一一对应。虽然焊条牌号不是国家标准，但考虑到多年使用已成习惯，现在生产中仍广泛应用。

**1. 碳钢焊条和低合金钢焊条型号**

焊条型号是焊条的代号。按国家标准 GB/T 5117—1995《碳钢焊条》和 GB/T 5118—1995《低合金钢焊条》规定，碳钢焊条和低合金钢焊条型号是根据熔敷金属的力学性能、药皮类型、焊接位置和电流种类来划分的。

(1)焊条中字母“E”表示焊条；前 2 位数字表示熔敷金属抗拉强度的最小值，单位为 10 MPa；第 3 位数字表示焊条的焊接位置，“0”及“1”表示焊条适用于全位置焊接，“2”表示焊条只适用于平焊及平角焊，“4”表示焊条适用于向下立焊；第 3 位数字和第 4 位数字组合时，表示焊接电流种类及药皮类型，见表 5－9。

(2)低合金钢焊条还附有后缀字母，为熔敷金属的化学成分分类代号，见表 5－10，用短划“－”与前面数字分开；若还有附加化学成分直接用元素符号表示，并以短划“－”与前面后缀字母分开。焊条型号举例如下：

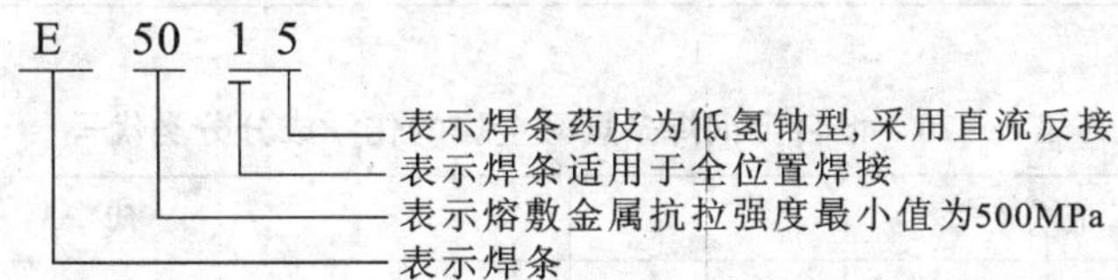


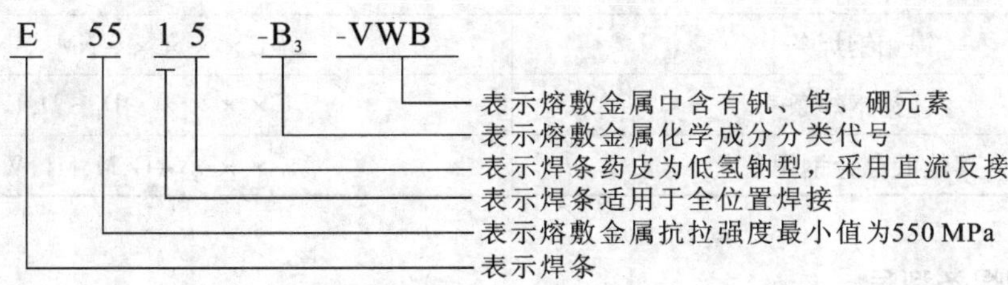

**表 5-9　碳钢和低合金钢焊条型号的第 3、4 位数字组合的含义**

<table>
<tr><th>焊条型号</th><th>药皮类型</th><th>焊接位置</th><th>电流种类</th></tr>
<tr><td>E××00</td><td>特殊型</td><td rowspan="11">平、立、横、仰</td><td rowspan="3">交流或直流正、反接</td></tr>
<tr><td>E××01</td><td>钛铁矿型</td></tr>
<tr><td>E××03</td><td>钛钙型</td></tr>
<tr><td>E××10</td><td>高纤维素钠型</td><td>直流反接</td></tr>
<tr><td>E××11</td><td>高纤维素钾型</td><td>交流或直流反接</td></tr>
<tr><td>E××12</td><td>高钛钠型</td><td>交流或直流正接</td></tr>
<tr><td>E××13</td><td>高钛钾型</td><td rowspan="2">交流或直流正、反接</td></tr>
<tr><td>E××14</td><td>铁粉钛型</td></tr>
<tr><td>E××15</td><td>低氢钠型</td><td>直流反接</td></tr>
<tr><td>E××16</td><td>低氢钾型</td><td rowspan="2">交流或直流反接</td></tr>
<tr><td>E××18</td><td>铁粉低氢型</td></tr>
<tr><td>E××20</td><td rowspan="2">氧化铁型</td><td rowspan="6">平焊、平角焊</td><td>交流或直流正接</td></tr>
<tr><td>E××22</td><td rowspan="3">交流或直流正、反接</td></tr>
<tr><td>E××23</td><td>铁粉钛钙型</td></tr>
<tr><td>E××24</td><td>铁粉钛型</td></tr>
<tr><td>E××27</td><td>铁粉氧化铁型</td><td>交流或直流正接</td></tr>
<tr><td>E××28</td><td rowspan="2">铁粉低氢型</td><td rowspan="2">交流或直流反接</td></tr>
<tr><td>E××48</td><td>平、横、仰、立向下</td></tr>
</table>

**表 5-10　低合金钢焊条熔敷金属的化学成分分类代号**

| 化学成分分类 | 代　号 |
|---|---|
| 碳钼钢焊条 | E××××-$A_1$ |
| 铬钼钢焊条 | E××××-$B_1$~$B_5$ |
| 镍钢焊条 | E××××-$C_1$~$C_3$ |
| 镍钼钢焊条 | E××××-NM |
| 锰钼钢焊条 | E××××-$D_1$~$D_3$ |
| 其他低合金钢焊条 | E××××-G,M,M1,W |

**2. 不锈钢焊条型号**

按国家标准 GB/T 983—1995《不锈钢焊条》规定，不锈钢焊条型号是根据熔敷金属的化学成分、药皮类型、焊接位置和电流种类来划分的。

字母“E”表示焊条；“E”后面的数字表示熔敷金属化学成分分类代号，如有特殊要求的

化学成分，该化学成分用元素符号表示，放在数字后面；数字后的字母“L”表示碳含量较低，“H”表示碳含量较高，“R”表示硫、磷、硅含量较低；短划“－”后面的两位数字表示焊条药皮类型、焊接位置及焊接电流种类，见表5－11。

不锈钢焊条型号举例如下：

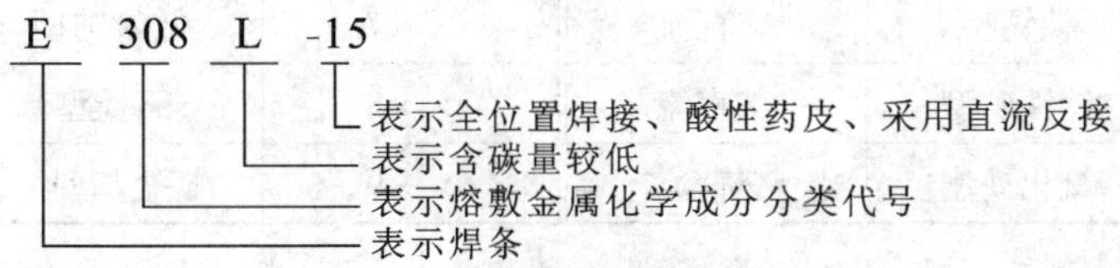


**表5－11　焊接电流、药皮类型及焊接位置含义**

| 焊条型号 | 焊接电流 | 焊接位置 | 药 皮 类 型 |
|---|---|---|---|
| E×××(×)－15 | 直流反接 | 全位置 | 酸性药皮 |
| E×××(×)－25 | | 平焊、横焊 | |
| E×××(×)－16 | 交流或直流反接 | 全位置 | 碱性药皮或钛型、钛钙型 |
| E×××(×)－17 | | | |
| E×××(×)－26 | | 平焊、横焊 | |

**3. 焊条牌号**

按照《焊接材料产品样本》规定，焊条牌号由汉字(或汉语拼音字母)和三位数字组成。汉字(或汉语拼音字母)表示按用途分的焊条大类，前2位数字表示各大类中的若干小类，第3位数字表示药皮类型和电流种类。焊条牌号中各大类的汉字(或汉语拼音字母)含义见表5－12，牌号中第3位数字的含义见表5－13。

**表5－12　焊条牌号中各大类汉字(或汉语拼音字母)含义**

| 焊条类别 | | 大类的汉字(或汉语拼音字母) | 焊条类别 | 大类的汉字(或汉语拼音字母) |
|---|---|---|---|---|
| 结构钢焊条 | 碳钢焊条 | 结(J) | 低温钢焊条 | 温(W) |
| | 低合金钢焊条 | | 铸铁焊条 | 铸(Z) |
| 钼和铬钼耐热钢焊条 | | 热(R) | 铜及铜合金焊条 | 铜(T) |
| 不锈钢焊条 | 铬不锈钢焊条 | 铬(G) | 铝及铝合金焊条 | 铝(L) |
| | 铬镍不锈钢焊条 | 奥(A) | 镍及镍合金焊条 | 镍(Ni) |
| 堆焊焊条 | | 堆(D) | 特殊用途焊条 | 特殊(TS) |

表 5－13　焊条牌号中第 3 位数字的含义

| 焊条牌号 | 药皮类型 | 电流种类 | 焊条牌号 | 药皮类型 | 电流种类 |
|---|---|---|---|---|---|
| ××0 | 不定型 | 不规定 | ××5 | 纤维素型 | 交直流 |
| ××1 | 氧化钛型 | 交直流 | ××6 | 低氢钾型 | 交直流 |
| ××2 | 钛钙型 | 交直流 | ××7 | 低氢钠型 | 直流 |
| ××3 | 钛铁矿型 | 交直流 | ××8 | 石墨型 | 交直流 |
| ××4 | 氧化铁型 | 交直流 | ××9 | 盐基型 | 直流 |

1）结构钢焊条牌号

汉字“结（J）”表示结构钢焊条；第 1、2 位数字表示熔敷金属抗拉强度等级；第 3 位数字表示药皮类型和电流种类。

例如：结 422（J422）表示熔敷金属抗拉强度最小值为 420 MPa，药皮类型为钛钙型，电流采用交直流两用的结构钢焊条。

2）钼和铬钼耐热钢焊条牌号

汉字“热（R）”表示钼和铬钼耐热钢焊条；第 1 位数字表示熔敷金属主要化学成分等级，见表 5－14；第 2 数字表示同一熔敷金属主要化学成分组成等级中的不同编号，按 0，1，…，9 顺序排列；第 3 位数字表示药皮类型和电流种类。

例如：热 307（R307）表示熔敷金属含铬量为 1%、含钼量为 0.5%，编号为 0，药皮类型为低氢钠型，电流采用直流反接的钼和铬钼耐热钢焊条。

表 5－14　钼和铬钼耐热钢焊条牌号第 1 位数字含义/%

| 焊条牌号 | 熔敷金属主要化学成分等级 | |
|---|---|---|
| | 铬 | 钼 |
| 热 1××（R1××） | — | 0.5 |
| 热 2××（R2××） | 0.5 | 0.5 |
| 热 3××（R3××） | 1 | 0.5 |
| 热 4××（R4××） | 2.5 | 1 |
| 热 5××（R5××） | 5 | 0.5 |
| 热 6××（R6××） | 7 | 1 |
| 热 7××（R7××） | 9 | 1 |
| 热 8××（R8××） | 11 | 1 |

3）不锈钢焊条牌号

不锈钢焊条包括铬不锈钢焊条和铬镍不锈钢焊条，汉字“铬（G）”表示铬不锈钢焊条，“奥（A）”表示铬镍不锈钢焊条；第 1 位数字表示熔敷金属主要化学成分等级，见表 5－15；第 2 位数字表示同一熔敷金属主要化学成分等级中的不同编号，按 0，1，…，9 顺序排列；第 3

位数字表示药皮类型和电流种类。

表 5－15　不锈钢焊条牌号第 1 位数字含义/%

| 焊条牌号 | 熔敷金属主要化学成分等级 | |
|---|---|---|
| | 铬 | 镍 |
| 铬 2××（G2××） | 13 | — |
| 铬 3××（G3××） | 17 | — |
| 奥 0××（A0××） | 18（超低碳） | 9 |
| 奥 1××（A1××） | 18 | 9 |
| 奥 2××（A2××） | 18 | 12 |
| 奥 3××（A3××） | 25 | 13 |
| 奥 4××（A4××） | 25 | 20 |
| 奥 5××（A5××） | 16 | 25 |
| 奥 6××（A6××） | 15 | 35 |
| 奥 7××（A7××） | 铬锰氮不锈钢 | |

例如：铬 202（G202）表示熔敷金属含铬量为 13%，编号为 0，药皮类型为钛钙型，电流采用交直流两用的铬不锈钢焊条。

奥 137（A137）表示熔敷金属含铬量为 18%、含镍量为 9%，编号为 3，药皮类型为低氢钠型，电流采用直流反接的铬镍奥氏体不锈钢焊条。

（4）低温钢焊条牌号。汉字“温（W）”表示低温钢焊条；第 1、2 位数字表示低温钢焊条工作温度等级，见表 5－16；第 3 位数字表示药皮类型和电流种类。

例如：温 707（W707）表示工作温度等级为 －70℃，药皮类型为低氢钠型，电流采用直流反接的低温钢焊条。

表 5－16　低温钢焊条牌号第 1、2 位数字含义

| 焊条牌号 | 低温温度等级/℃ | 焊条牌号 | 低温温度等级/℃ |
|---|---|---|---|
| 温 70×（W70×） | －70 | 温 19×（W19×） | －196 |
| 温 90×（W90×） | －90 | 温 25×（W25×） | －253 |
| 温 10×（W10×） | －100 | | |

5）堆焊焊条牌号

汉字“堆（D）”表示堆焊焊条；第 1 位数字表示焊条的用途、组织或熔敷金属的主要成分，见表 5－17；第 2 位数字表示同一用途、组织或熔敷金属主要成分中的不同编号，按 0，1，…，9 顺序排列；第 3 位数字表示药皮类型和电流种类。

**表 5－17　堆焊焊条牌号第 1 位数字含义**

| 焊条牌号 | 用途、组织或熔敷金属的主要成分 | 焊条牌号 | 用途、组织或熔敷金属的主要成分 |
| --- | --- | --- | --- |
| 堆 0××(D0××) | 不规定 | 堆 5××(D5××) | 阀门用 |
| 堆 1××(D1××) | 普通常温用 | 堆 6××(D6××) | 合金铸铁用 |
| 堆 2××(D2××) | 普通常温用及常温高锰钢 | 堆 7××(D7××) | 碳化钨型 |
| 堆 3××(D3××) | 刀具及工具用 | 堆 8××(D8××) | 钴基合金 |
| 堆 4××(D4××) | 刀具及工具用 | 堆 9××(D9××) | 待发展 |

例如：堆 127(D127)：表示普通常温用，编号为 2，药皮类型为低氢钠型，电流采用直流反接的堆焊焊条。

对于特殊性能的焊条，可在焊条牌号后加主要用途的汉字(或汉语拼音字母)，如压力容器用焊条为 J506R；底层焊条为 J506D；低尘、低毒焊条为 J506DF；立向下焊条为 J506X 等。

**4. 焊条型号与牌号的对照**

(1)常用碳钢焊条的型号与牌号的对照见表 5－18。

**表 5－18　常用碳钢焊条型号与牌号对照表**

| 序号 | 型号 | 牌号 | 药皮类型 | 电源种类 | 主要用途 | 焊接位置 |
| --- | --- | --- | --- | --- | --- | --- |
| 1 | E4303 | J422 | 钛钙型 | 交流或直流 | 焊接较重要的低碳钢结构和同等强度的普通低碳钢 | 平、立、仰、横 |
| 2 | E4311 | J425 | 高纤维素钾型 | 交流或直流 | 低碳钢结构的立向下底层焊接 | 平、立、仰、横 |
| 3 | E4316 | J426 | 低氢钾型 | 交流或直流反接 | 焊接重要的低碳钢及某些低合金钢结构 | 平、立、仰、横 |
| 4 | E4315 | J427 | 低氢钠型 | 直流反接 | 焊接重要的低碳钢及某些低合金钢结构 | 平、立、仰、横 |
| 5 | E5003 | J502 | 钛钙型 | 交流或直流 | 焊接相同强度等级的低合金钢一般结构 | 平、立、仰、横 |
| 6 | E5016 | J506 | 低氢钾型 | 交流或直流反接 | 焊接中碳钢及重要低合金钢结构，如 Q345 等 | 平、立、仰、横 |
| 7 | E5015 | J507 | 低氢钠型 | 直流反接 | 焊接中碳钢及重要低合金钢结构，如 Q345 等 | 平、立、仰、横 |

(2)常用低合金钢焊条的型号与牌号的对照见表 5－19。

表 5－19　常用低合金钢焊条型号与牌号表对照表

| 序号 | 型号 | 牌号 | 序号 | 型号 | 牌号 |
|---|---|---|---|---|---|
| 1 | E5015－G | J507MoNb<br>J507NiCu | 8 | E5503－$B_1$<br>E5515－$B_1$ | R202<br>R207 |
| 2 | E5515－G | J557<br>J557Mo<br>J557MoV | 9 | E5503－$B_2$<br>E5515－$B_2$ | R302<br>R307 |
| 3 | E6015－G | J607Ni | 10 | E5515－$B_3$－VWB | R347 |
| 4 | E6015－$D_1$ | J607 | 11 | E6015－$B_3$ | R407 |
| 5 | E7015－$D_2$ | J707 | 12 | E1－5MoV－15 | R507 |
| 6 | E8515－G | J857 | 13 | E5515－$C_1$ | W707Ni |
| 7 | E5015－A1 | R107 | 14 | E5515－$C_2$ | W907Ni |

(3)常用不锈钢焊条的型号与牌号对照见表 5－20。

表 5－20　常用不锈钢焊条型号与牌号表对照表

| 序号 | 型号(新) | 型号(旧) | 牌号 | 序号 | 型号(新) | 型号(旧) | 牌号 |
|---|---|---|---|---|---|---|---|
| 1 | E410－16 | E1－13－16 | G202 | 8 | E309－15 | E1－23－13－15 | A307 |
| 2 | E410－15 | E1－13－15 | G207 | 9 | E310－16 | E2－25－21－16 | A402 |
| 3 | E410－15 | E1－13－15 | G217 | 10 | E310－15 | E2－25－21－15 | A407 |
| 4 | E308L－16 | E00－19－10－16 | A002 | 11 | E347－16 | E0－19－10Nb－16 | A132 |
| 5 | E308－16 | E0－19－10－16 | A102 | 12 | E347－15 | E0－19－10Nb－15 | A137 |
| 6 | E308－15 | E0－19－10－15 | A107 | 13 | E315－16 | E0－18－12Mo2－16 | A202 |
| 7 | E309－16 | E1－23－13－16 | A302 | 14 | E315－15 | E0－18－12Mo2－15 | A207 |

## 5.1.5　焊条的选用及管理

**1. 焊条的选用原则**

(1)低碳钢、中碳钢及低合金钢按焊件的抗拉强度来选用相应强度的焊条，使熔敷金属的抗拉强度与焊件的抗拉强度相等或相近，该原则称为“等强原则”。如焊接 Q235－A 时，由于其抗拉强度在 420 MPa 左右，故选用熔敷金属抗拉强度最小值为 430MPa 的 E4303（结 422）、E4316(结 426)、E4315(结 427)。如焊件结构复杂、刚性大，可以考虑选用比母材强度低一级的焊条。

(2)对于不锈钢、耐热钢等焊件选用焊条时，应从保证焊接接头的特殊性能出发，要求焊缝金属化学成分与母材相同或相近。如焊接0Cr18Ni9不锈钢时，由于其含铬、镍量分别约为18%和9%，为了使焊缝与焊件具有相同的耐腐蚀性能，必须要求焊缝金属化学成分与母材相同或相近，所以应选用铬、镍量相近的E308－16(A102)或E308－15(A107)焊条焊接。

(3)对于强度不同的低碳钢之间、低合金高强钢之间及它们之间的异种钢焊接，要求焊缝或接头的强度、塑性和韧性都不能低于母材中的最低值，故一般根据强度等级较低的钢材来选用相应的焊条。如焊接Q235－A与Q345异种钢时,按Q235－A来选用抗拉强度为420 MPa左右的E4303（结422）、E4316(结426)、E4315(结427)。对于碳钢、低合金钢与奥氏体钢异种钢焊接，应选用铬、镍量较高的奥氏体钢焊条。

(4)重要焊缝要选用碱性焊条。所谓重要焊缝就是受压元件(如锅炉、压力容器)的焊缝；承受振动载荷或冲击载荷的焊缝；对强度、塑性、韧性要求较高的焊缝；焊件形状复杂、结构刚性大的焊缝等，对于这些焊缝要选用力学性能好、抗裂性能强的碱性焊条。如焊接20钢时，按等强原则选用E4303（结422)，E4316(结426)，E4315(结427)焊条都可符合要求；如焊接抗拉强度相等的压力容器用钢20R、锅炉用钢20g时，则须选用同强度的碱性焊条E4316(结426)，E4315(结427)。

(5)在满足性能前提下尽量选用酸性焊条。因为酸性焊条的工艺性能要优于碱性焊条，即酸性焊条对铁锈、油污等不敏感；析出有害气体少；稳弧性好，可交直流两用；脱渣性好；焊缝成形美观等。总之在酸性焊条和碱性焊条均能满足性能要求的前提下，应尽量选用工艺性能较好的酸性焊条。

常用钢材推荐选用的焊条见表5－21。

**2. 焊条的管理**

焊条(包括其他焊接材料)的管理包括验收、烘干、保管、领用等方面，其控制程序如图5－3所示。

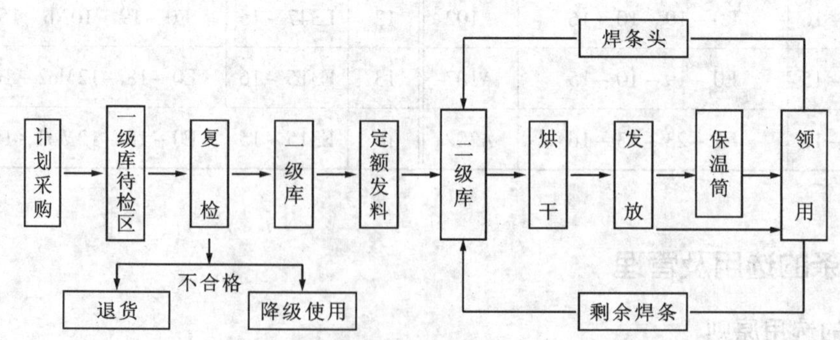


**图5－3 焊条管理程序控制简图**

**表 5－21　常用钢材推荐选用的焊条**

| 钢号 | 焊条型号 | 对应牌号 | 钢号 | 焊条型号 | 对应牌号 |
|---|---|---|---|---|---|
| Q235AF<br>Q235A,10,20 | E4303 | J422 | 12Cr1MoV | E5515－B2－V | R317 |
| Q245R(20R,20g) | E4316 | J426 | 12Cr2Mo<br>12Cr2Mo1<br>12Cr1Mo1R | E6015－B3 | R407 |
| | E4315 | J427 | | | |
| 25 | E4303 | J422 | | | |
| | E5003 | J502 | | | |
| Q295(09Mn2V,9Mn2VD,9Mn2VDR) | E5515－C1 | W707Ni | 1Cr5Mo | E1－5MoV－15 | R507 |
| Q345(16Mn,16MnR,16MnDR) | E5003 | J502 | 1Cr18Ni9Ti | E308－16 | A102 |
| | E5016 | J506 | | E308－15 | A107 |
| | E5015 | J507 | | E347－16 | A132 |
| Q390(16MnD,16MnDR) | E5015－G | J506RH | | E347－15 | A137 |
| | E5015－G | J507RH | 0Cr19Ni9 | E308－16 | A102 |
| Q390(15MnVR,15MnVRE) | E5016 | J506 | | E308－15 | A107 |
| | E5015 | J507 | 0Cr18Ni9Ti<br>0Cr18Ni11Ti | E347－16 | A132 |
| | E5515－G | J557 | | E347－15 | A137 |
| 20MnMo | E5015 | J507 | 00Cr18Ni10<br>00Cr19Ni11 | E308L－16 | A002 |
| | E5515－G | J557 | | | |
| 15MnVNR | E6015－D1 | J606 | 0Cr17Ni12Mo2 | E316－16 | A202 |
| | E6015－D1 | J607 | | E315－16 | A207 |
| 15MnMoV<br>18MnMoNbR<br>20MnMoNb | E7015－D2 | J707 | 0Cr18Ni12Mo2Ti<br>0Cr18Ni12Mo3Ti | E316L－16 | A022 |
| 12CrMo | E5515－B1 | R207 | | E318－16 | A212 |
| 15CrMo<br>15CrMoR | E5515－B2 | R307 | Cr13 | E410－16 | G202 |
| | | | | E410－15 | G207 |

1）焊条的验收

对于制造锅炉、压力容器等重要焊件的焊条，焊前必须进行焊条的验收，也称复验。复验前要对焊条的质量证明书进行审查，正确、齐全、符合要求者方可复验。复验时，每批焊条应编有“复验编号”，按照其标准和技术条件进行外观、理化试验等检验，复验合格后，焊条方可入一级库，否则应退货或降级使用。

另外，为了防止焊条在使用过程中混用、错用，同时也便于为万一出现的焊接质量问题分析原因，焊条的“复验编号”不但要登记在一级库、二级库台账上，而且在烘烤记录单、发放领料单上甚至焊接施工卡上也要登记，从而保证焊条使用时的追踪性。

2）焊条保管、领用、发放

焊条实行三级管理：一级库管理、二级库管理、焊工焊接时管理。一、二级库内的焊条要按其型号牌号、规格分门别类堆放，放在离地面、离墙面300 mm以上的木架上。

一级库内应配有空调设备和去湿机，保证室温为5℃～25℃，相对湿度低于60%。

二级库应有焊条烘烤设备，焊工施焊时也需要妥善保管好焊条，焊条要放入保温筒内，随取随用，不可随意乱丢、乱放。

焊条领用发放要建立严格的限额领料制度，“焊接材料领料单”应由焊工填写，二级库保管人员凭焊接工艺要求和焊材领料单发放，并审核其型号牌号、规格是否相符，同时还要按发放焊条根数收回焊条头。

3）焊条烘干

焊条烘干时间、温度应严格按标准要求进行，并做好温度时间记录，烘干温度不宜过高过低。温度过高会使焊条中一些成分发生氧化，过早分解，从而失去保护等作用。温度过低，焊条中的水分就不能完全蒸发掉，焊接时就可能形成气孔，产生裂纹等缺陷。

此外还要注意温度、时间配合问题，据有关资料介绍，烘干温度和时间相比，温度较为重要，如果烘干温度过低，即使延长烘干时间，其烘烤效果也不佳。

一般酸性焊条烘干温度为75℃～150℃，时间1～2h；碱性焊条在空气中极易吸潮且药皮中没有有机物，因此烘干温度较酸性焊条高些，一般为350℃～400℃，保温1～2h。焊条累计烘干次数一般不宜超过三次。

### 5.1.6 焊条的设计与制造

**1. 焊条的设计**

焊条设计的步骤如下：

1）设计焊缝成分

焊缝的化学成分既要满足接头使用性能的要求，又要考虑对焊接性的影响，常用的方法是经验法。

2）确定焊缝金属的合金化方式

焊缝金属的化学成分确定后，接下来要考虑通过何种途径将合金元素过渡到焊缝中，可以选择的方式有：合金焊芯过渡、焊条药皮直接过渡及熔渣与液态置换反应过渡等。

3）确定焊条药皮类型

一般的原则是，焊接重要结构或低合金高强钢时，多选用低氢型药皮；对于焊接不太重要的碳钢或强度较低的低合金钢结构，可选用钛钙型或钛铁矿型药皮。

4）初步确定药皮配方

一般是以经验为主，以计算为辅，参考目前成熟的配方，初步确定各物质的用量。

5）试验调整

焊条药皮配方初步确定以后，即可按配方制造出焊条进行试焊。如果发现焊缝成分或焊条性能不符合要求，则应调整配方，直到满意为止。

**2. 焊条的制造**

焊条制造过程包括焊芯加工、药皮涂料的制备及药皮压涂等过程，如图5－4所示。

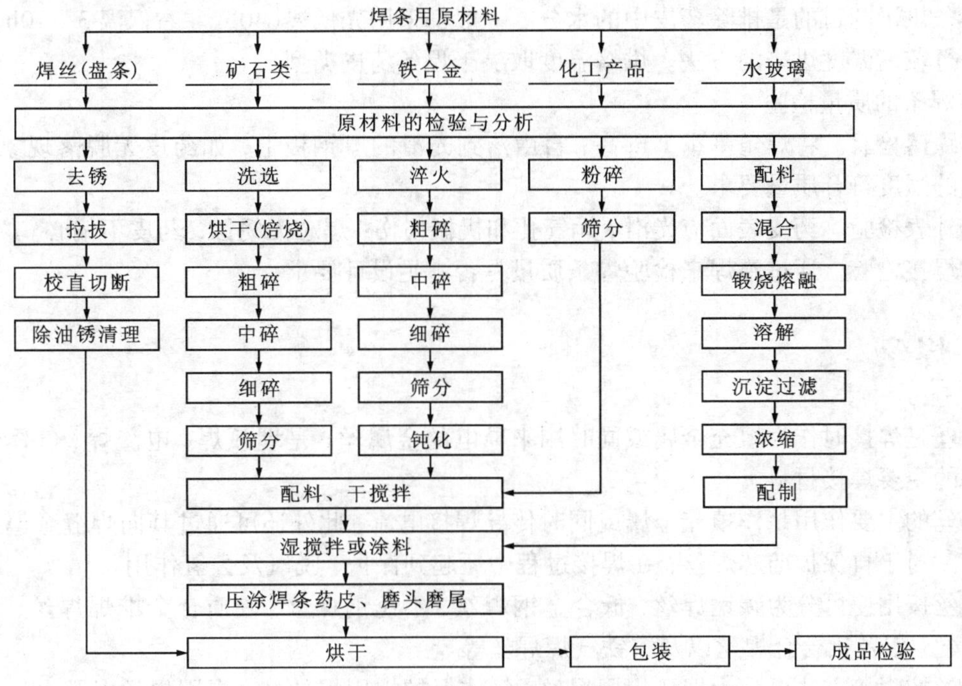


图 5-4　焊条的制造过程

1)焊芯加工

焊芯一般以直径较大的圆盘供货，在涂覆药皮前需经过拔丝、校直、切断、清理和检验等一系列工序。

2)药皮原材料制粉

制粉就是将块状原材料加工成颗粒度符合焊条制造要求的粉末，其中包括洗选、烘干、破碎和筛分等工序。

3)铁合金的钝化

钝化是用人工方法使铁合金颗粒表面产生一层氧化膜，以防止与水玻璃中的碱溶液发生化学反应而造成药皮表面发泡。药皮中常用的铁合金，如硅铁、锰铁等，必须经过钝化后才能在焊条制造中使用。钝化通常采用烘焙或用高锰酸钾溶液浸泡的方法进行。

4)涂料的制备

①配干粉与混拌。将处理好的各种粉料按照配方规定的比例均匀的混拌在一起。干粉混合时所用的设备是搅拌机。

②液体水玻璃的制备。液体水玻璃是固体水玻璃的水溶液，水玻璃中的含水量决定其密度，水分越多，水玻璃的密度越小。焊条制造中要求水玻璃的相对密度为1.39~1.56。

③湿混拌。在配好的干粉中，徐徐倒入液体水玻璃，并进行湿混拌，直至混拌均匀而没有大的湿块和干粉时，便成了焊条涂料。

5)焊条药皮的压涂

在焊条涂料机上，将合格的焊条涂料涂敷到焊芯上。

6)焊条的烘干

焊条烘干的目的是排除药皮中的水分。一般都采用先低温(40℃左右保温3~10h)烘干,然后进行较高温度烘焙的方法。烘焙温度取决于焊条药皮类型。

7)焊条的质量检验

①跌落检验。将焊条平举1 m高,自由落到光滑的厚钢板上,如药皮无脱落现象,即证明药皮的强度符合质量要求。

②外表检验。药皮表面应光滑、无气孔和机械损伤,焊芯无锈蚀,药皮不偏心。

③焊接检验。通过施焊来检验焊条质量是否满足设计要求。

## 5.2 焊丝

焊丝是焊接时作为填充金属或同时用来导电的金属丝,是埋弧焊、电渣焊、气体保护焊与气焊的主要焊接材料。

焊丝的主要作用是作填充金属或同时传导焊接电流,此外还可通过其向焊缝金属过渡合金元素。对于自保护药芯焊丝,在焊接过程中还起到保护、脱氧及去氢作用。

焊丝按用途可分为碳钢焊丝、低合金钢焊丝、不锈钢焊丝、硬质合金堆焊焊丝、铜及铜合金焊丝、铝及铝合金焊丝以及铸铁气焊焊丝等。

焊丝按焊接方法可分为埋弧焊用焊丝、气体保护焊用焊丝、气焊用焊丝以及电渣焊用焊丝等。

焊丝按其截面形状及结构又可分为实芯焊丝和药芯焊丝。

### 5.2.1 实芯焊丝

大多数熔焊方法,如埋弧焊、电渣焊、气保焊、气焊等普遍使用实芯焊丝。为了防止生锈,碳钢焊丝、低合金钢焊丝表面都进行了镀铜处理。

**1. 钢焊丝**

钢焊丝适用于埋弧焊、电渣焊、氩弧焊、$CO_2$焊及气焊等焊接方法,用于低碳钢、低合金钢、不锈钢等材料的焊接。对于低碳钢、低合金高强钢,主要按等强度的原则,选择满足力学性能的焊丝;对于不锈钢、耐热钢等,主要按焊缝金属与母材化学成分相同或相近的原则选择焊丝。

1)埋弧焊、电渣焊及气焊焊丝

埋弧焊、电渣焊、气焊焊丝应符合GB/T 14957—1994《熔化焊用钢丝》、YB/T 5092—2005《焊接用不锈钢丝》规定。焊丝与焊芯的牌号相同,具体见焊芯的牌号表示法。埋弧焊、电渣焊、气焊常用钢焊丝的牌号见表5-22。

2)气体保护电弧焊焊丝

GB/T 8110—2008《气体保护电弧焊用碳钢、低合金钢焊丝》规定了碳钢、低合金钢气体保护电弧焊所用实芯焊丝和填充丝的化学成分和力学性能,适用于熔化极气体保护电弧焊(MIG焊、MAG焊及$CO_2$焊)、TIG焊及等离子弧焊。不锈钢钨极惰性气体保护电弧焊及熔化极惰性气体保护电弧焊用焊丝可按YB/T 5091—2005《惰性气体保护焊用不锈钢棒及钢丝》选用。

表 5－22　焊接常用钢焊丝的牌号

| 序号 | 钢　种 | 牌　号 | 序号 | 钢　种 | 牌　号 |
|---|---|---|---|---|---|
| 1 | 碳素结构钢 | H08A | 12 | 合金结构钢 | H10Mn2MoVA |
| 2 | | H08E | 13 | | H08CrMoA |
| 3 | | H08Mn | 14 | | H08CrMoVA |
| 4 | | H08MnA | 15 | | H30CrMnSi |
| 5 | 合金结构钢 | H10Mn2 | 16 | 不锈钢 | H03Cr21Ni10 |
| 6 | | H08MnSi2A | 17 | | H03Cr21Ni10Si |
| 7 | | H10MnSi | 18 | | H06Cr21Ni10 |
| 8 | | H10MnSiMo | 19 | | H08Cr19Ni10Ti |
| 9 | | H10MnSiMoTiA | 20 | | H03Cr24Ni13 |
| 10 | | H08MnMoA | 21 | | H03Cr24Ni13Mo2 |
| 11 | | H08Mn2MoA | 22 | | H08Cr26Ni21 |

注：根据 GB/T 14957—1994、YB/T 5092—2005 综合。

GB/T 8110—2008《气体保护电弧焊用碳钢、低合金钢焊丝》规定，焊丝型号由三部分组成。①ER 表示焊丝。②ER 后面的 2 位数字表示熔敷金属的最低抗拉强度。③短线“－”后面的字母或数字表示焊丝化学成分代号，碳钢焊丝用 1 位数字表示，有 1，2，3，4，6，7 共 6 个型号；碳钼钢焊丝用字母 A 表示；铬钼钢焊丝用字母 B 表示；镍钢焊丝用字母 Ni 表示；锰钼钢焊丝用字母 D 表示，它们后面的数字表示同一合金系统的不同编号。如还附加其他化学成分，直接用元素符号表示，并以短线“－”与前面数字分开。对于其他低合金钢焊丝在抗拉强度后用短线“－”后缀编号数。型号最后加字母 L 表示含碳量低的焊丝[$w(C) \leqslant 0.05\%$]。根据供需双方协商，可在型号后附加扩散氢代号 H×，×为 5、10、15，分别代表熔敷金属扩散氢含量不大于 5mL/100g、10mL/100g、15mL/100g。

例如：

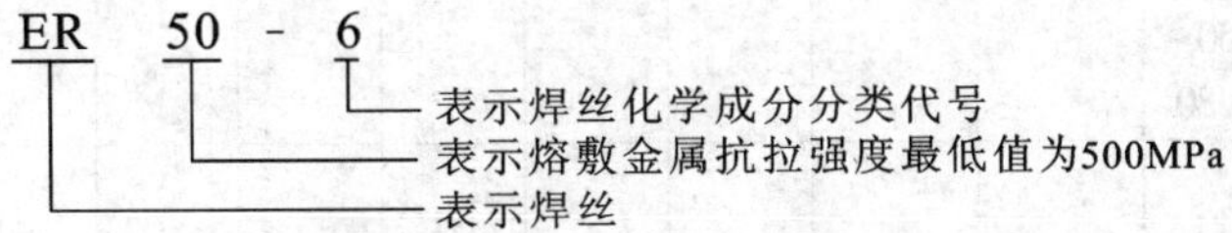


目前在我国，$CO_2$焊已得到广泛应用，主要用于碳钢、低合金钢的焊接，最常用的焊丝是 ER49－1 和 ER50－6。ER49－1 对应的牌号为 H08Mn2SiA，ER50－6 对应的牌号为 H11Mn2SiA。ER50－6 焊丝的应用更广。

气体保护电弧焊常用的碳钢、低合金钢焊丝，其熔敷金属力学性能见表 5－23，化学成分见表 5－24。

**表 5-23　常用碳钢、低合金钢气保焊焊丝熔敷金属力学性能**

<table>
<tr><th rowspan="2">焊丝型号</th><th colspan="3">熔敷金属拉伸试验</th><th colspan="2">熔敷金属 V 形缺口冲击试验</th></tr>
<tr><th>$\sigma_b$/MPa</th><th>$\sigma_{0.2}$/MPa</th><th>$\delta$/%</th><th>试验温度/℃</th><th>$A_{kV}$ / J</th></tr>
<tr><td>ER49-1</td><td>≥490</td><td>≥372</td><td>≥20</td><td>室温</td><td>≥47</td></tr>
<tr><td>ER50-2</td><td rowspan="5">≥500</td><td rowspan="5">≥420</td><td rowspan="5">≥22</td><td>-30</td><td rowspan="2">≥27</td></tr>
<tr><td>ER50-3</td><td>-20</td></tr>
<tr><td>ER50-4</td><td colspan="2">不要求</td></tr>
<tr><td>ER50-6</td><td rowspan="4">-30</td><td rowspan="4">≥27</td></tr>
<tr><td>ER50-7</td></tr>
<tr><td>ER55-D2-Ti</td><td rowspan="2">≥550</td><td rowspan="2">≥470</td><td rowspan="2">≥17</td></tr>
<tr><td>ER55-D2</td></tr>
</table>

**表 5-24　常用碳钢、低合金钢气保焊焊丝化学成分/%**

<table>
<tr><th>焊丝型号</th><th>C</th><th>Mn</th><th>Si</th><th>P</th><th>S</th><th>Ni</th><th>Cr</th><th>Mo</th><th>V</th><th>Ti</th><th>Zr</th><th>Al</th><th>Cu</th><th>其他元素总量</th></tr>
<tr><td>ER49-1</td><td>≤0.11</td><td>1.80~2.10</td><td>0.65~0.95</td><td>≤0.030</td><td>≤0.030</td><td>≤0.30</td><td>≤0.20</td><td rowspan="6">≤0.15</td><td rowspan="6">≤0.03</td><td></td><td></td><td></td><td rowspan="6">0.50</td><td rowspan="6"></td></tr>
<tr><td>ER50-2</td><td>≤0.07</td><td rowspan="2">0.90~1.40</td><td>0.40~0.70</td><td rowspan="5">≤0.025</td><td rowspan="5">≤0.025</td><td rowspan="5">≤0.15</td><td rowspan="5">≤0.15</td><td>0.05~0.15</td><td>0.02~0.12</td><td>0.05~0.15</td></tr>
<tr><td>ER50-3</td><td>0.06~0.15</td><td>0.45~0.75</td><td rowspan="4"></td><td rowspan="4"></td><td rowspan="4"></td></tr>
<tr><td>ER50-4</td><td>0.06~0.15</td><td>1.00~1.50</td><td>0.65~0.85</td></tr>
<tr><td>ER50-6</td><td>0.06~0.15</td><td>1.40~1.85</td><td>0.80~1.15</td></tr>
<tr><td>ER50-7</td><td>0.07~0.15</td><td>1.50~2.00</td><td>0.50~0.80</td></tr>
<tr><td>ER55-D2-Ti</td><td>≤0.12</td><td>1.20~1.90</td><td>0.40~0.80</td><td>≤0.025</td><td>≤0.025</td><td></td><td></td><td>0.20~0.50</td><td></td><td>≤0.20</td><td></td><td></td><td>≤0.50</td><td>≤0.50</td></tr>
<tr><td>ER55-D2</td><td>0.07~0.12</td><td>1.60~2.10</td><td>0.50~0.80</td><td>≤0.025</td><td>≤0.025</td><td>≤0.15</td><td></td><td>0.40~0.60</td><td></td><td></td><td></td><td></td><td>≤0.50</td><td>≤0.50</td></tr>
</table>

常用低碳钢、低合金钢埋弧焊、电渣焊、$CO_2$焊实芯焊丝的选用见表 5-25，气焊钢实芯焊丝的选用见表 5-26。

**表 5-25　常用低碳钢、低合金钢埋弧焊、电渣焊、$CO_2$焊实芯焊丝的选用**

<table>
<tr><th>钢号</th><th>埋弧焊<br>焊 丝</th><th>电渣焊<br>焊 丝</th><th>$CO_2$ 气体保护焊焊丝</th></tr>
<tr><td>Q235,Q255<br>20,25,30</td><td>H08A<br>H08MnA</td><td>H08MnA<br>H10MnSi</td><td>ER49-1<br>ER50-6</td></tr>
<tr><td>Q295(09Mn2)<br>Q295(09MnV)<br>09Mn2Si</td><td>H08A<br>H08MnA</td><td>H10Mn2<br>H10MnSi</td><td>ER49-1<br>ER50-6</td></tr>
<tr><td rowspan="2">Q345(16Mn)<br>Q345(14MnNb)<br>16MnCu</td><td>薄板:H08A<br>H08MnA<br>不开坡口对接<br>H08A<br>中板开坡口对接<br>H08MnA<br>H10Mn2</td><td rowspan="2">H08MnMoA</td><td rowspan="2">ER49-1<br>ER50-6</td></tr>
<tr><td>厚板深坡口<br>H10Mn2<br>H08MnMoA</td></tr>
<tr><td rowspan="2">Q390(15MnV)<br>Q390(16MnNb)<br>15MnVCu</td><td>不开坡口对接<br>H08MnA<br>中板开坡口对接<br>H10Mn2<br>H10MnSi</td><td rowspan="2">H10MnMoA<br>H08Mn2MoVA</td><td rowspan="2">ER49-1<br>ER50-6</td></tr>
<tr><td>厚板深坡口<br>H08MnMoA</td></tr>
<tr><td rowspan="2">Q420(15MnVN)<br>15MnVNCu<br>15MnVTiRE</td><td>H10Mn2</td><td rowspan="2">H10MnMoA<br>H08Mn2MoVA</td><td rowspan="2">ER49-1<br>ER50-6</td></tr>
<tr><td>H08MnMoA<br>H08Mn2MoA</td></tr>
<tr><td>18MnMoNb<br>14MnMoV<br>14MnMoVCu</td><td>H08MnMoA<br>H08Mn2MoA<br>H08Mn2NiMo</td><td>H10MnMoA<br>H10Mn2MoVA<br>H10Mn2NiMoA</td><td></td></tr>
<tr><td>X60<br>X65</td><td>H08Mn2MoA<br>H08MnMoA</td><td></td><td></td></tr>
</table>

需要注意的是，焊丝的选用有时还需考虑焊接工艺因素，如坡口、接头形式等。当焊剂确定后，对于同种母材，由于坡口和接头形式不同，焊丝的匹配也应有所不同。如用 HJ431 配 H08A 埋弧焊焊接不开坡口的 Q345(16Mn)对接接头时，可满足力学性能要求；若焊接中

厚板开坡口的Q345(16Mn)对接接头时，如仍用H08A焊丝，由于熔合比较小，焊缝强度就会偏低，因此应采用H08MnA或H10Mn2焊丝，使用角接接头、T形接头的冷却速度比使用对接接头大，此时焊接Q345(16Mn)时，应选用H08A焊丝，如采用H08MnA或H10Mn2焊丝则焊缝塑性就会偏低。

**表5-26　气焊钢实芯焊丝的选用**

| 碳素结构钢焊丝 | | 合金结构钢焊丝 | | 不锈钢焊丝 | |
|---|---|---|---|---|---|
| 牌号 | 用途 | 牌号 | 用途 | 牌号 | 用途 |
| H08 | 焊接一般低碳钢结构 | H10Mn2 | 用途与H08Mn相同 | H03Cr21Ni10 | 焊接超低碳不锈钢 |
| | | H08Mn2Si | | | |
| H08A | 焊接较重要低、中碳钢及某些低合金钢结构 | H10Mn2MoA | 焊接普通低合金钢 | H06Cr21Ni10 | 焊接18-8型不锈钢 |
| H08E | 用途与H08A相同,工艺性能较好 | H10Mn2MoVA | 焊接普通低合金钢 | H08Cr21Ni10 | 焊接18-8型不锈钢 |
| H08Mn | 焊接较重要的碳素钢及普通低合金钢结构,如锅炉、受压容器等 | H08CrMoA | 焊接铬钼钢等 | H08Cr19Ni10Ti | 焊接18-8型不锈钢 |
| H08MnA | 用途与H08Mn相同,但工艺性能较好 | H18CrMoA | 焊接结构钢,如铬钼钢、铬锰硅钢等 | H12Cr24Ni13 | 焊接高强度结构钢和耐热合金钢等 |
| H15A | 焊接中等强度工件 | H30CrMnSiA | 焊接铬锰硅钢 | H12Cr26Ni21 | 焊接高强度结构钢和耐热合金钢等 |
| H15Mn | 焊接中等强度工件 | H10CrMoA | 焊接耐热合金钢 | | |

**2. 有色金属及铸铁焊丝**

1)铜及铜合金焊丝

铜及铜合金焊丝根据GB 9460—1988《铜及铜合金焊丝》规定，其牌号以“HS”为标记，后面的元素符号表示焊丝主要合金元素，元素符号后面的数字表示顺序号。如HSCu为常用的氩弧焊及气焊用紫铜焊丝。常用铜及铜合金焊丝的型号、成分及用途见表5-27。

2)铝及铝合金焊丝

铝及铝合金焊丝根据GB 10858—1989《铝及铝合金焊丝》规定，型号以“S”为标记，后面的元素符号表示焊丝主要合金组成，随后的数字表示同类焊丝的不同品种。如SAlSi-1为常用的氩弧焊及气焊铝硅合金焊丝。常用铝及铝合金焊丝的型号、牌号、成分及用途见表5-28。

**表 5-27　常用铜及铜合金焊丝的型号、成分及用途**

| 焊丝牌号 | 焊丝代号 | 名　称 | 主要化学成分/% | 熔点/℃ | 用　途 |
|---|---|---|---|---|---|
| HSCu | HS201 | 特制紫铜焊丝 | Sn(1.0~1.1),Si(0.35~0.5),Mn(0.35~0.5),其余为 Cu | 1050 | 紫铜的气焊及氩弧焊,埋弧焊(配 HJ431 或 HJ150) |
| HSCu | HS202 | 低磷铜焊丝 | P(0.2~0.4),其余为 Cu | 1060 | 紫铜的气焊及碳弧焊 |
| HSCuZn-1 | HS221 | 锡黄铜焊丝 | Cu(59~61),Sn(0.8~1.2),Si(0.15~0.35),其余为 Zn | 890 | 黄铜的气焊及碳弧焊。也可用于钎焊铜、钢、白铜、灰铸铁以及镶嵌硬质合金刀具等。其中 HS222 流动性较好,HS224 能获得较好的力学性能 |
| HSCuZn-2 | HS222 | 铁黄铜焊丝 | Cu(57~59),Sn(0.7~1.0),Si(0.05~0.15),Fe(0.35~1.20),Mn(0.03~0.09),其余为 Zn | 860 | |
| HSCuZn-4 | HS224 | 硅黄铜焊丝 | Cu(61~69),Si(0.3~0.7),其余为 Zn | 905 | |
| 非国际牌号(SCuAl) | | 铝青铜焊丝 | Al(7~9),Mn≤2.0,其余为 Cu | - | 铝青铜的 TIG 焊和 MIG 焊,或用作焊条电弧焊焊芯 |

**表 5-28　常用铝及铝合金焊丝的型号、牌号、成分及用途**

| 焊丝型号 | 焊丝牌号 | 名 称 | 主要化学成分/% | 熔点/℃ | 用　途 |
|---|---|---|---|---|---|
| SAl-3 | HS301 | 纯铝焊丝 | $w(\mathrm{Al})\geq 99.6$ | 660 | 纯铝的气焊及氩弧焊 |
| SAlSi-1 | HS311 | 铝硅合金焊丝 | Si(4~6),其余为 Al | 580~610 | 焊接除铝镁合金外的铝合金 |
| SAlMn | HS321 | 铝锰合金焊丝 | Mn(1.0~1.6),其余为 Al | 643~654 | 铝锰合金的气焊及氩弧焊 |
| SAlMg-5 | HS331 | 铝镁合金焊丝 | Mg(4.7~5.7),Mn(0.2~0.6),Si(0.2~0.5),其余为 Al | 638~660 | 焊接铝镁合金及铝锌镁合金 |

3)铸铁焊丝

根据 GB 10044—2006《铸铁焊条及焊丝》规定，铸铁型号以“R”为标记，以“Z”表示用于铸铁焊接，RZ 后用字母表示熔敷金属类型，以“C”表示灰铸铁，以“CH”表示合金铸铁、以“CQ”表示球墨铸铁，再细分时用数字表示，并以短线“-”与前面的化学元素分开。如 RZCH 表示熔敷金属类型为合金铸铁的铸铁焊丝。铸铁气焊丝的型号、牌号、成分及用途见表 5-29。

**表 5-29 铸铁气焊丝的型号、牌号、成分及用途/%**

| 焊丝型号、牌号 | 化学成分 | | | | | 用途 |
|---|---|---|---|---|---|---|
| | C | Mn | S | P | Si | |
| RZC-1 | 3.20~3.50 | 0.6~0.75 | ≤0.10 | 0.5~0.75 | 2.7~3.0 | 焊补灰铸铁 |
| RZC-2 | 3.5~4.5 | 0.3~0.8 | ≤0.1 | ≤0.05 | 3.0~3.8 | |
| HS401 | 3.0~4.2 | 0.3~0.8 | ≤0.08 | ≤0.5 | 2.8~3.6 | |
| HS402 | 3.0~4.2 | 0.5~0.8 | ≤0.05 | ≤0.5 | 3.0~3.6 | 焊补球墨铸铁 |
| RZCQ-1 | 3.20~4.0 | 0.1~0.40 | ≤0.015 | ≤0.05 | 3.2~3.8 | 焊补球墨铸铁 $w$(Ni)≤0.50，$w$(Ce)≤0.20，球化剂 0.04~0.10 |
| RZCQ-2 | 3.50~4.2 | 0.5~0.80 | ≤0.03 | ≤0.10 | 3.5~4.2 | 焊补球墨铸铁(球化剂 0.04~0.10) |

## 5.2.2 药芯焊丝

药芯焊丝是继电焊条、实芯焊丝之后广泛应用的又一类焊接材料。药芯焊丝是由金属外皮(如 08A)和芯部药粉组成，即由薄钢带卷成圆形钢管或异形钢管，填满一定成分的药粉后经拉制而成，芯部药粉的成分与焊条的药皮类似。药芯焊丝截面形状有“E”形、“O”形和“梅花”形、中间填丝形、“T”形等，各种药芯焊丝截面形状如图 5-5 所示，其中“O”形即管状焊丝应用最广。

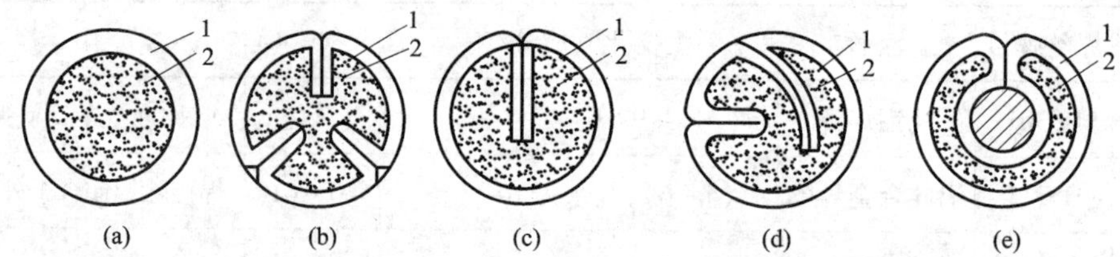


**图 5-5 药芯焊丝的截面形状**

(a)O 形；(b)梅花形；(c)T 形；(d)E 形；(e)中间填丝形

1—钢带；2—药粉

**1. 药芯焊丝的特点**

(1)焊接工艺性能好。采用气渣联合保护，保护效果好，抗气孔能力强，焊缝成形美观，电弧稳定性好，飞溅少且颗粒细小。

(2)焊丝熔敷速度快，生产率高。熔敷速度明显高于焊条，并略高于实芯焊丝，熔敷效率和生产率都较高，生产率为焊条电弧焊的 3~4 倍，经济效益显著，且可用大电流进行全位焊。

(3)焊接适应性强。通过调整药粉的成分与比例，可焊接和堆焊不同成分的钢材，且由于药粉改变了电弧特性，对焊接电源无特殊要求，交、直流或平缓外特性电源均可。

(4)综合成本低。焊接相同厚度的钢板，使用药芯焊丝焊接时，单位长度焊缝的综合成

本明显低于焊条，且略低于实芯焊丝。使用药芯焊丝经济效益是非常显著的。

(5)焊丝制造过程复杂；送丝较实心焊丝困难，需要采用降低送丝压力的送丝机构；焊丝外表易锈蚀，药粉易吸潮，故使用前应对焊丝外表面进行清理并在250℃～300℃烘烤。

**2. 药芯焊丝的分类**

1)药芯焊丝根据熔渣的碱度分为以下三种：

(1)钛型药芯焊丝(酸性渣)。这种焊丝具有焊道成形美观、工艺性好、适用于全位置焊接的优点，缺点是焊缝的韧性不足，抗裂性稍差。

(2)钙型药芯焊丝(碱性渣)。与钛型药芯焊丝相反，钙型药芯焊丝的焊缝韧性和抗裂性能优良，而焊缝成形与焊接工艺性能稍差。

(3)钛钙型药芯焊丝(中性或弱碱性渣)。钛钙型药芯焊丝性能适中，介于上述两者之间。

2)药芯焊丝根据焊接过程中外加的保护方式分为以下三种：

(1)气体保护焊用药芯焊丝。气体保护焊用药芯焊丝根据保护气体的种类可细分为二氧化碳气体保护焊、熔化极惰性气体保护焊、混合气体保护焊以及钨极惰性气体保护焊用药芯焊丝。其中二氧化碳气体保护焊药芯焊丝主要用于结构件的焊接制造，其应用最广，且多为钛型、钛钙型，规格有直径1.6 mm、2.0 mm 、2.4 mm 、2.8 mm 、3.2 mm 等几种。

(2)埋弧焊用药芯焊丝。这种焊丝主要应用于表面堆焊。由于药芯焊丝制造工艺较实芯焊丝复杂，生产成本高，因此焊接普通结构时，一般不采用药芯焊丝埋弧焊。

(3)自保护药芯焊丝。主要指在焊接过程中不需要外加保护气体或焊剂的一类焊丝，其通过焊丝芯部药粉中造渣剂、造气剂在电弧高温作用下产生的气、渣对熔滴和熔池进行保护。

**3. 碳钢药芯焊丝的型号及牌号**

1)药芯焊丝的型号

根据GB/T 10045—2002《碳钢药芯焊丝》标准规定，碳钢药芯焊丝型号是根据熔敷金属力学性能、焊接位置及焊丝类别特点(保护类型、电流类型及渣系特点等)进行划分的。字母“E”表示焊丝，“T”表示药芯焊丝，字母“E”后面的2位数字表示熔敷金属力学性能的最小值。第3位数字表示推荐的焊接位置，其中“0”表示平焊和横焊位置，“1”表示全位置。短划后面的数字表示焊丝的类别特点，字母“M”表示保护气体为75%～80% Ar + $CO_2$，当无字母“M”时，表示保护气体为 $CO_2$ 或自保护类型。字母“L”表示焊丝熔敷金属的冲击性能在-40℃时，其V形缺口冲击功不小于27J，无“L”时，表示焊丝熔敷金属的冲击性能符合一般要求。

碳钢药芯焊丝型号编制方法示例如下：

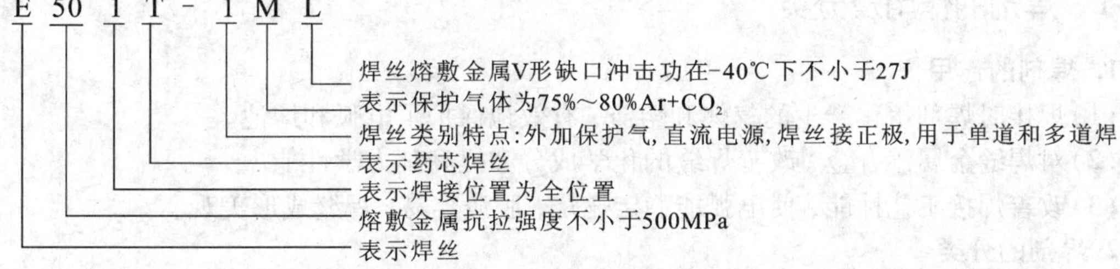

2)药芯焊丝的牌号

焊丝牌号以字母“Y”表示药芯焊丝，其后的字母表示用途或钢种类别，见表5-30。字母后的第1、2位数字表示熔敷金属抗拉强度保证值，单位10MPa。第3位数字表示药芯类型及电流种类(与电焊条相同)，第4位数字代表保护形式，药芯焊丝的保护类型见表5-31。

焊丝牌号举例：

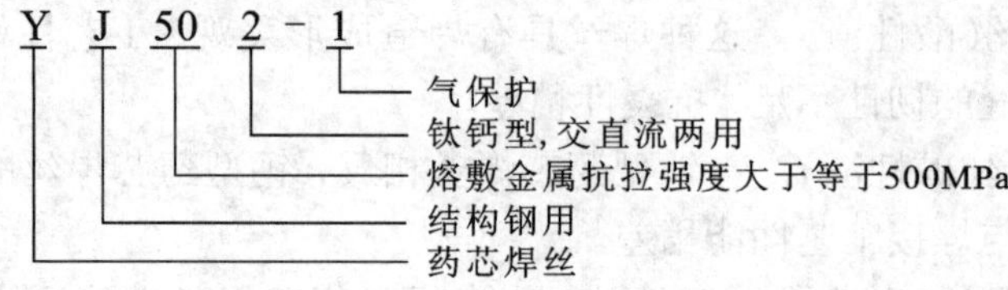


**表5-30　药芯焊丝类别**

| 字母 | 钢类别 | 字母 | 钢类别 |
| --- | --- | --- | --- |
| J | 结构钢用 | G | 铬不锈钢 |
| R | 低合金耐热钢 | A | 奥氏体不锈钢 |
| D | 堆焊 | | |

**表5-31　药芯焊丝的保护类型**

| 牌号 | 保护类型 | 牌号 | 保护类型 |
| --- | --- | --- | --- |
| YJ××-1 | 气保护 | YJ××-3 | 气保护、自保护两用 |
| YJ××-2 | 自保护 | YJ××-4 | 其他保护形式 |

# 5.3　焊剂

焊接时，能够熔化形成熔渣和气体，对熔化金属起保护并进行复杂的冶金反应的颗粒状物质叫焊剂。焊剂是埋弧焊、电渣焊等使用的焊接材料。

需要注意的是，电渣焊是通过焊剂熔化形成熔渣时产生的电阻热熔化填充金属和母材的，所以电渣焊焊剂不要求具有向焊缝金属渗合金的作用。目前国内生产的电渣焊专用焊剂是HJ360和HJ170，此外HJ431也广泛用于电渣焊。这里主要介绍埋弧焊焊剂。

## 5.3.1　焊剂的作用及分类

**1. 焊剂的作用**

(1)焊接时焊剂熔化产生的气体和熔渣，有效地保护了电弧和熔池。

(2)对焊缝金属渗合金，改善焊缝的化学成分和提高其力学性能。

(3)改善焊接工艺性能，使电弧能稳定燃烧，脱渣容易，焊缝成形美观。

**2. 焊剂的分类**

焊剂的分类方法很多，具体分类方法如图5-6所示。

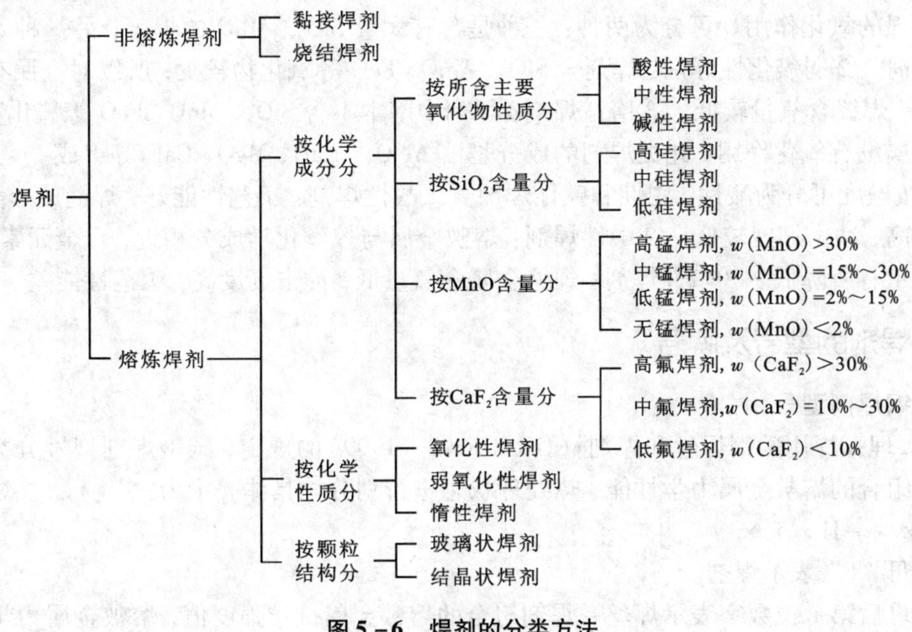


**图5-6　焊剂的分类方法**

(1)按制造方法不同，焊剂可分为熔炼焊剂和非熔炼焊剂。熔炼焊剂和非熔炼焊剂的制造过程、特点及用途见表5-32。

**表5-32　熔炼焊剂和非熔炼焊剂的制造过程、特点及用途**

| 焊剂类型 | 熔炼焊剂 | 非熔炼焊剂 | |
|---|---|---|---|
| | | 烧结焊剂 | 黏结焊剂 |
| 制造过程 | 将各种矿物原料混合后，在电炉中熔炼，再倒入水中粒化，经烘干、筛选而成 | 向一定比例的各种配料中加入适量的黏结剂，混合搅拌后在高温(400℃~1000℃)下烧结而成 | 向一定比例的各种配料中加入适量的黏结剂，混合搅拌后粒化并在低温(400℃以下)烘干而成 |
| 特点及用途 | 颗粒强度高，化学成分均匀，合金元素烧损严重，不能依靠焊剂向焊缝金属大量渗入合金元素；对铁锈敏感，不易吸潮，可不必再烘干；耗电多、成本高；是目前应用最多的一类焊剂，主要应用于低碳钢、低合金钢高强钢等材料 | 没有熔炼过程，化学成分和焊缝性能不均匀，但可以在焊剂中添加铁合金，加强焊缝金属的合金化；对铁锈不敏感，易吸潮，必须再烘干；脱渣性好、耗电少、成本低；特别是烧结焊剂现主要应用于焊接高合金钢和堆焊 | |

(2)按焊剂化学成分进行分类：①按 $SiO_2$ 含量可分为高硅、中硅和低硅焊剂；②按 MnO 含量可分为高锰、中锰、低锰和无锰焊剂；③按 $CaF_2$ 含量可分为高氟、中氟和低氟焊剂。

(3)按焊剂的氧化性可分为氧化性、弱氧化性和惰性焊剂。①氧化性焊剂:焊剂对焊缝金属具有较强的氧化作用。可分为两种:一种是含有大量 $SiO_2$、MnO 的焊剂;另一种是含较多 FeO 的焊剂。②弱氧化性焊剂:焊剂含 $SiO_2$、MnO、FeO 等氧化物较少,所以对金属有较弱的氧化作用,焊缝含氧量较低。③惰性焊剂:焊剂中基本不含 $SiO_2$、MnO、FeO 等氧化物,所以对焊缝金属没有氧化作用,此类焊剂的成分是由 $Al_2O_3$、CaO、MgO、$CaF_2$等组成。

(4)按碱度可分为酸性、中性和碱性焊剂。①酸性焊剂:工艺性能好,焊缝成形美观,焊缝含氧量高,冲击韧度较低。②中性焊剂:熔敷金属与焊丝化学成分相近,合金元素烧损少,焊缝含氧量有所降低。③碱性焊剂:焊缝金属含氧量低,冲击韧度高,工艺性能差。

## 5.3.2 焊剂的型号及牌号

### 1. 碳钢焊剂型号

按照《埋弧焊用碳钢焊丝和焊剂》(GB/T 5293—1999)的规定,碳钢焊剂型号分类根据焊丝-焊剂组合的熔敷金属力学性能、热处理状态进行划分。具体表示为:

F××-H×××

①字母“F”表示焊剂。

②字母后第1位数字表示焊丝-焊剂组合的熔敷金属抗拉强度值,熔敷金属力学性能见表5-33。

表5-33 熔敷金属力学性能

| 焊剂型号 | 抗拉强度 $\sigma_b$/MPa | 屈服点 $\sigma_s$/MPa | 伸长率 $\delta_5$/% |
|---|---|---|---|
| F4××-H××× | 415~550 | ≥330 | ≥22 |
| F5××-H××× | 480~650 | ≥400 | ≥22 |

③第2位字母表示试件的热处理状态。“A”表示焊态,“P”表示焊后热处理状态。

④第3位数字表示熔敷金属冲击吸收功不小于27J时的最低试验温度,数值见表5-34。

表5-34 V形缺口熔敷金属冲击试验

| 焊剂型号 | 冲击吸收功/J | 试验温度/℃ |
|---|---|---|
| F××0-H××× | ≥27 | 0 |
| F××2-H××× | | -20 |
| F××3-H××× | | -30 |
| F××4-H××× | | -40 |
| F××5-H××× | | -50 |
| F××6-H××× | | -60 |

⑤短线“-”后面表示焊丝牌号,牌号按GB/T 14957—1994确定。

例如:

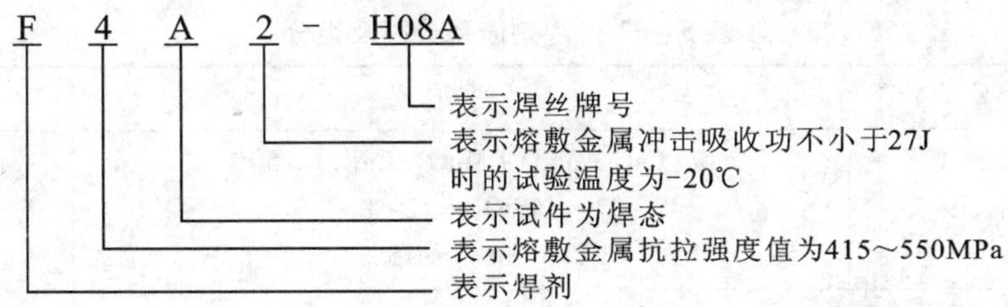


**2. 低合金钢焊剂型号**

按照《低合金钢埋弧焊焊剂》(GB/T 12470—2003)规定，低合金钢埋弧焊焊剂型号分类根据焊丝－焊剂组合的熔敷金属力学性能、热处理状态及焊剂渣系进行划分。具体表示为：

F××××－H×××

①字母“F”表示焊剂。

②字母后第1位数字表示熔敷金属抗拉强度值，具体数值见表5－35。

**表5－35　熔敷金属力学性能**

| 焊剂型号 | 抗拉强度 $\sigma_b$/MPa | 屈服强度 $\sigma_s$/MPa | 伸长率 $\delta_5$/% |
|---|---|---|---|
| F5×××－H××× | 480～650 | ≥380 | ≥22.0 |
| F6×××－H××× | 550～690 | ≥460 | ≥20.0 |
| F7×××－H××× | 620～760 | ≥540 | ≥17.0 |
| F8×××－H××× | 690～820 | ≥610 | ≥16.0 |
| F9×××－H××× | 760～900 | ≥680 | ≥15.0 |
| F10×××－H××× | 820～970 | ≥750 | ≥14.0 |

③第2位数字表示试件的热处理状态。“0”表示焊态，“1”表示焊后热处理状态。

④第3位数字表示熔敷金属冲击吸收功不小于27J时的最低试验温度，具体数值见表5－36。

**表5－36　V形缺口熔敷金属冲击试验**

| 焊剂型号 | 冲击吸收功/J | 试验温度/℃ |
|---|---|---|
| F××0×－H | ≥27 | 无要求 |
| F××1×－H | | 0 |
| F××2×－H | | -20 |
| F××3×－H | | -30 |
| F××4×－H | | -40 |
| F××5×－H | | -50 |
| F××6×－H | | -60 |
| F××8×－H | | -80 |
| F××10×－H | | -100 |

⑤第4位数字表示焊剂渣系类别代号，见表5－37。

⑥短线“－”后面表示焊丝牌号，牌号按GB/T 14957—1994确定。

表 5－37　焊剂渣系分类及组分

| 渣系代号 | 主要组分 | 渣系 |
|---|---|---|
| F×××1－H××× | $w(CaO + MgO + MnO + CaF_2) > 50\%$<br>$w(SiO_2) \leqslant 20\%$<br>$w(CaF_2) > 15\%$ | 氟碱型 |
| F×××2－H××× | $w(Al_2O_3 + CaO + MgO) > 45\%$<br>$w(Al_2O_3) > 20\%$ | 高铝型 |
| F×××3－H××× | $w(CaO + MgO + SiO_2) > 60\%$ | 硅钙型 |
| F×××4－H××× | $w(MnO + SiO_2) > 50\%$ | 硅锰型 |
| F×××5－H××× | $w(Al_2O_3 + TiO_2) > 45\%$ | 铝钛型 |
| F×××6－H××× | 不做规定 | 其他型 |

例如：F5121－H08MnMoA，表示这种焊剂采用H08MnMoA焊丝，熔敷金属的抗拉强度为480～650 MPa，试样为焊后热处理状态，在－20℃时V型缺口冲击吸收功不小于27J，焊剂渣系为氟碱型。

**3. 焊剂牌号**

1）熔炼焊剂牌号表示法

焊剂牌号表示为“HJ×××”，HJ后面有3位数字，具体内容是：

①第1位数字表示焊剂中氧化锰的平均含量，见表5－38。

②第2位数字表示焊剂中二氧化硅、氟化钙的平均含量，见表5－39。

表 5－38　熔炼焊剂中氧化锰的平均含量

| 焊剂牌号 | 焊剂类型 | 氧化锰平均含量 |
|---|---|---|
| HJ1×× | 无锰 | $w(MnO) < 2\%$ |
| HJ2×× | 低锰 | $w(MnO) \approx 2\% \sim 15\%$ |
| HJ3×× | 中锰 | $w(MnO) \approx 2\% \sim 30\%$ |
| HJ4×× | 高锰 | $w(MnO) > 30\%$ |

表 5－39　熔炼焊剂中二氧化硅、氟化钙的平均含量

| 焊剂牌号 | 焊剂类型 | 二氧化硅、氟化钙平均含量 |
|---|---|---|
| HJ×1× | 低硅低氟 | $w(SiO_2) < 10\%$　$w(CaF_2) < 10\%$ |
| HJ×2× | 中硅低氟 | $w(SiO_2) \approx 10\% \sim 30\%$　$w(CaF_2) < 10\%$ |
| HJ×3× | 高硅低氟 | $w(SiO_2) > 30\%$　$w(CaF_2) < 10\%$ |
| HJ×4× | 低硅中氟 | $w(SiO_2) < 10\%$　$w(CaF_2) \approx 10\% \sim 30\%$ |
| HJ×5× | 中硅中氟 | $w(SiO_2) \approx 10\% \sim 30\%$　$w(CaF_2) \approx 10\% \sim 30\%$ |
| HJ×6× | 高硅中氟 | $w(SiO_2) > 30\%$　$w(CaF_2) \approx 10\% \sim 30\%$ |
| HJ×7× | 低硅高氟 | $w(SiO_2) < 10\%$　$w(CaF_2) > 30\%$ |
| HJ×8× | 中硅高氟 | $w(SiO_2) \approx 10\% \sim 30\%$　$w(CaF_2) > 30\%$ |

③第 3 位数字表示同一类型焊剂的不同编号。若同一种牌号焊剂生产两种颗粒度，则在细颗粒产品后面加 -“×”。

例如：

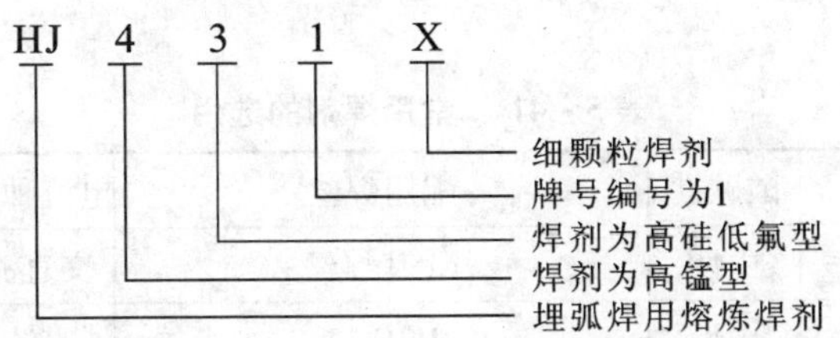


2）烧结焊剂的牌号表示方法

该焊剂牌号表示为“SJ×××”，SJ 后面有 3 位数字，具体内容是：

①第 1 位数字表示焊剂熔渣的渣系类型，见表 5-40。

②第 2、3 位数字表示同一渣系类型焊剂中的不同编号，按 01，02，…，09 顺序排列。

**表 5-40　烧结焊剂的牌号及渣系**

| 焊剂牌号 | 熔渣渣系类型 | 主要组分范围 |
| --- | --- | --- |
| SJ1×× | 氟碱型 | $w(CaF_2)\geqslant15\%$；$w(CaO+MgO+CaF_2)>50\%$；$w(SiO_2)\leqslant20\%$ |
| SJ2×× | 高铝型 | $w(Al_2O_3)\geqslant20\%$；$w(Al_2O_3+CaO+MgO)>45\%$ |
| SJ3×× | 硅钙型 | $w(CaO+MgO+SiO_2)>60\%$ |
| SJ4×× | 硅锰型 | $w(MnO+SiO_2)>50\%$ |
| SJ5×× | 铝钛型 | $w(Al_2O_3+TiO_2)>45\%$ |
| SJ6×× | 其他型 | |

例如：

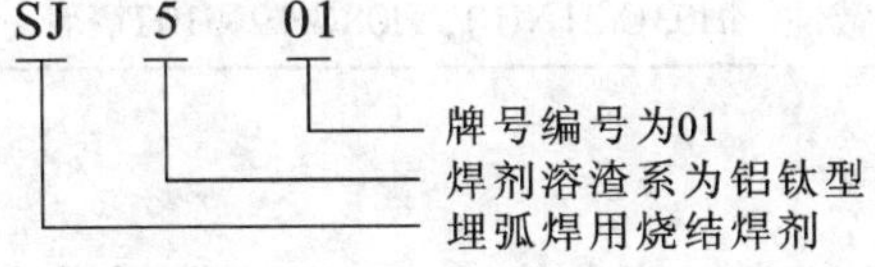


## 5.3.3　焊剂的选用及保管

**1. 焊剂的选用**

焊剂必须与焊丝同时进行选用，因为它们的不同组合可获得不同性能的焊缝金属。

（1）焊接低碳钢和强度较低的合金钢时，以保证焊缝金属的力学性能为主，使焊缝与母材等强，宜采用高锰高硅焊剂配合低锰或含锰焊丝，如 HJ431、HJ430 配 H08A 或 H08MnA 焊丝，或采用无锰高硅或低锰高硅焊剂配合高锰焊丝，如 HJ130、HJ230 配 H10Mn2 焊丝。

（2）焊接低合金高强钢时，除使焊缝与母材等强外，还需特别注意焊缝的塑性和韧性，可选用中锰中硅或低锰中硅焊剂，如 HJ350、HJ250 等，配合相应的低合金高强钢焊丝。

（3）焊接有特殊要求的合金钢如低温钢、耐热钢、耐蚀钢、不锈钢等，以满足焊缝金属的化学成分为主，要选用相应的合金钢焊丝，配合碱性、中性的焊剂。

目前国内熔炼焊剂占焊剂用量的绝大多数，其中 HJ431 又占 80% 左右；非熔炼焊剂，特别是烧结焊剂主要应用于焊接高合金钢和堆焊，在国外已得到广泛应用。

常用焊剂的选用见表 5－41。

**表 5－41　常用焊剂的选用**

| 焊剂牌号 | 成分类型 | 酸碱性 | 配用焊丝 | 电流种类 | 用　途 |
|---|---|---|---|---|---|
| HJ131 | 无 Mn 高 Si 低 F | 中性 | Ni 基焊丝 | 交直流 | Ni 基合金 |
| HJ150 | 无 Mn 中 Si 中 F | 中性 | H2Cr13 | 直流 | 轧辊堆焊 |
| HJ151 | 无 Mn 中 Si 中 F | 中性 | 相应钢种焊丝 | 直流 | 奥氏体不锈钢 |
| HJ172 | 无 Mn 低 Si 高 F | 碱性 | 相应钢种焊丝 | 直流 | 高 Cr 铁素体钢 |
| HJ251 | 低 Mn 中 Si 中 F | 碱性 | CrMo 钢焊丝 | 直流 | 珠光体耐热钢 |
| HJ260 | 低 Mn 高 Si 中 F | 中性 | 不锈钢焊丝 | 直流 | 不锈钢、轧辊堆焊 |
| HJ350 | 中 Mn 中 Si 中 F | 中性 | MnMo，MnSi<br>及含 Ni 高强钢焊丝 | 交直流 | 重要低合金高强钢 |
| HJ430 | 高 Mn 高 Si 低 F | 酸性 | H08A，H08MnA | 交直流 | 优质碳素结构钢 |
| HJ431 | 高 Mn 高 Si 低 F | 酸性 | H08A，H08MnA | 交直流 | 优质碳素结构钢 |
| HJ432 | 高 Mn 高 Si 低 F | 酸性 | H08A | 交直流 | 优质碳素结构钢 |
| HJ433 | 高 Mn 高 Si 低 F | 酸性 | H08A | 交直流 | 优质碳素结构钢 |
| SJ101 | 氟碱型 | 碱性 | H08MnA，H08MnMoA | 交直流 | 重要低碳钢、低合金钢 |
| SJ301 | 硅钙型 | 中性 | H08MnA，H08MnMoA | 交直流 | 低碳钢、锅炉钢 |
| SJ401 | 硅锰型 | 酸性 | H08A | 交直流 | 低碳钢、低合金钢 |
| SJ501 | 铝钛型 | 酸性 | H08MnA | 交直流 | 低碳钢、低合金钢 |
| SJ502 | 铝钛型 | 酸性 | H08A | 交直流 | 重要低碳钢和低合金钢 |
| SJ601 | 其他型 | 碱性 | H03Cr21Ni10，H08Cr19Ni10Ti 等 | 直流 | 多道焊不锈钢 |
| SJ604 | 其他型 | 碱性 | H03Cr21Ni10，H08Cr19Ni10Ti 等 | 直流 | 多道焊不锈钢 |

**2. 焊剂的使用和保管**

为保证焊接质量，焊剂须正确保管和使用，应存放在干燥库房内，防止受潮；使用前应对焊剂进行烘干，熔炼焊剂要求 200℃ ~250℃下烘焙 1 ~2h，烧结焊剂应在 300℃ ~400℃烘焙 1 ~2h；使用回收的焊剂，应清除其中的渣壳、碎粉及其他杂物，并与新焊剂混匀后使用。

# 5.4　其他焊接材料

## 5.4.1　焊接用气体

焊接用气体有氩气、二氧化碳、氧气、乙炔、液化石油气、氦气、氮气、氢气等。氩气、二氧化碳、氦气、氮气、氢气是气体保护焊用的保护气体，但常用的是氩气和二氧化碳；氧

气、乙炔、液化石油气是用以形成气体火焰进行气焊、气割的助燃和可燃气体。

**1. 焊接用气体的性质**

1）氩气

氩气是无色、无味的惰性气体，不与金属起化学反应，也不溶解于金属。氩气比空气重25%，使用时气流不易漂浮散失，有利于对焊接区的保护作用。氩弧焊对氩气的纯度要求很高，按我国现行标准规定，其纯度应达到99.99%。焊接用工业纯氩以瓶装供应，在温度20℃时满瓶压力为14.7 MPa，容积一般为40L。氩气钢瓶外表涂灰色，并标有深绿色“氩气”的字样。

2）二氧化碳

$CO_2$是无色、无味、无毒的气体，具有氧化性，比空气重，来源广、成本低。焊接用的$CO_2$一般是将其压缩成液体贮存于钢瓶内，液态$CO_2$在常温下容易气化，1kg液态$CO_2$可气化成509L气态$CO_2$。气瓶内$CO_2$气体中的含水量与瓶内的压力有关，当压力降低到0.98 MPa时，$CO_2$气体中含水量大为增加，便不能继续使用。焊接用$CO_2$气体的纯度应大于99.5%，含水量不超过0.05%，否则会降低焊缝的力学性能，并使其易产生气孔。如果$CO_2$气体的纯度达不到标准，可进行提纯处理。$CO_2$气瓶容量为40L，涂色标记为铝白色，并标有黑色“液化二氧化碳”的字样。

3）氧气

常温常态下氧是气态，氧气的分子式为$O_2$；是一种无色、无味、无毒的气体，比空气略重；是一种化学性质极为活泼的气体，能与许多元素化合生成氧化物，并放出热量；本身不能燃烧，但却具有强烈的助燃作用。

气焊与气割用的工业用氧气一般分为两级，一级纯度氧气含量不低于99.2%，二级纯度氧气含量不低于98.5%。通常，由氧气厂和氧气站供应的氧气可以满足气焊与气割的要求。对于质量要求较高的气焊应采用一级纯度的氧。气割时，氧气纯度不应低于98.5%。

贮存和运输用氧气瓶外表涂天蓝色，瓶体上用黑漆标注“氧气”字样。常用氧气瓶的容积为40L，在15 MPa压力下可贮存6m$^3$的氧气。

4）乙炔

乙炔是由电石（碳化钙）和水相互作用而分解得到的一种无色且带有特殊臭味的碳氢化合物，其分子式为$C_2H_2$，比空气轻。乙炔是可燃性气体，与空气混合时所产生的火焰温度为2350℃，与氧气混合时则高达3000℃～3300℃，因此足以迅速熔化金属进行焊接和切割。

贮存和运输用乙炔瓶外表涂白色，并用红漆标注“乙炔”字样。瓶内装有浸满丙酮的多孔性填料，能使乙炔安全地贮存在乙炔瓶内。

5）液化石油气

液化石油气的主要成分是丙烷（$C_3H_8$）、丁烷（$C_4H_{10}$）、丙烯（$C_3H_6$）等碳氢化合物，常压下以气态存在，在0.8～1.5 MPa压力下就可变成液态，便于装入瓶中储存和运输，液化石油气由此而得名。液化石油气瓶外表涂银灰色，并用红漆标注“液化石油气”字样。

**小提示**

乙炔是一种具有爆炸性的危险气体，使用时必须注意安全。乙炔与铜或银长期接触后会生成爆炸性的化合物乙炔铜（$Cu_2C_2$）和乙炔银（$Ag_2C_2$），所以凡是与乙炔接触的器具设备禁止用银或含铜量超过70%的铜合金制造。

液化石油气与氧气的燃烧温度为2800℃～2850℃，比乙炔的温度低，且在氧气中的燃烧速度仅为乙炔的三分之一，其完全燃烧所需氧气量比乙炔所需氧气量大。液化石油气与乙炔一样，也具有爆炸性，但比乙炔安全得多。

6）氦气

氦气是一种无色无嗅的惰性气体，比空气轻很多。其化学性质也很不活泼，不与任何金属产生化学反应，不溶于液态及固态金属中，因此焊接过程中也不会发生合金元素的氧化与烧损。但氦气价格昂贵。

7）氢气

氢气是所有元素中最轻的气体，无色无味；能燃烧，是一种强烈的还原剂。它在常温下不活泼，高温下十分活泼，可作为金属矿和金属氧化物的还原剂。氢能大量溶入液态金属，使其冷却时容易产生气孔。

8）氮气

氮气是一种无色无味的气体，既不能燃烧，也不能助燃，化学性质很不活泼；加热后能与锂、镁、钛等元素化合，高温时常与氢、氧直接化合，焊接时能溶于液态金属起有害作用，但对铜及其合金不起反应，有保护作用。

**2. 焊接用气体的应用**

1）气体保护焊用气体

焊接时用作保护气体的主要是氩气（Ar）、二氧化碳气体（$CO_2$），此外还有氦气（He）、氮气（$N_2$）、氢气（$H_2$）等。

氩气、氦气是惰性气体，对化学性质活泼而易与氧起反应的金属是非常理想的保护气体，故常用于铝、镁、钛等金属及其合金的焊接。由于氦气的消耗量很大，而且价格昂贵，所以很少用单一的氦气，常和氩气等混合起来使用以改善电弧特性。

氮气、氢气是还原性气体。氮可以同多数金属起反应，是焊接中的有害气体，但不溶于铜及其合金，故可作为铜及其合金焊接的保护气体。氢气主要用于氢原子焊，目前这种方法已很少应用。另外氮气、氢气也常和其他气体混合起来使用。

二氧化碳气体是氧化性气体。由于二氧化碳气体来源丰富，而且成本低，因此值得推广应用，目前主要用于碳素钢及低合金钢的焊接。

混合气体是一种保护气体中加入适量的另一种（或两种）其他气体而形成。应用最广的是在惰性气体氩（Ar）中加入少量的氧化性气体（$CO_2$、$O_2$或其混合气体），用这种气体作为保护气体的焊接方法称为熔化极活性气体保护焊，英文简称为 MAG 焊。由于混合气体中氩气所占比例大，故常称为富氩混合气体保护焊，常用其来焊接碳钢、低合金钢及不锈钢。常用的保护气体的应用见表5－42。

2）气焊、气割用气体

氧气、乙炔、液化石油气是气焊、气割用的。其中，乙炔、液化石油气是可燃气体，氧气是助燃气体。乙炔用于金属的焊接和切割；液化石油气主要用于气割，近年来推广迅速，并部分地取代了乙炔。

**小提示**

可燃气体除了乙炔、液化石油气外，还有丙烯、天然气、焦炉煤气、氢气以及丙炔、丙烷与丙烯的混合气体、乙炔与丙烯的混合气体、乙炔与丙烷的混合气体、乙炔与乙烯的混合气体及以丙烷、丙烯、液化石油气为原料，再辅以一定比例添加剂的气体和经雾化后的汽油。这些气体主要用于气割，但综合效果均不及液化石油气。

表 5－42　常用保护气体的应用

| 被焊材料 | 保护气体 | 混合比/% | 化学性质 | 焊接方法 |
|---|---|---|---|---|
| 铝及铝合金 | Ar |  | 惰性 | 熔化极和钨极 |
|  | Ar + He | He 10 |  |  |
| 铜及铜合金 | Ar |  | 惰性 | 熔化极和钨极 |
|  | Ar + $N_2$ | $N_2$ 20 |  | 熔化极 |
|  | $N_2$ |  | 还原性 |  |
| 不锈钢 | Ar |  | 惰性 | 钨极 |
|  | Ar + $O_2$ | $O_2$ 1～2 | 氧化性 | 熔化极 |
|  | Ar + $O_2$ + $CO_2$ | $O_2$ 2；$CO_2$ 5 |  |  |
| 碳钢及低合金钢 | $CO_2$ |  | 氧化性 | 熔化极 |
|  | Ar + $CO_2$ | $CO_2$ 20～30 |  |  |
|  | $CO_2$ + $O_2$ | $O_2$ 10～15 |  |  |
| 钛锆及其合金 | Ar |  | 惰性 | 熔化极和钨极 |
|  | Ar + He | He 25 |  |  |
| 镍基合金 | Ar + He | He 15 | 惰性 | 熔化极和钨极 |
|  | Ar + $N_2$ | $N_2$ 6 | 还原性 | 钨极 |

## 5.4.2　钨极

钨极是钨极氩弧焊、等离子弧焊等焊接方法的不熔化电极，对电弧的稳定性和焊接质量影响很大，要求其具有电流容量大、损耗小、引弧和稳弧性能好等特性。常用的钨极有纯钨极、钍钨极和铈钨极三种。

纯钨极牌号为 W1、W2，其熔点高达 3400℃，沸点约为 5900℃，在电弧热作用下不易熔化与蒸发，可以作为不熔化电极材料，基本上能满足焊接过程的要求，但电流承载能力低，空载电压高，目前已很少使用。

在纯钨中加入 1%～2% 的氧化钍（$ThO_2$），即为钍钨极，牌号为 WTh－10、WTh－7、WTh－15等。由于钍是一种电子发射能力很强的稀土元素，钍钨极与纯钨极相比，具有容易引弧，不易烧损，使用寿命长，电弧稳定性好等优点。其缺点是成本比较高，且有微量放射性，必须加强劳动防护。

铈钨极是在纯钨中加入 2% 的氧化铈（CeO），牌号为 WCe－20 等。它比钍钨极有更多的优点：引弧容易、电弧稳定性好、许用电流密度大、电极烧损小、使用寿命长且几乎没有放射性，所以是一种理想的电极材料。我国目前建议尽量采用铈钨极。

常用钨极的化学成分及牌号、性能的比较分别见表 5－43 和表 5－44。

表 5-43　常用钨极的化学成分及牌号/%

| 钨极类别 | 牌号 | 化学成分(质量分数) | | | | | | |
|---|---|---|---|---|---|---|---|---|
| | | W | $ThO_2$ | CeO | $SiO_2$ | $Fe_2O_3 + Al_2O_3$ | Mo | CaO |
| 纯钨极 | W1 | 99.92 | — | — | 0.03 | 0.03 | 0.01 | 0.01 |
| 纯钨极 | W2 | 99.85 | — | — | — | 总的质量分数不大于0.15 | | |
| 钍钨极 | WTh-7 | 余量 | 0.7~0.99 | — | 0.06 | 0.02 | 0.01 | 0.01 |
| 钍钨极 | WTh-10 | 余量 | 1.0~1.49 | — | 0.06 | 0.02 | 0.01 | 0.01 |
| 钍钨极 | WTh-15 | 余量 | 1.5~2.0 | — | 0.06 | 0.02 | 0.01 | 0.01 |
| 铈钨极 | WCe-20 | 余量 | — | 1.8~2.2 | 0.06 | 0.02 | 0.01 | 0.01 |

表 5-44　常用钨极性能的比较

| 钨极类别 | 空载电压 | 电子逸出功 | 小电流下断弧间隙 | 电弧电压 | 许用电流 | 放射性剂量 | 化学稳定性 | 大电流时烧损 | 寿命 |
|---|---|---|---|---|---|---|---|---|---|
| 纯钨极 | 高 | 高 | 短 | 较高 | 小 | 无 | 好 | 大 | 短 |
| 钍钨极 | 较低 | 较低 | 较长 | 较低 | 较大 | 小 | 好 | 较小 | 较长 |
| 铈钨极 | 低 | 低 | 长 | 低 | 大 | 无 | 较好 | 小 | 长 |

为了使用方便，钨极一端常涂有颜色以便识别，钍钨极为红色，铈钨极为灰色，纯钨极为绿色。常用钨极的直径有 0.5、1.0、1.6、2.0、2.5、3.0、4.0 等规格。

钨极牌号用 W 加类别元素符号及数字表示，其编制方法为：W× -××。①W 表示钨极；②W 后是类别元素符号 Th、Ce 等；③短线“-”后的两位数表示该元素的含量。例如：

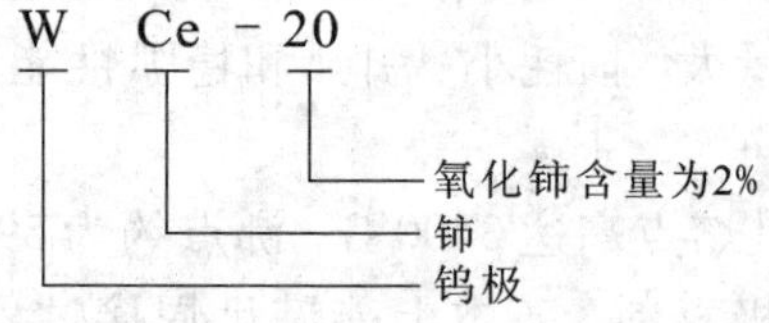


## 5.4.3　气焊熔剂

气焊熔剂是气焊时的助熔剂，其作用是与熔池内的金属氧化物或非金属夹杂物相互作用生成熔渣，覆盖在熔池表面，使熔池与空气隔离，从而有效防止熔池金属的继续氧化，改善焊缝的质量。所以焊接有色金属(如铜及铜合金、铝及铝合金)、铸铁及不锈钢等材料时，通常必须采用气焊熔剂。

气焊熔剂可以在焊前直接撒在焊件坡口上或者蘸在气焊丝上加入熔池。常用气焊熔剂的牌号、性能及用途见表 5-45。

气焊熔剂牌号用 CJ 加 3 位数表示，其编制方法为：CJ×××。①CJ 表示气焊熔剂；②第 1 位数表示气焊熔剂的用途类型：“1”表示不锈钢及耐热钢用熔剂，“2”表示铸铁气焊用熔

剂，“3”表示铜及铜合金气焊用熔剂，“4”表示铝及铝合金气焊用熔剂；③第2、3位数表示同一类型气焊熔剂的不同编号。例如：

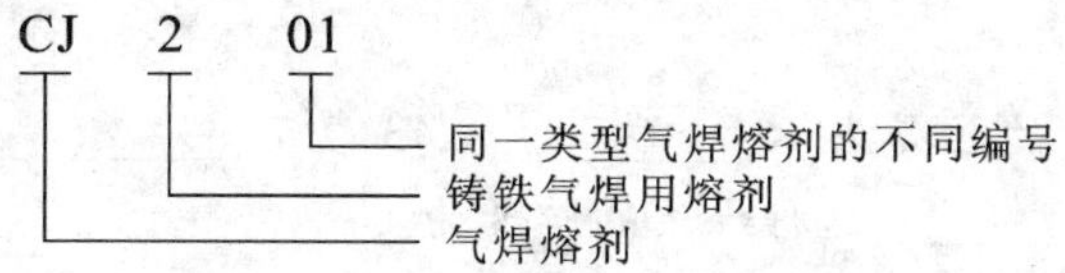


**表5-45　气焊熔剂的牌号、性能及用途**

| 熔剂牌号 | 名　称 | 基 本 性 能 | 用　途 |
|---|---|---|---|
| CJ101 | 不锈钢及耐热钢气焊熔剂 | 熔点为900℃，有良好的湿润作用，能防止熔化金属被氧化，焊后熔渣易清除 | 用于不锈钢及耐热钢气焊 |
| CJ201 | 铸铁气焊熔剂 | 熔点为650℃，呈碱性反应，具有潮解性，能有效地去除铸铁在气焊时所产生的硅酸盐和氧化物，有加速金属熔化的功能 | 用于铸铁件气焊 |
| CJ301 | 铜气焊熔剂 | 系硼基盐类，易潮解，熔点约为650℃；呈酸性反应，能有效地熔解氧化铜和氧化亚铜 | 用于铜及铜合金气焊 |
| CJ401 | 铝气焊熔剂 | 熔点约为560℃，呈酸性反应，能有效地破坏氧化铝膜，因极易吸潮，在空气中能引起铝的腐蚀，焊后必须将熔渣清除干净 | 用于铝及铝合金气焊 |

## 【综合训练】

### 一、填空题

1. 焊条是由＿＿＿＿＿和＿＿＿＿＿组成，在焊条前端药皮有45°左右倒角是为了＿＿＿＿＿，在尾部有一段焊芯，约为＿＿＿＿＿，作用是＿＿＿＿＿。

2. 焊芯有两个作用，一是＿＿＿＿＿，二是＿＿＿＿＿。

3. 焊条焊芯中的主要合金元素和常用杂质是＿＿＿＿＿、＿＿＿＿＿、＿＿＿＿＿、＿＿＿＿＿、＿＿＿＿＿、＿＿＿＿＿、＿＿＿＿＿。

4. 在焊芯牌号H08A中的“H”表示＿＿＿＿＿，“08”表示＿＿＿＿＿，“A”表示＿＿＿＿＿。

5. 焊条电弧焊时，焊芯金属约占整个焊缝金属的＿＿＿＿＿，所以焊芯的化学成分直接影响焊缝的质量。

6. 生产实践证明，焊条中的药皮质量与焊芯质量要有一个适当的比值，这个质量比值叫做＿＿＿＿＿，一般在＿＿＿＿＿左右。

7. 焊接专用钢丝，用作制造焊条，就称为＿＿＿＿＿；用于埋弧焊、气体保护焊、气焊等熔焊方法作填充金属时，则称为＿＿＿＿＿。

8. 焊条药皮组成物按在焊接过程中所起的作用通常分为＿＿＿＿、＿＿＿＿、＿＿＿＿、＿＿＿＿、＿＿＿＿、＿＿＿＿、＿＿＿＿、＿＿＿＿。

9. 焊条药皮中的稳弧剂的作用是＿＿＿＿和＿＿＿＿，常用的稳弧剂是＿＿＿＿。

10. 造渣剂的作用是________和________。

11. 焊条药皮中的造气剂主要作用是______和______；造气剂有______和______两类。

12. 使用低氢钠型碱性焊条，必须采用直流电源，这是因为碱性焊条药皮中含有________。

13. 焊条型号 E4303 的 E 是表示________，43 表示________；0 是表示________，03 连在一起是表示________；这种焊条的牌号为________。

14. E5015 焊条的药皮是________型，其主要成分是________和________，其电源应选用________。E5016 焊条的药皮属于________型，它是在 E5015 焊条药皮基础上加入了________，故其使用的电源既可用________又可用________。

15. 酸性焊条的力学性能比碱性焊条的力学性能要________，酸性焊条的抗裂性能比碱性焊条的抗裂性能要________。

16. Q235 钢焊接时，可选用型号为________的焊条，20 钢焊接时可选用型号为________的焊条。

17. 碱性焊条药皮是以加入________来降低熔渣黏度的。

18. 低碳钢、中碳钢和普通低合金钢，是按母材的________来选用焊条的。

19. 不锈钢、耐热钢等是按母材的________来选用焊条的。

20. 焊条药皮是由________、________、________、________等原材料组成。

21. 焊条药皮中的稀释剂在焊接过程中的主要作用是降低熔渣的黏度，增加熔渣的________。

22. 焊条药皮中增塑、增弹、增滑剂的主要作用是改善涂料的塑性________。

23. 焊条按用途可分为________、________、________、________、________、________、________、________。

24. 药皮中脱氧剂在焊接过程中的主要作用是对________和________脱氧。

25. 焊条按药皮熔化后的熔渣特性可分为________焊条和________焊条，其熔渣的主要成分分别为________氧化物和________氧化物。

26. 焊接时因受条件限制，低碳钢坡口处的铁锈、油污、氧化皮等脏物无法清理时，应选用________焊条。

27. 焊剂按其制造方法可分为________和________。

28. 焊剂牌号“SJ501”中，“SJ”表示________，“5”表示________，“01”表示________。

29. $CO_2$ 气体保护焊用 $CO_2$ 气体的纯度要大于________，含水量不超过________。

30. $CO_2$ 气瓶容量为________，可装________液体二氧化碳。

31. 药芯焊丝由________和________组成，其截面形状有________形、________形、________形、________形、________形等。

32. 常用的钨极有________、________和________三种。

## 二、判断题

1. 焊缝金属与熔渣的线膨胀系数之差越大，脱渣越容易。（  ）

2. H08E 是表示碳素结构钢用高级优质的焊芯。（  ）

3. 焊条电弧焊时，在整个焊缝金属中，焊芯金属只占极少的一部分。（  ）

4. 使用碱性焊条焊接时的烟尘较酸性焊条少。（　）

5. 萤石是作为稳弧剂加入到焊条药皮中去的，所以用含有萤石的焊条焊接时，电弧特别稳定。（　）

6. 锰铁、硅铁在药皮中既可作脱氧剂，又可作为合金剂。（　）

7. 水玻璃除在药皮中起黏结剂作用外，还起到稳弧和造渣作用。（　）

8. 交直流两用的焊条都是酸性焊条。（　）

9. 低氢型焊条，在其药皮中加入30%以上的铁粉，则该焊条药皮类型为铁粉低氢型。（　）

10. 酸性焊条对铁锈、水分、油污的敏感性较小。（　）

11. Q235钢与Q345钢焊接时，应选用E5015焊条来焊接。（　）

12. 在焊接结构刚性大、受力情况复杂时，可选用比母材强度低一级的焊条来焊接。（　）

13. 对于塑性、韧性、抗裂性能要求较高的焊缝，宜选用碱性焊条来焊接。（　）

14. 对于低碳钢、低合金钢，应根据母材的抗拉强度来选择相应强度级别的焊条。（　）

15. 碱性焊条对气孔的敏感性较强，故抗气孔能力强。（　）

16. 对于不锈钢、耐热钢，应根据母材的化学成分来选择相应的焊条。（　）

17. 低氢型药皮的焊条使用时，只能用直流电源。（　）

18. 酸性焊条药皮类型使用较多的是钛钙型，碱性焊条药皮类型使用较多的是低氢钠型。（　）

19. 从保障焊工的身体健康出发，应尽量选用酸性焊条。（　）

20. 焊接低碳钢和低合金钢常用的埋弧焊焊剂牌号为HJ431。（　）

21. 焊剂HJ431中的主要成分是MnO、$SiO_2$、$CaF_2$。（　）

22. 埋弧焊焊接Q345(16Mn)时，可用H08MnA焊丝配合HJ431来进行。（　）

23. 焊剂HJ431属高锰高硅低氟焊剂。（　）

24. $CO_2$气体保护焊和埋弧焊用的都是焊丝，所以一般可以互用。（　）

25. 氧化性气体由于本身氧化性强，所以不适宜作为保护气体。（　）

26. 因氮气不溶于铜，故可用氮气作为焊接铜及铜合金的保护气体。（　）

27. $CO_2$气体保护焊用的焊丝有镀铜和不镀铜两种，镀铜的作用是防止生锈，改善焊丝导电性能，提高焊接过程的稳定性。（　）

28. 气焊时，一般碳素结构钢不需气焊熔剂，而不锈钢、铝及铝合金、铸铁等必须用气焊熔剂。（　）

**三、问答题**

1. 什么是焊接材料？熔焊的焊接材料主要包括哪些？

2. 焊条药皮的类型主要有哪些？钛钙型、低氢钠型药皮各有什么特点？

3. 什么是碱性焊条？什么是酸性焊条？各有何优、缺点？

4. 焊条选用原则主要有哪些？

5. 焊条的储存、保管、烘干有何要求？

6. 解释焊条、焊丝型号及焊剂牌号的意义：E4303、E5015、E308－15、E5515－$B_3$－VWB、ER50－6、H08MnA、HJ431、SJ401。

7. 什么是焊剂？什么是焊丝？焊丝、焊剂的选配原则是什么？

8. 焊接用气体有哪些？其性质和用途如何？

# 模块六　金属的焊接性及其试验方法

我们知道，多数金属材料的焊接是将两个或两个以上的金属零件通过局部加热、熔化、冶金反应、结晶、冷却、固态相变等一系列复杂的过程连接起来的。而这些过程又是在温度、金相组织及应力极不平衡的条件下发生的，所以难以保证焊件质量的稳定。有时会在焊接区域造成缺陷及造成焊接接头不能满足使用要求，因此金属材料的焊接性是一项非常重要的性能指标，是制定正确焊接工艺的依据，是保证焊接质量的前提和基础。

## 6.1　金属的焊接性

### 6.1.1　金属的焊接性概念及分类

**1. 金属的焊接性概念**

金属的焊接性是指金属材料在一定的焊接工艺条件下，焊接成符合设计要求，满足使用要求的构件的难易程度。焊接性的概念具有两方面内涵：一是金属在进行焊接加工过程中是否容易产生缺陷；二是所形成的焊接接头在一定的使用条件下是否有可靠运行的能力。前者是指材料对焊接加工的适应性，后者是指焊接接头使用的可靠性。即使焊接接头没有缺陷，若其力学性能等指标低，达不到使用要求，也说明此材料的焊接性较差。

**2. 金属的焊接性分类**

焊接性可分为工艺焊接性和使用焊接性。

1）工艺焊接性

工艺焊接性是指材料在一定的焊接工艺条件下，获得优质、无缺陷焊接接头的能力。能否获得优质的焊接接头不仅取决于材料的化学成分和冶金作用，还取决于焊接材料、焊接方法与工艺。工艺焊接性并不是金属本身所固有的特性，随着焊接方法、材料及工艺措施的不断创新和完善，某些原来不能焊接的材料也变得能够焊接或易于焊接。

2）使用焊接性

使用焊接性是指焊接接头或整体结构满足技术要求中所规定使用性能的能力。使用性能取决于焊接结构的工作条件和设计的技术要求，包括力学性能、低温韧性、高温蠕变性、导电导热性、抗疲劳性能及抗腐蚀性能等。由于使用条件各不相同，应按具体情况确定。

要正确理解焊接性，必须明确以下两点：一是对材料焊接性的认识是发展的。例如，半个世纪前，铝及其合金的熔焊焊接性一般不被认可，TIG 焊出现后，情况就发生了变化。二是比较材料的焊接性不能离开施工条件，即只能在一定的焊接工艺条件下进行比较。例如，就铝及其合金的熔焊焊接性而言，在电渣焊和埋弧焊施工条件下，无焊接性可言；在气焊和焊条电弧焊施工条件下，焊接性不佳；但在 TIG 施工条件下，焊接性优良。

常用金属材料焊接难易程度见表 6－1。

**表 6－1　常用金属材料焊接难易程度**

| 金属材料 | | 焊条电弧焊 | 埋弧焊 | 气焊 | $CO_2$ 气体保护焊 | 惰性气体保护焊 | 电渣焊 | 电子束焊 | 点焊缝焊 | 钎焊 |
|---|---|---|---|---|---|---|---|---|---|---|
| 碳素钢 | 低碳钢 | A | A | A | A | B | A | A | A | A |
| | 中碳钢 | A | A | A | A | B | B | A | A | B |
| | 高碳钢 | A | B | A | B | B | B | A | D | B |
| | 工具钢 | B | B | A | B | B | – | A | A | B |
| 低合金钢 | 锰钢 | A | A | B | A | B | B | A | D | B |
| | 锰钼钢 | A | A | B | A | B | B | A | A | B |
| | 铬钢 | A | B | B | A | A | B | A | D | B |
| | 铬钼钢 | A | A | B | A | B | B | A | A | B |
| | 镍钢 | A | A | B | A | B | B | A | A | B |
| | 镍钼钢 | B | B | B | B | A | B | A | D | B |
| | 镍铬钢 | A | A | B | A | A | B | A | D | B |
| | 镍铬钼钢 | B | A | B | B | B | B | A | D | B |
| 不锈钢 | 马氏体不锈钢 | A | A | B | B | A | C | A | C | C |
| | 铁素体不锈钢 | A | A | B | B | A | C | A | A | C |
| | 奥氏体不锈钢 | A | A | B | A | A | C | A | A | B |
| 铸铁 | 灰铸铁 | A | D | B | A | D | B | D | D | B |
| | 可锻铸铁 | A | D | B | A | D | B | D | D | A |
| | 合金铸铁 | A | D | B | A | D | B | D | D | C |
| 有色金属 | 纯铝 | B | D | B | D | A | D | A | A | B |
| | 铝合金 | B | D | B | D | A | D | A | A | B |
| | 纯铜 | B | B | B | C | A | D | B | C | B |
| | 铜合金 | B | D | B | C | A | D | B | C | B |
| | 纯钛 | D | D | D | D | A | D | A | A | C |
| | 钛合金 | D | D | D | D | A | D | A | A | D |
| | 纯镁 | D | D | D | D | A | D | B | A | B |
| | 镁合金 | D | D | C | D | A | D | B | A | C |

注：A—通常采用；B—有时采用；C—很少采用；D—不采用。

### 6.1.2 影响焊接性的因素

焊接性是金属材料的一种工艺性能，是设计焊接结构、确定焊接方法、制定焊接工艺的重要依据。影响焊接性的因素很多，主要有材料、工艺、结构及使用条件。

**1. 材料因素**

材料包括母材和焊接材料。在相同的焊接条件下，决定母材焊接性的主要因素是其本身的物理及化学性能。①影响焊接性的主要因素是材料的化学成分(包括杂质的分布)，它决定热影响区的淬硬倾向、脆化倾向和产生裂纹的敏感性。②影响焊接性较大的元素有碳、硫、磷、氢、氧和氮等，它们容易引起焊接工艺缺陷和降低焊接接头的使用性能，如钢材的焊接性就随着含碳量的增加而逐渐变差。③此外，冶炼方法、轧制工艺、热处理条件、组织状态等也对焊接性产生影响。

焊接材料直接参与焊接过程的一系列化学冶金反应，决定焊缝金属的成分、组织和性能。如果焊接材料选择不当、与母材不匹配，会造成焊接接头力学性能下降和产生焊接缺陷。因此，正确选用焊接材料是保证获得优质焊接接头的重要条件。

**2. 工艺因素**

工艺因素包括焊接方法、焊接工艺参数、预热及焊后热处理等。①焊接方法对焊接性的影响主要表现在热源特性和保护条件两个方面。不同的焊接方法其热源特性、功率大小、保护方式、能量密度和热输入等方面差距很大，它们直接决定焊接区的温度场和热循环，从而对焊接热影响区的范围大小、组织变化和产生缺陷的敏感性等有明显的影响，金属在不同的热源条件下将显示不同的焊接性能。②调整焊接工艺参数，可以改善金属的焊接性能。如采取预热多层焊和控制层间温度等工艺措施，可以调节和控制焊接热循环。③采用焊前预热和焊后缓冷可降低接头的冷却速度，从而降低接头的淬硬倾向和冷裂纹敏感性。④选择合理的焊接顺序可改善结构的约束程度和应力状态。

**3. 结构因素**

结构因素包括焊接结构和焊接接头形式，如结构形状、尺寸，接头坡口形式，焊缝布置等，主要表现在热的传递和力的状态方面。不同的板厚及不同的接头或坡口形式，其传热方向和速度不一样，从而对熔池结晶方向和晶粒成长发生影响。结构形状、板厚和焊缝的布置等决定接头的刚性和拘束度，对接头的应力状态产生影响。因此，在设计过程中应尽量采用减少接头刚性、应力集中、交叉焊缝等措施来改善焊件的焊接性。

**4. 使用条件因素**

使用条件是指焊接结构服役期间的工作温度(高温、低温)、载荷类型(动载荷、静载荷、交变载荷等)和工作环境(服役地点、工作介质有无腐蚀性等)。这些运行条件和工作环境要求焊接结构应具有相应的使用性能。例如，在高温条件下工作时，有可能发生蠕变，要求焊接结构应具有抗蠕变性能；在酸、碱介质中工作的焊接容器，应具有耐腐蚀性能等。使用条件越苛刻，对焊接接头的质量要求就越高，材料的焊接性就越难得到保证。

综上所述，金属的焊接性与材料、工艺、结构及使用条件等密切相关，不能单纯地从材料本身性能或某一项技术指标来确定其焊接性，应从多方面进行综合分析评定。

## 6.2　金属焊接性试验方法

金属材料焊接性的试验方法很多，每一种试验都是从某一特定的角度来考核焊接性的某一方面要求。金属焊接性的试验可为选择焊接方法、确定焊接材料和焊接工艺参数提供可靠依据。

表 6－2　焊接性试验方法

<table>
<tr><td rowspan="22">焊接性试验方法</td><td rowspan="14">工艺焊接性</td><td rowspan="6">直接法</td><td>焊接热裂纹试验：可调拘束裂纹试验、菲斯柯焊接裂纹试验、窗形拘束对接裂纹试验、刚性固定对接裂纹试验等</td></tr>
<tr><td>焊接冷裂纹试验：插销试验、斜 Y 形坡口焊接裂纹试验、拉伸拘束裂纹试验、刚性拘束裂纹试验等</td></tr>
<tr><td>再热裂纹试验：H 形拘束试验、缺口试棒应力松弛试验、U 形弯曲试验等</td></tr>
<tr><td>层状撕裂试验：Z 向拉伸试验、Z 向窗口试验等</td></tr>
<tr><td>应力腐蚀裂纹试验：U 形弯曲试验、缺口试验、预制裂纹试验等</td></tr>
<tr><td>脆性断裂试验：低温冲击试验、落锤试验、裂纹张开位移试验等</td></tr>
<tr><td rowspan="8">间接法</td><td>碳当量法</td></tr>
<tr><td>裂纹敏感指数及临界应力</td></tr>
<tr><td>裂纹敏感性的临界冷却时间[$(t_{100})_{cr}$]</td></tr>
<tr><td>连续冷却转变图（SWCCT 图及 SHCCT 图）</td></tr>
<tr><td>断口分析及金相组织分析</td></tr>
<tr><td>焊接热影响区最高硬度（$HV_{max}$）</td></tr>
<tr><td>焊接热、力模拟试验</td></tr>
<tr><td>焊接专家系统、仿真系统等</td></tr>
<tr><td rowspan="8">使用焊接性</td><td rowspan="2">直接法</td><td>实际产品结构运行的服役试验</td></tr>
<tr><td>压力容器的爆破试验</td></tr>
<tr><td rowspan="6">间接法</td><td>焊缝及接头的常规力学性能试验</td></tr>
<tr><td>焊缝及接头的低温脆性试验</td></tr>
<tr><td>焊缝及接头的断裂韧性试验</td></tr>
<tr><td>焊缝及接头的高温性能试验</td></tr>
<tr><td>焊缝及接头的疲劳、动载试验</td></tr>
<tr><td>焊缝及接头的抗腐蚀性、耐磨性及应力腐蚀开裂试验</td></tr>
</table>

评定金属材料焊接性的试验称为焊接性试验，按试验方式可分为直接试验法和间接试验法。直接试验法主要是模拟实际焊接条件即模拟产品接头形式、拘束度和相应工艺条件等，通过焊接过程考查是否发生某种焊接缺陷或发生缺陷的严重程度，直接评价金属材料焊接性优劣的方法。间接试验法一般不需要焊接焊缝，只需对金属材料的化学成分、物理及化学性能、金相组织及力学性能等进行分析与测定，从而推测与评估金属的焊接性。此外，焊接接头和焊缝的各种力学性能试验也属于间接试验。各种焊接性试验方法见表 6－2。

## 6.2.1 焊接性的直接试验法

**1. 斜 Y 形坡口焊接裂纹试验法**

斜 Y 形坡口焊接裂纹试验由日本提出，主要用于评价碳钢和低合金高强度钢焊接热影响区的冷裂纹敏感性。我国已制定 GB/T 4675.1—1984《焊接性试验——斜 Y 形坡口焊接性试验方法》国家标准。斜 Y 形坡口焊接性试验的特点是：试件准备容易，试验方法简单，无需专用的设备和检测仪器，试验结果可靠，但试验周期较长。

1）试件制备

试件形状和尺寸如图 6－1 所示。厚度不作规定，常用 9～38 mm，坡口采用机械加工，每一种试验条件制备两块以上的试件；两侧各在 60 mm 范围内施焊拘束焊缝，采用双面焊透；要保持待焊试验焊缝处有 2 mm 装配间隙，注意不要产生角变形和未焊透。

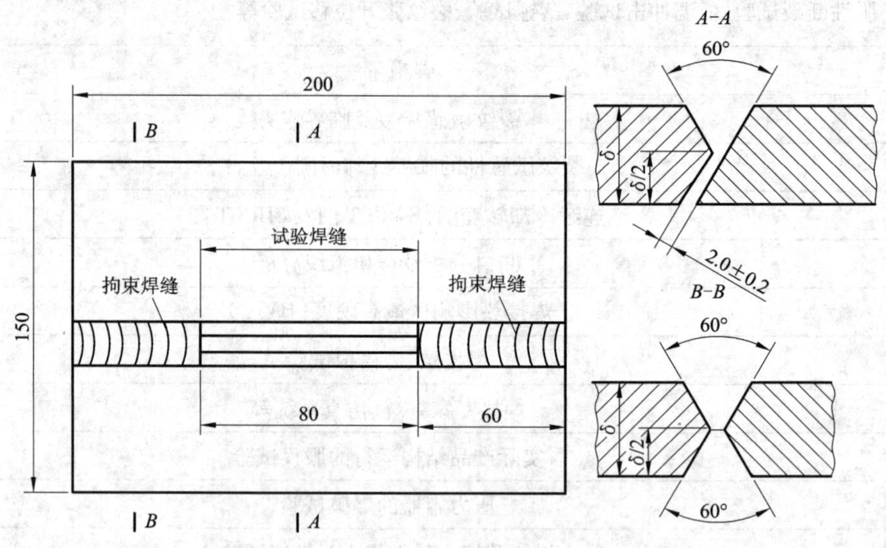


**图 6－1 斜 Y 形坡口焊接裂纹试验试件的形状和尺寸**

2）试验方法

试验用焊条应与试件相匹配，焊前要严格烘干。推荐焊接试验参数为：焊条直径 4 mm，焊接电流（170±10）A，电弧电压（24±2）V，焊接速度（150±10）mm/min。

在焊接试验焊缝时，如果采用焊条电弧焊，按图 6－2 所示焊接；如果采用焊条自动送进装置焊接，按图 6－3 所示焊接。两种方法均只焊接一道焊缝且不填满坡口，试件焊后经 48 h 后进行检测和解剖。

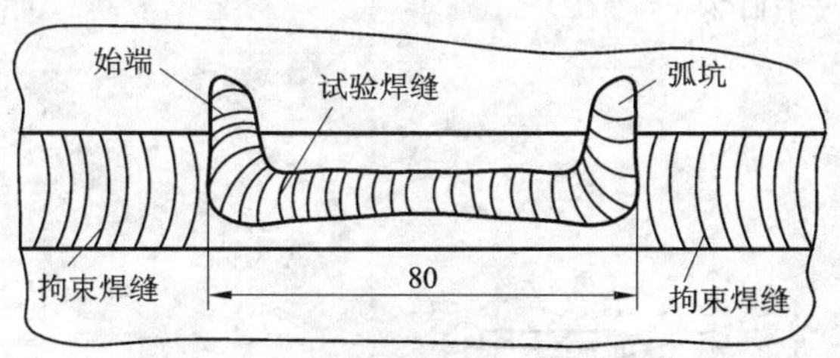


**图 6-2　焊条电弧焊的试验焊缝**

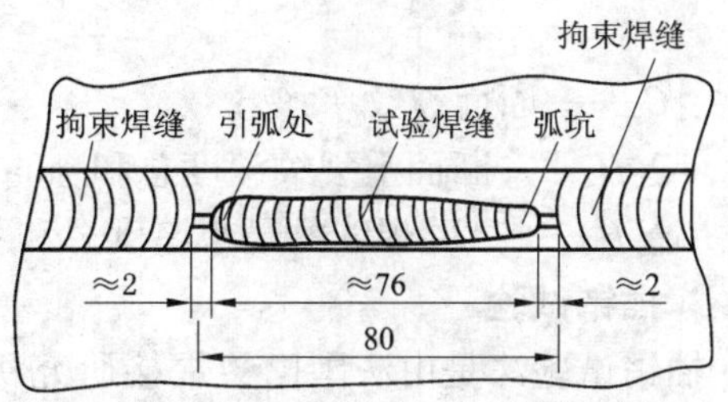


**图 6-3　焊条自动送进的试验焊缝**

检测裂纹时用肉眼或手持放大镜仔细检查焊接接头表面和断面是否有裂纹，并按下列方法分别计算表面、根部和断面的裂纹率。图 6-4 为试样裂纹长度的计算。

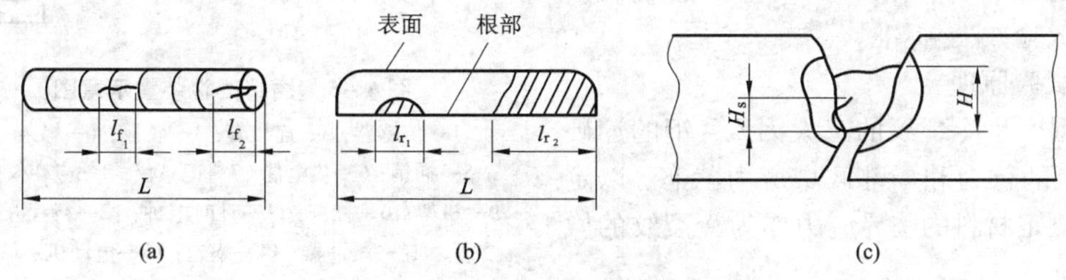


**图 6-4　试样裂纹长度的计算**

(a)表面裂纹；(b)根部裂纹；(c)断面裂纹

3)计算方法

(1)表面裂纹率

$$C_f = \frac{\sum l_f}{L} \times 100\%$$

式中：$C_f$——表面裂纹率，%；

$\sum l_f$——表面裂纹长度之和，mm；

$L$——试验焊缝长度，mm。

(2)根部裂纹率。检测根部裂纹时，应先将试件着色后拉断或弯断，然后按照图 6-4(b)进行根部裂纹长度测量。

$$C_r = \frac{\sum l_r}{L} \times 100\%$$

式中：$C_r$——根部裂纹率，%；

$\sum l_r$——根部裂纹长度之和，mm；

$L$——试验焊缝长度，mm。

(3)断面裂纹率。在试验焊缝宽度开始均匀处与弧坑中心之间按四等分切取试件，检测 5 个断面的裂纹深度[图 6-4(c)]，分别计算 5 个断面的裂纹率后取其平均值：

**小提示**

斜Y形坡口焊接性试验接头的拘束度远比实际结构大，根部尖角又有应力集中，所以试验条件比较苛刻。一般认为，在这种试验中若裂纹率低于20%，在实际结构焊接时就不致发生裂纹。

$$C_s = \frac{\sum H_s}{\sum H} \times 100\%$$

式中：$C_s$——断面裂纹率，%；

$\sum H_s$——断面上裂纹深度总和，mm；

$\sum H$——试验焊缝的最小厚度总和，mm。

**2. 插销试验**

插销试验法是由法国巴黎焊接研究所格兰荣（Granjon）等人提出，属于外拘束裂纹试验法，主要用于测定碳钢和低合金高强钢热影响区对焊接冷裂纹的敏感性，也可用于测定对再热裂纹和层状撕裂的敏感性。其试验规范应遵循 GB/T 9446—1988《焊接用插销冷裂纹试验方法》标准。

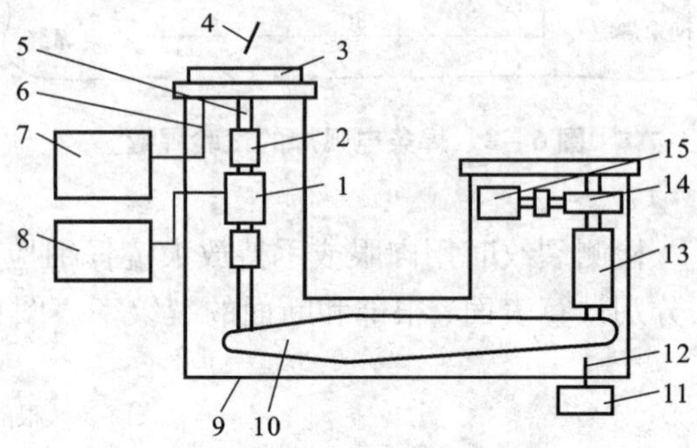


**图 6-5　插销试验装置示意图**

1—传感器；2—连接套；3—底板；4—焊条；5—插销；6—热电偶；7—记录仪；8—应变仪；9—机架；10—杠杆；11—计时电钟；12—行程开关；13—缓冲器；14—蜗轮；15—电动机

1）试验原理

依据产生冷裂纹的三大因素：钢的淬硬倾向、氢的行为和局部区域应力状态，以定量方法测定材料的临界应力作为冷裂纹的敏感性指标。

2）试验方法

（1）插销试验装置。插销试验装置如图6-5所示。

（2）插销试棒与底板的制备。插销试棒的形状有环形和螺形两种，如图 6-6 所示。在试棒上开一缺口，缺口位置依焊接热输入而定，不同热输入的缺口与端面距离（即图中 a）不同（可参见相关标准）。插销试棒各部分的尺寸见表 6-3。

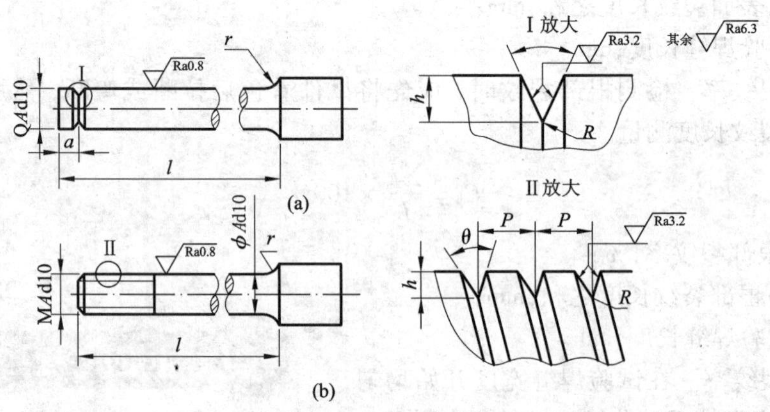


**图 6-6　插销试棒的形状**

（a）环形缺口插销；（b）螺形缺口插销

**表 6－3　插销试棒各部分的尺寸**

| 缺口类型 | $\phi A$/mm | $h$/mm | $\theta$/(°) | $R$/mm | $P$/mm | $l$/mm |
|---|---|---|---|---|---|---|
| 环形 | 8 | 0.5 ±0.05 | 40 ±2 | 0.1 ±0.02 | – | 大于底板厚度，一般 30 ~ 150 |
| 螺形 | | | | | 1 | |
| 环形 | 6 | 0.5 ±0.05 | 40 ±2 | 0.1 ±0.02 | – | 大于底板厚度，一般 30 ~ 150 |
| 螺形 | | | | | 1 | |

底板材质应与被试材料相同或热物理性质相近，厚度一般为 20 mm，也可采用焊接接头的实际厚度。焊条电弧焊、埋弧焊底板的形状与尺寸如图 6－7 所示。

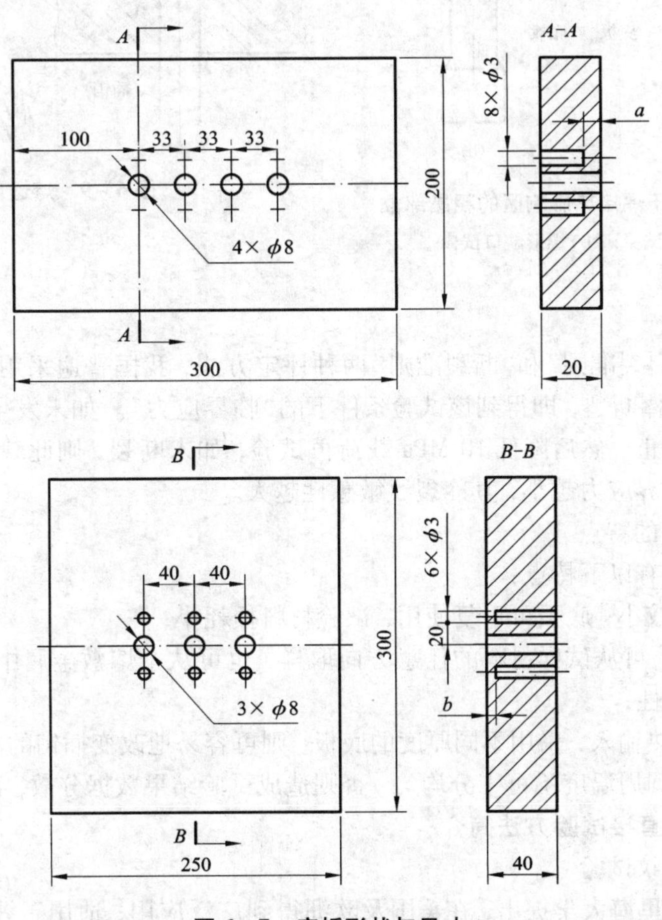


**图 6－7　底板形状与尺寸**

(a) 焊条电弧焊底板；(b) 埋弧焊底板

(3) 试验程序。试验时，将插销试棒插入与其直径相同的底板圆孔内，使其上端与底板的上平面平齐，试棒的上端有环形或螺形缺口。然后按规定的焊接热输入经圆孔上端熔敷一直线焊缝，尽量使焊缝中心线通过插销的端面中心，以保证缺口底部恰好位于热影响区的粗晶部位，但缺口根部圆周被熔透的部分不得超过 20%，如图 6－8 及图 6－9 所示。焊后，当试样冷至100℃~150℃(有预热时，应冷至高出预热温度50℃~70℃)时，在插销上施加一静载荷，保持载荷16h或24h(有预热)期间试棒发生断裂，即得到该试验条件下的“临界应力”。如果在保持载荷期间试棒未发生断裂，可经过多次调整载荷直至发生断裂为止。改变含氢量、焊接热输入和预热温度，“临界应力”也随之改变。

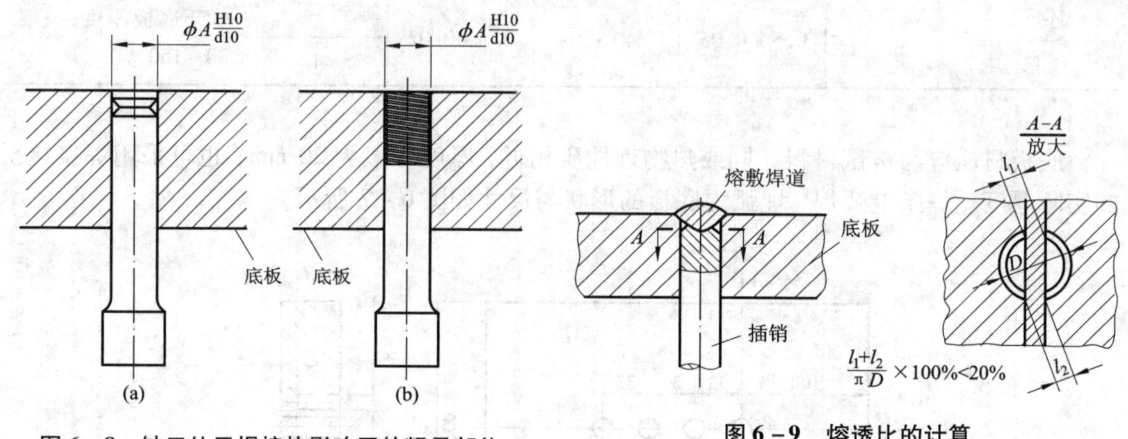


**图6-8　缺口处于焊接热影响区的粗晶部位**

(a)环形缺口试棒；(b)螺形缺口试棒

**图6-9　熔透比的计算**

3)结果评定

试验结果有“启裂准则”和“断裂准则”两种评定方法，我国普遍采用“断裂准则”。如上所述，加载期间试棒断裂，即得到该试验条件下的“临界应力”。如未发生断裂，则应调整载荷直至发生断裂为止。然后降低10 MPa载荷再试验，如未断裂，则此载荷即为“断裂准则”的“临界应力”。临界应力越小，其冷裂纹敏感性越大。

4)插销试验法的特点

插销试验法具有以下特点：

(1)试件尺寸较小，底板可重复使用，试验材料损耗小；

(2)取样方便，可从试样材料的任意方向取样，也可从全熔敷金属中取样来测定焊缝金属对冷裂纹的敏感性；

(3)调整焊接热输入，采用不同厚度的底板，则可容易地改变插销的冷却速度；

(4)环形缺口圆周温度不可十分均匀，否则造成试验结果数据分散，再现性不很好。

**3. 其他焊接性直接试验方法简介**

1)里海拘束裂纹试验

该试验由美国里海大学提出，在美国及欧洲得到广泛应用；适用于评定碳钢、低合金钢和奥氏体不锈钢焊缝金属的热裂纹和冷裂纹敏感性。

里海拘束裂纹试验试件的形状和尺寸如图6-10所示。在试件中央开20°U形坡口的试验焊缝，试件的两侧和两端均开有沟槽，其长短会影响试板的拘束度。$x$为坡口至沟槽末端的距离，当$x$值恰好能引起裂纹，此值即代表试件的临界拘束度。不同$x$值的拘束度见表6-4。

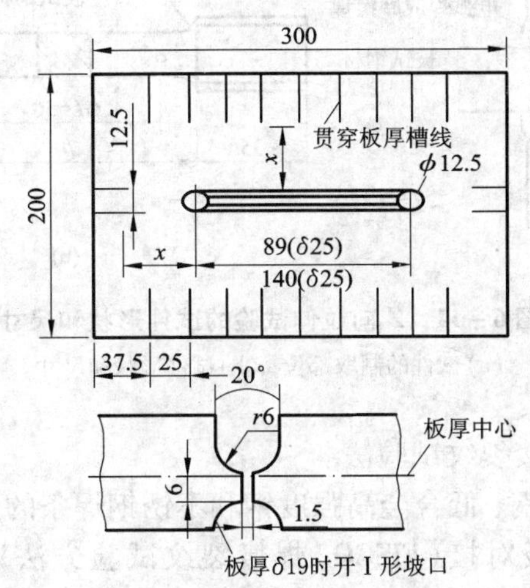


**图 6－10　里海拘束裂纹试验的试件形状和尺寸**

**表 6－4　里海拘束裂纹试验不同 $x$ 值的拘束度**

| 试板尺寸/（长/mm×宽/mm×厚 mm） | 焊缝长度/mm | 沟槽末端距离 $x$/mm | 拘束系数/[N/(mm$^2$·mm)] | 拘束度/[N/(mm·mm)] |
|---|---|---|---|---|
| 200×200×24 | 75 | 40 | 340 | 8160 |
| | | 50 | 540 | 12960 |
| | | 70 | 600 | 14400 |
| | | 80 | 660 | 15840 |
| | | 90 | 680 | 16320 |
| 300×200×24 | 125 | 40 | 110 | 2640 |
| | | 50 | 210 | 5040 |
| | | 70 | 270 | 6480 |
| | | 80 | 340 | 8160 |
| | | 90 | 350 | 8400 |

检测裂纹先以肉眼观察试验焊缝表面，然后从焊缝中间切取宏观金相试片以检测裂纹状况，也可敷磁粉（奥氏体不锈钢除外）于横截面以显示裂纹。

2）$Z$ 向拉伸试验

$Z$ 向拉伸试验是根据钢板厚度方向的断面收缩率来测定钢材的层状撕裂倾向。当钢材的断面收缩率 $\psi=5\%\sim8\%$ 时，层状撕裂倾向严重，只能用于 $Z$ 向应力很小的结构；当 $\psi=15\%\sim25\%$ 时，钢材具有较高的抗层状撕裂能力。

试件的形状和尺寸如图 6－11 所示。当被试钢板厚度 $\delta\geqslant25$ mm 时，钢板的两侧可采用焊条电弧焊加长；当 $\delta\geqslant15$ mm 时，可采用摩擦焊加长。

通过对试件进行静拉试验，求出 $Z$ 向断面收缩率即为层状撕裂倾向的评价指标。

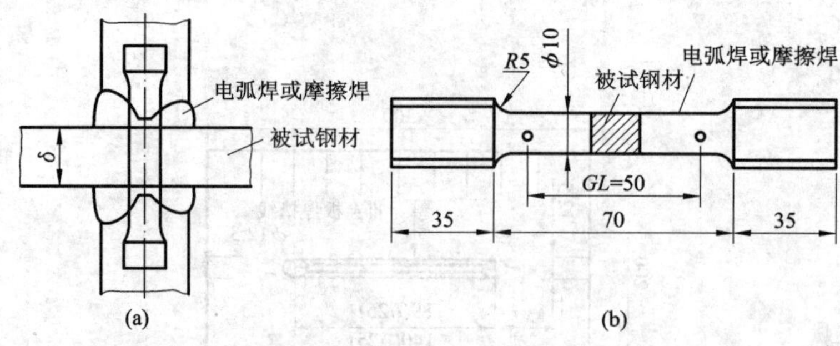


**图 6－11　Z 向拉伸试验的试件形状和尺寸**

(a)试件的制取部位；(b)试件形状和尺寸

3)压板对接(FISCO)焊接裂纹试验法

该试验方法适用于低碳钢、低合金高强度钢和不锈钢焊条的焊缝热裂纹试验。我国已制定 GB/T 4675.4—1984《压板对接(FISCO)焊接裂纹试验方法》国家标准。试验装置如图 6－12所示，由 C 形拘束框架、齿形底座及螺栓等组成。

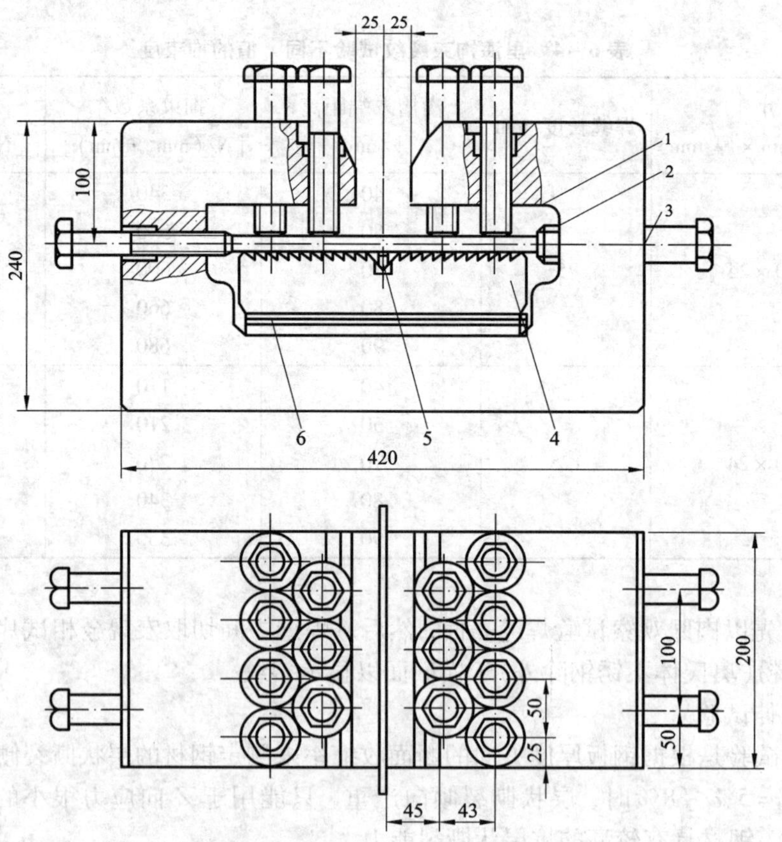


**图 6－12　压板对接焊接裂纹试验装置**

1—C 形拘束框架；2—试件；3—螺栓；4—齿形底座；5—定位塞；6—调节板

试件由两块 200 mm × 120 mm 的钢板组成，坡口形状为 I 形，垂直方向有 14 个螺栓，横

向有 4 个螺栓，使试板牢牢固定在试验装置内。在试件上焊接四条长约 40 mm 且间距为 10 mm 的试验焊缝，焊缝弧坑不必填满。焊后约 10 分钟从装置中取出，待试件冷却后将焊缝沿轴向弯断，观察断面有无裂纹及测量裂纹长度并求出裂纹率，以此来评定对热裂纹的敏感性。

## 6.2.2　焊接性的间接试验方法

**1. 碳当量法**

钢是焊接结构中最常用的金属材料，钢的裂纹倾向与其化学成分有密切关系，因此，可以根据钢的化学成分来间接评定其焊接性的好坏。对钢焊接性影响最大的元素是碳，碳的质量分数和其他合金元素的相当质量分数之和称为碳当量，用符号 Ceq 表示。通过计算碳当量可以从钢的化学成分预测钢的焊接性，碳当量估算法为间接评定钢焊接性的主要手段。

常用碳当量的计算公式有：

1）国际焊接学会（IIW）推荐的碳当量计算公式

$$\mathrm{Ceq(IIW)} = w(\mathrm{C}) + \frac{1}{6}w(\mathrm{Mn}) + \frac{1}{5}w(\mathrm{Cr}) + \frac{1}{5}w(\mathrm{Mo}) + \frac{1}{5}w(\mathrm{V}) + \frac{1}{15}w(\mathrm{Cu}) + \frac{1}{15}w(\mathrm{Ni})$$

此式适用于 $\sigma_b = 500 \sim 900$ MPa 的中高强度非调质低合金高强钢。

2）日本工业标准（JIS）推荐的碳当量计算公式

$$\mathrm{Ceq(JIS)} = w(\mathrm{C}) + \frac{1}{6}w(\mathrm{Mn}) + \frac{1}{24}w(\mathrm{Si}) + \frac{1}{40}w(\mathrm{Ni}) + \frac{1}{5}w(\mathrm{Cr}) + \frac{1}{4}w(\mathrm{Mo}) + \frac{1}{14}w(\mathrm{V})$$

此式适用于 $\sigma_b = 500 \sim 1000$ MPa 的调质低合金高强钢。

上述两式主要适用于含碳量偏高的钢种（C≥0.18%），其化学成分范围为：$w(\mathrm{C}) \leqslant 0.2\%$，$w(\mathrm{Si}) \leqslant 0.55\%$，$w(\mathrm{Mn}) \leqslant 1.5\%$，$w(\mathrm{Cu}) \leqslant 0.5\%$，$w(\mathrm{Ni}) \leqslant 2.5\%$，$w(\mathrm{Cr}) \leqslant 1.25\%$，$w(\mathrm{Mo}) \leqslant 0.7\%$，$w(\mathrm{V}) \leqslant 0.1\%$，$w(\mathrm{B}) \leqslant 0.006\%$。

3）日本新日铁公司（CEN）推荐的碳当量计算公式

$$\mathrm{Ceq(CEN)} = w(\mathrm{C}) + A(\mathrm{C})\left[\frac{1}{24}w(\mathrm{Si}) + \frac{1}{16}w(\mathrm{Mn}) + \frac{1}{20}w(\mathrm{Ni}) + \frac{1}{15}w(\mathrm{Cu}) + \frac{1}{5}w(\mathrm{Cr}) + \frac{1}{5}w(\mathrm{Mo}) + \frac{1}{5}w(\mathrm{Nb}) + \frac{1}{5}w(\mathrm{V}) + 5w(\mathrm{B})\right]$$

式中 $A(\mathrm{C})$ 为碳的适应性系数，见表 6－5。该式适用于 $w(\mathrm{C}) = 0.034\% \sim 0.254\%$ 的低碳钢和低合金钢，是目前含碳量范围较宽的碳当量公式、是确定防止冷裂的预热温度更为可靠的、应用较广的碳当量公式。

**表 6－5　Ceq(CEN) 公式中的 A(C) 与含碳量的关系/%**

| $w(\mathrm{C})$ | 0 | 0.08 | 0.12 | 0.16 | 0.20 | 0.26 |
|---|---|---|---|---|---|---|
| $A(\mathrm{C})$ | 0.500 | 0.584 | 0.754 | 0.916 | 0.98 | 0.99 |

需要注意的是，各式中 $w(\mathrm{X})$ 是表示该元素在钢中的质量分数（%），计算时，应取其成分的上限。碳当量越高，裂纹倾向越大，钢的焊接性越差。一般认为，当 Ceq＜0.4% 时，钢的淬硬和冷裂倾向不大，焊接性良好；当 Ceq 为 0.4% ～0.6% 时，钢的淬硬和冷裂倾向逐渐

增加,焊接性较差,焊接时需要采取一定的预热、缓冷等工艺措施，以防止产生裂纹；当 Ceq >0.6% 时，钢的淬硬和冷裂倾向严重，焊接性很差，一般尽量不用于生产焊接结构。

**2. 冷裂纹敏感指数法**

焊接冷裂纹敏感指数($P_c$)不仅包括了母材的化学成分，还考虑了熔敷金属含氢量与拘束条件(板厚)的作用。

$$P_c = w(\mathrm{C}) + \frac{1}{30}w(\mathrm{Si}) + \frac{1}{20}w(\mathrm{Mn+Cu+Cr}) + \frac{1}{60}w(\mathrm{Ni}) + \frac{1}{15}w(\mathrm{Mo}) + \frac{1}{10}w(\mathrm{V}) + 5w(\mathrm{B}) + \delta/600 + \frac{[\mathrm{H}]}{60} \tag{6-4}$$

式中：$\delta$——板厚，mm；

[H]——焊缝中扩散氢含量,mL/100g。

该式的适用范围是：$w$(C)=0.07%~0.22%，$w$(Si)=0~0.60%，$w$(Mn)=0.4%~1.4%，$w$(Cu)=0~0.5%，$w$(Ni)=0~1.2%，$w$(Mo)=0~0.7%，$w$(V)=0~0.12%，$w$(Nb)=0~0.04%，$w$(Ti)=0~0.05%，$w$(B)=0~0.005%，$\delta$=19~50 mm，[H]=1~5mL/100g。

焊接冷裂纹敏感系数越大，则对冷裂纹越敏感，焊接性越差。根据 $P_c$ 值可以通过经验公式求出斜 Y 形坡口对接裂纹试验条件下，为了防止冷裂纹所需要的最低预热温度 $T_o$(℃)为：

$$T_o = 1440P_c - 392$$

**3. 焊接热影响区最高硬度试验方法**

焊接热影响区最高硬度试验由国际焊接学会(IIW)提出，该法不仅反映钢材化学成分的影响，而且也反映其金属组织的作用，所以用它来评估钢材淬硬倾向和冷裂纹敏感性，比用碳当量评估更为客观。我国已制定 GB/T 4675.5—1984《焊接热影响区最高硬度试验方法》，适用于焊条电弧焊。

1)试件制备

试件以气割下料，其形状与尺寸见图 6-13 和表 6-6。试件厚度为 20 mm，如厚度大于 20 mm，则以单面机加工到 20 mm，保留一个轧制表面；小于 20 mm 即为焊接厚度，不必加工。

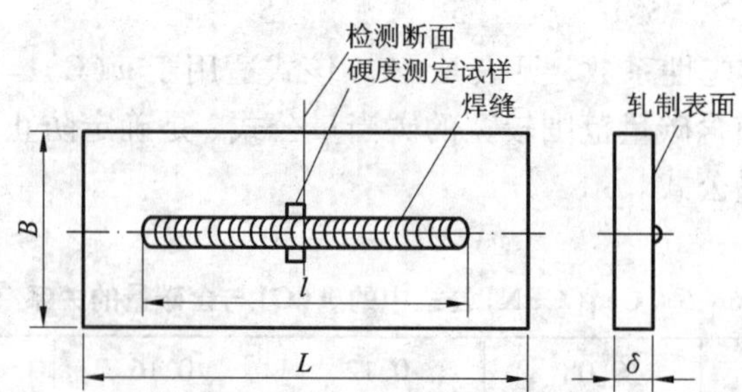


**图 6-13　焊接热影响区最高硬度法试件**

表 6－6　焊接热影响区最高硬度法试件尺寸/mm

| 试件号 | $L$ | $B$ | $l$ |
| --- | --- | --- | --- |
| 1 号试件 | 200 | 75 | 125±10 |
| 2 号试件 | 200 | 150 | 125±10 |

2）试验方法

试件表面经去油污、铁锈等杂质清理后，1 号试件在室温下，2 号试件在预热温度下进行焊接，焊接参数为：焊接电流（170±10）A，焊接速度（150±10）mm/min，焊条直径 4 mm。沿轧制方向在试件中心线水平位置单道焊接（125±10）mm 焊道（图 6－13）。焊后自然冷却 12h，采用机加工法垂直切割焊道中部，然后在断面上切取硬度测定试样，切取时必须在切口处冷却，以免焊接热影响区的硬度因断面升温而下降。

硬度试验按 GB/T 4340—1999《金属维氏硬度试验法》的相关规定，以 100N 的试验力，在室温下按图 6－14 所示位置，在 $O$ 点两侧各取 7 点以上测点，测点间距为 0.5 mm。

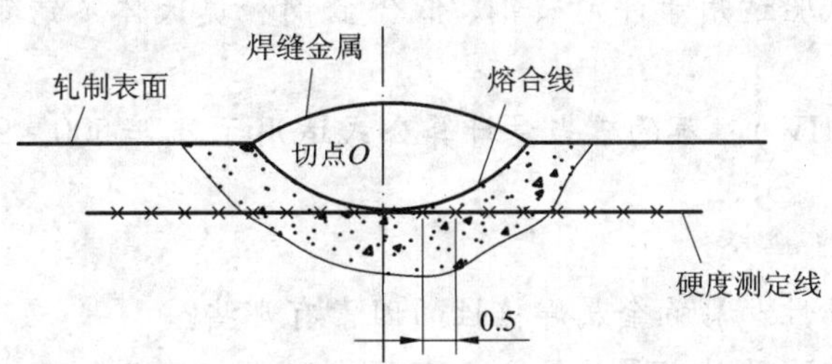


图 6－14　焊接热影响区最高硬度法硬度测试位置

3）结果评定

最高硬度试验法的评定标准，最早国际焊接学会（IIW）提出当 $HV_{max}\geqslant 350$ HV 时，即表示钢材的焊接性恶化，这以不允许热影响区出现马氏体为依据。近年来大量实践证明，对不同的材料、不同的工艺条件；统一标准欠科学。现在我们采用对不同强度等级和不同含碳量的钢材确定不同的 $HV_{max}$ 许可值来评价钢种的焊接性。对于一般用于焊接结构的钢材，钢厂都提供了焊接热影响区的最高硬度数据，常用焊接用钢的碳当量与焊接热影响区允许的最高硬度值可参见表 3－3。

4）焊接热影响区最高硬度试验法特点

焊接热影响区最高硬度试验法具有以下特点：试验程序简单，无需专用设备和测试仪表；试验结果准确，可比性强；试件尺寸小，试验成本低廉。

## 【综合训练】

### 一、填空题

1. 金属材料在限定的施工条件下，焊接成按规定设计要求的构件，并满足预定服役要求的能力称为__________。

2. 影响焊接性的主要因素除了材料本身性质外，还有__________、__________和__________。

3. 把钢中合金元素(包括碳)的含量按其作用换算成碳的相当含量叫__________。

4. 斜Y形坡口焊接性试验是焊接性__________试验方法，主要用于评价__________和__________焊接热影响区的冷裂纹敏感性。

## 二、判断题

1. 金属材料的焊接性不是绝对的，而是相对的、发展的，今天认为焊接性不好的材料，明天可能变好了。( )

2. 焊接裂纹是焊接接头最危险的缺陷，所以用得最多的焊接性试验是裂纹试验。( )

3. 用碳当量来评估钢材的淬硬倾向和敏感性比用最高硬度试验法更客观。( )

4. 选择焊接性试验方法主要应遵循经济性原则。( )

5. 直接试验主要是各种抗裂性试验和实际产品的服役试验及压力容器爆破试验等。( )

6. 碳素钢和低合金钢焊接接头冷裂纹的外拘束试验方法用得最多的是插销试验。( )

7. 斜Y形坡口焊接裂纹试验条件比较苛刻，通常认为在这种试验中若裂纹率低于20%，在实际结构焊接时就不会发生裂纹。( )

8. 里海拘束裂纹试验适用于评定碳钢、低合金钢和奥氏体不锈钢焊缝金属的热裂纹敏感性。( )

9. 国际焊接学会(IIW)推荐的碳当量计算公式适用于$\sigma_b = 500 \sim 900$ MPa的中高强度非调质低合金高强钢。( )

## 三、问答题

1. 什么叫金属焊接性？影响金属焊接性的因素有哪些？

2. 何谓碳当量？常用的碳当量计算公式有哪些？

3. 试述斜Y形坡口焊接裂纹试验法。

4. 试述插销试验的方法。

# 模块七　非合金钢(碳钢)的焊接

碳素钢简称碳钢，是含碳量小于2.11%的铁碳合金。碳素钢是工业中应用最广泛的金属材料,其产量约占钢材总产量的80%。工业中使用的碳素钢，含碳量很少超过1.4%，用于制造焊接结构的碳钢，其含碳量还要低得多。必须注意的是，新的国家标准GB/T 13304—1991中已经以“非合金钢”取代传统的“碳素钢”，但在很多现行的标准中仍采用碳素钢一词，所以本书仍沿用碳素钢这一术语。

碳钢的焊接性主要取决于含碳量的高低，随着含碳量的增加，焊接性逐渐变差。碳钢焊接性与含碳量的关系见表7-1。由于碳钢中除碳外，还有锰、硅等有益元素(不作为合金元素)，所以锰、硅对其焊接性也有一定影响，锰、硅含量增加，焊接性变差，但不及碳作用强烈。

**表7-1　碳钢焊接性与含碳量的关系**

| 名称 | 含碳量/% | 典型硬度 | 典型用途 | 焊接性 |
|---|---|---|---|---|
| 低碳钢 | ≤0.15 | 60HRB | 特殊板材和型材薄板、带材、焊丝 | 优 |
| | 0.15~0.25 | 90HRB | 结构用型材、板材和棒材 | 良 |
| 中碳钢 | 0.25~0.60 | 25HRC | 机器部件和工具 | 中(通常需要预热和后热，推荐采用低氢焊接方法) |
| 高碳钢 | ≥0.60 | 40HRC | 弹簧、模具、钢轨 | 劣(必须采用低氢焊接方法，需要预热和后热) |

## 7.1　低碳钢的焊接

### 7.1.1　低碳钢的焊接性

低碳钢由于含碳较低、塑性好且淬硬倾向小，因此焊接过程中一般不需要采取预热、后热、控制道间温度、焊后热处理等工艺措施。许多焊接方法都能用于低碳钢的焊接，并可获得良好的焊接接头，因而低碳钢焊接性优良，是焊接性最好的金属材料。但是当出现以下情况时，低碳钢的焊接性也会不好，必须采取相应工艺措施。

(1)采用旧冶炼方法或非正规小型钢厂生产的低碳转炉钢的含氮量高、杂质较多、冷脆性和时效敏感性大，导致焊接接头质量低，焊接性较差。

(2)脱氧不完的沸腾钢含氧高，硫、磷等杂质分布很不均匀，所以时效敏感性、冷脆敏感性和热裂纹倾向较大，焊接性较差。一般不宜用作承受动载或严寒( -20℃)工作环境的重要焊接结构。

## 7.1.2 低碳钢焊接工艺

### 1. 焊接方法和焊接材料

低碳钢用得最多的焊接方法是焊条电弧焊、埋弧焊、二氧化碳气体保护电弧焊、电渣焊等。常用低碳钢焊接材料的选择见表7-2。

表7-2 常用低碳钢焊接材料的选择

| 钢号 | 焊条电弧焊 | | 埋弧焊 | $CO_2$ 焊 | 电渣焊 |
|---|---|---|---|---|---|
| | 一般结构(包括厚度不大的低压容器) | 受动载荷,厚板,中、高压及低温容器 | | | |
| Q235<br>Q255 | E4313,E4303,E4301<br>E4320,E4311 | E4316,E4315<br>(或 E5016,E5015) | H08A<br>H08MnA<br>HJ431<br>HJ430 | ER49-1<br>ER50-6 | H10MnSi<br>H10Mn2<br>HJ360 |
| Q275 | E5016,E5015 | E5016,E5015 | H08MnA<br>HJ431<br>HJ430 | ER49-1<br>ER50-6 | H10MnSi<br>H10Mn2<br>HJ360 |
| 08,10,<br>15,20 | E4303,E4301<br>E4320,E4310 | E4316,E4315<br>(或 E5016,E5015) | H08A<br>H08MnA<br>HJ431<br>HJ430 | ER49-1<br>ER50-6 | H10MnSi<br>H10Mn2<br>HJ360 |
| 25,30 | E4316,E4315 | E5016,E5015 | H10Mn2<br>H08MnA<br>HJ431<br>HJ430 | ER49-1<br>ER50-6 | H10MnSi<br>H10Mn2<br>HJ360 |
| Q245R<br>(20R,20g) | E4303,E4301 | E4316,E4315<br>(或 E5016,E5015) | H10Mn2<br>H08MnA<br>HJ431<br>HJ430 | ER49-1<br>ER50-6 | H10MnSi<br>H10Mn2<br>HJ360 |

### 2. 预热、焊后热处理

低碳钢焊接过程中一般不需要采取预热、焊后热处理等工艺措施，但当焊件较厚或刚性

很大或低温条件下焊接时，可能要采取预热、焊后热处理等措施。例如锅炉汽包，即使采用Q245R(20g)等焊接性良好的低碳钢，由于板厚较厚，仍要600℃～650℃的焊后热处理。为了细化晶粒，电渣焊接头焊后必须正火或正火加回火处理。低碳钢焊前预热温度见表7－3，低碳钢低温条件下的预热温度见表7－4，安装、检修发电厂管道冬季焊接时的温度限度与预热要求见表7－5。

**表7－3　低碳钢焊前预热温度**

| 钢号 | | Q275,25,30 | 10,15,20,Q235,Q255,Q245R(20R,20g) |
|---|---|---|---|
| 预热温度/℃ | 厚板结构 | >150 | 一般不预热 |
| | 薄板结构 | 一般不预热 | |

**表7－4　低碳钢低温条件下的预热温度**

| 环境温度/℃ | 焊件厚度/mm | | 预热温度/℃ |
|---|---|---|---|
| | 梁、柱和桁架 | 管道、容器 | |
| <－30 | 30以下 | 16以下 | 100～150 |
| <20 | － | 17～30 | |
| <－10 | 31～35 | 31～40 | |
| <0 | 51～70 | 41～50 | |

**表7－5　安装、检修发电厂管道冬季焊接时的温度限度与预热要求**

| 钢号 | 管壁厚度/mm | |
|---|---|---|
| | <16 | >16 |
| 含碳量≤0.2%的碳钢 | ≥－20℃,可不预热 | <－20℃,100℃～200℃预热 |
| 含碳量为0.21%～0.28%的碳钢 | ≥－10℃,可不预热 | <－10℃,100℃～200℃预热 |

### 7.1.3　技能训练：20钢4650kW热煤炉原油换热器翅片管接口的焊接实例

在4650kW热煤炉原油换热器生产制造过程中，翅片管的管束比较长，因此在装配前需将原油换热器U形部位的管束进行对接以达到设计要求。由于翅片管管径小、管壁薄(20，$\phi19\times3$)，内部介质温度高达200℃左右，外部流动原油渗透力强、压力高，不允许采用火焰钎焊，若采用焊条电弧焊又无法达到焊接质量要求，因内部焊瘤或凹陷等缺陷及多种安装位置会给焊接施工带来困难。因此，经研究采用手工钨极氩弧焊工艺，很好地解决了这一问题，保证了焊缝质量。

**1. 焊前准备**

1）设备选用及钨极制备

选用ZX7－400STG逆变焊条电弧焊和手工钨极氩弧焊两用焊机。采用$\phi2.5$的WCe－20铈钨极，钨极端头为尖锥状，角度为30°，因为这种形状的钨极电弧稳定性及焊缝成形性均很好。

2)焊丝的选择

翅片管钨极氩弧焊时，选用ER49－1或ER50－6焊丝，可获得成形美观的优良焊缝。实践证明，采用H08A或H08MnA焊丝都会在焊缝中出现蜂窝状或链状密集气孔。

**2. 焊接工艺**

1)坡口与定位焊

(1)坡口形状及制备。正确选择坡口形式是保证成功焊接20钢$\phi 19\times 3$翅片管的关键之一。组对时要求坡口错边量不大于0.5 mm，坡口间隙为1～2 mm，不留钝边，坡口形状及尺寸如图7－1所示。为保证焊缝质量，焊前应将坡口及其两侧各10 mm范围内清理干净，并露出金属光泽。

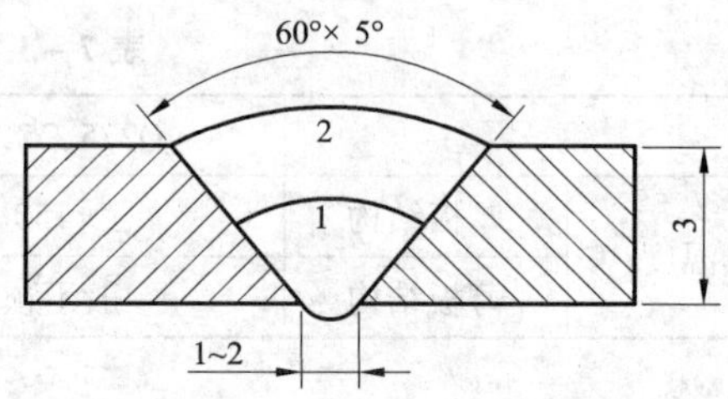


图7－1　坡口形状及尺寸

(2)定位焊。采用一点定位，定位焊焊点长度为5～7mm，厚度为1.5 mm左右，不得有缩孔和焊瘤等缺陷，定位焊焊接电流值与实际焊接时的焊接电流值相同。

2)焊接工艺参数

选择合理的焊接工艺参数，见表7－6。焊接电源极性为直流正接。喷嘴直径为8～9 mm，氩气纯度为99.99%，钨极伸出长为3～4 mm。

表7－6　焊接工艺参数

| 焊接层数 | 焊接电流/A | 电弧电压/V | 焊丝直径/mm | 氩气流量/(L·min$^{-1}$) | 送丝方法 | 钨极直径/mm |
|---|---|---|---|---|---|---|
| 打底层 | 60～70 | 11～12 | 2.0 | 6～8 | 点送 | 2.5 |
| 盖面层 | 60～80 | 11～12 | 2.0 | 6～8 | 摆动送丝 | 2.5 |

**3. 焊接操作要点**

1)打底焊

打底焊时焊枪喷嘴与工件的角度为65°～75°，焊丝与工件的角度定为10°～15°，这样能减少工件的受热，同时又能减小电弧吹力，防止管内焊缝余高过大及形成焊瘤。

为实现单面焊双面成形，并使管内焊缝成形较为平坦，为圆滑过渡创造条件，喷嘴直接靠在坡口之间，钨极与熔池之间的距离应保持在2.5 mm左右，过小就容易碰到钨极与喷嘴，距离过大，氩气保护效果变差。

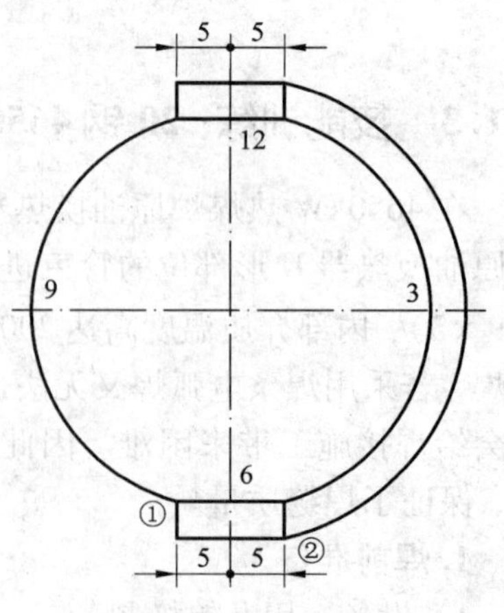


图7－2　焊接方向

全位置焊操作是由下至上，分两个1/2圆周进行。起焊点与止焊点位置均应超过1/2圆周5 mm左右(管周的1/2按时钟6点钟处至12点钟处)，如图7－2所示。

起焊点为6点附近，从6点至3点和6点至9点处，应尽量压低电弧。焊丝要紧贴坡口

根部，利用电弧的吹力将熔滴吹向坡口根部。在坡口两侧熔合良好的情况下，焊速应当快些，以防止管子仰焊部位焊接熔池温度过高而使铁液下淌形成内凹。

采用尖端送丝法施焊，焊枪稍有摆动，焊至接近3点或12点时，焊枪移动时可做微微的间断停留，少送丝，顶铁液，托铁液，但不能出现明显的熔孔。填加焊丝向前移动，送丝时应送至熔池前沿，而不应直接送至熔池中心，这也是防止管内形成焊瘤的关键。当焊至12点的接头处时焊枪应连续做小圈动作，使接头区得到充分熔合。

操作时焊枪应均匀、平衡地向前移动，并保持恒定的电弧长度。焊丝在一退一进向熔池一滴一滴地填送时，不能脱离氩气保护区，以免处于高温的焊丝退出保护区时与空气发生反应而氧化。还应注意控制熔池温度不能过高，以保证管内焊缝成形美观，余高以0.5~1 mm为宜。

2)盖面焊

盖面层焊接时，焊枪喷嘴与工件的角度为70°~85°。焊丝与焊件的角度与打底焊基本相同，焊接工艺参数见表7-6。采用摆动连续送丝法施焊，焊丝在一侧坡口上向熔池送进，填满金属，然后移向另一侧坡口向熔池送进，填满金属，焊枪随焊丝摆动轨迹为向上做小月牙运动，如图7-3所示。焊缝余高以1~1.5 mm为宜。

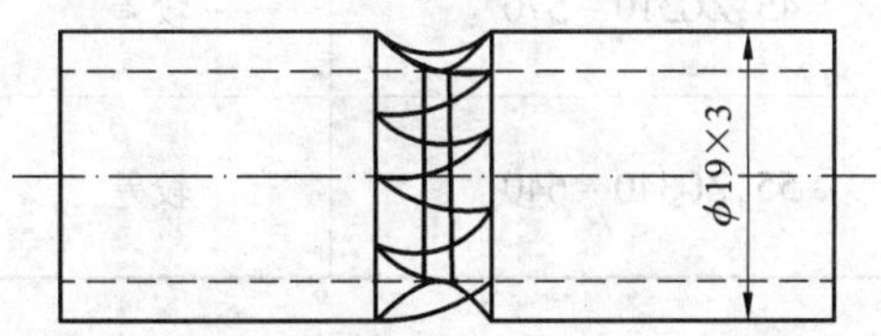

图7-3　盖面焊焊枪、焊丝运动示意图

**4. 焊接检验**

外观检验合格；X射线30%的抽检，合格率达99.5%；经一次返修，合格率为100%，并且试压一次成功。

## 7.2　中碳钢的焊接

### 7.2.1　中碳钢的焊接性

中碳钢的含碳量为0.25%~0.6%，当含碳量处于下限附近时，焊接性良好。随着含碳量的增加，焊接性逐渐变差。焊接时会出现以下两个问题：

**1. 焊缝金属易产生热裂纹**

中碳钢含碳量较高，凝固温度区间较大，偏析现象较严重，在凝固收缩应力的作用下易沿液态晶界处开裂，产生热裂纹。

**2. 热影响区易产生冷裂纹**

中碳钢焊接时，在热影响区易产生塑性很低的淬硬组织(马氏体)，含碳量愈高，淬硬倾向愈大。当板材较厚、刚性较大时，热影响区容易产生冷裂纹。当焊缝金属的含碳量较高时，也有产生冷裂纹的可能。

### 7.2.2　中碳钢焊接工艺

**1. 焊接方法及焊接材料**

中碳钢的焊接方法有焊条电弧焊、气体保护焊及MAG焊等。焊条电弧焊时尽量采用抗裂性能较好的碱性焊条。当焊缝金属与母材不要求等强时，可选用强度低一级的焊条，如E4315、E4316。当对焊缝金属强度要求较高时，可采用E5015、E6015 - D1、E7015 - D2等碱性焊条。中碳钢焊接时的焊条选用见表7 - 7。

**表7 - 7　中碳钢焊接的焊条选用**

| 钢　号 | 焊接性 | 选用的焊条型号 | |
|---|---|---|---|
| | | 不要求等强度 | 要求等强度 |
| 35,ZG270 - 500 | 较好 | E4303，E4301<br>E4316，E4315 | E5016，E5015 |
| 45,ZG310 - 570 | 较差 | E4303，E4301，E4316<br>E4315，E5016，E5015 | E5516，E5515 |
| 55,ZG340 - 640 | 较差 | E4303，E4301，E4316<br>E4315，E5016，E5015 | E6016 - D1<br>E6015 - D1 |

特殊情况下，也可采用铬镍不锈钢焊条焊接或焊补中碳钢。这时不需预热，也不容易产生近缝区冷裂纹。用来焊接中碳钢的铬镍奥氏体不锈钢焊条有E308 - 15(A107)、E309 - 16(A302)、E309 - 15(A307)、E310 - 16(A402)、E310 - 15(A407)等。

中碳钢的焊接、焊补经验表明，采取先在坡口表面堆焊一层过渡层焊缝，再进行焊接的方法效果较好。堆焊过渡层焊缝的焊条通常选用含碳量很低、强度低、塑性好的纯铁焊条(C≤0.03%)。

中碳钢采用$CO_2$气体保护焊时，其焊丝的选用见表7 - 8。

**表7 - 8　中碳钢$CO_2$气体保护焊焊丝的选用**

| 钢　号 | 焊丝型号或牌号 | 说　明 |
|---|---|---|
| 30,35 | ER49 - 1,ER50 - 6<br>H04Mn2SiTiA<br>H04MnSiAlTiA | 焊丝含碳量低,并含有较强脱氧能力和固氮能力的合金元素,对减少焊缝金属中有害元素有利 |

**2. 焊接工艺要点**

(1)中碳钢焊接时，为了限制焊缝中的含碳量，减少熔合比，一般开U形、V形坡口，但尽量开成U形。

(2)大多数情况下，中碳钢焊接需要预热、控制道间温度及焊后热处理。中碳钢的预热温度取决于材料的含碳量、焊件的大小和厚度、焊条类型及工艺参数等。一般情况下，预热温度、道间温度及焊后热处理温度见表7 - 9。对含碳量高或厚度和刚性很大时，可将预热温度提高到250℃ ~400℃。如果焊后不能进行消除应力热处理，也要进行后热，即采取保温、缓冷措施，使扩散氢逸出，以减少裂纹产生。

**表 7-9　中碳钢预热、道间及焊后热处理温度**

| 钢 号 | 板厚/mm | 预热及道间温度/℃ | 消除应力回火温度/℃ | 焊条类型 |
|---|---|---|---|---|
| 30 | ≤25 | >50 | 600~650 | 非低氢型 |
| | | — | | 低氢型 |
| 35 | 25~50 | >100 | | 低氢型 |
| | | ≥150 | | 非低氢型 |
| | 50~100 | >150 | | 低氢型 |
| 45 | ≤100 | ≥200 | | 低氢型 |

(3)焊后锤击焊缝，以减少焊接残余应力，细化晶粒。

(4)多层焊第一层焊缝应尽量采用小电流、慢焊速，以减少熔合比，防止热裂纹；碱性焊条施焊时，焊前焊条要烘干，烘干温度为350℃~400℃，保温时间为2h。

### 7.2.3　技能训练：60Mn钢特大型轴裂纹的焊接修复实例

澳大利亚JAQUES公司生产的RB4圆锥破碎机，是三峡工程古树岭人工碎石加工系统的中破关键设备，每小时生产所需成品粗骨料744 t。该设备动锥总成(核心部件)主轴因事故，在距轴上端面315 mm处，出现一条深10~12 mm、长530 mm(占轴颈圆周长55.3%)的环形裂纹，此裂纹处承受关节轴承施加的强大轴向交变应力，若不及时更换或修复此轴，其结果将造成主机更大破坏并直接影响三峡大坝混凝土正常浇筑。国外厂家明确表示:该轴无法修复，购此主轴需人民币28.69万元，供货周期四个半月。经过反复研究、比较修复方案，决定采用焊接修复。

**1. 主轴基本参数**

主轴材料主要化学成分见表7-10，与我国60Mn钢接近，属含锰优质中碳钢。该轴采用锻造毛坯正火处理，表面硬度为270HB并且有较高的几何精度，其尺寸见图7-4。

**表 7-10　主轴材料化学成分/%**

| 材料 | C | Si | Mn | S | P |
|---|---|---|---|---|---|
| 60Mn | 0.57~0.65 | 0.17~0.37 | 0.70~1.00 | ≤0.035 | ≤0.035 |
| 主轴 | 0.58 | 0.51 | 0.81 | 0.013 | 0.034 |

**2. 焊接工艺**

1)焊接方法及焊接材料

采用焊条电弧焊，在保证焊缝强度不低于母材原有强度的前提下，选用的焊条应有利于减少焊缝的含碳量及控制氢的来源，并有利于减少母材的熔入量。同时，还应使工件在焊接过程中受热最小，避免引起变形。因此，我们选用了$\phi$3.2 mm的日产神钢超低氢型60kg级高强度钢焊条LB-62UL，其工艺性能优于国产结607焊条，见表7-11。

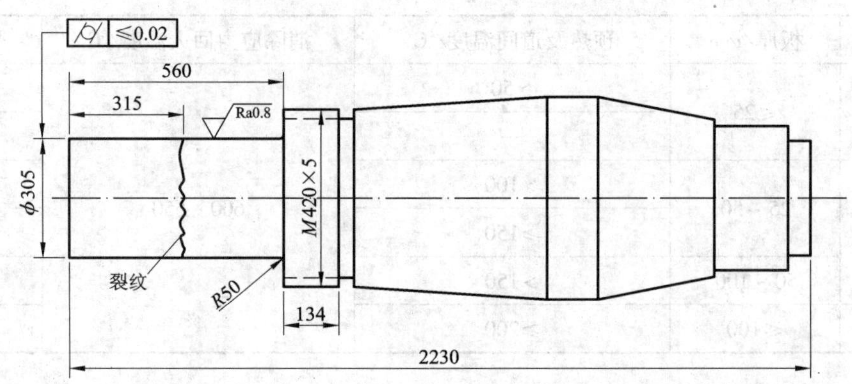


**图 7－4 主轴示意图**

**表 7－11 焊条性能对比**

| 焊条 | C/% | Si/% | Mn/% | S/% | P/% | $\sigma_b$/MPa |
|---|---|---|---|---|---|---|
| 结 607 | 0.12 | 0.60 | 1.25～1.75 | 0.035 | 0.035 | 600 |
| LB－62UL | 0.07 | 0.57 | 1.15 | 0.007 | 0.009 | 650 |

2）焊接设备

选用 ZX7－400 型逆变电焊机，采用直流反接。

3）焊接操作

（1）用角磨机顺裂纹打磨出宽 10 mm 的 U 形坡口，同时用 10 倍放大镜检查，最终用着色探伤检查，保证裂纹彻底清除。焊接之前，将坡口两边 50 mm 内油污和锈蚀彻底除去，直至露出金属光泽。

（2）在 $\phi$305 mm 轴颈段，用 2 条 20 kW 自控履带式远红外线加热器缓慢对轴颈加热到 300℃，电子测温计监视，严格控制升温速度，保证圆心和圆周表面温差不超过 50℃，以防止由于温度梯度大引起新的裂纹。

（3）焊前焊条应在 350℃～400℃ 烘焙 1h 后装入保温桶内，随用随取。

（4）为减少焊层的厚度与宽度，减少焊接热输入量，焊接在横焊位进行。

（5）为减少熔合比，电流应尽量小，可控制在 100～110 A，但要保证母材焊透。采用直线式运条法，焊速尽量快，电弧尽量压低些，焊缝收尾应填满弧坑，多层焊的层间接头应错开。

（6）为减少焊接应力，防止变形，每条焊缝长度为 100～150 mm，焊完后立即对焊缝进行锤击，当焊缝区温度与大轴预热温度相近时，应立即对轴的变形进行检查，无变形则可继续焊接，否则，应继续锤击焊缝直至应力全部释放无变形为止。但要注意在焊下一段时，焊区温度不能低于预热温度。

（7）每焊完一段，要用 10 倍放大镜仔细检查，确认无裂纹及其他缺陷后才能进行下一段的焊接。最后一层焊接留出 2～3 mm 的加工余量，并认真检查有无焊接缺陷。

（8）当焊缝全部焊完并粗检合格后，为有效地消除部分焊接应力，应立即进行 250℃保温

6h 的消氢处理。

(9)消氢处理完毕 24h 后，进行超声波探伤检查，确认无焊接缺陷。

(10)焊后先用角磨机对焊缝进行初磨，磨至与未焊处表面接近平齐后，用石油和机油将焊缝磨至与原表面一致平滑光洁为止。

**3. 焊接修复效果**

该主轴在装机前进行了认真检验，尺寸精度完全符合图纸要求，并且没有任何变形现象。经过四个多月重负荷使用，焊接部位无异常，经济效果显著。

# 7.3　高碳钢的焊接

## 7.3.1　高碳钢的焊接性

高碳钢的含碳量大于 0.60%，常用于制作高硬度、高耐磨性的部件或零件。由于其含碳量高，易产生高碳马氏体，增加了淬硬倾向和裂纹敏感性，因而焊接性比中碳钢更差。目前，高碳钢主要用焊条电弧焊和气焊对部件或零件进行焊补。

## 7.3.2　高碳钢的焊接工艺

**1. 焊接材料**

选择焊接材料时，主要根据接头的强度要求及现场情况选择低氢型焊接材料，并按要求注意烘干，必要时也可选用铬镍奥氏体不锈钢焊条。高碳钢焊接材料选择见表 7－12。

**表 7－12　高碳钢焊接材料选择**

| 焊接方法及焊件性质 | | 焊条牌号 |
|---|---|---|
| 焊条电弧焊 | 强度要求较高 | E7015－D2，E6015－D2 |
| | 强度要求一般 | E5015，E5016 |
| | 不要求预热 | E308－15(A107)，E309－16(A302)，E309－15(A307)，E310－16(A402)，E310－15(A407) |
| 气焊 | 强度要求较高 | 低碳钢焊丝 |
| | 强度要求较低 | 与母材成分相近的焊丝 |

注：焊条电弧焊时，也可选用与母材强度等级相当的低合金钢焊条或填充金属。

**2. 焊接工艺要点**

(1)尽量采用 U 形或 V 形坡口，尽量减少母材金属熔入焊缝中的比例，即减少熔合比。

(2)焊前一般要经过退火处理；为了避免淬硬组织，除了铬镍奥氏体不锈钢焊条外，一般焊前必须预热到 250℃～350℃，并在焊接过程中保持与预热温度一样的层间温度。

(3)尽量选用小的焊接电流和焊接速度，减少熔合比；锤击焊道，减少焊接残余应力，并尽量连续施焊。

(4)焊后应立即送入温度为 650℃炉中保温，进行缓冷，以消除应力。

### 7.3.3 技能训练：80 钢索斜拉桥拉紧接头焊接实例

某钢索斜拉桥的钢索直径为 146 mm，是由许多根直径为 7 mm 的 80 优质高碳钢丝拧绞而成，每根斜拉钢索很长，安装钢索时必须用力将钢索拉紧，才能保证桥的安全，这又要事先在钢索端头，以对接方式焊上一个高碳钢拉紧接头。其焊接工艺如下：

(1) 由于钢索为 80 优质高碳钢，焊前必须在较高温度下预热，预热温度为320℃ ~350℃。

(2)焊接方法为焊条电弧焊，采用强度级别比钢索低的 E6015 - D2(结607)，$\phi3.2$，焊接电流 90 ~120A。焊接时保持与预热温度相同的层间温度，焊后缓冷。

## 【综合训练】

一、填空题

1. 碳钢的焊接性主要取决于________，随着________的增加，焊接性逐渐________。

2. 低碳钢焊接性________，焊接过程中一般不需要采取________、________、________、________等工艺措施。

3. 中碳钢焊接时的主要问题是________和________。

4. 高碳钢由于________高，焊接时易产生高碳________，增加了________倾向和________敏感性，因而焊接性比中碳钢________。

5. Q235 钢焊条电弧焊时，可选用________型号焊条；埋弧焊时，可选用________焊丝配________焊剂；$CO_2$ 气体保护焊时，可选用________焊丝。

二、判断题

1. 低碳钢几乎可采用所有的焊接方法来焊接，并都能保证焊接接头的良好质量。(　)

2. 中碳钢因含碳较高，强度比低碳钢高，焊接性也随之变好。(　)

3. 中、高碳钢焊条电弧焊时应采用抗裂性能较好的碱性焊条。(　)

4. 中碳钢第一层焊缝应尽量采用小电流、慢焊速。(　)

5. 中、高碳钢焊后应锤击焊缝，以减少焊接残余应力。(　)

6. 碳钢焊接时，含碳量越高，其焊接性越差，预热温度越低。(　)

三、简答题

1. 简述中碳钢的焊接工艺。

2. 简述高碳钢的焊接工艺。

# 模块八　低合金钢的焊接

低合金钢是在碳钢的基础上添加了不超过5%的合金元素的钢。常用来制造焊接结构的低合金钢可分为高强度钢和专用钢。高强度钢按钢的屈服强度级别及热处理状态，可分为热轧及正火钢、低碳调质钢和中碳调质钢。专用钢按用途不同，可分为低温钢、耐热钢及耐蚀钢，其中耐热钢将在模块十中介绍。国内外常用低合金钢的牌号见表8-1。

表8-1　国内外常用低合金钢的牌号

| 类型 | 类别 | 屈服强度 $\sigma_s$/MPa | 国内外低合金钢牌号 |
|---|---|---|---|
| 高强度钢 | 热轧及正火钢 | 295~490 | Q295(09MnV,09Mn2,09MnNb,12Mn),Q345(16Mn,14MnNb,12MnV,16MnRE,18Nb),Q390(15MnV,16MnNb,15MnTi),Q420(15MnVN,14MnVTiRE),13MnNiMoNb,14MnMoVBRE,14MnMoV,18MnMoNb |
| | 低碳调质钢 | 450~980 | 15MnMoVN,14MnMoNbB,T-1,HT-80,Welten-80C,HY-80,NS-63,HY-130,HP9-4-20,HQ70,HQ80,HQ100,HQ130 |
| | 中碳调质钢 | 880~1176 | 35CrMoA,35CrMoVA,30CrMnSiA,30CrMnSiNi2A,40Cr,42CrMo 40CrMnSiMoA,40CrNiMoA,34CrNi3MoA,H-11 |
| 专用钢 | 低温钢 | - | 16MnDR, 09Mn2VREDR, 06MnNb, 06AlCuNbN, 06MnVTi, 2.5Ni, 3.5Ni |
| | 耐蚀钢 | - | 16CuCr,12MnCuCr, 09MnCuPTi,09CuPCrNi-A, 10MnPNbRE, 08SiAlV, 09AlVTiCu, 12AlMoV, 15Al3MoWTi, 15Al2Cr2MoWTi |

## 8.1　热轧及正火钢的焊接

### 8.1.1　热轧及正火钢的成分和性能

热轧及正火钢均在热轧或正火状态下使用，属于非热处理强化钢。为了保持较好的韧性、优良的冷成形性和焊接性，热轧及正火钢的含碳量均控制在0.20%以下。热轧及正火钢的成分及力学性能见表8-2。

**表 8－2　热轧及正火钢的化学成分和性能**

| 钢号（新牌号） | 钢号（旧牌号） | 化学成（分质量分数）/% | | | | | | | | | 交货状态 | 力学性能 | | | |
|---|---|---|---|---|---|---|---|---|---|---|---|---|---|---|---|
| | | C | Si | Mn | V | Mo | Nb | Ti | S ≤ | P ≤ | | $\sigma_s$ /MPa | $\sigma_b$ /MPa | $\delta_5$/% | $A_{kV}$/J |
| | | | | | | | | | | | | ≥ | | | |
| Q295 | 09MnV | ≤0.12 | 0.20～0.60 | 0.80～1.20 | 0.04～1.20 | | | | 0.045 | 0.050 | 热轧 | 295 | 431 | 23 | 59 |
| | 09MnNb | ≤0.12 | 0.20～0.60 | 0.80～1.20 | | | 0.015～0.050 | | 0.045 | 0.050 | 热轧 | 295 | 432 | 23 | 59 |
| Q345 | 14MnNb | 0.12～0.18 | 0.20～0.60 | 0.80～1.20 | | | 0.015～0.050 | | 0.045 | 0.050 | 热轧 | 345 | 490 | 21 | 59 |
| | 16Mn | 0.12～0.18 | 0.20～0.60 | 0.80～1.60 | | | | | 0.045 | 0.050 | 热轧 | 345 | 490 | 21 | 59 |
| Q390 | 15MnV | 0.12～0.18 | 0.20～0.60 | 1.20～1.60 | 0.04～1.20 | | 0.015～0.050 | | 0.045 | 0.050 | 热轧 | 390 | 529 | 19 | 59 |
| | 15MnTi | 0.12～0.18 | 0.20～0.60 | 1.20～1.60 | | | | 0.12～0.20 | 0.050 | 0.050 | 正火 | 390 | 529 | 19 | 59 |
| Q420 | 15MnVN | 0.12～0.20 | 0.20～0.60 | 1.30～1.70 | 0.10～0.20 | | | N 0.012～0.020 | 0.045 | 0.050 | 正火 | 420 | 588 | 18 | 59 |
| 18MnMoNb | | 0.17～0.23 | 0.17～0.37 | 1.35～1.65 | | 0.45～0.65 | 0.025～0.050 | | 0.035 | 0.035 | 正火＋回火 | 490 | 637 | 16 | 69 |
| 14MnMoV | | 0.10～0.18 | 0.20～0.50 | 1.20～1.60 | 0.05～0.15 | 0.40～0.65 | | | 0.035 | 0.035 | 正火＋回火 | 490 | 637 | 16 | 69 |
| X60 | | ≤0.12 | 0.15～0.40 | 1.0～3.0 | | | 0.02～0.05 | RE 2.0～2.5 | 0.025 | 0.03 | 控轧 | 414 | 517 | 20.5～23.5 | 54（－100℃） |

热轧钢主要靠锰、硅的固溶强化作用提高强度，其屈服强度一般为295～390 MPa。这种钢由于原材料资源丰富、价格便宜，具有良好的综合性能和工艺性能。

正火钢是在热轧钢的基础上除了添加锰、硅固溶强化元素外，再添加一些碳化物或氮化物元素（如V、Nb、Ti等）进一步沉淀强化和细化晶粒而形成的。正火不仅起到了细化晶粒作用，还使材料的塑性和韧性得到了改善，提高了综合性能。其屈服强度一般为343～490 MPa。当钢中加入Mo后，不仅可细化晶粒、提高强度，还可以提高钢材的中温性能，但这类钢必须在正火后进行回火才能保证其良好的塑性和韧性。

微合金化控轧钢是热轧及正火钢一个重要的新分支，是20世纪70年代发展起来的一类钢种。它采用了微合金化（加入微量Nb、V、Ti）和控制轧制等新技术，达到细化晶粒和沉淀强化相结合的效果，同时从冶炼工艺上采取了降碳、降硫，改变夹杂物形态，提高钢的纯净度等措施，使钢材具有均匀的细晶粒等轴铁素体基体。因此该类钢具有相当于或优于正火钢的质量，具有高强度、高韧性和良好的焊接性；主要用于制造石油、天然气的输送管线，如X60、X65、X70，因而又称为管线钢。此外，近年来开发出的焊接无裂纹钢（CF钢）及抗层状撕裂钢（*Z*向钢），从本质上讲都属于正火钢。

## 8.1.2　热轧及正火钢的焊接性

热轧及正火钢由于合金元素和碳含量都较低，因而其焊接性总体比较好，对于一些强度级别较低的热轧钢（如Q295），其焊接性和低碳钢相近。但随着强度级别的提高，焊接性将变差，因而需采取一定工艺措施才能进行焊接。这类钢焊接时，主要问题是焊接裂纹和热影响区脆化。

**1. 焊接裂纹**

热轧钢由于含有少量的合金元素，所以其淬硬倾向比低碳钢稍大些，在快冷时可能出现马氏体淬硬组织，从而增加冷裂倾向；但其含碳量低，一般情况下（除环境温度很低或钢板厚度很大时）冷裂纹倾向较小。

热轧及正火钢中含碳量较低，并含有一定的锰，Mn/S能达到防止产生热裂纹的程度，所以一般不会产生热裂纹。只有在原材料化学成分不符合规定（如含S、C量偏高）时才有可能产生热裂纹。

正火钢合金元素含量较多，与热轧钢相比，其淬硬倾向有所增加，特别是对于强度级别要求较高的钢，如18MnMoNb、14MnMoV等冷裂纹的倾向较大。此时，可通过控制焊接热输入、降低含氢量，采取预热和后热等措施来防止冷裂纹的产生。

此外18MnMoNb对再热裂纹比较敏感，可通过提高预热温度（到230℃）或焊后及时进行后热（180℃，2h），有效地防止其产生。

**2. 热影响区脆化**

热轧及正火钢焊接时，热影响区被加热到1100℃以上的粗晶区（过热区），是焊接接头的薄弱区，冲击韧度也最低，即所谓的脆化区。

热轧钢粗晶区的脆化主要与焊接热输入和含碳量有关。焊接热输入较大，因晶粒长大或出现魏氏组织等降低韧性；焊接热输入较小、含碳量接近上限时，由于粗晶区组织中马氏体的比例增多而降低韧性。

正火钢采用过大的热输入时，粗晶区在正火状态下弥散分布的TiC、VC和VN等溶入奥氏体中，将失去抑制奥氏体晶粒的长大及削弱组织细化的作用。此时粗晶区将出现粗大晶粒及上贝氏体、M－A 粗大组织；同时，由于 Ti、V 扩散能力低，冷却时来不及析出，将固溶于铁素体中，从而导致硬度提高、韧性下降。

此外，热轧及正火钢焊接时还可能产生热应变脆化，是由固溶氮引起的；一般认为，在200℃～400℃最明显，可通过加入足够的氮化物来降低热应变脆化倾向。

### 8.1.3 热轧及正火钢的焊接工艺

**1. 焊接方法的选择**

热轧及正火钢对焊接方法无特殊要求，适用于各种焊接方法，其中常用的是焊条电弧焊、埋弧焊、熔化极气体保护焊。在选择具体的焊接方法时，可根据产品的结构、性能要求和工厂的实际条件等因素确定。

**2. 焊接材料的选择**

热轧及正火钢一般按“等强”原则选择与母材强度相当的焊接材料，并综合考虑焊缝金属的韧性、塑性及抗裂性能。只要焊缝金属的强度不低于或略高于母材强度的下限值即可。焊缝强度过高，将导致焊缝韧性、塑性及抗裂性能的降低。同时还应考虑焊后是否进行消除应力热处理，如需要，则应选择强度稍高的焊接材料。强度级别较高的钢（≥420 MPa）或厚板结构焊接时，应选用韧性、塑性和抗裂性能好的碱性焊条。

热轧及正火钢焊条选用见表 8－3，其埋弧焊、电渣焊、$CO_2$ 气体保护焊焊材选用见表8－4。

**3. 焊接热输入**

热输入的确定主要取决于过热区的脆化和冷裂倾向。由于各种热轧及正火钢的脆化与冷裂倾向不同，因而对焊接热输入要求也有差别。

含碳量低的热轧钢［如 Q295（09Mn2）、Q295（12MnV）等］和含碳量接近下限的热轧钢［如 Q345（16Mn）等］，脆化及冷裂倾向小，因而对焊接热输入没有严格的限制；但含碳量偏高的 Q345（16Mn）钢，由于其淬硬倾向大，为防止冷裂纹的产生，焊接热输入应偏大些。

对于含 Nb、V、Ti 的正火钢，为了避免由于沉淀相的溶入及晶粒粗大所引起的脆化，应选用较小的热输入；对于碳及合金元素含量较高，屈服强度为 490 MPa 级的正火钢（如18MnMoNb），为避免产生冷裂纹并防止过热，宜采用较小的热输入并配合适当的预热措施。

**4. 预热**

焊前预热能降低焊后冷却速度，避免出现淬硬组织，减小焊接应力，是防止裂纹的有效措施，也有助于改善接头组织与性能，是热轧及正火钢焊接时常用的工艺措施。焊接屈服点在 390 MPa 以下的热轧钢一般可以不预热，只有厚板、刚性大的结构且在环境温度低的条件下，需预热至 100℃～150℃。屈服点在 390 MPa 以上的正火钢焊接时，一般需要考虑预热。几种热轧及正火钢的预热规范见表 8－5。

**5. 后热及焊后热处理**

热轧及正火钢后热主要是消氢处理，是防止冷裂纹的有效措施之一。热轧及正火钢一般焊后不进行热处理，只有在某些特殊情况下才采用焊后热处理，如厚板或强度等级较大（$\sigma_s$≥490 MPa）及有延迟裂纹倾向的钢等。此外，电渣焊焊缝焊后必须采用正火或正火＋回火处理。

**表 8－3　热轧及正火钢焊条选用**

| 钢　号 | 焊条型号 | 焊条牌号 |
|---|---|---|
| Q295（09Mn2）<br>Q295（09MnV）<br>09Mn2Si | E4301<br>E4303<br>E4315<br>E4316 | J423<br>J422<br>J427<br>J426 |
| Q345（16Mn）<br>Q345（14MnNb）<br>16MnCu | E5001<br>E5003<br>E5015<br>E5015－G<br>E5016<br>E508－G<br>E5018<br>E5028 | J503，J503Z<br>J502<br>J507，J507H，J507X，J507DF，J507D<br>J507GR，J507RH<br>J506，J506X，J506DF，J506GM<br>J506G<br>J506Fe，J507Fe，J506LMA<br>J506Fe16，J506Fe18，J507Fe16 |
| Q390（15MnV）<br>Q390（16MnNb）<br>15MnVCu | E5001<br>E5003<br>E5015<br>E5015－G<br>E5016<br>E5016－G<br>E5018<br>E5028<br>E5515－G<br>E5516－G | J503，J503Z<br>J502<br>J507，J507H，J507X，J507DF，J507D<br>J507GR，J507RH<br>J506，J506X，J506DF，J506GM<br>J506G<br>J506Fe，J507Fe，J506LMA<br>J506Fe16，J506Fe18，J507Fe16<br>J557，J557Mo，J557MoV<br>J556，J556RH |
| Q420（15MnVN）<br>15MnVNCu<br>15MnVTiRE | E5515－G<br>E5516－G<br>E6015－D1<br>E6015－G<br>E6016－D1 | J557，J557Mo，J557MoV<br>J556，J556RH<br>J607<br>J607Ni，J607RH<br>J606 |
| 18MnMoNb<br>14MnMoV<br>14MnMoVCu | E6015－D1<br>E6015－G<br>E6016－D1<br>E7015－D2<br>E7015－G | J607<br>J607Ni，J607RH<br>J606<br>J707<br>J707Ni，J707RH，J707NiW |
| X60<br>X65 | E4311<br>E5011<br>E5015 | J425XG<br>J505XG<br>J507XG |

**表 8-4　热轧及正火钢埋弧焊、电渣焊、$CO_2$ 气体保护焊焊材选用**

<table>
<tr><th rowspan="2">钢　号</th><th colspan="2">埋弧焊</th><th colspan="2">电渣焊</th><th rowspan="2">$CO_2$ 气体保护焊焊丝</th></tr>
<tr><th>焊剂</th><th>焊丝</th><th>焊剂</th><th>焊丝</th></tr>
<tr><td>Q295(09Mn2)<br>Q295(09MnV)<br>09Mn2Si</td><td>HJ430<br>HJ431<br>SJ301</td><td>H08A<br>H08MnA</td><td></td><td></td><td>ER49-1<br>ER50-6</td></tr>
<tr><td rowspan="3">Q345(16Mn)<br>Q345(14MnNb)<br>16MnCu</td><td>SJ501</td><td>薄板:H08A<br>H08MnA</td><td rowspan="3">HJ431<br>HJ360</td><td rowspan="3">H08MnMoA</td><td rowspan="3">ER49-1<br>ER50-6</td></tr>
<tr><td>HJ430<br>HJ431<br>SJ301</td><td>不开坡口对接<br>H08A<br>中板开坡口对接<br>H08MnA<br>H10Mn2</td></tr>
<tr><td>HJ350</td><td>厚板深坡口<br>H10Mn2<br>H08MnMoA</td></tr>
<tr><td rowspan="2">Q390(15MnV)<br>Q390(16MnNb)<br>15MnVCu</td><td>HJ430<br>HJ431</td><td>不开坡口对接<br>H08MnA<br>中板开坡口对接<br>H10Mn2<br>H10MnSi</td><td rowspan="2">HJ431<br>HJ360</td><td rowspan="2">H10MnMoA<br>H08Mn2MoVA</td><td rowspan="2">ER49-1<br>ER50-6</td></tr>
<tr><td>HJ250<br>HJ350<br>SJ101</td><td>厚板深坡口<br>H08MnMoA</td></tr>
<tr><td rowspan="2">Q420(15MnVN)<br>15MnVNCu<br>15MnVTiRE</td><td>HJ431</td><td>H10Mn2</td><td rowspan="2">HJ431<br>HJ360</td><td rowspan="2">H10MnMoA<br>H08Mn2MoVA</td><td rowspan="2">ER49-1<br>ER50-6</td></tr>
<tr><td>HJ350<br>HJ250<br>SJ101</td><td>H08MnMoA<br>H08Mn2MoA</td></tr>
<tr><td>18MnMoNb<br>14MnMoV<br>14MnMoVCu</td><td>HJ250<br>HJ350<br>SJ101</td><td>H08MnMoA<br>H08Mn2MoA<br>H08Mn2NiMo</td><td>HJ431<br>HJ360<br>HJ250</td><td>H10MnMoA<br>H10Mn2MoVA<br>H10Mn2NiMoA</td><td></td></tr>
<tr><td>X60<br>X65</td><td>HJ431<br>SJ101</td><td>H08Mn2MoA<br>H08MnMoA</td><td></td><td></td><td></td></tr>
</table>

表 8-5　几种热轧及正火钢的预热及焊后热处理规范

| 钢　号 | 预热温度/℃ | 焊后热处理温度/℃ | |
|---|---|---|---|
| | | 电弧焊 | 电渣焊 |
| Q295(09Mn2)<br>Q295(09MnV)<br>09Mn2Si | 不预热<br>(一般供应的板厚 $\delta \leqslant 16$ mm) | 不作热处理 | 900~930 正火 |
| Q345(14MnNb)<br>Q345(16Mn) | 100~150<br>($\delta \geqslant 30$ mm) | 600~650 退火 | 900~930 正火<br>600~650 回火 |
| Q390(15MnV)<br>Q390(15MnTi)<br>Q390(16MnNb) | 100~150<br>($\delta \geqslant 28$ mm) | 550 或 650 退火 | 950~980 正火<br>550 或 650 回火 |
| Q420(15MnVN)<br>15MnVTiRE | 100~150<br>($\delta \geqslant 25$ mm) | | 950 正火<br>650 回火 |
| 14MnMoV<br>18MnMoNb | 150~200 | 600~650 退火 | 950~980 正火<br>600~650 回火 |

## 8.1.4　技能训练：50 MW 的高压加热器的焊接实例

如图 8-1 所示是 50 MW 的高压加热器产品结构简图，材料为 Q345R(16MnR)，厚度为 12 mm，其纵缝采用不开坡口的双面埋弧焊工艺，其工艺卡见表 8-6。

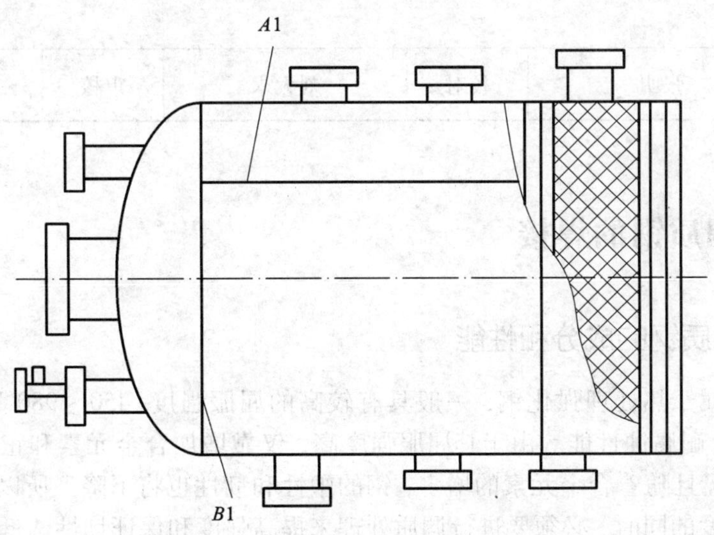


图 8-1　高压加热器产品结构简图

表 8－6　埋弧焊工艺卡

<table>
<tr><td>焊缝名称</td><td colspan="2">筒体纵缝</td><td colspan="3">母材牌号及规格</td><td colspan="2">Q345R(16MnR),12 mm</td></tr>
<tr><td>接头坡口形式</td><td colspan="7">2~4　12　18~22　0~3　18~22</td></tr>
<tr><td>焊前准备</td><td colspan="4">1. 清除焊缝两侧各 20 mm 范围内的油、锈等<br>2. 错边量不超过 1.2 mm<br>3. 采用焊条定位焊<br>4. 焊剂焊前烘干：250℃～300℃，2h</td><td>焊接材料</td><td colspan="2">1. E5015，$\phi 4$<br>2. H08MnA，$\phi 4$<br>3. 焊剂 HJ431</td></tr>
<tr><td>预热</td><td colspan="4">无</td><td>焊后热处理</td><td colspan="2">无</td></tr>
<tr><td rowspan="3">焊接工艺参数</td><td>层次</td><td>焊接电流/A</td><td>电弧电压/V</td><td>焊接速度/$(m \cdot h^{-1})$</td><td>送丝速度/$(m \cdot h^{-1})$</td><td>电流种类及极性</td><td>焊机型号</td></tr>
<tr><td>1</td><td>630～650</td><td>32～34</td><td>32</td><td>66</td><td>直流反接</td><td>MZ—1000</td></tr>
<tr><td>2</td><td>620～640</td><td>32～34</td><td>32</td><td>66</td><td>直流反接</td><td>MZ—1000</td></tr>
<tr><td>操作技术</td><td colspan="7">1. 双面单道焊<br>2. 第一层焊后，碳弧气刨清根<br>3. 第一层在焊剂垫上焊接</td></tr>
<tr><td>焊后检验</td><td colspan="7">1. 外观检验，焊缝表面无气孔、裂纹、未熔合、夹渣，咬边深≤0.5、长小于焊缝总长 10%<br>2. X 射线探伤，不低于Ⅱ级合格</td></tr>
<tr><td>编制</td><td>张明</td><td>校对</td><td colspan="2">刘大永</td><td>审核</td><td colspan="2">黄冰</td></tr>
</table>

## 8.2　低碳调质钢的焊接

### 8.2.1　低碳调质钢的成分和性能

低碳调质钢属于热处理强化钢，一般具有较高的屈服强度（450～980 MPa）、良好的塑性、韧性及耐磨、耐腐蚀性能。由于其屈服强度高，仅靠增加合金元素和正火是达不到提高强度的目的的，况且随着合金元素的增多，钢的塑性和韧性也将下降。所以对这类钢在增加合金元素提高强度的同时，必须要进行调质处理来提高强度和保证韧性。低碳调质钢的含碳量一般不超过 0.22%，大多在 0.18% 以下，加入的合金元素有 Cr、Ni、Mo、V、Nb、B、Ti 等。常用的几种低碳调质钢的化学成分、力学性能分别见表 8－7、表 8－8。

表8-7　常用低碳调质钢的化学成分/%

| 钢号 | 化学成分/% | | | | | | | | | Ceq/% |
|---|---|---|---|---|---|---|---|---|---|---|
| | C | Mn | Si | S | P | Ni | Cr | Mo | V | 其他 | |
| 15MnMoVN | 0.12~0.20 | 1.30~1.70 | 0.20~0.30 | ≤0.035 | ≤0.012 | - | - | 0.40~0.60 | 0.10~0.20 | N=0.01~0.02 | 0.54 |
| 14MnMoNbB | 0.12~0.18 | 1.30~1.80 | 0.15~0.35 | ≤0.03 | ≤0.03 | - | - | 0.45~0.7 | - | Nb=0.02~0.06<br>B=0.0005~0.0030 | 0.56 |
| WCF60(62) | ≤0.09 | 1.10~1.50 | 0.15~0.35 | ≤0.02 | ≤0.03 | ≤0.50 | ≤0.30 | ≤0.30 | 0.02~0.06 | B≤0.003 | 0.47 |
| HQ70A | 0.09~0.16 | 0.60~1.20 | 0.15~0.40 | ≤0.03 | ≤0.03 | 0.30~1.00 | 0.30~0.60 | 0.20~0.40 | V+Nb≤0.10 | Cu=0.15~0.50<br>B=0.0005~0.0030 | 0.52 |
| HQ80C | 0.10~0.16 | 0.60~1.20 | 0.15~0.35 | ≤0.015 | ≤0.025 | - | 0.60~1.20 | 0.30~0.60 | 0.03~0.08 | Cu=0.15~0.50<br>B=0.0005~0.003 | 0.58 |

注：WCF60(62)为焊接无裂纹钢(简称CF钢)，HQ为高强度钢。

表 8-8 常用低碳调质钢的力学性能

| 钢　号 | δ/mm | $\sigma_s$/MPa | $\sigma_b$/MPa | $\delta_5$/% | $A_{kV}$/J(横向) |
|---|---|---|---|---|---|
| 15MnMoVN | 18~40 | ≥590 | ≥690 | ≥15 | -40℃,U 形≥27 |
| 14MnMoNbB | ≤50 | ≥686 | ≥755 | ≥14 | -40℃,U 形≥31 |
| WCF60(62) | 16~50 | ≥490 | 610~725 | ≥18 | -40℃,≥40 |
| HQ70A | ≥18 | ≥590 | ≥685 | ≥17 | -20℃,≥39;-40℃,≥29 |
| HQ80C | - | ≥685 | ≥785 | ≥16 | -20℃,≥47;-40℃,≥29 |

## 8.2.2 低碳调质钢的焊接性

低碳调质钢含碳量低，而且对硫、磷等杂质控制严格，因而具有良好的焊接性。由于主要是通过调质获得强化效果，所以焊接时的主要问题除了焊接接头产生裂纹和热影响区脆化外，还有热影响区软化问题。

**1. 焊接裂纹**

(1)冷裂纹。低碳调质钢虽然含碳量低，但其有较多提高淬透性的合金元素，因而淬硬性较大，特别是在焊接接头拘束度大、冷却速度过快和含氢量较高时，易产生冷裂纹。但由于这类钢马氏体含碳量较低，$M_s$点较高(接近400℃)，如果焊接接头在该温度附近以较慢的速度进行冷却，则生成的马氏体能进行一次“自回火”处理，从而使韧性提高，避免产生冷裂纹；反之，如冷却速度较快，来不及进行“自回火”，则很可能产生冷裂纹。因此为防止冷裂纹的产生，在 $M_s$点附近的冷却速度要低些。

(2)热裂纹。低碳调质钢由于碳、硫含量较低，含锰量及 Mn/S 较高，因而一般产生热裂纹倾向较小。但当钢中含镍较高、含锰较低时，热裂纹倾向增大。在实际生产中，只要正确选用焊接材料(调整 Mn 含量)，是不会产生热裂纹的。

(3)再热裂纹。低碳调质钢为了提高淬透性和抗回火性，加入了很多合金元素，如 Cr、Mo、Cu、V、Nb、Ti、B 等，这些合金元素大多能引起再热裂纹。其中 V 的影响最大，其次是 Mo，当 V 和 Mo 同时存在时再热裂纹倾向更严重。一般认为 Mo-V 钢，尤其是 Cr-Mo-V 钢对再热裂纹较敏感，Mo-B 钢和 Cr-Mo 也有一定的产生再热裂纹的倾向。

低碳调质钢由于采用了现代冶炼技术，对夹杂物控制较严格，纯净度较高，因而层状撕裂的敏感性较低。

**2. 热影响区脆化问题**

低碳调质钢的合金化方式不同于热轧和正火钢，它通过调质处理来保证获得高强度和具有一定韧性的低碳马氏体和下贝氏体，这些正常的淬火组织并不是造成过热区脆化的原因。

低碳调质钢过热区脆化的原因是，当过热区 800℃~500℃冷却速度较低时，会形成低碳马氏体+上贝氏体+M-A 组元的混合组织，尤其当 M-A 组元增多时，热影响区的韧性将会明显恶化，脆性转变温度迅速提高，导致脆化。因此在实际焊接中，应控制合适的冷却速度，既保证钢材具有良好的韧性，又能防止冷裂纹。同样其热影响区也会因过热而引起奥氏体晶粒粗化而导致脆化。

此外，当钢材中含 Ni 量较高时，形成的高 Ni 马氏体甚至上贝氏体都具有较好的韧性，因此增加钢材中含 Ni 量能改善近缝区的韧性。

**3. 热影响区软化问题**

软化发生在焊接加热温度为母材原回火温度至 $A_{c_1}$ 之间的区域。母材强度等级越高，软化问题越突出。母材原回火温度越低，热影响区软化范围越大且软化程度越严重。此外软化的程度和软化区的宽度与加热的峰值温度、焊接方法和热输入也有密切关系。焊接热输入越小，加热冷却速度越快，热影响区受热时间越短，则软化程度越小，软化区的宽度越窄。采用焊接热量集中的焊接方法对减弱软化也有利。对于热影响区软化，可采用焊后重新调质处理或控制焊接热输入等措施。

## 8.2.3　低碳调质钢的焊接工艺

低碳调质钢焊接时主要考虑两个问题：一是接头在 $M_s$点的冷却速度不能过快，使马氏体产生“自回火”，以免产生冷裂纹；二是要控制 800℃ ~500℃冷却速度，使其大于产生脆性混合组织的临界速度，防止过热区脆化。至于软化问题，在采用小热输入焊接后可基本解决。

**1. 焊接方法**

焊接低碳调质钢时，焊条电弧焊、埋弧焊、气体保护焊和电渣焊等方法都可采用。但对于 $\sigma_s \geqslant 686$ MPa 级的钢，最好采用气体保护焊；对于 $\sigma_s$为 980 MPa 级的钢，宜采用钨极氩弧焊或真空电子束焊。

**2. 焊接材料**

当母材在调质状态下焊接时，由于焊后一般不再进行调质处理，选用的焊接材料应保证焊缝金属在焊态下具有与母材相同的力学性能；当母材在退火（或正火）状态下焊接时，应保证焊缝经调质处理后，具有与母材相同的力学性能，即选择化学成分与母材相近的焊接材料。低碳调质钢常用焊接方法的焊接材料选择见表 8 -9。

**表 8 -9　低碳调质钢常用焊接方法的焊接材料选择**

| 钢 号 | 焊条电弧焊 | 埋弧焊 | 气体保护焊 | 电渣焊 |
|---|---|---|---|---|
| 15MnMoVN | E7015(J707) | H08Mn2MoA<br>H08Mn2NiMoA<br>HJ350 | HS -70A 或<br>HS -70B(H08Mn2NiMoA)<br>$CO_2$ 或 Ar + $CO_2$ 20% | H10Mn2NiMoA<br>H10Mn2NiMoVA<br>HJ360 或 HJ431 |
| 14MnMoNbB | E8015(J807)<br>E8515(J857)<br>E8015 -G(J807RH) | H08Mn2MoA<br>H08Mn2Ni2CrMoA<br>HJ350 或 SJ603 | HS -80A(H08Mn2Ni2Mo)<br>ER110S -1(美)<br>ER110S -G(美)<br>Ar + $CO_2$ 20% 或<br>Ar + $O_2$ 1% ~2% | H10Mn2MoA<br>H08Mn2Ni2CrMoA<br>H10Mn2NiMoVA<br>HJ360 或 HJ431 |
| WCF -62 | 新 607CF<br>CHE62CF(L) | — | H08Mn2SiMo<br>Mn -Ni -Mo 系 | — |
| HQ70A | E7015(J707) | — | HS -70A 或 HS -70B<br>(H08Mn2NiMo)<br>$CO_2$ 或 Ar + $CO_2$ 20% | — |

必须注意的是，选用的焊接材料要严格控制氢的含量，应具有低氢或超低氢性能。

**3. 焊接工艺参数**

(1)焊接热输入。为防止冷裂纹的产生，要求冷却速度慢些，但为了防止热影响区脆化，则要求冷却速度快些，所以要选择合适的焊接热输入，使冷却速度在既不产生冷裂纹而又不产生过热区脆化的范围内。一般做法是在满足热影响区韧性条件下，尽量采用较大热输入。如焊接热输入提高到最大值仍不能避免冷裂纹，则应采取预热或后热措施。

(2)预热温度。为了防止冷裂纹，焊接低碳调质钢时常常需要采用预热措施，同时也应防止由于预热温度过高而使热影响区冷却速度减慢，使该区产生 M－A 组元和粗大的贝氏体组织脆化。因此预热温度较低，一般不超过 200℃，这样可以降低在 $M_s$ 点附近的冷却速度，从而通过马氏体的"自回火"作用提高抗裂性能。常见低碳调质钢的预热温度见表 8－10。

**表 8－10　低碳调质钢的预热温度**

| 钢 号 | 预热温度/℃ | 备 注 |
| --- | --- | --- |
| 15MnMoVN | $\delta \leq 22$ mm,100～150;$\delta > 22$ mm,150～200 | $\delta < 13$ mm 可不预热,最高预热温度≤250℃ |
| 14MnMoNbB | $\delta \leq 20$ mm,150～200;$\delta > 20$ mm,200～250 | 最高预热温度≤300℃ |
| WCF62 | 可不预热 | 母材 Ceq 偏高时,预热温度采用 50℃ |
| HQ70A | 140 | 当拘束度较小时可适当降低 |

(3)焊后热处理。一般情况下焊接结构焊后不需进行热处理，但如果焊件焊后或冷加工后钢的韧性过低，要求保证结构尺寸稳定或要求焊接结构承受应力腐蚀时，则应施行焊后热处理。为了保证材料的强度，消除应力处理的温度应避开再热裂纹的敏感温度，同时也应比钢材原来的回火温度低 30℃左右。

### 8.2.4　技能训练：15MnMoVN 球形高压容器的环缝焊接实例

球形高压容器采用 15MnMoVN 低碳调质钢制造，壁厚为 66 mm，环缝焊接坡口形状和尺寸如图 8－2 所示，其焊接工艺如下：

**1. 焊接方法**

采用焊条电弧焊和埋弧焊。先用焊条电弧焊焊接第一面坡口，然后用碳弧气刨对第二面坡口清根后，用埋弧焊焊满坡口。

**2. 焊接材料**

焊条电弧焊用 E7015(J707)，$\phi 4$、$\phi 5$ 焊条；埋弧焊采用 H08Mn2NiMoA，$\phi 4$ 焊丝配 HJ350。

**3. 预热温度**

焊前将焊件加热到 150℃～200℃，层间温度控制在 150℃～350℃。

**4. 焊接工艺参数**

电源采用直流反接。焊条电弧焊，E7015(J707)、$\phi 4$，焊接电流 170～190A，电弧电压 22～24V；E7015(J707)、$\phi 5$，焊接电流 220～240A，电弧电压 23～26V。埋弧焊，

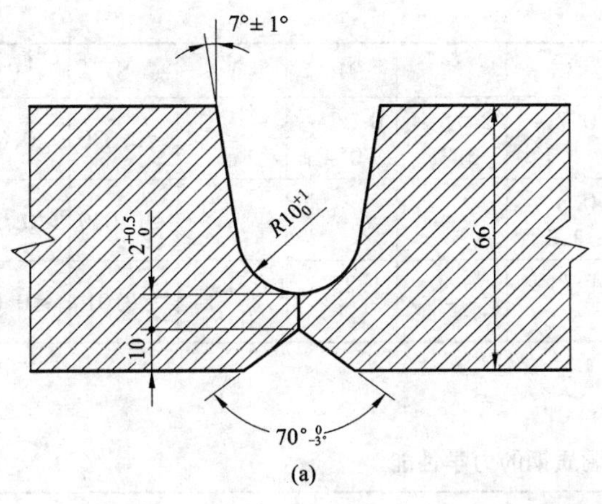


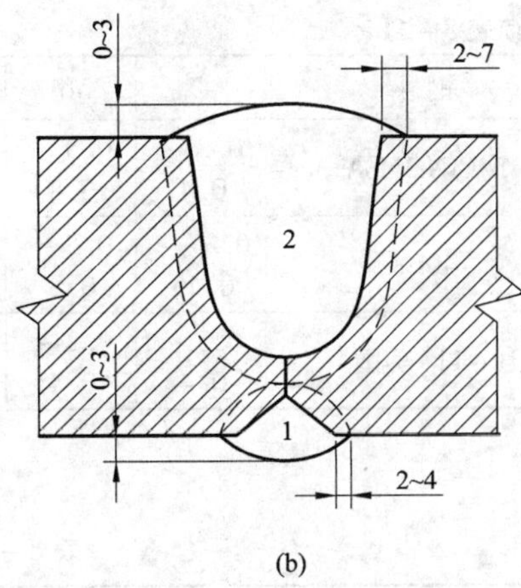


**图 8－2　环缝坡口形式及焊接顺序**

(a)环缝坡口形式；(b)焊接顺序

*H*08Mn2NiMoA、$\phi$4 焊丝，HJ350 焊剂，焊接电流 550～600A，电弧电压 35～37V，焊接速度 26～29m/h。

**5. 焊后热处理**

焊后立即进行消氢处理，温度 350℃～400℃，保温 3h。然后进行消除应力热处理，加热温度 600℃～620℃，保温 4h。

# 8.3　中碳调质钢的焊接

## 8.3.1　中碳调质钢的成分和性能

中碳调质钢的屈服强度高达 880～1176 MPa。为了保证高强度和高硬度，钢中碳的质量分数较高，通常为 0.25%～0.45%。为了保证钢的淬透性和消除回火脆性，钢中常加入 Mn、Si、Cr、Ni、B、Mo、W、V、Ti 等合金元素，同时控制 S、P 等元素含量。常见中碳调质钢的化学成分和力学性能见表 8－11 和表 8－12。

**表 8－11　中碳调质钢的化学成分/%**

| 钢号 | C | Mn | Si | Cr | Ni | Mo | V | S | P |
|---|---|---|---|---|---|---|---|---|---|
| 30CrMnSiA | 0.28～0.35 | 0.8～1.1 | 0.9～1.2 | 0.8～1.1 | ≤0.30 | – | – | ≤0.030 | ≤0.035 |
| 30CrMnSiNi2A | 0.27～0.34 | 1.0～1.3 | 0.9～1.2 | 0.9～1.2 | 1.4～1.8 | – | – | ≤0.025 | ≤0.025 |
| 40CrMnSiMoVA | 0.37～0.42 | 0.8～1.2 | 1.2～1.6 | 1.2～1.5 | ≤0.25 | 0.45～0.60 | 0.07～0.12 | ≤0.025 | ≤0.025 |
| 35CrMoA | 0.30～0.40 | 0.4～0.7 | 0.17～0.35 | 0.9～1.3 | – | 0.2～0.3 | – | ≤0.030 | ≤0.035 |
| 35CrMoVA | 0.30～0.38 | 0.4～0.7 | 0.2～0.4 | 1.0～1.3 | – | 0.2～0.3 | 0.1～0.2 | ≤0.030 | ≤0.035 |

续表 8－11

| 钢号 | C | Mn | Si | Cr | Ni | Mo | V | S | P |
|---|---|---|---|---|---|---|---|---|---|
| 34CrNi3MoA | 0.3～0.4 | 0.5～0.8 | 0.27～0.37 | 0.7～1.1 | 2.75～3.25 | 0.25～0.4 | – | ≤0.030 | ≤0.035 |
| 40Cr | 0.37～0.45 | 0.5～0.8 | 0.2～0.4 | 0.8～1.1 | – | – | – | ≤0.030 | ≤0.035 |
| H－11(美国) | 0.3～0.4 | 0.2～0.4 | 0.8～1.2 | 4.75～5.5 | – | 1.25～1.75 | 0.3～0.5 | ≤0.01 | ≤0.01 |

**表 8－12　中碳调质钢的力学性能**

| 钢　号 | 热处理工艺 | $\sigma_s$/MPa | $\sigma_b$/MPa | $\delta$/% | $\psi$/% | $a_{kV}$/(J·cm$^{-2}$) | HB |
|---|---|---|---|---|---|---|---|
| 30CrMnSiA | 870℃～890℃油淬,510℃～550℃回火 | ≥833 | ≥1078 | ≥10 | ≥40 | ≥49 | 346～363 |
| | 870℃～890℃油淬,200℃～260℃回火 | – | ≥1568 | ≥5 | – | ≥25 | ≥444 |
| 30CrMnSiNi2A | 890℃～910℃油淬,200℃～300℃回火 | ≥1372 | ≥1568 | ≥9 | ≥45 | ≥59 | ≥444 |
| 40CrMnSiMoVA | 890℃～970℃油淬,250℃～270℃回火,4h 空冷 | – | ≥1862 | ≥8 | ≥35 | ≥49 | HRC≥52 |
| 35CrMoA | 860℃～880℃油淬,560℃～580℃回火 | ≥835 | ≥980 | ≥12 | ≥45 | ≥49 | 197～241 |
| 35CrMoVA | 880℃～900℃油淬,640℃～660℃回火 | ≥686 | ≥814 | ≥13 | ≥35 | ≥39 | 255～302 |
| 34CrNi3MoA | 850℃～870℃油淬,580℃～670℃回火 | ≥833 | ≥931 | ≥12 | ≥35 | ≥39 | 285～341 |
| 40Cr | 850℃油淬,520℃回火 | ≥785 | ≥980 | ≥91 | ≥45 | 91 | ≤207 |
| H－11(美国) | 980℃～1040℃空淬,约540℃回火,约480℃回火 | ≈1725 ≈2070 | – | – | – | – | – |

中碳调质钢根据其合金系统的不同，有 Cr 系、Cr－Mo 系、Cr－Mn－Si 系、Cr－Ni－Mo 系几种类型。

Cr 系以 Cr 为主要合金元素，应用较广泛的有 40Cr 等，主要用于制造较重要的、在交变载荷下工作的零件，如大型齿轮、轴类等。

Cr－Mo 系是在 Cr 钢基础上加入 0.15%～0.25% 的 Mo 或 V，如 35CrMoVA、35CrMoA 等，主要用于制造一些承受负荷较高、截面较大的重要零部件，如汽轮机叶轮、主轴和发电机转子等。

Cr－Mn－Si 系是广泛使用的中碳调质钢，如 40CrMnSiMoVA、30CrMnSiNi2A、30CrMnSiA 等。常用于制造飞机起落架、座舱骨架和机翼主架等。

Cr－Ni－Mo 系由于加入了 Ni 和 Mo，提高了淬透性和抗回火软化性，使钢具有较好的综合性能，如 34CrNi3MoA 等。主要用于制造高负荷、大截面的轴类以及承受冲击载荷的构件，如汽轮机、坦克壳体及火箭发动机外壳等。

另外 H－11(美国)属于超高强度钢，主要用于制造超音速喷气机机体材料。

## 8.3.2 中碳调质钢的焊接性

中碳调质钢由于含碳量高，同时加入了较多的合金元素，淬硬倾向严重，因而焊接性较差，主要存在以下几方面的问题：

**1. 焊接裂纹**

(1)热裂纹。中碳调质钢的碳和合金元素含量较高，焊缝金属凝固结晶时结晶温度区较大，容易出现偏析，因而产生热裂纹的倾向较大。为了防止热裂纹的产生，要求采用低碳焊丝(一般含碳量限制在0.15%以下)，严格控制母材及焊丝中的S、P含量，同时在焊接工艺上要注意填满弧坑。

(2)冷裂纹。中碳调质钢淬硬倾向十分明显，在焊缝和热影响区易产生高碳马氏体，同时焊接时产生的焊接应力使冷裂纹产生的倾向增大。为了防止冷裂纹的产生，必须采取预热及焊后消除应力处理等措施。

**2. 热影响区脆化**

中碳调质钢由于含碳量高、合金元素多，淬硬倾向大，因而在淬火区产生大量具有较高硬度和脆性的高碳马氏体，导致严重脆化。由于该钢的淬硬倾向大，即使采用大热输入，也难以避免马氏体形成，反而会使马氏体晶粒粗大，因此为了防止过热区脆化，目前常用的方法是采用小热输入配合预热、缓冷及后热等措施。

**3. 热影响区软化**

中碳调质钢焊前为调质状态时，当热影响区被加热到超过调质处理的回火温度区域，将会出现强度和硬度低于母材的软化区。软化的程度与钢的强度和焊接热输入有关。钢的强度越高，焊接热输入越大，软化程度越严重，同时软化区的宽度也越大。采用集中的焊接热源有利于降低热影响区的软化程度。如图8-3所示为30CrMnSi不同焊接方法焊接时，热影响区的软化情况；用电弧焊时，软化区的最低抗拉强度为880~1030 MPa，而用气焊时则只有590~685 MPa。

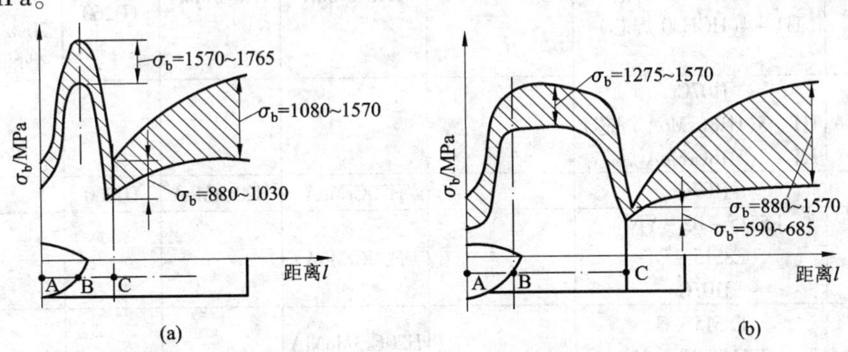


**图8-3 30CrMnSi不同焊接方法时热影响区的软化情况**

(a)电弧焊；(b)气焊

## 8.3.3 中碳调质钢的焊接工艺

中碳调质钢大都在退火(或正火)状态下焊接，当焊件形状复杂或热处理变形不易控制时，也在调质状态下进行焊接。

**1. 退火(或正火)状态下的焊接工艺**

在退火(或正火)状态下焊接时，需要解决的问题主要是裂纹，热影响区的性能变化可通过焊后的调质处理来解决。

1)焊接方法

目前几乎所有的焊接方法都可用于中碳调质钢的焊接，无特殊要求。一些薄板焊接时主要使用 $CO_2$ 气体保护焊、钨极氩弧焊和微束等离子焊等。

2)焊接材料

为了保证焊缝在调质后与母材的力学性能一致，应选择与母材成分相近的焊接材料，同时应严格控制能引起焊缝热裂纹产生倾向和促使金属脆化的元素，如 C、Si、S、P 等。几种常用中碳调质钢的焊接材料选择可参见表 8－13。

**表 8－13　中碳调质钢焊接材料的选择**

| 钢号 | 焊条电弧焊 | 气体保护焊 | | 埋弧焊 | | 备注 |
|---|---|---|---|---|---|---|
| | | $CO_2$ 气体保护焊 | 钨极氩弧焊 | 焊丝 | 焊剂 | |
| 30CrMnSiA | E8515－G(J857Cr)<br>E10015－G(J107Cr)<br>HT－1(H08A 焊芯)<br>HT－1(H08CrMoA 焊芯)<br>HT－3(H08A 焊芯)<br>HT－3(H18CrMoA 焊芯)<br>HT－4(HGH41 焊芯)<br>HT－4(HGH30 焊芯) | H08Mn2SiMoA<br>H08Mn2SiA | H18CrMoA | H20CrMoA<br>H18CrMoA | HJ431<br>HJ431<br>HJ260 | HT 为航空用焊条牌号。HT－4(HGH41)和 HT－4(HGH30)为用于调质状态下焊接的镍基合金焊条 |
| 30CrMnSiNi2A | HT－3(H18CrMoA 焊芯)<br>HT－4(HGH41 焊芯)<br>HT－4(HGH30 焊芯) | | H18CrMoA | H18CrMoA | HJ350－1<br>HJ260 | HJ350－1 为 80%～82% 的 HJ350 与 18%～20% 黏结焊剂 1 号的混合物 |
| 40CrMnSiMoVA | J107Cr<br>HT－3(H18CrMoA 焊芯)<br>HT－2(H18CrMoA 焊芯) | | | | | |
| 35CrMoA | J107Cr | | H20CrMoA | H20CrMoA | HJ260 | |
| 35CrMoVA | E5515－B2－VNb<br>E8515－G<br>J107Cr | | H20CrMoA | | | |
| 34CrNi3MoA | E8515－G<br>E11MoVNb－15 | | H20Cr3MoNiA | | | |
| 40Cr | E8515－G | | | | | |
| H－11(美国) | E1－5MoV－15(R507) | | HCr5MoA | | | |

3)焊接工艺参数

(1)预热。为了保证在调质处理前不出现裂纹，一般情况下都必须预热，预热温度和层间温度一般在 200℃～350℃。

(2)焊接热输入。由于焊后要进行调质处理，一般采用比较小的热输入。

(3)焊后热处理。焊后应立即进行调质处理，如来不及，为了在调质处理前不致产生延迟裂纹，还必须在焊后及时进行一次中间热处理，即在等于或略高于预热温度下保温一段时间，或进行650℃～680℃高温回火。这样，一方面可以减少接头里扩散氢的含量，另一方面也可使组织转变为对冷裂纹敏感性低的组织，从而防止延迟裂纹的产生和消除应力。

**2. 调质状态下的焊接工艺**

在调质状态下进行焊接时，除了要考虑裂纹外，还要考虑热影响区由高碳马氏体引起的硬化和脆化及高温回火区软化引起的强度降低。对于硬化和脆化可通过焊后回火处理来解决，因而在调质状态下焊接时，主要考虑通过工艺参数防止冷裂纹和避免软化。

1)焊接方法

为了减少热影响区的软化，应采用热量集中、能量密度大的焊接方法，而且焊接热输入越小越好。因而气体保护焊尤其是氩弧焊的效果较好，而等离子弧焊和真空电子束焊效果更好。目前从经济性和方便性考虑，焊条电弧焊用得最广。

2)焊接材料

由于焊后不再进行调质处理，因而选择焊接材料时可不考虑成分和热处理规范与母材相匹配，主要根据接头强度要求及对裂纹的控制方面选择材料。为了防止冷裂纹，经常采用纯奥氏体的铬镍钢焊条或镍基焊条，以获得较高塑性的焊缝。

3)焊接工艺参数

(1)预热。焊前若高温回火，预热温度和层间温度应控制在200℃～350℃；焊前低温回火，预热温度和层间温度应比母材原回火温度低50℃。

(2)焊接热输入。为了减少热影响区的软化和脆化，应采用较小的热输入。

(3)焊后热处理。焊后应立即进行回火处理，但须避开钢材的回火脆性温度，同时应控制比母材原回火温度低50℃。

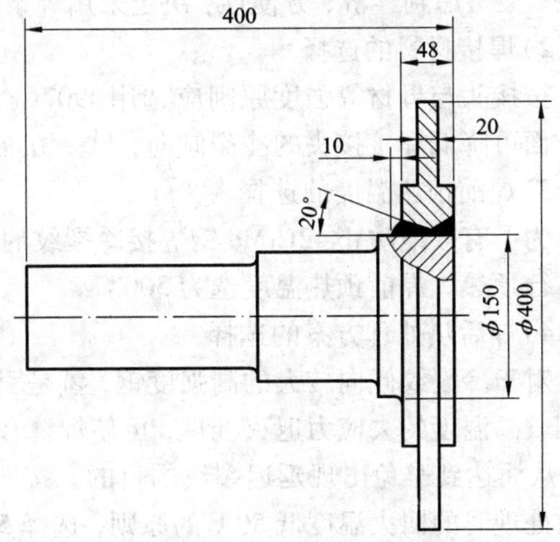

**图8－4　法兰轴结构示意**

## 8.3.4　技能训练：42CrMo水轮机法兰轴的焊接实例

某水轮机厂生产的出口水轮机，据外商要求法兰轴采用42CrMo中碳调质高强钢，外形尺寸如图8－4所示。基于法兰轴形状特殊，轴颈与法兰尺寸相差甚远，以及该厂的锻造条件有限等原因，所以该法兰轴是法兰和轴分体锻造加工后再进行焊接而成的。

**1. 42CrMo中碳调质高强钢焊接性分析**

42CrMo钢系中碳调质高强钢，屈服强度 $\sigma_s \geqslant 950$ MPa，要求在调质状态下进行焊接，其化学成分及调质处理温度见表8－14。

表 8－14　化学成分及调质处理温度

| 化学成分/% | | | | | | | 调质处理温度/℃ | | |
|---|---|---|---|---|---|---|---|---|---|
| C | Si | Mn | Cr | Mo | Ni | S,P | 淬火 | 回火 | |
| | | | | | | | | 法兰 | 轴 |
| 0.42 | 0.25 | 0.68 | 1.0 | 0.21 | 0.28 | <0.025 | 850 | 580 | |

由于该钢的含碳量较高，强度高，焊接接头淬硬倾向大，焊接时易出现冷裂纹；另外该中碳调质钢的 $M_s$ 点较低，在低温下形成的马氏体一般难以产生“自回火”效应，这又增大了冷裂敏感性，可见其焊接性很差。因此需制定严格的工艺，焊接时需采取焊前预热及焊后处理等措施。

**2. 焊接工艺参数的选择**

1）焊接方法的选择

42CrMo 法兰轴要求在调质状态下焊接，为减少热影响区的软化，宜采用焊接热输入小的方法。又考虑到经济、方便性，决定采用焊条电弧焊，焊接电流及焊接速度应严格控制。

2）焊接材料的选择

按接头与母材等强度原则应选用 J907Cr 焊条。这里采用强度略低于母材的 J807 焊条，一方面可降低焊接接头的冷裂倾向，另一方面也降低了一定的成本。

3）焊前预热温度的选择

为了有效地防止 42CrMo 钢焊接冷裂纹的产生及减小焊接热影响区软化，工件在焊前必须进行预热。焊前预热温度选为 300℃。

4）焊后热处理方案的选择

对于冷裂纹倾向较大的高强度钢，氢是引起焊接冷裂纹的重要因素之一。焊接生产中常采用较高温度的去应力退火处理，可使焊缝和热影响区的扩散氢含量及内应力降到很低的水平，从而达到避免出现延迟裂纹的目的。按照调质钢在调质状态下焊接时，热处理温度应比调质处理时的回火温度低 50℃的原则，选择 530℃的热处理温度，保温 3h 。

**3. 焊接工艺**

（1）焊前严格清除坡口及其附近的油污、铁锈、水渍、毛刺及其他杂质。

（2）将工件整体入炉预热，预热温度 300℃，升温速度 80℃/h，保温 2 h。

（3）焊条使用前在(400 ± 10)℃条件下烘干 2 h，随后放入 100℃ ~ 150℃焊条保温箱内，随用随取。

（4）采用直流反接，焊条 J807、$\phi4$，焊接电流 160 ~ 180 A，电弧电压 23 ~ 25 V ，焊接速度 160 ~ 170 mm/min。

（5）焊接采用多层多道焊，如图 8－5 所示，且两面交替焊接。焊接时，在不产生裂纹的情况下，每个焊层应尽量薄，一般不大于焊条直径。每条焊道的引弧、收弧处要错开，收弧时填满弧坑。施焊过程中，要保持层间温度不低于预热温度。

在多层多道焊接中，后一焊道对前一焊道起到热处理的作用，最后一焊层需熔敷一层退火焊道，以改善焊缝的组织和提高抗裂性，退火焊道采用 J427、$\phi4$ 焊条焊接。

(6)每条焊道焊后应清渣，仔细检查有无气孔、裂纹、夹渣等缺陷。发现缺陷应彻底清除后重焊。

(7)焊后热处理，工艺曲线如图 8-6 所示。

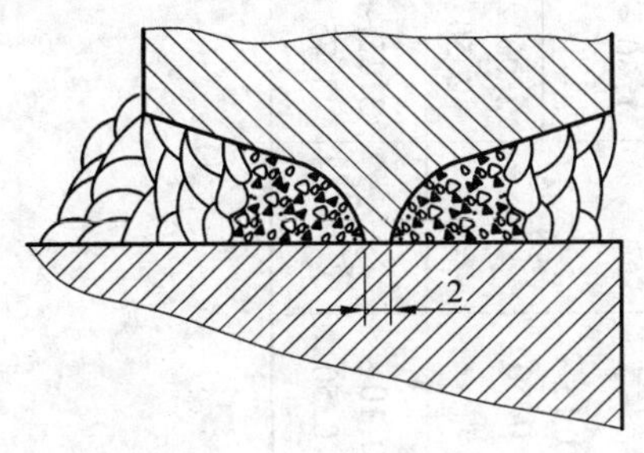


图 8-5　法兰轴的多层多道焊

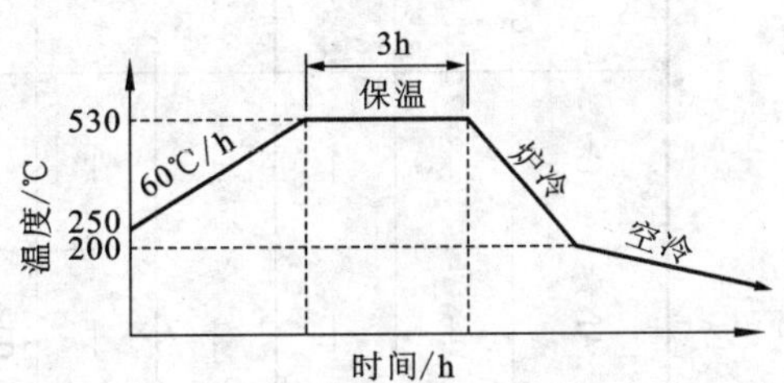


图 8-6　焊后热处理工艺曲线

# 8.4　低合金低温钢的焊接

## 8.4.1　低合金低温钢的成分和性能

通常把 -10℃ ~ -196℃称为“低温”(我国从 -40℃算起)，低于 -196℃称超低温。低温钢主要用于低温下工作的容器、管道和结构，如液化石油气储罐、冷冻设备及石油化工低温设备等。对低温钢的主要性能要求是保证在使用温度下具有足够的韧性及抵抗脆性破坏的能力。低温钢一般是通过合金元素的固溶强化、晶粒细化，并通过正火或正火 + 回火处理细化晶粒、均化组织，而获得良好的低温韧性。为保证低温韧性，在低温钢中应尽量降低含碳量，并严格限制 S、P 含量。

低温钢按成分可分为不含 Ni 及含 Ni 两大类。按钢的显微组织分，有铁素体型(16MnDR、09Mn2VDR、3.5Ni 等)、低碳马氏体型(含 Ni 较高，如 9Ni 等)和奥氏体型(18-8 型等)三种，这里只讨论应用最广的低合金低温钢，即铁素体型低温钢。低温钢一般以不同的使用温度分级，可分为 -40℃、-50℃、-60℃、-70℃、-80℃、-90℃、-100℃、-196℃及 -253℃九个温度级别。常用的有用于 -40℃以下焊接的 16MnDR；用于 -50℃以下焊接的 15MnNiDR 和 09Mn2VDR；用于 -70℃以下焊接的 09MnNiDR；用于 -90℃以下焊接的 06MnNb；用于 -100℃以下焊接的 3.5Ni 等。

常用低合金低温钢的温度等级和化学成分见表 8-15。常用低合金低温钢的力学性能见表 8-16。

表 8-15　常用低合金低温钢的温度等级和化学成分/%

| 类别 | 温度等级/℃ | 钢号 | 组织状态 | C | Mn | Si | V | Nb | Cu | Al | Cr | Ni | 其他 |
|---|---|---|---|---|---|---|---|---|---|---|---|---|---|
| 无镍低温钢 | -40 | 16MnDR | 正火 | ≤0.20 | 1.20～1.60 | 0.20～0.60 | — | — | — | — | — | — | — |
| | -70 | 09Mn2VDR | 正火 | ≤0.12 | 1.40～1.80 | 0.20～0.50 | 0.04～0.10 | — | — | — | — | — | — |
| | | 09MnTiCuREDR | 正火 | | 1.40～1.70 | ≤0.40 | — | — | 0.20～0.40 | — | — | — | Ti 0.30～0.80<br>RE 0.15 |
| | -90 | 06MnNb | 正火 | ≤0.07 | 1.20～1.60 | 0.17～0.37 | — | 0.02～0.04 | — | — | — | — | — |
| | -100 | 06MnVTi | 正火 | ≤0.07 | 1.40～1.80 | 0.17～0.37 | 0.04～0.10 | — | — | 0.04～0.08 | — | — | — |
| | -105 | 06AlCuNbN | 正火 | ≤0.08 | 0.80～1.20 | ≤0.35 | — | 0.04～0.08 | | 0.04～0.15 | — | — | N 0.010～0.015 |
| 含镍低温钢 | -60 | 1.5Ni | 正火或调质 | ≤0.14 | 0.30～0.70 | 0.10～0.30 | 0.02～0.05 | 0.15～0.50 | ≤0.35 | 0.15～0.50 | ≤0.25 | 1.30～1.60 | Mo≤0.10 |
| | | 2.5Ni | | ≤0.17 | ≤0.80 | | | | | | | 2.00～2.50 | |
| | -100 | 3.5Ni | 正火或调质 | ≤0.17 | ≤0.80 | 0.10～0.30 | 0.02～0.05 | 0.15～0.50 | ≤0.35 | 0.10～0.50 | ≤0.25 | 3.25～3.75 | — |

表 8－16　常用低合金低温钢的力学性能

| 钢号 | 热处理状态 | 试验温度/℃ | $\sigma_s$/MPa | $\sigma_b$/MPa | $\delta_5$/% | $A_{kV}$/J |
|---|---|---|---|---|---|---|
| 16MnDR | 正火 | －40 | ≥343 | 493～617 | ≥21 | ≥21 |
| 09Mn2VDR | 正火 | －70 | ≥343 | 461～588 | ≥21 | ≥21 |
| 09MnTiCuREDR | 正火 | －70 | ≥312 | 441～568 | ≥21 | ≥21 |
| 06MnNb | 正火 | －90 | ≥294 | 392～519 | ≥21 | ≥21 |
| 06MnVTi | 正火 | －100 | ≥294 | ≥392 | ≥21 | ≥21 |
| 06AlCuNbN | 正火 | －100 | ≥294 | ≥392 | ≥21 | ≥21 |
| 2.5Ni | 正火 | －50 | ≥255 | 450～530 | ≥23 | ≥20.5 |
| 3.5Ni | 正火 | －101 | ≥255 | 450～530 | ≥23 | ≥20.5 |

### 8.4.2　低合金低温钢的焊接性

不含 Ni 的低温钢由于其含碳量低，其他合金元素含量也不高，淬硬和冷裂倾向小，因而具有良好的焊接性。此类钢一般可不采用预热，应避免在低温下施焊；但板厚或拘束较大时，可考虑预热。

含镍低温钢由于添加了 Ni，虽增大了钢的淬硬性，但并不显著，冷裂倾向也不大，当板厚或拘束较大时，应采用适当预热。Ni 可能增大热裂倾向，但是严格控制钢及焊接材料中的 C、S 及 P 的含量，以及采用合理的焊接工艺条件，增大焊缝成形系数，可以避免热裂纹产生。保证焊缝和过热区的低温韧性是低温钢焊接时的技术关键。

### 8.4.3　低温钢的焊接工艺

1）焊接方法及焊接热输入

低温钢常用的焊接方法有焊条电弧焊、埋弧焊、钨极氩弧焊及熔化极气体保护焊等。为保证接头的低温韧性，焊接时必须控制其热输入。焊条电弧焊焊接热输入应控制在 20kJ/mm 以下，熔化极气体保护焊焊接热输入应控制在 25kJ/mm 左右，埋弧焊焊接热输入应控制在 28～45kJ/mm较合适。

2）焊接材料

常用低温钢焊条电弧焊焊条及焊接工艺参数见表 8－17。埋弧焊时，为降低焊缝金属的含氧量、提高韧性，应选用氧化性低的碱性焊剂，通常选用高碱度的烧结焊剂。埋弧焊焊丝有两种，一是不含 Ni 的 C－Mn 钢焊丝，可加入微量 Ti、B 合金元素，目的是细化晶粒；二是含 Ni 焊丝，在 Mn 或 Mn－Mo 焊丝中加入 Ni，以保证焊缝获得良好的低温韧性。常用低温钢埋弧焊焊丝和焊剂的选用见表 8－18。

3）焊接工艺措施

为避免焊缝金属及近缝区形成粗晶组织而降低低温韧性，焊接时要求采取如下工艺措施：

（1）采用小的热输入，控制焊接电流大小，焊条尽量不摆动，采用窄焊道、快速焊。

**表 8－17　常用低温钢焊条电弧焊焊条及焊接工艺参数**

| 钢号 | 焊条型号 | 焊条牌号 | 焊条直径/mm | 焊接电流/A | 电弧电压/V | 焊接速度/(mm·s$^{-1}$) |
|---|---|---|---|---|---|---|
| 16MnDR | E5015－G | J507RH | 3.2 | 90～120 | 22～26 | 1～3 |
| | E5016－G | J506RH | 4 | 140～170 | | 2～4 |
| 15MnNiDR | E5015－G | W607 | 3.2<br>4 | 80～110<br>130～150 | | 2～3<br>2～4 |
| 09Mn2VDR | E5515－$C_1$ | W707Ni | | | | |
| | E5015－G | W607 | | | | |
| 09MnNiDR | E5515－G | W707 | | | | |
| | E5515－$C_1$ | W707Ni | | | | |
| 2.5Ni | E5515－$C_1$ | W707Ni | | | | |
| | E5015－G | W607 | | | | |
| 06MnNb | E5015－$C_2$L | W107 | | | | |
| | E5515－$C_2$ | W907Ni | | | | |
| 3.5Ni | E5515－$C_2$ | W907Ni | | | | |
| | E5015－$C_2$L | W107 | | | | |

**表 8－18　常用低温钢埋弧焊的焊丝和焊剂**

| 钢　号 | 工作温度/℃ | 焊　剂 | 配用焊丝 |
|---|---|---|---|
| 16MnDR | －40 | SJ101，SJ603 | H10MnNiMoA，H06MnNiMoA，H10Mn2A |
| 09MnTiCuREDR | －60 | SJ102，SJ603 | H08MnA，H08Mn2 |
| 09Mn2VDR | －70 | HJ250 | H08Mn2MoVA |
| 2.5Ni | －70 | SJ603 | H08Mn2Ni2A |
| 06MnNb | －90 | HJ250 | H05MnMoA |
| 3.5Ni | －90 | SJ603 | H05Ni3A |

(2)多层多道焊，通过多道焊后续焊道的重热作用细化晶粒。

(3)当板厚或拘束较大时，可考虑预热；严格控制道间温度(层间温度)，以减轻焊道过热，一般道间温度不应大于200℃～300℃。

(4)为消除应力，提高焊接接头抗低温脆性断裂的能力，可采取焊后消除应力热处理。常用低温钢焊前预热与焊后热处理温度见表8－19。

**表 8－19　常用低温钢焊前预热与焊后热处理温度**

| 材料牌号 | 焊前预热 | | 焊后热处理/(°) |
|---|---|---|---|
| | 板厚/mm | 预热温度/(°) | |
| 09MnD | ≥30 | ≥50 | 500～620 |
| 16MnD，16MnDR | | | 600～640 |
| 09MnNiD，09MnNiDR<br>15MnNiDR | | | 540～580 |
| 3.5Ni | ＞25 | 100～150 | 600～625 |

(5)避免产生焊接缺陷，确保焊缝中不存在弧坑、未焊透、咬边和成形不良等缺陷；否则，低温时因钢材对缺陷和应力集中的敏感性增大而增大接头低温脆性破坏倾向。

### 8.4.4　技能训练：16MnDR 储气罐的焊接实例

某公司设计生产的储气罐属Ⅰ类压力容器，该设备选用材料为16MnDR低温钢，容器规格为 $\phi$1800 mm×7200 mm×26 mm，设备焊后需整体热处理。

**1. 坡口形式及尺寸**

坡口角度为60°的V形坡口，钝边、装配间隙如图8－7所示。焊前要清除坡口两侧20 mm内的铁锈、油污及水分，直至能看到金属光泽。

**2. 焊接方法及焊接材料**

为提高生产效率，采用埋弧焊，但埋弧焊的焊接热输入大，使焊缝低温冲击韧性降低，这对于16MnDR低温钢的焊接是不利的。因此必须选择合理的焊丝/焊剂组配。

焊剂的碱度对低温韧性有很大的影响。碱度越大，焊缝金属的含氧量越低，则其冲击韧性越高。SJ101氟碱型烧结焊剂属于碱性焊剂，其碱性氧化物CaO和MgO的含量较多，碱度较高，且含硫、磷量较低。SJ101还具有松装密度小、熔点高等特点，适用于大热输入的焊接。由于烧结焊剂具有碱度高，冶金效果好，能获得较好的强度、塑性和韧性配合的优点，因此我们选用SJ101烧结焊剂，配合H10Mn2A焊丝作为焊接材料。焊剂焊前需350℃严格烘干，保温2h。

**3. 焊接工艺**

焊接时应遵循小热输入、快速焊的原则，层(道)间温度应控制在150℃以下，焊接工艺参数见表8－20。采用多层多道焊，焊接层次见图8－7。焊接完毕后需进行热处理，其参数曲线见图8－8。

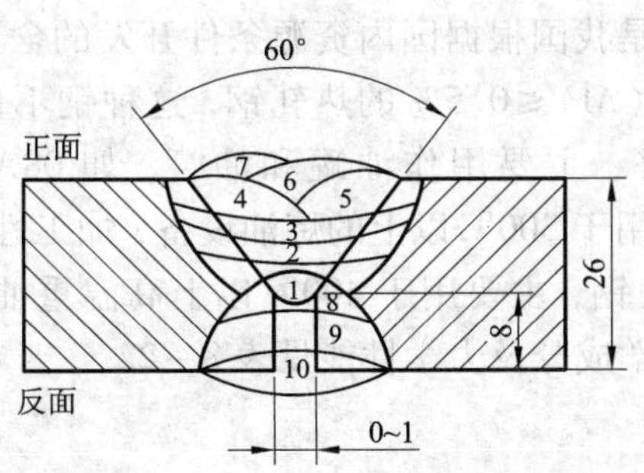


图8－7　坡口形式尺寸及焊接层次

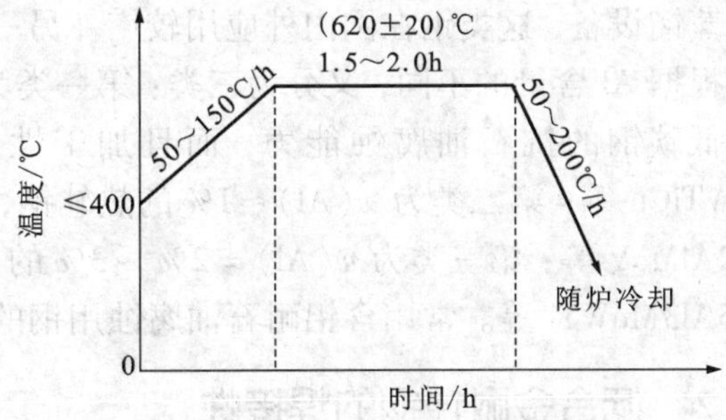


图8－8　焊后热处理的参数曲线

**表8－20　焊接工艺参数**

| 焊接层次 | 焊丝直径/mm | 电源极性 | 焊接电流/A | 电弧电压/V | 焊接速度/(cm·min$^{-1}$) | 焊接热输入/(kJ·cm$^{-1}$) |
|---|---|---|---|---|---|---|
| 1,2,8,9 | 4 | DC | 480~500 | 30~33 | 50 | 17.3~19.8 |
| 3~7,10 | 4 | DC | 500~530 | 33~36 | 47 | 21.1~24.4 |

**4. 产品焊接质量**

此埋弧焊工艺用于产品A、B类焊缝的焊接，焊后拍片合格率在98%以上，既保证了产品的低温冲击韧性，又保证了焊缝的外观质量，提高了焊接生产率。

# 8.5 低合金耐蚀钢的焊接

根据用途不同，低合金耐蚀钢可分为耐大气腐蚀用钢(即耐候钢)、耐海水腐蚀用钢和耐石油腐蚀用钢。前两种钢在成分和性能上有许多共同之处，基本属于同一类型。

## 8.5.1 低合金耐蚀钢的成分和性能

**1. 耐大气、耐海水腐蚀用低合金钢**

为了保证能耐大气和海水腐蚀，这类钢的合金系统主要以Cu、P为主，配以Cr、Mn、Ti、Ni、Nb、RE等合金元素。一般Cu含量在0.2%~0.5%时，既能获得较好的耐腐蚀性，又对钢的韧性影响不大，否则过多的Cu会使钢产生热脆性；P与Cu共存时，能显著提高钢的耐腐蚀性，一般$w$(P)在0.06%~0.15%，为了降低P的有害作用，应限制$w$(C)在0.12%以内。此外Cr也能提高钢的耐腐蚀性能，Ni与Cu、P、Cr共同加入也能提高耐腐蚀效果。

耐大气腐蚀钢除了Cu-P系列外，为了改善焊接性和韧性，还发展了一类不加P的耐大气腐蚀用钢，如Cu-Cr-Ni-Mo系和Cr-Cu-V系等。

常用耐大气和海水腐蚀用钢的化学成分与力学性能见表8-21，这两类钢均为热轧或正火状态，组织为铁素体+珠光体。

**2. 耐石油腐蚀用低合金钢**

石油、化工工业中大量的腐蚀是由于硫和硫化物引起的，特别是硫化氢的腐蚀性最强。耐石油腐蚀用钢主要有两大类型：一类是Cr-Mo钢，低合金Cr-Mo钢主要用于输油管道与原油蒸馏设备，这类钢在国内外应用较广。另一类是我国根据国内资源条件开发的含Al钢，其中根据Al含量的不同，又分为三类：第一类为$w$(Al)≤0.5%的热轧钢，这种钢不仅具有优于低碳钢的抗石油腐蚀能力，而且加工性能好，主要用作油罐和油管，如08AlMoV、09AlVTiCu等；第二类为$w$(Al)≈1%的热轧钢，可用于300℃以上的炼油设备，加工性良好，如12AlMoV等；第三类为$w$(Al)=2%~3%的正火钢，主要用于400℃以上高温重油部位，如15Al3MoWTi等。常用含铝耐石油腐蚀用钢的化学成分及力学性能见表8-22。

## 8.5.2 低合金耐蚀钢的焊接性

**1. 耐大气、耐海水腐蚀用低合金钢的焊接性**

耐大气、耐海水腐蚀用钢，除了含P外，其化学成分与一般的低合金热轧钢没有原则差别。虽然钢中含有Cu、P等合金元素，但其$M_s$较高，淬硬倾向较小，冷裂倾向较小。由于铜的含量较低，焊接时一般不会产生热裂纹。含磷钢中，碳和磷都控制在较低水平，因而冷脆倾向也不大。因此其焊接性与屈服强度为235~392 MPa的低合金热轧钢相当，焊接性较好。可参考这一强度级别的热轧钢的焊接工艺。对于调质状态交货的15MnCuCr-QT，可参考低合金低碳调质钢的焊接工艺进行焊接。

**表 8－21　常用耐大气、海水腐蚀用钢的化学成分与力学性能**

| 钢号 | 化学成分/% | | | | | | | | 钢材厚度<br>/mm | 力学性能 | | | 力学性能(冲击试验) | | |
|---|---|---|---|---|---|---|---|---|---|---|---|---|---|---|---|
| | C | Si | Mn | Cu | Cr | Ni | P | S | | $\sigma_b$<br>/MPa | $\sigma_s$<br>/MPa | δ/% | 等级 | 温度/℃ | $A_{kV}$/J |
| 16CuCr | 0.12～<br>0.20 | 0.15～<br>0.35 | 0.35～<br>0.65 | 0.20～<br>0.40 | 0.20～<br>0.60 | — | ≤0.040 | ≤0.040 | ≤16<br>16～40<br>>40 | ≥402<br>≥402<br>≥382 | ≥245<br>≥235<br>≥216 | ≥22<br>≥24<br>≥22 | A<br>B<br>C | —<br>0<br>－20 | —<br>≥27.5<br>≥27.5 |
| 12MnCuCr | 0.08～<br>0.15 | 0.15～<br>0.35 | 0.60～<br>1.00 | 0.20～<br>0.40 | 0.30～<br>0.65 | — | ≤0.040 | ≤0.040 | ≤16<br>16～40<br>>40 | ≥421<br>≥421<br>≥412 | ≥294<br>≥284<br>≥265 | ≥22<br>≥24<br>≥22 | A<br>B<br>C | —<br>0<br>－20 | —<br>≥27.5<br>≥27.5 |
| 15MnCuCr | 0.10～<br>0.19 | 0.15～<br>0.35 | 0.90～<br>1.30 | 0.20～<br>0.40 | 0.30～<br>0.65 | — | ≤0.040 | ≤0.040 | ≤16<br>16～40<br>>40 | ≥490<br>≥490<br>≥470 | ≥343<br>≥333<br>≥312 | ≥20<br>≥22<br>≥20 | A<br>B<br>C | —<br>0<br>－20 | —<br>≥27.5<br>≥27.5 |
| 15MnCuCr－QT | 0.10～<br>0.19 | 0.15～<br>0.35 | 0.90～<br>1.30 | 0.20～<br>0.40 | 0.30～<br>0.65 | — | ≤0.040 | ≤0.040 | ≤16<br>16～40<br>>40 | 549～696<br>549～696<br>549～696 | ≥441<br>≥431<br>≥412 | ≥20<br>≥22<br>≥20 | A<br>B<br>C | －20<br>－20<br>－20 | ≥31.4<br>≥31.4<br>≥31.4 |
| 09CuPCrNi－A | ≤0.12 | 0.25～<br>0.75 | 0.20～<br>0.50 | 0.25～<br>0.50 | 0.30～<br>1.25 | ≤0.65 | 0.07～<br>0.15 | ≤0.040 | ≤6 热轧<br>>6 热轧<br>≤2.5 冷轧 | ≥480<br>≥480<br>≥451 | ≥343<br>≥343<br>≥314 | ≥22<br>≥22<br>≥26 | —<br>— | 0 | ≥27.5 |
| 09MnCuPTi | ≤0.12 | 0.20～<br>0.50 | 1.00～<br>1.50 | 0.20～<br>0.40 | — | Ti≤0.03 | 0.05～<br>0.12 | ≤0.050 | ≤16<br>17～25 | ≥490<br>≥490 | ≥343<br>≥333 | ≥21<br>≥19 | — | — | — |
| 08CuPVRE | ≤0.12 | 0.20～<br>0.40 | 0.25～<br>0.50 | 0.25～<br>0.35 | V0.02～<br>0.08 | RE0.01<br>～0.05 | 0.07～<br>0.12 | ≤0.040 | ≤16 热轧 | ≥460 | ≥345 | ≥22 | — | 20 | 73 |
| 08MnCuPVRE | ≤0.12 | 0.20～<br>0.40 | 0.20～<br>0.50 | ≥0.25 | — | RE≤0.12 | ≤0.070 | ≤0.040 | — | ≥431 | ≥294 | ≥24 | — | 20<br>－40 | ≥38.8<br>≥29.4 |
| 08PVRE | 0.09～<br>0.11 | 0.22～<br>0.38 | 0.55～<br>0.74 | — | V0.07～<br>0.08 | RE≤0.20 | 0.08～<br>0.10 | ≤0.020 | 8<br>15 | ≥544<br>≥500 | ≥402<br>≥368 | ≥26.5<br>≥24 | — | 20 | 132<br>191 |
| 10MnPNbRE | ≤0.14 | 0.20～<br>0.60 | 0.80～<br>1.20 | — | Nb<br>0.015～<br>0.05 | RE≤0.20 | 0.06～<br>0.12 | — | ≤10 | ≥510 | ≥392 | ≥19 | — | — | — |

注:冲击试验为 V 形缺口,纵向取样;QT 表示调质状态交货。

表 8 - 22　常用含铝耐石油腐蚀用钢的化学成分与力学性能

| 类别 | 钢号 | 化学成分/% | | | | | | | | 力学性能 | | | | 冲击值/(J · cm$^{-2}$) |
|---|---|---|---|---|---|---|---|---|---|---|---|---|---|---|
| | | C | Si | Mn | Al | Mo | V | Ti | 其他 | $\sigma_b$/MPa | $\sigma_s$/MPa | $\delta_5$/% | $\psi$/% | |
| Ⅰ | 15MoVAlTiRE | 0.12 ~ 0.18 | 0.20 ~ 0.50 | 0.30 ~ 0.80 | 0.20 ~ 0.30 | 0.50 ~ 0.70 | 0.20 ~ 0.40 | 0.40 ~ 0.60 | RE 0.15 | 515.5 ~ 526.3 | — | 30 | 75 | 209.7 ~ 279.3 |
| Ⅰ | 08AlMoV | ≤0.10 | 0.15 ~ 0.35 | 0.40 ~ 0.60 | 0.20 ~ 0.40 | ≤0.10 | ≤0.10 | — | — | 468.4 | 319.5 | 28.5 | 55.7 | 104 ~ 169 |
| Ⅰ | 09AlVTiCu | ≤0.12 | 0.30 ~ 0.50 | 0.40 ~ 0.60 | 0.3 ~ 0.5 | — | 0.1 ~ 0.2 | ≤0.03 | Cu 0.2 ~ 0.4 | ≥490 | ≥343 | ≥21 | — | — |
| Ⅱ | 12AlV | ≤0.15 | 0.50 ~ 0.80 | 0.30 ~ 0.60 | 0.70 ~ 1.10 | — | 0.03 ~ 0.1 | — | — | ≥431.2 | ≥294 | ≥21 | — | — |
| Ⅱ | 12AlMoV | ≤0.15 | 0.50 ~ 0.80 | 0.30 ~ 0.60 | 0.70 ~ 1.10 | 0.30 ~ 0.40 | 0.03 ~ 0.1 | — | — | ≥431.2 | ≥304 | ≥21 | — | — |
| Ⅱ | 08SiAlV | ≤0.10 | 0.30 ~ 0.60 | 0.30 ~ 0.60 | 0.60 ~ 0.90 | — | 0.08 ~ 0.12 | — | — | ≥441 | ≥343 | ≥17 | ≥50 | — |
| Ⅱ | 09AlMoCu | ≤0.12 | 0.30 ~ 0.50 | 0.40 ~ 0.60 | 0.80 ~ 1.0 | 0.20 ~ 0.40 | — | — | Cu 0.2 ~ 0.4 | ≥490 | ≥343 | ≥21 | — | ≥58.5 |
| Ⅲ | 15Al3MoWTi | 0.13 ~ 0.18 | ≤0.50 | 1.50 ~ 2.00 | 2.20 ~ 2.80 | 0.40 ~ 0.60 | — | 0.20 ~ 0.40 | W 0.4 ~ 0.6 | ≥490 | ≥392 | ≥20 | — | 58.8 ~ 118 |
| Ⅲ | 15Al2Cr2MoWTi | 0.12 ~ 0.18 | ≤0.70 | 1.50 ~ 2.00 | 1.40 ~ 2.00 | 0.40 ~ 0.60 | Cr1.80 ~ 2.50 | 0.20 ~ 0.40 | W 0.4 ~ 0.6 | 647 ~ 657 | 510 ~ 549 | ≥20 | ≥51 | 77.4 ~ 92.1 |
| Ⅲ | 10Al2MoTi | 0.06 ~ 0.13 | ≤0.40 | 0.30 ~ 0.70 | 2.00 ~ 2.60 | 0.25 ~ 0.35 | — | 0.40 ~ 0.60 | — | — | — | — | — | — |
| Ⅲ | 10Al2CrMoTi | 0.06 ~ 0.13 | ≤0.40 | 0.30 ~ 0.70 | 2.00 ~ 2.60 | 0.20 ~ 0.30 | — | 0.20 ~ 0.30 | Cr 0.4 ~ 0.6 | — | — | — | — | — |

**2. 耐石油腐蚀用低合金钢的焊接性**

低合金 Cr－Mo 钢将在其他模块介绍，这里主要分析含 Al 的耐石油腐蚀用低合金耐蚀钢的焊接性。含 Al 耐石油腐蚀用钢碳含量低，合金元素总含量不超过 5%，组织为铁素体＋少量珠光体，使焊接冷裂倾向较小。但铝的存在也给焊接带来了新的问题，即产生“铁素体带”脆化问题。所谓铁素体带脆化是指焊接以后在熔合线靠近母材一侧产生 1~2 个晶粒宽的粗铁素体带（也称为脱碳层），而使金属缺口冲击韧度显著降低的现象，它同时也使焊接接头耐蚀性恶化。已经查明，铁素体带的形成是母材一侧碳向焊缝迁移所致。其中，第一类含 Al 耐蚀钢的这种倾向不明显，具有良好的焊接性，与低碳钢或强度较低的低合金钢相近；第二类含 Al 耐蚀钢能产生连续或不连续的铁素体带；第三类含 Al 耐蚀钢铁素体带能达到一定的宽度，因此焊接性均比较差。此外焊接时的铝极易氧化而难以进行焊缝金属的合金化也是需要考虑的问题。

## 8.5.3　低合金耐蚀钢的焊接工艺

**1. 耐大气、耐海水腐蚀用低合金钢的焊接工艺**

耐大气、耐海水腐蚀用低合金钢，可采用焊条电弧焊、埋弧焊、$CO_2$气体保护焊及 $CO_2$＋Ar 的混合气体保护焊等方法焊接。这类钢在选择焊接材料时，除了满足强度要求外，在耐腐蚀性方面须与母材相匹配，因此应选用耐腐蚀的专用焊接材料。

**表 8－23　耐大气、耐海水腐蚀用低合金钢焊条电弧焊的焊条及气体保护焊的焊丝**

| 焊材牌号 | 焊条型号 | 药皮类型 | 主要用途 |
|---|---|---|---|
| J422CrCu | E4303 | 钛钙型 | 适合 Cu－P 系耐候钢焊接 |
| J422NiCrCu | E4303 | 钛钙型 | 适合 12MnCuCr 等耐候钢焊接 |
| J502CuP | E5003－G | 钛钙型 | 适合 Cu－P 系耐候钢及耐海水腐蚀钢焊接 |
| J502NiCu<br>J502WCu | E5003－G | 钛钙型 | 适合 09MnCuPTi 等耐候铁路车辆钢焊接 |
| J502NiCrCu | E5003－G | 钛钙型 | 适合耐候铁路车辆钢及近海工程结构焊接 |
| J506WCu | E5016－G | 低氢钾型 | 适合 09MnCuPTi 等耐候钢焊接 |
| J506NiCrCu<br>J506NiCu | E508－G | 低氢钾型 | 适合耐候铁路车辆钢及近海工程结构焊接 |
| J507NiCu | E5015－G | 低氢钠型 | 适合耐候铁路车辆钢及近海工程结构焊接 |
| J507NiCuP | E5015－G | 低氢钠型 | 适合耐海水及大气腐蚀的 10MnSiCu，09MnCuPTi 钢焊接 |
| J507WCu | E5015－G | 低氢钠型 | 适合耐大气腐蚀的 09MnCuPTi，15MnCuCr 钢焊接 |
| J507CrNi | E5015－G | 低氢钠型 | 适合耐海水腐蚀的海洋重要结构焊接 |
| J507CuP | E5015－G | 低氢钠型 | 适合耐海水及大气腐蚀的 16MnPNbRE，09MnCuPTi 钢焊接 |
| H08MnSiCuCrNi－Ⅱ | ER44－8 | 富氩气体保护焊丝 | 适合耐大气腐蚀结构及耐候铁路车辆 09MnCuPTi 等钢焊接 |
| MG49－Ni | | $CO_2$ 气体保护焊丝 | 适合耐候铁路车辆钢焊接 |

表 8－23 列出了耐大气、耐海水腐蚀用低合金钢焊条电弧焊的焊条及气体保护焊的焊丝。埋弧焊可采用 H08MnA 或 H10Mn2 焊丝配 HJ431 或 SJ101 焊剂。

对于含 P 低合金耐蚀钢，为了保证良好的焊接性和韧性，含碳量必须严格控制不超过 0.12%，并希望 $w(C+P) \leqslant 0.25\%$。这主要是由于 P 易在焊缝金属晶界上严重偏析形成晶间裂纹及 P 可使近缝区硬度增加，降低接头的塑性和韧性，使冷裂纹敏感性增大。

由于焊接性较好，焊前一般不需预热。只有钢板较厚和结构刚性较大时，才需适当预热。焊后也不需要采取热处理等工艺措施。焊接时，应合理设计接头形式，并尽可能采用小的焊接热输入及尽可能避免在大拘束条件下焊接。

**2. 含 Al 耐石油腐蚀用低合金钢的焊接工艺**

对于含 Al 耐石油腐蚀用钢，常用的焊接方法有焊条电弧焊、埋弧焊、气体保护焊等。

一般情况下，不需采取焊前预热和焊后热处理等工艺措施，但钢板较厚和结构刚性较大时，应采取适当的预热，但预热温度和层间温度不能太高。

对于第一类含 Al 耐蚀钢，由于焊接性较好，可以采用与 Q345 相同的工艺焊接。对于第 2、3 类含 Al 耐蚀钢，为减少铁素体带脆化倾向，应采用较小的热输入焊接；尽量采用直径较小的焊条和多层多道焊接工艺，以避免焊接接头过热。此外，第三类含 Al 耐蚀钢熔合区还有产生脆性相的可能，焊后应进行高温回火处理，以改善组织及提高接头的塑性和韧性。

焊接材料的选择应使焊缝具有与母材相同的耐石油腐蚀性。一是选用使焊缝金属与母材成分相同的(即含有相同数量的铝元素)焊接材料，二是采用不含铝的 Cr－Mo－V 珠光体焊缝或 Cr－Ni 奥氏体焊缝。含 Al 耐石油腐蚀用钢焊条电弧焊焊条及埋弧焊焊丝、焊剂的选用见表 8－24。

**表 8－24　含 Al 耐石油腐蚀用钢焊条电弧焊焊条及埋弧焊焊丝、焊剂的选用**

| 钢　号 | 焊　条 | 埋弧焊 | |
|---|---|---|---|
| | | 焊丝 | 焊剂 |
| 15MnMoVAlTiRE | J557Mo，J557MoV | — | — |
| 12AlMoV | J507Mo，抗腐 02 | H10Mn2<br>H10MnMo | HJ431<br>HJ250 |
| 15Al3MoWTi | A917，J507Mo，<br>J507MoNb，J507CrMo，J507CrAlMo | — | — |
| 15Al2Cr2MoWTi | A907，J507Mo，J507MoNb，<br>J507CrMo，J507CrAlMo | — | — |

## 8.5.4　技能训练：铁道车辆用 Q450NQR1 高强度耐候钢的焊接实例

Q450NQR1 高强度耐候钢是新钢种，在铁路高速重载车上首次采用。该钢材批量生产前未作焊接性试验，也未推荐与之匹配的焊接材料，而且 TB/T 2374—1999《铁道机车车辆用耐候钢焊条和焊丝》也没有该强度级别的焊条和焊丝。因此通过焊接工艺试验选取了焊接材料，确定了焊接工艺参数，并成功地焊接了 C70、KZ70、KM70、NX70 型铁路货车。

**1. Q450NQR1 高强度耐候钢的化学成分及力学性能**

Q450NQR1 高强度耐候钢（板厚为 12 mm）的化学成分及力学性能分别见表8－25和表8－26。

表 8－25　Q450NQR1 高强度耐候钢的化学成分

| 化学成分/% | C | Si | Mn | P | S | Cu | Cr | Ni |
|---|---|---|---|---|---|---|---|---|
| 要求值 | ≤0.12 | ≤0.40 | 0.7～1.5 | ≤0.02 | ≤0.008 | 0.25～0.45 | 0.40～0.90 | 0.05～0.40 |
| 复验值 | 0.07 | 0.18 | 0.81 | 0.01 | 0.003 | 0.31 | 0.72 | 0.23 |

表 8－26　Q450NQR1 高强度耐候钢的力学性能

| 力学性能 | $\sigma_b$/MPa | $\sigma_s$/MPa | $\delta$/% | $A_{kV}$/J（－40℃） |
|---|---|---|---|---|
| 要求值 | ≥450 | ≥550 | ≥22 | ≥60 |
| 复验值 | 460 | 565 | 27 | 191 |

**2. 焊接性分析**

1）碳当量

根据钢的化学成分，计算出的 Q450NQR1 高强度耐候钢的碳当量值不大于0.20%。

2）斜 Y 型坡口抗裂性试验

根据 CB/T 4675.1—1984《焊接性试验——斜 Y 形坡口焊接裂纹试验方法》，进行斜 Y 型坡口抗裂性试验，结果未发现表面裂纹、根部裂纹和断面裂纹。

由碳当量数值和斜 Y 型坡口抗裂性试验结果可知 Q450NQR1 高强度耐候钢的焊接性良好。

**3. 焊接工艺评定**

焊接工艺评定的目的是验证所制订焊接工艺的正确性。

1）焊接方法

考虑到 C70 等货车生产中以富氩气体保护焊为主，焊接方法选为富氩气体保护焊（Ar + $CO_2$）。试件尺寸为 600 mm×200 mm×12 mm，坡口角度为60°，钝边 2 mm，间隙 2 mm，双面焊，使用碳弧气刨清根。

2）焊接材料

TB/T 2374—1999《铁道机车车辆用耐候钢焊条和焊丝》没有该强度级别的焊条和焊丝，根据部局文件选用国内有关焊接材料厂生产的 450 MPa 级的焊丝，焊丝型号为 ER55－G，牌号为 TH550－NQ－Ⅱ，保护气体为 80% Ar + 20% $CO_2$，焊丝直径 1.2 mm，焊丝的化学成分见表 8－27。

3）焊接工艺参数

焊接工艺参数见表 8－28。

表 8－27　TH550－NQ－Ⅱ焊丝的化学成分

| 化学成分/%（熔敷金属） | C | Si | Mn | P | S | Cu | Cr | Ni |
|---|---|---|---|---|---|---|---|---|
| 要求值 | ≤0.10 | ≤0.60 | 1.2～1.6 | ≤0.025 | ≤0.03 | 0.10～0.50 | 0.20～0.60 | 0.30～0.90 |
| 复验值 | 0.06 | 0.37 | 1.24 | 0.010 | 0.012 | 0.36 | 0.34 | 0.54 |

表 8－28　焊接工艺参数

| 焊接顺序 | | 焊接工艺参数 | | | | |
|---|---|---|---|---|---|---|
| | | 焊接电流/A | 电弧电压/V | 焊丝干伸长/mm | 气体流量/（L·min$^{-1}$） | 焊接速度/（cm·min$^{-1}$） |
| 正面 | 第一层 | 230～240 | 26～28 | 12～15 | 15～18 | 20～40 |
| | 第二层 | 240～260 | 28～29 | 12～15 | 15～18 | 20～40 |
| | 第三层 | 210～230 | 26～27 | 12～15 | 15～18 | 20～40 |
| 反面 | 第一层 | 220～240 | 24～26 | 12～15 | 15～18 | 20～40 |
| | 第二层 | 210～230 | 24～27 | 12～15 | 15～18 | 20～40 |

4）焊接检验

焊缝外观检验合格，X 射线检验为Ⅰ级，焊接接头力学性能结果见表 8－29。

表 8－29　焊接接头力学性能

| $\sigma_b$/MPa | $A_{kV}$/J（－40℃） | | 180°冷弯 | 备注 |
|---|---|---|---|---|
| | 焊缝 | 熔合线 | | |
| 571.5/571.7 | 90/82/102 | 110/104/126 | 合格 | 断于母材 |

由试验结果可知，焊接接头的抗拉强度均大于母材，其他指标均符合铁道部及有关规定，因此焊接工艺评定合格。

**4. 焊接工艺应用效果**

自 2005 年 8 月开始在 C70、KZ70、KM70、NX70 型铁路货车车体结构中采用了富氩气体保护焊工艺，经过批量生产和实际运行考验，证明焊接接头质量达到了设计要求。

## 【综合训练】

**一、填空题**

1．热轧及正火钢焊接时的主要问题是＿＿＿＿＿和＿＿＿＿＿。

2．低碳调质钢焊接时的主要问题是＿＿＿＿＿和＿＿＿＿＿以及＿＿＿＿＿。

3．中碳调质钢焊接性＿＿＿＿＿，主要存在＿＿＿＿＿和＿＿＿＿＿等问题。

4．低温用钢焊接时的关键是保证焊缝和过热区的＿＿＿＿＿。

5．焊接低合金耐蚀钢时，在选择焊接材料过程中，除了满足＿＿＿＿＿要求外，在耐腐蚀性方面必须与＿＿＿＿＿＿相匹配。

二、判断题

1. 调质钢热影响区软化发生在焊接加热温度为母材原回火温度至 $A_{c_1}$ 之间的区域。母材强度等级越高，软化问题越突出。（　）

2. 采用热量集中的焊接方法及小的焊接热输入，对减弱调质钢的热影响区软化有利。（　）

3. 低温钢焊接时，为保证接头的低温韧性，必须控制其热输入，如焊条电弧焊热输入应控制在 20kJ/mm 以下。（　）

4. 含 Al 耐石油腐蚀用钢焊后会在熔合线靠近母材一侧产生“铁素体带”脆化问题，使冲击韧度降低和接头耐蚀性恶化。（　）

5. 低温钢焊接工艺特点是小的热输入，焊条不摆动，窄焊道，慢速焊。（　）

6. 热轧及正火钢一般按“等强”原则选择与母材强度相当的焊接材料，只要焊缝金属的强度不低于或略高于母材强度的下限值即可。（　）

7. 中碳调质钢热影响区产生严重脆化使其淬硬倾向大，产生大量高碳马氏体所致。常用的防止措施是采用大的热输入配合预热、缓冷及后热等措施。（　）

三、简答题

1. 简述热轧及正火钢的焊接工艺要点。

2. 简述低碳调质钢焊接工艺要点。

3. 简述中碳调质钢焊接工艺要点。

4. 试述低温钢的焊接性及焊接工艺。

# 模块九　不锈钢的焊接

不锈钢是指元素铬的质量分数超过12%，处于钝化状态且具有不锈特性的钢。通常所说的不锈钢实际是不锈钢和耐酸钢的总称。不锈钢泛指在大气、水等弱腐蚀介质中耐蚀的钢，耐酸钢则指在酸、碱、盐等强腐蚀介质中耐蚀的钢。不锈钢并不一定耐酸，耐酸钢一般具有良好的不锈性能。习惯上常将不锈钢和耐酸钢简称为不锈钢。不锈钢现已在航空、化工、动力装置（汽轮机）、轨道交通、容器储罐、原子能及食品等工业中得到了广泛的应用。

## 9.1　不锈钢的分类及性能

### 9.1.1　不锈钢的分类

不锈钢的分类方法有几种：按主要化学组成分为铬不锈钢、铬镍不锈钢和铬锰氮不锈钢等；按用途分成耐酸不锈钢和耐热不锈钢等；按空冷后室温金相组织可分为铁素体不锈钢、马氏体不锈钢、奥氏体不锈钢、双相不锈钢和沉淀硬化不锈钢。

**1. 铁素体不锈钢**

铁素体不锈钢的显微组织为铁素体，其铬的质量分数为11.5%～32.0%。随着铬含量的提高，其耐酸性能也提高；加入钼（Mo），则可提高耐酸腐蚀性和抗应力腐蚀性。这类不锈钢的典型牌号有00Cr12、1Cr17、1Cr17Ti、1Cr28、00Cr17Mo、00Cr30Mo2等。可用于制造硝酸化工设备的吸收塔、热交换器、储槽和运输硝酸用的槽罐以及不承受冲击载荷的其他零部件和设备。

按照碳和氮（C+N）的总含量，铁素体不锈钢分为普通纯度和超高纯度两个系列。

普通纯度铁素体不锈钢，其碳的质量分数为0.1%左右并含少量氮，如1Cr17、1Cr17Mo等。与常用的奥氏体不锈钢相比，其缺点是材质较脆、焊接工艺性较差。

近年来用新的冶炼方法，如通过真空或保护气氛精炼技术冶炼出超低碳和超低氮含量[$w$(C+N)≤0.025%～0.035%]的超高纯度铁素体不锈钢板，如00Cr18Mo2和00Cr27Mo等。它们无论在韧性、耐蚀性还是焊接性等方面均优于普通纯度铁素体不锈钢，并得到广泛应用。

**2. 马氏体不锈钢**

马氏体不锈钢的显微组织为马氏体。这类钢中铬的质量分数为11.5% ~18.0%，但碳的质量分数最高可达0.6%。碳含量的增高提高了钢的强度和硬度。在这类钢中加入少量镍可以促使马氏体生成，同时又能提高其耐蚀性。

但此类钢具有一定的耐腐蚀性和较好的热稳定性以及热强性，可以作为温度700℃以下长期工作的耐热钢使用。它广泛用来制造对韧性和冲击韧度要求较高的零件，如汽轮机的叶片、内燃机排气阀和医疗器械。但这类钢的焊接性较差，列入国家标准牌号的钢板有1Cr13、2Cr13、3Cr13、4Cr13、1Cr17Ni2等。

此外在Cr13型马氏体不锈钢基础上，通过大幅度降低碳含量及控制镍含量，可得到低碳或超低碳马氏体不锈钢(ZG0Cr13Ni4Mo、ZG0Cr13Ni5Mo)，不仅耐腐蚀性优于Cr13型，还表现出强韧性的良好匹配，具有良好的焊接性。

**3. 奥氏体不锈钢**

奥氏体不锈钢的显微组织为奥氏体，它在高铬不锈钢中添加质量分数为8% ~25%的镍而形成的。奥氏体不锈钢以Cr18Ni9铁基合金为基础，在此基础上随着不同的用途，现已发展成1Cr18Ni9、0Cr18Ni9Ti、1Cr18Ni9Ti、1Cr18Ni12Mo2Ti、1Cr23Ni13、1Cr25Ni20、1Cr17Mn6Ni5N等铬镍奥氏体不锈钢系列。

奥氏体型不锈钢一般属于耐蚀钢，是应用最广泛的一类钢，其中以18-8型不锈钢最有代表性，它是有较好的力学性，在氧化性环境中具有优良的耐腐蚀性和良好的耐热性能。18-8型不锈钢按其化学成分中碳含量的不同又分为三个等级：一般含碳量[$w$(C)≤0.15%]、低碳级[$w$(C)≤0.08%]和超低碳级[$w$(C)≤0.03%]。例如我国国家标准中的1Cr18Ni9Ti、0Cr18Ni9、00Cr17Ni14Mo2分属上面三个等级。

部分奥氏体不锈钢可作为耐热钢使用，用于工作温度高于650℃的热强钢多是以奥氏体不锈钢为基础添加一些提高热强性的合金元素而成。它们既可作为耐蚀钢使用，也可作为耐热钢使用。列入我国国家标准牌号的钢板有1Cr18Ni9Ti、0Cr18Ni11Nb、0Cr23Ni13等。

**4. 奥氏体-铁素体双相不锈钢**

奥氏体-铁素体双相不锈钢的显微组织为奥氏体+铁素体。当铁素体的体积分数在30% ~60%时，该类钢具有特殊抗点蚀、抗应力腐蚀性能。列入我国国家标准牌号的钢板有0Cr21Ni5Ti、1Cr21Ni5Ti、1Cr18Mn10Ni5Mo3N、00Cr18Ni5Mo3Si2、0Cr26Ni5Mo2双相或复相不锈钢。这类钢的屈服强度约为一般奥氏体不锈钢的两倍，是机械加工、冷冲压和焊接性能均良好的一种有发展前景的钢种。

**5. 沉淀硬化不锈钢**

沉淀硬化不锈钢是在不锈钢中单独或复合添加硬化元素，通过适当热处理获得的高强度、高韧性并具有良好耐腐蚀性的一类不锈钢。列入我国国家标准牌号的有0Cr17Ni7A、0Cr17Ni4Cu4Nb和0Cr15Ni7Mo2A1三种。这种钢有良好的成形性能和焊接性，可作为超高强度材料在核工业、航空和航天工业中得到应用。

在不锈钢中，奥氏体不锈钢比其他不锈钢具有更优良的耐腐蚀性、耐热性和塑性，且焊接性良好，因此应用最广泛。

## 9.1.2　不锈钢的耐蚀性能

一种不锈钢可在多种介质中具有良好的耐蚀性，但在某种介质中，却可能因化学稳定性低而发生腐蚀。所以说，一种不锈钢不可能对所有介质都耐蚀。

不锈钢的主要腐蚀形式有均匀腐蚀(表面腐蚀)、点腐蚀、缝隙腐蚀、晶间腐蚀和应力腐蚀开裂等。

**1. 均匀腐蚀**

均匀腐蚀是指接触腐蚀介质的金属表面全部产生腐蚀的现象。均匀腐蚀使金属截面不断减少，对于被腐蚀的受力零件而言，会使其承受的真实应力逐渐增加，最终达到材料的断裂强度而发生断裂。

评定均匀腐蚀的方法是在试验条件下，测出单位面积上经一定时间腐蚀以后所损失的质量[$g/(m^2 \cdot a)$]以测定腐蚀速率；若以被腐蚀的深度(mm/a)计，则更便于计算设备的耐蚀寿命。

**2. 点腐蚀**

点腐蚀是指在金属表面产生的小孔状或小坑状的腐蚀。点腐蚀是金属表面局部钝化膜被腐蚀破坏所致。含有氯离子($Cl^-$)的介质最易引起不锈钢的点腐蚀。减少介质中氯离子和氧含量，降低碳的含量，提高铬、镍含量等提高钝化膜稳定性元素都能提高其抗点腐蚀能力。现有的超低碳高铬镍含钼奥氏体不锈钢和超高纯低氮含钼高铬铁素体不锈钢均有较高的耐点腐蚀性能。

**3. 缝隙腐蚀**

缝隙腐蚀是指在金属构件缝隙处发生斑点状或溃疡形的宏观蚀坑，这是局部腐蚀的一种。常发生在垫圈、铆接、螺钉连接的接缝处，搭接的焊接接头、阀座、堆积的金属片间等处。与点腐蚀形成机理的差异之处在于，缝隙腐蚀主要是由介质的电化学不均匀性引起的。

部分奥氏体、铁素体和马氏体不锈钢在海水中均有程度不等的缝隙腐蚀倾向。在钢中适当地增加铬、钼含量，可以改善抗缝隙腐蚀能力；改善运行条件、改变介质成分和结构形式也可以成为防止缝隙腐蚀的重要措施。

**4. 晶间腐蚀**

晶间腐蚀是一种有选择性的腐蚀破坏，它与一般选择性腐蚀不同之处在于，腐蚀的局部性是显微尺度的，而宏观上不一定是局部。晶间腐蚀集中发生在金属显微组织的晶界并向金属材料内部深入。

奥氏体不锈钢会发生晶间腐蚀是由于这类钢加热到450℃～850℃会发生敏化，其机理是过饱和固溶的碳向晶粒边界扩散，与晶界附近的铬结合形成铬碳化物 $Cr_{23}C_6$ 并在晶界沉淀析出；由于碳比铬的扩散快得多，铬来不及从晶内补充到晶界附近，因而晶界贫铬，使其质量分数小于12%而形成晶间腐蚀。在某些超低碳含钼奥氏体不锈钢中，在敏化温度区间的晶界析出铬含量很高的 σ 相，也会引起贫铬而出现晶间腐蚀。

**5. 应力腐蚀开裂**

应力腐蚀开裂是指金属在某种特定环境与相应水平应力的共同作用下，以裂纹扩展方式发生的与腐蚀有关的断裂。所谓特定环境，是指只有当介质的成分和浓度范围适当时，才能导致某种相应金属的应力腐蚀。

产生应力腐蚀开裂主要有以下三个条件：

(1)介质条件。应力腐蚀开裂大部分是由氯离子引起的，高浓度的苛性碱、硫酸水溶液等也会引起应力腐蚀开裂。

(2)应力条件。应力腐蚀开裂在拉应力作用下才能产生，在压应力作用下不会产生。

(3)材料条件。一般情况下，应力腐蚀开裂不常发生于纯金属中，而常发生在合金中。晶界上的合金元素偏析是引起应力腐蚀开裂的重要原因。

## 9.2　奥氏体不锈钢、双相不锈钢的焊接

### 9.2.1　奥氏体不锈钢的焊接性

奥氏体不锈钢的焊接性良好，焊接时的主要问题有的热裂纹、晶间腐蚀以及应力腐蚀开裂等。

**1. 焊接接头的热裂纹**

奥氏体不锈钢焊接接头易产生热裂纹，它可能产生在焊缝，也可能出现在焊接热影响区。

1)热裂纹产生的原因

(1)奥氏体不锈钢的热导率小，线膨胀系数大，在焊接局部加热和冷却条件下易产生较大的拉应力，促使焊接接头热裂纹的产生。

(2)奥氏体不锈钢焊缝易形成方向性强的柱状晶组织，有利于有害杂质的偏析及晶间液态夹层的形成。

(3)奥氏体钢的品种多，母材及焊缝的合金组成比较复杂。含镍量高的合金因对硫和磷形成易熔共晶而对热裂纹更为敏感；在某些钢中硅和铌等元素也能形成有害的易熔晶间层。

2)防止焊接热裂纹的措施

(1)冶金措施

①焊缝金属中增添一定数量的铁素体化元素，使焊缝成为奥氏体－铁素体双相组织，能很有效地防止焊缝热裂纹的产生。这是由于铁素体能够溶解较多的硫、磷等微量元素，使其在晶界上数量大大减少；同时由于奥氏体晶界上的低熔点杂质被铁素体分散和隔开，避免了低熔点杂质呈连续网状分布，从而阻碍热裂纹的扩展和延伸。常用的铁素体化元素有铬、钼、钒等。

②控制焊缝金属中的铬镍比。对于18－8型不锈钢来说，当焊接材料的铬镍比小于1.61时，就易产生热裂纹；而铬镍比到2.3～3.2时，就可以防止热裂纹的产生。

③严格限制硫、磷、硼、硒等有害元素的含量，以防止热裂纹的产生。对于单相奥氏体焊缝，可以加入适当的锰、少许的碳和氮，同时减少硅的含量，也可提高抗裂性能。

(2)工艺措施。

①采用适当的焊接坡口或焊接方法，使母材金属在焊接金属中所占的分量减少，即减小熔合比。同时，在焊接材料中加入抗热裂纹元素，且控制其有害杂质硫、磷的含量低于母材金属，使其化学成分优于母材金属。

②尽量选用低氢型焊条和无氧焊剂，以防止热裂纹的产生。

③焊接参数应选用小的热输入(即小电流快速焊)。多层焊时，要等前一层焊缝冷却后再焊接次一层焊缝，层间温度不宜过高，以避免焊缝过热。施焊过程中焊条不允许摆动，采用窄焊缝的操作技能。

④选择合理的焊接结构及焊接顺序，尽量减少焊接应力。

⑤在焊接过程结束和中途断弧前，收弧要慢且要设法填满弧坑，以防止弧坑裂纹的形成。

**2. 焊接接头的晶间腐蚀**

奥氏体不锈钢焊接接头在腐蚀介质中工作一段时间后局部可能发生晶粒边界的腐蚀，一般称此腐蚀为晶间腐蚀。晶间腐蚀有的发生在热循环峰值温度为600℃～1000℃的热影响区，即离焊缝边沿约1.5～3.0 mm之外的母材金属上，如图9－1(a)所示；也有的发生在焊缝金属中，如图9－1(b)所示；还有的发生在焊缝的熔合线轮廓外侧很狭窄的范围内，像刀刃状深入发展，故称之刀状腐蚀，如图9－1(c)所示，它是晶间腐蚀的一种特殊形式。

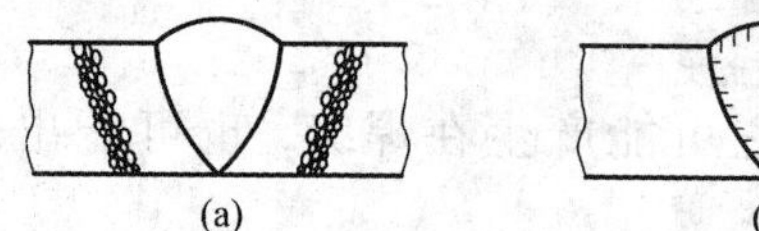


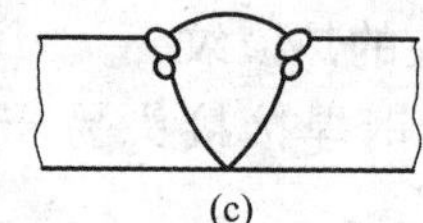


**图9－1　焊接接头晶间腐蚀**

(a)热影响区晶间腐蚀；(b)焊缝晶间腐蚀；(c)熔合线刀状腐蚀

1)产生晶间腐蚀的原因

奥氏体不锈钢焊接接头晶间腐蚀形成的机理尚不能统一，但被人们广泛接受的机理称之为“贫铬理论”。奥氏体不锈钢长期加热而导致晶间腐蚀的敏化温度区为450℃～850℃。由于奥氏体不锈钢焊接接头处在快速连续焊接加热过程中，铬碳化物的形成析出必然会出现较大的过热，所以其的敏化区温度为600℃～1000℃。焊接时敏化区金属晶粒内过饱和固溶的碳原子向奥氏体晶粒边缘扩散并与铬原子结合而形成碳化物 $Cr_{23}C_6$，并沿晶界沉淀析出。由于铬原子的扩散速率要比碳原子慢得多，来不及补足碳化物所消耗的铬，于是使该层的铬含量低于耐蚀所需铬的极限值[$w(Cr) < 12\%$]，导致晶粒边缘贫铬而丧失耐腐蚀性能。这样，在腐蚀介质中工作一段时间后，焊接接头就会产生晶间腐蚀。

刀状腐蚀是晶间腐蚀的一种特殊形式。它只发生在含有铌、钛等稳定剂的奥氏体钢焊接接头中。它产生的重要条件是高温过热和中温敏化。

刀状腐蚀产生原因也和 $Cr_{23}C_6$ 析出后形成的贫铬层有关。含有铌、钛等稳定剂的奥氏体钢中的大部分碳是以TiC及NbC形式存在的。焊接时，过热区的峰值温度高达1200℃以上，从而使钢中TiC、NbC溶入奥氏体固溶体中。焊接冷却时，由于碳的扩散能力强，优先扩散到晶界聚集成过饱和状态，而Ti、Nb扩散能力弱，则留在了晶内。当焊接接头再经450℃～850℃敏化区加热时，过饱和碳将在晶界析出 $M_{23}C_6$，从而在晶界形成贫铬区而发生腐蚀。

2)防止晶间腐蚀的措施

(1)防止晶间腐蚀的工艺措施。

①选用适当的焊接方法。使输入焊接熔池的热量最小，让焊接接头尽可能地缩短在敏化温度区段停留的时间，降低危险温度对它的影响。对于薄件、小型而规则的焊接接头，选用高能量的真空电子束焊或等离子弧焊或钨极氩弧焊较为有利；对于中等厚度板材的焊缝，可采用熔化极自动或半自动气体保护焊施焊；而大厚度板材的焊接选用埋弧焊、焊条电弧焊。气焊一般很少采用。

②合理制定工艺参数。在保证焊缝质量的前提下，用小的焊接电流、最快的焊接速度来达到这一目的。

③正确操作。尽量采用窄焊缝、多道多层焊，每一道焊缝或每一层焊缝焊后，要等焊接处冷却到60℃左右再进行次一道或次一层焊；在施焊过程中不允许焊条或焊丝摆动；对于管壁较厚而管径又小的炉管来说，首先用氩弧焊打底焊，可以不加填充材料进行熔焊，在可能的条件下管内可通氩气保护；对于接触腐蚀介质的焊缝，在可能的情况下一定要最后施焊，以减少受热次数。

④强制焊接区快速冷却。对于规则的焊缝，在可能条件下，焊缝背面可用纯铜垫，并通水及保护气；对于不规则的长焊缝，可以一面施焊一面用水冷（浇）焊缝，以水不侵入焊接熔池为准，用这种方法同样也可起到减少晶间腐蚀的倾向。

⑤进行固溶处理或均匀化处理。固溶处理是焊后把焊接接头加热到1050℃～1100℃，使碳化物重新溶入奥氏体中，然后迅速冷却，形成稳定的单相奥氏体组织。另外，也可以进行850℃～900℃保温2h的均匀化热处理，此时奥氏体晶粒内部的铬扩散到晶界，使其含铬量重新达到12%，这样就不会产生晶间腐蚀。

(2)防止晶间腐蚀的冶金措施。

①使焊缝金属具有奥氏体+铁素体双相组织，其铁素体的体积分数应超过3%～5%，直至12%。在此范围，不仅能提高焊缝金属抗晶间腐蚀和抗应力腐蚀能力，同时还能提高焊缝金属抗热裂纹性能。不过，对于高温下服役的焊接接头而言，铁素体含量增多可导致$\sigma$相脆化的危险性上升。

②在焊缝金属中渗入比铬更容易与碳结合的稳定化元素，如钛、铌、钽和锆等。一般认为钛碳比大于5时，才能提高抗晶间腐蚀的能力；而试验结果认为钛碳比大于或等于6.7时才有明显的效果，大于7.8时才能彻底改善晶间腐蚀倾向。这是由于钛能充分地将碳化铬中的铬置换出来，消除了晶界外的贫铬地带，从而改善了抗腐蚀性。

③最大限度地降低碳在焊缝金属中的含量，使其低于不锈钢室温碳溶解极限值，从而不能与铬生成碳化物，根本上消除晶界贫铬区。碳的质量分数在焊缝金属中小于0.03%时，就能提高焊缝金属的抗晶间腐蚀能力。

**3. 焊接接头的应力腐蚀开裂**

应力腐蚀开裂是在拉应力和特定腐蚀介质共同作用下而发生的一种破坏形式，随着拉应力的加大，发生破坏的时间缩短；当拉应力减小时，腐蚀量也随之减小，并且不发生破坏。应力腐蚀开裂是奥氏体不锈钢非常敏感且经常发生的腐蚀破坏形式。据有关统计资料表明，应力腐蚀开裂引起的事故占整个腐蚀破坏事故的60%以上。

1)应力腐蚀开裂产生的原因

奥氏体不锈钢由于导热性差、线膨胀系数大、屈服强度低，焊接时很容易变形。当焊接变形受到限制时，焊接接头中必然会残留较大的残余拉应力，加上腐蚀介质的作用，奥氏体不锈钢焊接接头就容易出现应力腐蚀开裂。这是焊接奥氏体不锈钢最不易解决的问题之一，特别是在化工设备中，应力腐蚀开裂这种现象经常出现。

应力腐蚀开裂的表面特征是：裂纹均发生在焊缝表面上，多平行且近似垂直于焊接方向，细长而弯曲，常常贯穿于黑色点蚀部位；裂纹从表面开始向内部扩展，点蚀往往是其根源，裂纹通常表现为穿晶扩展，尖端常出现分枝，整体为树枝状；严重的裂纹可穿过熔合线进入热影响区。

2）防止应力腐蚀开裂的措施

（1）合理地设计焊接接头，避免腐蚀介质在该部位聚集，并降低或消除该处应力集中。

（2）消除或降低焊接接头的残余应力。焊后进行消除应力处理是常用的工艺措施，加热温度在850℃～900℃才可得到比较理想的效果；采用机械方法，如表面抛光、喷丸和锤击，造成表面产生压应力；结构设计时要尽量采用对接接头，避免十字交叉焊缝，单V形坡口改用双Y形坡口。

（3）正确选用材料。根据介质的特性选用对应力腐蚀开裂敏感性低的材料，一是母材的选用，二是焊接材料的选用。

### 9.2.2 双相不锈钢的焊接性

奥氏体－铁素体双相不锈钢的显微组织为奥氏体＋铁素体。通常奥氏体和铁素体约各占50%。它的屈服强度约为一般奥氏体不锈钢的两倍，达400～550 MPa。双相不锈钢具有良好的焊接性，它既不像铁素体不锈钢，焊接热影响区因晶粒严重粗化而使塑性、韧性降低，也不像奥氏体不锈钢那样对热裂纹较敏感。双相不锈钢焊接接头的抗点腐蚀、缝隙腐蚀和应力腐蚀能力明显优于常用的奥氏体不锈钢，抗晶间腐蚀能力与奥氏体不锈钢相当。但双相不锈钢毕竟含有较多的铁素体，存在高铬铁素体固有的脆化倾向，即在300℃～500℃存在较长时间时将发生475℃脆性。此外，当焊接接头拘束较大及焊缝金属含氢量较高时，还存在产生氢致裂纹的危险。

### 9.2.3 奥氏体钢、双相钢的焊接工艺要点

1）下料与焊前清理

根据钢板厚度及接头形式，用机械加工、等离子切割或碳弧气刨等方法下料和加工坡口。焊条电弧焊对接接头板厚超过了3 mm须开坡口。为了避免焊接时碳和杂质混入焊缝，在焊前应将焊缝两侧20～30 mm内表面清理干净，如有油污用丙酮擦净，并涂白垩粉以避免表面被飞溅金属损伤。

2）合理选择焊接方法

许多焊接方法都能用于奥氏体不锈钢和双相不锈钢，常用的有焊条电弧焊、TIG焊、MIG焊、等离子弧焊及埋弧焊等。各种焊接方法焊接奥氏体不锈钢的适用性见表9－1。

3）焊接材料

奥氏体不锈钢焊接材料的选择原则是“等成分”原则，即焊缝与母材成分相同或相近，以满足奥氏体不锈钢特殊的使用性能要求。常用奥氏体不锈钢焊接材料的选择见表9－2或参见模块五。

4）焊后热处理

奥氏体不锈钢或奥氏体－铁素体双相不锈钢原则上焊后不进行热处理。只有焊接接头产生脆化、要进一步提高耐腐蚀能力时，才可选择固溶处理或稳定化处理或消除应力处理。

表 9－1 各种焊接方法焊接奥氏体不锈钢的适用性

| 焊接方法 | 母材 | | | 板厚/mm | 说 明 |
|---|---|---|---|---|---|
| | 马氏体型 | 铁素体型 | 奥氏体型 | | |
| 焊条电弧焊 | 适用 | 较适用 | 适用 | >1.5 | 薄板焊条电弧焊不易焊透，焊缝余高大 |
| 手工钨极氩弧焊 | 较适用 | 适用 | 适用 | 0.5～3.0 | 厚度大于 3 mm 时，可采用多层焊工艺，但焊接效率较低 |
| 自动钨极氩弧焊 | 较适用 | 适用 | 适用 | 0.5～3.0 | 厚度大于 4 mm 时，采用多层焊；小于 0.5 mm 时，操作要求严格 |
| 脉冲钨极氩弧焊 | 应用较少 | 较适用 | 适用 | 0.5～3.0<br><0.5 | 热输入低，焊接参数调节范围广，卷边接头 |
| 熔化极氩弧焊 | 较适用 | 较适用 | 适用 | 3.0～8.0<br>>8.0 | 开坡口，单面焊双面成形<br>开坡口，多层多道焊 |
| 脉冲熔化极氩弧焊 | 较适用 | 适用 | 适用 | >2.0 | 热输入低，焊接参数调节范围广 |
| 等离子焊 | 较适用 | 较适用 | 适用 | 3.0～8.0<br>≤3.0 | 厚度为 3.0～8.0 mm 时，采用“小孔法”焊接工艺，开 I 形坡口，单面焊，双面成形；厚度≤3.0 mm 时，采用“熔透法”焊接工艺 |
| 微束等离子弧焊 | 应用很少 | 较适用 | 适用 | <0.5 | 卷边接头 |
| 埋弧焊 | 应用较少 | 应用很少 | 适用 | >6.0 | 效率高，劳动条件好，但焊缝冷却速度缓慢 |
| 电子束焊 | 应用较少 | 应用很少 | 适用 | — | 焊接效率高 |
| 激光焊 | 应用较少 | 应用很少 | 适用 | — | 焊接效率高 |
| 电阻焊 | 应用很少 | 应用较少 | 适用 | <3.0 | 薄板焊接，焊接效率较高 |
| 钎焊 | 适用 | 应用较少 | 适用 | — | 薄板连接 |

5）严格控制焊接参数，避免接头产生过热现象

奥氏不锈钢或奥氏体－铁素体双相不锈钢导热系数小，热量不易散失，易形成所需尺寸的熔池。所以，焊接所用电流和热输入比碳钢要小 20% 左右。立焊或仰焊时，电流取值还要再减小 10%。

焊接时应避免形成交叉焊缝，通常不但不预热，而且还应适当加快冷却，并严格控制较低的层间温度。对于双相不锈钢则可适当缓冷，以获得理想的双相比例。

6）控制焊缝成形

表面成形是否光滑、是否有易产生应力集中之处，均会影响到接头的工作性能，尤其对耐点蚀和耐应力腐蚀开裂有重要影响。例如，采用钛钙型药皮焊条，一般比采用碱性焊条易获得光滑的表面成形；在熔化极机械化焊接时，由于奥氏体不锈钢焊丝与导电嘴的铜或铜合金之间的摩擦系数大，导电嘴易磨损，导致电接触不良而可能破坏焊缝成形，甚至可能产生

未焊透或咬边缺陷。

7）保护焊件表面处于完好状态

焊前和焊后的清理工作常会影响耐蚀性。已有现场试验表明，焊后采用不锈钢丝刷清理奥氏体和双相不锈钢接头，反而会产生点蚀，因此必须慎重对待清理工作。至于随处任意引弧造成的弧击、铁锤敲击、打冲眼等，都是腐蚀根源，应予禁止。控制焊缝施焊程序，保证面向介质的焊缝在最后施焊，也是保护措施之一，这样可避免面向介质的焊缝及其热影响区发生敏化。

**表 9－2　常用奥氏体不锈钢焊接材料的选择**

<table>
<tr><th rowspan="2">钢材牌号</th><th rowspan="2">焊条牌号</th><th rowspan="2">氩弧焊焊丝</th><th colspan="2">埋弧焊材料</th><th rowspan="2">使用状态</th></tr>
<tr><th>焊　丝</th><th>焊　剂</th></tr>
<tr><td>0Cr19Ni9</td><td rowspan="2">A102<br>A107</td><td rowspan="2">H0Cr21Ni10</td><td rowspan="2">H0Cr21Ni10</td><td rowspan="2">HJ260<br>HJ151</td><td rowspan="3">焊态或固溶处理</td></tr>
<tr><td>0Cr18Ni9</td></tr>
<tr><td>0Cr17Ni12Mo2</td><td>A202</td><td>H0Cr19Ni12Mo2</td><td>H0Cr19Ni12Mo2</td><td>—</td></tr>
<tr><td>0Cr19Ni13Mo3</td><td>A242</td><td>H0Cr20Ni14Mo3</td><td>—</td><td rowspan="6">HJ172<br>HJ151</td><td rowspan="3">焊态或消除应力处理</td></tr>
<tr><td>00Cr19Ni11</td><td>A002</td><td>H00Cr21Ni10</td><td>H00Cr21Ni10</td></tr>
<tr><td>00Cr17Ni14Mo2</td><td>A022</td><td>H00Cr19Ni2Mo2</td><td>H00Cr19Ni12Mo2</td></tr>
<tr><td>1Cr18Ni9Ti</td><td rowspan="3">A132</td><td rowspan="3">H0Cr20Ni10Ti<br>H0Cr20Ni10Nb</td><td rowspan="3">H0Cr20Ni10Ti<br>H0Cr20Ni10Nb</td><td rowspan="3">焊态或稳定化和消除应力处理</td></tr>
<tr><td>0Cr18Ni11Ti</td></tr>
<tr><td>0Cr18Ni11Nb</td></tr>
<tr><td>0Cr23Ni13</td><td rowspan="2">A302</td><td rowspan="2">H1Cr24Ni13</td><td>—</td><td>—</td><td rowspan="4">焊态</td></tr>
<tr><td>2Cr23Ni13</td><td>—</td><td>—</td></tr>
<tr><td>0Cr25Ni20</td><td rowspan="2">A402</td><td>H0Cr26Ni21</td><td>—</td><td>—</td></tr>
<tr><td>2Cr25Ni20</td><td>H1Cr21Ni21</td><td>—</td><td>—</td></tr>
</table>

## 9.2.4　技能训练：1Cr18Ni9Ti 不锈钢厚壁管全位置焊接实例

1Cr18Ni9Ti 不锈钢 $\phi$133 mm × 11 mm 大管水平固定全位置对接接头主要用于核电设备及某些化工设备中需要耐热耐酸的管道中，焊接难度较高，对接头质量要求很高，内表面要求成形良好，凸起适中，不内凹，焊后要求 PT、RT 。以往均采用 TIG 焊或焊条电弧焊，前者效率低、焊接质量高，后者质量难以保证且效率低。为既保证质量又提高效率，采用 TIG 内、外填丝法焊底层，MAG 焊填充及盖面层，使质量、效率都得到保证。

**1. 焊接方法及焊前准备**

1）焊接方法

材质为 1Cr18Ni9Ti，管件规格为 $\phi$133 mm × 11 mm，采用手工钨极氩弧焊打底，MAG 混合气体保护焊填充及盖面焊，立向上的水平固定全位置焊接。

2）焊前准备

(1)清理油污物，将坡口面及周围20 mm内修磨出金属光泽。

(2)坡口角度60°、间隙3.5～4.0 mm、钝边0.5 mm。

(3)装配定位，定位焊采用肋板固定(2点、7点、11点为肋板固定)，也可采用坡口内定位焊，但必须注意定位焊质量。

(4)管内充氩气保护。

**2. TIG焊工艺**

1)焊接工艺参数

采用$\phi$2.5 mm的Wce－20钨极，钨极伸出长度4～6 mm，不预热，喷嘴直径12 mm，其他工艺参数见表9－3。

**表9－3　TIG焊工艺参数**

| 焊丝 | 焊丝直径 $d$/mm | 焊接电流 $I$/A | 电弧电压 $U$/V | 气体流量/($L \cdot min^{-1}$) | Ar纯度/% | 极性 |
|---|---|---|---|---|---|---|
| TCS－308L | 2.5 | 80～90 | 12～14 | 正面9～12<br>反面9～13 | 99.99 | 直流正接 |

2)操作方法

(1)管子对接水平固定焊缝是全位置焊接，因此焊接难度较大。为防止仰焊内部焊缝内凹，打底层采用仰焊部位内填丝，立、平焊部位外填丝法进行施焊。

(2)引弧前应先在管内充氩气将管内空气置换干净后再进行焊接，焊接过程中焊丝不能与钨极接触或直接深入电弧的弧柱区，否则造成焊缝夹钨和破坏电弧稳定，焊丝端部不得抽离保护区，以免氧化，影响质量。

(3)由过6点5 mm处起焊，无论什么位置的焊接，钨极都要垂直于管子的轴心，这样能更好地控制熔池的大小，而且可使喷嘴均匀地保护熔池使其不被氧化。

(4)焊接时钨极端部距离焊件2 mm左右，焊丝要顺着坡口沿着管子的切点送到熔池的前端，利用熔池的高温将焊丝熔化。电弧引燃后，在坡口一端预热，待熔化后立即给送第一滴焊丝熔化金属，然后电弧摆到坡口另一端，给送第二滴焊丝熔化金属，使两滴铁水连接形成焊缝的根基，然后电弧作横向摆动，两边稍作停留，焊丝均匀地、断续地送进熔池向前施焊。

(5)在填丝过程中切勿扰乱氩气气流，停弧时注意通氩气保护熔池，防止焊缝氧化。焊后半圈时，电弧熔化前半圈仰焊部位，待出现熔孔时给送焊丝，前两滴可以多给点，避免接头内凹，过后按正常焊接。

(6)12点收尾处打磨成斜坡状，焊至斜坡时，暂停给丝，用电弧把斜坡处熔化成熔孔，最后收口。注意焊到后半圈剩一小半时应减小内部保护气体流量到3 L/min，以防止气压过大而使焊缝内凹。

**3. MAG焊工艺**

混合气体Ar+(1%～2%)$O_2$适用于平焊及平角焊。全位置焊缝成形较差，焊缝在坡口中间呈凸起状，特别是在仰焊位置更为严重，甚至使下一层无法进行焊接。但在保护气中加一定量的 $CO_2$ 后情况有所改善，经我们多次调整试验后认为 Ar 中加入 18% ~25% 的 $CO_2$ 较为合适，最后选用 75% Ar +25% $CO_2$，达到良好的成形效果。

1) 焊接工艺参数

喷嘴直径 20 mm，喷嘴至试件距离 6 ~8 mm，层间温度≤150 ℃。其他焊接工艺参数见表 9 -4。

表 9 -4　MAG 焊工艺参数

| 焊丝 | 焊丝直径 $d$/mm | 焊接电流 $I$/A | 电弧电压 $U$/V | 保护气体 | 气体流量/(L·min$^{-1}$) | 极性 |
|---|---|---|---|---|---|---|
| KMS -308 | 1.0 | 100 ~110 | 17 ~19 | 正面 75% Ar +25% $CO_2$ | 9 ~12 | 直流正接 |
| | | | | 反面 100% Ar | 3 | |

2) 操作方法

(1) 焊前注意喷嘴、导电嘴是否清理干净及气体流量是否合适，清理打底层表面，控制层间温度。

(2) 焊接时，焊枪角度要跟管子轴线垂直。因为管子是圆的，所以焊枪角度要随时变化，这样才能保证焊缝质量，避免焊缝产生气孔、夹渣等现象。

(3) 焊接时采用小月牙形摆动，两侧稍作停留稳弧，中间速度稍快，这样可以避免焊出的焊缝凸起、不平整；上、下接头都要越过中心线 5 ~10 mm，后半圈填充、盖面仰焊接头时，可把前半圈引弧焊接位置磨一个缓坡，使后半圈接头时不致产生缺陷。

(4) 焊接填充时，要注意坡口边缘不要被电弧擦伤，以备盖面层焊接。盖面时，应在坡口边缘稍作停顿，以保证熔池与坡口更好地熔合。焊接过程中，焊枪的摆动幅度和频率要相适应，以保证盖面层焊缝表面尺寸和边缘熔合整齐。

**4. 焊后检验**

焊缝外观检验、无损探伤检验合格。

## 9.3 铁素体不锈钢的焊接

铁素体不锈钢是含有足够的 Cr 或 Cr 及一些铁素体形成元素（如 Al、Mo、Ti）的 Fe -Cr -C三元合金，其力学、耐腐蚀和焊接性能不及奥氏体不锈钢。

### 9.3.1 铁素体不锈钢的焊接性

铁素体不锈钢焊接的主要问题是焊接接头的晶间腐蚀和脆化。

**1. 焊接接头的晶间腐蚀**

铁素体不锈钢焊接接头在焊接热循环的作用下，熔合区附近区域(950℃以上)在快速冷却时，会产生晶间腐蚀。焊后若在 700℃ ~850℃ 进行短时间保温缓冷，又可恢复其耐蚀性。这是因为铁素体不锈钢一般在退火状态下焊接，其组织为固溶微量碳和氮的铁素体及少量均

匀分布的碳和氮的化合物，组织稳定，耐腐蚀性较好。当焊接温度高于950℃时，碳、氮的化合物逐步溶解到铁素体相，得到碳、氮过饱和固溶体。由于碳、氮在铁素体中的扩散速度比在奥氏体中快得多，而溶解度又小得多，在焊后冷却过程甚至淬火冷却过程中都扩散到晶界区，在晶界上沉淀出 $Cr_{23}C_6$ 和 $Cr_2N$。而铬的扩散速度慢，晶界上的铬来不及补充而出现贫铬区，在腐蚀介质的作用下即会出现晶间腐蚀。焊后若进行700℃～850℃退火处理，可使铬及时补充而重新均匀化，就能恢复焊接接头的耐蚀性。

合金元素钛和铌为稳定化元素，能优先与碳、氮形成化合物，可避免贫铬区的形成，提高其抗晶间腐蚀能力。但要求钛含量为碳和氮总含量的6～8倍，铌含量为8～11倍，才能达到效果。此外，降低钢中碳和氮的总含量，也可减少晶间腐蚀的倾向。

**2. 焊接接头的脆化**

铁素体不锈钢焊接接头的脆化主要是粗晶脆化、$\sigma$ 相脆化和475℃脆化。

1）粗晶脆化

粗晶脆化是铁素体不锈钢焊接接头在焊接热循环作用下，于950℃ 以上停留时间过长，引起晶粒急剧长大和碳、氮化物沿晶界偏聚，导致焊接接头的塑性和韧性下降的现象。

2）$\sigma$ 相脆化

铁素体不锈钢（不论母材或焊缝）中 $w(\text{Cr}) > 21\%$ 时，若在520℃～820℃长期加热，会出现一种 HV 高达800～1000 又硬又脆的铁与铬的金属间化合物 $Fe_nCr_m$，称为 $\sigma$ 相。由 $\sigma$ 相引起的脆化叫 $\sigma$ 相脆化。

由于 $\sigma$ 相的形成有赖于 Cr、Fe 等原子的扩散迁移，故形成速度较慢，所以对多数钢材来说，焊接热过程本身甚至通常的焊后热处理都不易造成明显的 $\sigma$ 相脆化。然而，对于长期工作于 $\sigma$ 相形成温度区的铁素体耐热钢焊接高温构件而言，则是必须重视的问题。

3）475℃脆化

当 $w(\text{Cr}) \geqslant 15\%$ 的铁素体不锈钢在温度400℃～500℃长期加热后，常常会出现强度升高而韧性下降的现象，称之为475℃脆化。475℃脆化一般随含铬量的增加而加强。焊接接头在焊接热循环作用下，不可避免地要经过该温度区，特别是当焊缝金属和热影响区在此温度区停留时间较长时，均有产生475℃脆化的可能。

总之，采用小的焊接热输入可防止焊接接头粗晶脆化，焊后通过700℃～800℃短时间加热，紧接着进行快冷（水冷）的办法可消除 $\sigma$ 相脆化和475℃脆化。

## 9.3.2　铁素体不锈钢的焊接工艺

**1. 焊接方法**

铁素体不锈钢可采用焊条电弧焊、氩弧焊、埋弧焊、等离子弧焊、电子束焊等熔焊方法。对于超高纯高铬铁素体不锈钢，为了获得良好的保护，主要采用氩弧焊、等离子弧焊和电子束焊等。

**2. 焊接材料的选择**

铁素体不锈钢焊接时填充金属主要有两大类：一类是同质的铁素体型焊条；另一类是异质的奥氏体型（或镍基合金）焊条。同质焊缝与母材颜色一样、线膨胀系数和耐蚀性也一致，但抗裂性不高。异质焊条焊接时，焊缝具有良好的塑性，应用较多，但要控制好母材金属对奥氏体焊缝的稀释。异质焊缝金属基本上与铁素体不锈钢母材等强，但在某些腐蚀介质中，这种异质焊接接头的耐蚀性可能低于同质接头。表9-5列出了铁素体不锈钢常用的焊条和焊丝。

表9-5　铁素体不锈钢常用的焊条和焊丝

| 母材钢号 | 对焊接接头性能的要求 | 焊条 | | 焊丝 | 预热及热处理温度 |
|---|---|---|---|---|---|
| | | 型号 | 牌号 | | |
| Cr17<br>Cr17Ti | 耐硝酸及耐热 | E430-16 | G302 | H0Cr17Ti | 100℃～200℃预热，焊后750℃～800℃回火 |
| Cr17<br>Cr17Ti<br>Cr17Mo2Ti | 提高焊缝塑性 | E316-15 | A207 | HCr18Ni12Mo2 | 不预热，焊后不热处理 |
| Cr25Ti | 抗氧化性 | E309-15 | A307 | HCr25Ni13 | 不预热，焊后760℃～780℃回火 |
| Cr28<br>Cr28Ti | 提高焊缝塑性 | E310-16<br>E310Mo-16 | A402<br>A412 | HCr25Ni20<br>— | 不预热，焊后不热处理 |

**3. 焊前预热**

预热温度为100℃～200℃，目的在于使被焊接材料处于韧性较好的状态和减低焊接接头的应力。随着钢中铬的含量提高，预热温度也相应较高。选用奥氏体不锈钢焊接材料，则可免除焊前预热。

**4. 焊后热处理**

焊后对焊接接头区域要进行750℃～800℃退火处理，使过饱和碳和氮完全析出，铬补充到贫铬区，以恢复其耐腐蚀性；同时也可以改善焊接接头的塑性。值得注意的是，退火后应快冷，以防止475℃脆化产生。用奥氏体不锈钢焊接材料焊接时，焊后可不进行热处理。

**5. 焊接热输入**

在焊接过程中，应采用小的热输入，以减少高温脆化和475℃脆化的影响。同时焊接过程中不摆动、不连续施焊，要等前道焊缝冷却到预热温度后再进行次一道或次一层焊。

超高纯高铬铁素体不锈钢，板厚小于5mm时焊前可不预热，焊后也不必进行热处理。一般采用与母材同成分的焊丝作填充材料。焊接方法可选择高能量的等离子弧焊、真空电子束焊及氩弧焊。焊接熔池、焊缝背面都要有效保护，防止空气的侵入。采用小的热输入，多层焊时要控制层间温度低于100℃。

## 9.3.3　技能训练：00Cr26Mo1不锈钢蒸发器的焊接实例

三效逆流强制循环蒸发器是氯碱工业的主要设备，其气、液相部分在高温强碱介质中运行，设备的腐蚀相当严重，是一般耐酸不锈钢所不能承受的。使用国产00Cr26Mo1超纯高铬铁素体不锈钢制造蒸发器内衬，可提高设备的耐腐蚀性能，延长使用寿命，而且成本低。

00Cr26Mo1 钢中间隙元素总 C + N 含量极低，对焊接裂纹和晶间腐蚀不敏感，对高温加热引起的脆化不显著，板厚小于 6 mm 时焊前不必预热，焊后也不必进行热处理，焊接接头有很好的塑性和韧性，耐腐蚀性好，具有良好的焊接性。当焊缝中 C + N 总含量增加时，仍有可能产生晶间腐蚀，因此焊接工艺的关键是防止焊接材料表面和熔池污染，防止空气中 $N_2$ 侵入熔池，以免增加焊缝中 C、N、O 的含量，导致晶间腐蚀的产生。

**1. 焊材选择**

焊接材料中的间隙元素含量应低于母材，同钢种焊接时应采用与母材同成分的焊丝作为填充材料。焊丝可选用与母材匹配的专用焊丝或直接从母材板料上剪切成条状。专用焊丝化学成分见表 9 – 6。

**表 9 – 6　专用焊丝化学成分/%**

| C | N | O | Cr | Mo | Mn | Si | S | P | Cu | Ni |
|---|---|---|---|---|---|---|---|---|---|---|
| 0.005 | 0.011 | 0.0037 | 26.5 | 1.08 | 0.005 | 0.20 | 0.009 | 0.0018 | 0.03 | 0.023 |

**2. 焊接方法**

采用手工 TIG 焊，焊机 WS – 400，直流正极性。焊接时确保提前送气、延时断气等功能，焊枪型号为气冷却式 QQ – 85/200A。$\varphi(Ar) > 99.99\%$、$\varphi(N_2) < 0.001\%$、$\varphi(O_2) < 0.0015\%$、$\varphi(H_2) \leqslant 0.005\%$，相对湿度 <5%。

**3. 坡口加工及焊前清理**

焊缝坡口要采用机械加工，焊前对坡口及焊丝进行认真清理，用不锈钢丝轮打磨后再用丙酮或酒精擦洗，将填充焊丝和坡口及两侧各 50 mm 范围内的金属粉末、油污、铁锈、水分等杂质彻底清理干净。

**4. 焊缝保护**

焊接过程中焊缝的正面和背面均须得到有效保护，增强熔池保护需采用焊枪后加保护气拖罩的办法进行。将清理好的工件置于有保护装置的平台上，通入氩气即可进行焊接。拖罩离工件的距离要保持在 0.5 ~ 1.0 mm，焊嘴与焊缝呈 110°夹角，焊丝与焊嘴呈 90°夹角，填丝时注意焊丝不宜拉动过长，高温端要始终置于氩气保护区内，以免由于送丝带入空气，影响保护效果。焊缝背面通氩气保护，板材焊接最好采用通氩气的水冷铜垫板，减少过热，增加冷却速度，管道焊接采用管内充氩气的方法，角焊缝背面用氩气跟踪保护。在施焊过程中应注意观察焊缝冷却后的颜色，发现有保护不良现象，应立即停止焊接，检查保护装置。

**5. 焊接环境**

为防止渗碳和渗氮，禁止将清理好的母材和焊材直接放在碳钢件上，应放在木方或不锈钢垫板上，焊接场地保持干净整洁。为保持合适的空冷速度，全部活动焊口及能在室内焊的固定焊口应全部在室内焊接，室外固定口的焊接采取必要的防风、防雨措施，焊接环境应保持干净，风速不大于 10 m/s，相对湿度不大于 90%。

**6. 尽量减小热输入**

焊接应采用小热输入施焊，在保证焊透的情况下可适当提高焊接速度，采取短弧不摆动或小摆动的操作方法。焊接时，焊丝的加热端应置于氩气的保护中，每层焊道的接头应错开。多层焊时控制焊道层间温度低于100℃，以减少焊接接头的高温脆化和475℃脆性。

**7. 焊接工艺参数**

焊接工艺参数见表9－7。各种焊接接头形式如图9－2所示。

**表9－7　00Cr26Mo1焊接工艺参数**

| 接头形式 | 母材 | | 焊丝规格/mm | 焊接方法 | 焊接电流/A | 电弧电压/V | 焊速/(mm·min$^{-1}$) | 氩气流量/(L·min$^{-1}$) | | |
|---|---|---|---|---|---|---|---|---|---|---|
| | 板厚/mm | 材质 | | | | | | 喷嘴 | 正面 | 背面 |
| (a) | 6 | 00Cr26Mo1 | 2.5 | TIG | 130～170 | 16～18 | 80～120 | 20 | 60 | 60 |
| (b) | 3 | 00Cr26Mo1 | 2.0 | TIG | 100～150 | 16 | 80～120 | 20 | 60 | 60 |
| (c) | 6 | 00Cr26Mo1 | 2.5 | TIG | 160～180 | 16 | 80～120 | 20 | 60 | 60 |
| (d) | 3 | 00Cr26Mo1 | 2.5 | TIG | 150～160 | 18 | 80～120 | 20 | 60 | — |
| (e) | 6 | 00Cr26Mo1 | 2.5 | TIG | 130～170 | 18 | 200～220 | 35 | — | 60 |

**8. 焊缝质量检验**

1）外观检验

焊缝经外观检验没有咬边、未焊透、未熔合、弧坑、焊疤等缺陷，表面呈银白色或淡黄色，且有金属光泽。

2）无损探伤

着色渗透探伤结果焊缝表面没有裂纹，X射线探伤结果按GB/T 3323标准评定均达到Ⅰ、Ⅱ级合格标准。

3）力学性能

对焊接产品试板进行检测，焊接接头抗拉强度$\sigma_b \geq 560$ MPa，达到母材强度值，焊缝常温冲击吸收功23～26 J，略低于母材，具有良好的综合力学性能。

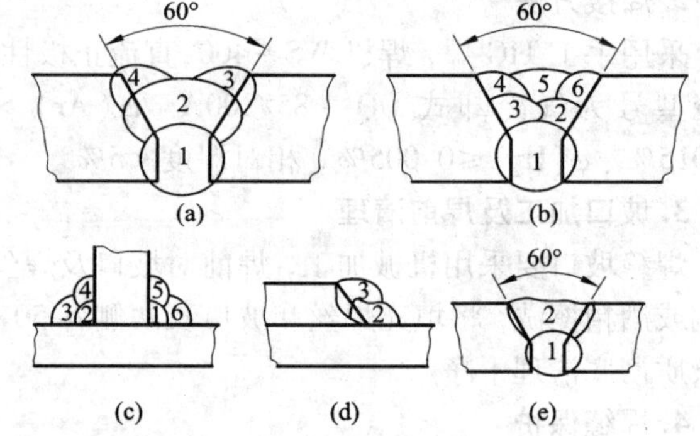

图9－2　焊接接头形式

4）焊接接头晶间腐蚀试验

焊接接头经$w$(NaOH)为42.62%～44.15%的溶液进行153℃×200 h晶间腐蚀试验，腐蚀率0.0195～0.011 g/a，相对腐蚀率3%。

# 9.4　马氏体不锈钢的焊接

## 9.4.1　马氏体不锈钢的焊接性

马氏体不锈钢的室温组织为马氏体，是一类可热处理强化的高铬钢。马氏体不锈钢焊接性较奥氏体不锈钢和铁素体不锈钢差，其焊接时的主要问题是热影响区的脆化和冷裂纹。

**1. 热影响区的脆化**

马氏体不锈钢具有较大的晶粒长大倾向。冷却速度较小时，焊接热影响区易产生粗大的铁素体和碳化物；冷却速度较大时，则形成粗大的马氏体。粗大的组织会使马氏体不锈钢焊接热影响区塑性和韧性降低而脆化。此外，马氏体不锈钢还具有一定的回火脆性。

**2. 焊接接头的冷裂纹**

马氏体不锈钢铬的质量分数在12%以上，同时还匹配适量的碳和镍，以提高其淬硬性和淬透性。因此，马氏体不锈钢焊缝和热影响区焊后组织为硬脆的马氏体组织（含碳量高时维氏硬度可达500 HV）。马氏体不锈钢导热性较碳钢差，焊接残余应力较大，如果焊接接头刚性较大或焊接过程中含氢量较高，当从高温直接冷却至100℃～120℃以下时，很容易产生冷裂纹。

对于低碳或超低碳不锈钢，虽然焊后组织也为马氏体，但只是低碳马氏体，没有明显的淬硬倾向，具有较高的强度和良好的塑性和韧性，焊接性良好。

此外，马氏体不锈钢是调质钢，焊接热影响区也存在软化问题，必须加以注意。

## 9.4.2 马氏体不锈钢的焊接工艺

为了避免冷裂纹的产生和改善焊接接头力学性能，施焊过程中应采取焊前预热，控制层间温度，进行准确的后热和焊后热处理等措施。

**1. 焊接方法**

马氏体不锈钢焊接时，常用的焊接方法有焊条电弧焊、钨极氩弧焊、熔化极气体保护焊等。

焊条电弧焊是最常用的焊接方法。焊条应选用抗裂性较好的低氢型焊条；适用于中、厚板的马氏体不锈钢焊接；为了防止过热，应采用小热输入，施焊过程以短弧焊和窄焊道的操作方法为佳。

钨极氩弧焊适用于薄板焊接，采用直流正极性可提高焊接质量，但要妥善保护好正面和背面焊接熔池，以防止氧化。用氩弧焊焊接薄板时，可以不预热，冷裂纹倾向较小；厚板要焊前预热，焊后高温回火。

马氏体不锈钢也可选用$CO_2$或富氩混合气体保护焊，其冷裂纹倾向小于焊条电弧焊，但仍需要进行焊前预热、后热和焊后热处理。

**2. 焊接材料**

马氏体不锈钢焊接时，一般采用与母材化学成分基本相同的焊接材料，但对于含碳量较高的马氏体不锈钢或在焊前预热、焊后热处理难以实施以及接头拘束较大的情况下，也常采用奥氏体焊接材料。因为这样的焊缝金属具有较好的塑性，可以缓解接头残余应力，降低接头冷裂倾向。

对于高温下运行的焊件，最好采用与母材化学成分基本相同的焊接材料。若采用奥氏体焊接材料，因焊缝与母材线膨胀系数较大，接头在高温使用时焊缝两侧始终存在较高的热应力，易使接头提前失效。

对于低碳或超低碳马氏体不锈钢，因其良好的焊接性，一般采用同质焊接材料。

**3. 焊前预热**

焊接马氏体不锈钢时，若选用与母材金属成分相同的焊接材料，为了防止焊接接头形成冷裂纹，焊前必须预热，预热温度在200℃～320℃，且最好不要高于该钢号的马氏体转变开始温度。

预热温度的选择与材料厚度、填充金属种类、焊接方法和构件的拘束程度有关。其中与钢的碳含量关系最大：当碳的质量分数小于0.1%时，预热温度可以小于200℃；碳的质量分数为0.1% ~0.2%时，预热温度为200℃ ~250℃；当碳的质量分数大于0.2%时，除预热温度还要适当提高外，还必须保证多层焊时的层间温度。

马氏体不锈钢的预热温度不宜过高，否则将使奥氏体晶粒粗大，并且随冷却速度降低，还会形成粗大的铁素体 + 晶界碳化物组织，使焊接接头塑性和强度均有所下降。

**4. 焊后热处理**

焊后热处理（回火处理）前对焊件温度有严格的要求：焊件焊后不可随意从焊接温度直接升温进行回火热处理。这是因为在焊接过程中形成的奥氏体尚未完全转变成马氏体，未分解的奥氏体在立即升温到回火处理温度的过程中会发生珠光体转变，或者形成碳化物沿奥氏体晶界沉淀，产生粗大的铁素体 + 碳化物组织，从而严重地降低焊接接头的塑性和韧性。

对于刚性小的焊接构件，焊后可冷至室温后再进行回火热处理；刚性大的，特别是碳含量较高时，应焊后空冷至100℃ ~150℃，保温1 ~2h，然后加热至回火温度。其目的有两个：一是让奥氏体充分分解为马氏体，又不至于立即过分脆化；二是使焊缝中氢向外扩散，起到消氢作用。适当保温，使马氏体充分回火得到理想的组织。

焊后热处理的目的是降低焊缝和热影响区的硬度，改善其塑性和韧性，同时减少焊接残余应力。回火温度一般选在650℃ ~750℃，至少保温1h后空冷。

对于焊后需要机械加工的构件，必须采用完全退火，退火温度为830℃ ~880℃，保温2h后炉冷至650℃，然后空冷。

高铬马氏体不锈钢一般在淬火 + 回火的调质状态下焊接，焊后经高温回火处理即可使焊接接头具有良好的力学性能。如果钢材在退火状态下焊接，则焊后会出现不均匀的马氏体组织，此时，整个焊件还需要经过调质处理，才能使焊接接头具有均匀的力学性能。

### 9.4.3 技能训练：1Cr13马氏体不锈钢造纸机消能槽的焊接实例

1Cr13不锈钢在30℃以下弱腐蚀性介质如大气、蒸汽、淡水中具有良好的耐腐蚀性能，因而在轻工机械和造纸设备中得到广泛的应用。如在造纸机中，其重要焊接件消能槽就由1Cr13钢板焊接而成。

**1. 焊前准备**

焊前将焊缝坡口两侧30 mm范围内彻底清理干净，装配定位焊时选用与正式焊接相同牌号的焊条，焊条尺寸应小些，其高度不超过焊缝高度的2/3。

**2. 焊接接头形式**

焊接接头形式见图9 –3。

**3. 焊接工艺要求**

（1）选用A102奥氏体不锈钢电焊条施焊，焊条焊前经烘干后保温，随用随取。焊接设备选用交、直流焊机均可。

（2）焊接工艺参数见表9 –8。

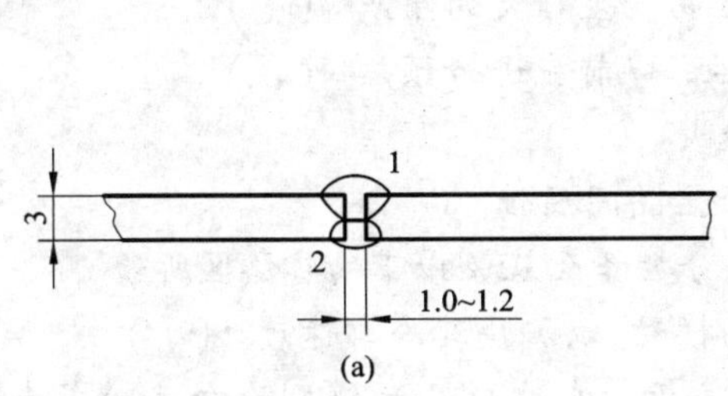


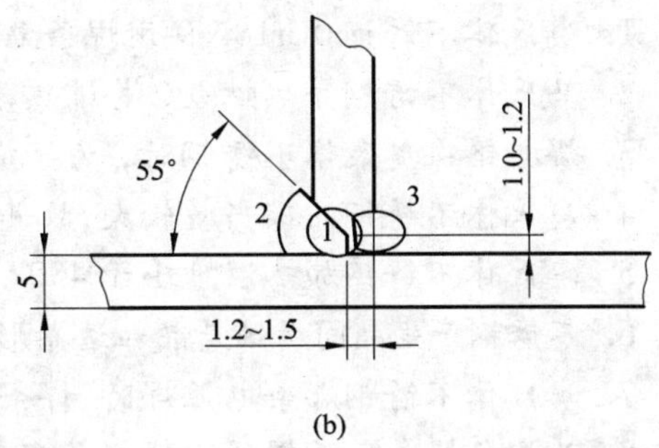


**图 9－3　焊接接头形式**

**表 9－8　焊接工艺参数**

| 接头形式 | 焊接层数 | 焊条直径/mm | 焊接电流/A | 电弧电压/V |
|---|---|---|---|---|
| 图 9－3(a) | 1～2 | 3.2 | 75～85 | 23～26 |
| 图 9－3(b) | 1 | 3.2 | 80～90 | 24～27 |
| | 2 | 4.0 | 120～130 | 28～30 |
| | 3 | 3.2 | 75～85 | 23～26 |

(3)在焊接过程中，为了减小焊接变形，应先焊接较短的焊缝；对于长焊缝，采用分段逆向焊接，每段长 150～200 mm。在保证不产生缺陷的情况下尽量采用小电流、短弧焊法，使之得到较小的熔池和整齐的焊缝。运条时采用直通焊，不作或稍作横向摆动，一次焊成的焊缝不宜过宽，收弧时要填满弧坑。多层焊时，应待前一层焊缝冷却后，再焊下一层。

**4. 焊后检验**

外观检验合格，力学性能和耐腐蚀试验符合要求。

## 【综合训练】

**一、填空题**

1. 奥氏体不锈钢焊接性的主要问题是____________________和__________。

2. 1Cr19Ni9 焊接材料的选择是：焊条型号__________，焊条牌号__________，氩弧焊焊丝__________。

3. 不锈钢的主要腐蚀形式有__________、__________、__________、__________和__________。

4. 铁素体不锈钢焊接的主要问题是__________和脆化，其脆化有__________、__________和__________。

5. 马氏体不锈钢焊接性较奥氏体不锈钢和铁素体不锈钢__________，其焊接时的主要问题是__________和__________。

6. 刀状腐蚀是__________的一种特殊形式。它只发生在含有__________、__________等稳定剂的奥氏体钢焊接接头中。

**二、判断题**

1. 奥氏体不锈钢0Cr18Ni9用焊条电弧焊焊接时，选用A102焊条。(　)

2. 马氏体不锈钢导热性差、易过热，在热影响区易产生粗大的组织。(　)

3. 焊接铬镍奥氏体不锈钢时，为了提高耐腐蚀性，焊前应进行预热。(　)

4. 奥氏体不锈钢的碳当量较大，故其淬硬倾向较大。(　)

5. 奥氏体不锈钢加热温度小于450℃时，不会产生晶间腐蚀。(　)

6. 不锈钢产生晶间腐蚀是晶粒边界形成铬的质量分数降至12%以下的贫铬区所致。(　)

7. 奥氏体不锈钢焊条电弧焊时，焊条要适当横向摆动，以加快其冷却速度。(　)

8. 为避免焊条电弧焊的飞溅损伤奥氏体不锈钢表面，在坡口及两侧刷涂白垩粉或专用防飞溅剂。(　)

9. 奥氏体不锈钢焊后矫正焊接变形，只能采用机械矫正，不能采用火焰矫正。(　)

**三、简答题**

1. 奥氏体不锈钢产生晶间腐蚀的原因是什么？防止措施有哪些？

2. 简述马氏体不锈钢的焊接工艺。

3. 简述铁素体不锈钢的焊接工艺。

# 模块十　耐热钢的焊接

耐热钢是指在高温下工作并具有一定强度和抗氧化耐腐蚀能力的钢种。其基本特性是具有良好的高温抗氧化性和力学性能。耐热钢的应用范围非常广泛，在常规热电站、核动力装置、石油精炼设备、加氢裂化装置、合成化工容器、宇航器械以及其他高温加工设备中，都可以保证这些高温高压设备长期工作的可靠性和经济性。

## 10.1　耐热钢的类型及接头性能要求

### 10.1.1　耐热钢的类型

耐热钢的种类很多，按照合金元素总质量分数分为低合金耐热钢、中合金耐热钢和高合金耐热钢。

合金元素总质量分数在5%以下的合金钢通称为低合金耐热钢，其合金系列有Mo、Cr-Mo、Mo-V、Cr-Mo-V、Mn-Mo-V、Mn-Ni-Mo和Cr-Mo-W-V-Ti-B等，通常以退火或正火+回火状态供货。合金元素总质量分数在2.5%以下，具有珠光体+铁素体组织的低合金耐热钢也称珠光体耐热钢，合金元素总质量分数在3%~5%，具有贝氏体+铁素体组织的低合金耐热钢亦称为贝氏体耐热钢。

合金总质量分数在6%~12%的合金钢通称为中合金耐热钢。目前，用于焊接结构的中合金耐热钢的合金系列有：Cr-Mo、Cr-Mo-V、Cr-Mo-Nb及Cr-Mo-W-V-Nb等。这些中合金钢以退火或正火+回火状态供货，也可以是调质状态供货。中合金耐热钢按组织可分为马氏体耐热钢和铁素体(铁素体+贝氏体)耐热钢。

合金总质量分数高于13%的合金钢称为高合金耐热钢，按其供货状态下的组织可分为马氏体、铁素体和奥氏体三种。应用最广的为铬镍奥氏体耐热钢，其合金系列为：Cr-Ni、Cr-Ni-Ti、Cr-Ni-Mo、Cr-Ni-Nb、Cr-Ni-Mo-Nb、Cr-Ni-Mo-V-Nb及Cr-Ni-Si等。

耐热钢按特性可分为热稳定钢和热强钢。热稳定钢在高温状态下具有抗氧化或耐气体介质腐蚀的一类钢，如铬镍钢和高铬钢；热强钢是在高温状态下既抗氧化或耐气体介质腐蚀，又具有一定的强度，如高铬镍钢等。

### 10.1.2 耐热钢焊接接头性能的基本要求

为保证耐热钢焊接结构在高温、高压和各种复杂介质下长期安全运行，焊接接头的性能必须相应满足以下几点要求：

**1. 接头的等强度和等塑性**

耐热钢焊接接头不仅应具有与母材基本相等的室温和短时高温强度，而且更重要的应具有与母材相当的高温持久强度。此外，耐热钢制焊接部件大多需经冷作、热压成形等加工，焊接接头也将经受较大的塑性变形，因此也应具有与母材相近的塑性变形能力。

**2. 接头的抗氧化性**

耐热钢焊接接头应具有与母材基本相同的高温抗氧化性，为此焊缝金属的合金成分及质量分数应与母材基本一致。

**3. 接头的组织稳定性**

耐热钢焊接接头在制造和使用过程中，长期受到高温、高压作用，为确保接头性能稳定，其各区组织不应产生明显的变化以及由此引起的脆化或软化。

**4. 接头的物理均一性**

耐热钢焊接接头应具有与母材基本相同的物理性能，如热膨胀系数和导热率等，否则高温运行过程中产生的热应力将导致接头失效。

## 10.2 低、中合金耐热钢的焊接

### 10.2.1 低、中合金耐热钢的成分与性能

低、中合金耐热钢是以 Cr－Mo 基为主要合金元素的一类合金钢，主要应用于600℃以下工作的动力、石油化工等工业设备中，不仅具有良好的抗氧化性和热强性，还具有一定的抗硫和氢腐蚀的能力，同时具有很好的冷、热加工性能。一般情况下，$w$(Cr)为 0.5% ~ 12.5%，$w$(Mo)为0.5% ~1%。随着使用温度的提高，钢中还加入了 V、W、Nb、Ti、B 等微量合金元素，进一步提高了热强性。

**1. 钼钢**

钼钢是较早使用的低合金耐热钢，Mo 含量为0.5%。钼在钢中主要起到固溶强化的作用，可以提高钢的热强性。但是工作环境温度超过 450℃后，容易产生石墨化问题（$Fe_3C \longrightarrow 3Fe + C$），降低钢的强度，因此应用范围比较小。

**2. 铬钼钢**

由于在一定温度下钼钢的石墨化情况比较严重，为了提高钢的组织稳定性，进而提高其热强性，在钼钢中可以加入一定量 Cr，Cr 溶入 $Fe_3C$ 后可阻止石墨化的产生，使碳化物具有一定的热稳定性。铬钼钢的工作温度可以达到 550℃。

**3. 铬钼基多元合金耐热钢**

除了钼钢和铬钼钢外，钢中还可以加入 V、Ti、B 等微量元素进行时效强化和晶界强化，进一步提高钢的热强性和高温组织稳定性。其合金系列有 Cr－Mo－V、Cr－Mo－W－V、Cr－Mo－W－V－B、Cr－Mo－V－Ti－B 等。

常见的低、中合金耐热钢牌号及化学成分见表10－1，常温力学性能见表10－2。

**表10－1　常见低、中合金耐热钢的化学成分/%**

| 牌号 | C | Mn | Si | Cr | Mo | V | W | 其他 |
|---|---|---|---|---|---|---|---|---|
| 12CrMo | ≤0.15 | 0.4～0.7 | 0.2～0.4 | 0.4～0.7 | 0.4～0.55 | — | — | — |
| 15CrMo | 0.12～0.18 | 0.4～0.7 | 0.17～0.37 | 0.8～1.1 | 0.4～0.55 | — | — | — |
| 10Cr2Mo1 | ≤0.15 | 0.4～0.6 | 0.15～0.50 | 1.1 | 0.9～1.1 | — | — | — |
| 12Cr5Mo | ≤0.15 | ≤0.6 | ≤0.5 | 4.0～6.0 | 0.5～0.6 | — | — | — |
| 12Cr9Mo1 | ≤0.15 | 0.3～0.6 | 0.5～1.0 | 8.0～10.0 | 0.9～1.1 | — | — | — |
| 12Cr1MoV | 0.08～0.15 | 0.4～0.7 | 0.17～0.37 | 0.9～1.2 | 0.25～0.35 | 0.15～0.30 | — | — |
| 15Cr1Mo1V | 0.08～0.15 | 0.4～0.7 | 0.17～0.37 | 0.9～1.2 | 1.0～1.2 | 0.15～0.25 | — | — |
| 17CrMo1V | 0.12～0.20 | 0.6～1.0 | 0.3～0.5 | 0.3～0.45 | 0.7～0.9 | 0.3～0.4 | — | — |
| 20Cr3MoWV | 0.17～0.24 | 0.3～0.6 | 0.2～0.4 | 2.6～3.0 | 0.35～0.50 | 0.7～0.9 | 0.3～0.6 | — |
| 12Cr2MoWVB | 0.08～0.15 | 0.45～0.65 | 0.45～0.75 | 1.6～2.1 | 0.5～0.65 | 0.28～0.42 | 0.3～0.55 | Ti 0.08～0.18<br>B≤0.008 |
| 12Cr3MoVSiTiB | 0.09～0.15 | 0.5～0.8 | 0.6～0.9 | 2.5～3.0 | 1.0～1.2 | 0.25～0.35 | — | Ti 0.22～0.38<br>B 0.0005～0.011 |

**表10－2　常见低、中合金耐热钢的常温力学性能**

| 牌号 | 热处理状态 | $\sigma_b$/MPa | $\sigma_s$/MPa | $\delta_5$/% | $a_k$/(J·cm$^{-2}$) |
|---|---|---|---|---|---|
| 12CrMo | 900℃～930℃正火<br>680℃～730℃回火<br>（缓冷至300℃空冷） | ≥410 | ≥265 | ≥24 | ≥135 |
| 15CrMo | 900℃正火<br>650℃回火 | ≥440 | ≥294 | ≥22 | ≥118 |
| 10Cr2Mo1 | 940℃～960℃正火<br>730℃～750℃回火 | 440～590 | ≥265 | ≥20 | ≥78.5 |
| 12Cr5Mo | 900℃正火<br>540℃～570℃回火 | ≥980 | — | ≥10 | — |
| 12Cr9Mo1 | 900℃～1000℃空冷或油冷淬火<br>730℃～750℃空冷回火 | 590～735 | ≥392 | ≥20 | ≥78.5 |
| 12Cr1MoV | 1000℃～1020℃正火<br>740℃回火 | ≥470 | ≥255 | ≥21 | ≥59 |
| 15Cr1Mo1V | 1020℃～1050℃正火<br>730℃～760℃回火 | 540～680 | ≥345 | ≥18 | ≥49 |

**续表 10－2**

| 牌号 | 热处理状态 | $\sigma_b$/MPa | $\sigma_s$/MPa | $\delta_5$/% | $a_k$/(J·cm$^{-2}$) |
|---|---|---|---|---|---|
| 17CrMo1V | 980℃～1000℃正火或油淬<br>710℃～730℃回火 | ≥735 | ≥640 | ≥16 | ≥59 |
| 20Cr3MoWV | 1040℃～1060℃油淬或正火<br>650℃～720℃回火 | ≥785 | ≥640 | ≥13 | 49～68.5 |
| 12Cr2MoWVB | 1000℃～1035℃正火<br>760℃～780℃回火 | ≥540 | ≥342 | ≥18 | — |
| 12Cr3MoVSiTiB | 1040℃～1090℃正火<br>720℃～770℃回火 | ≥625 | ≥440 | ≥18 | — |

## 10.2.2 低、中合金耐热钢的焊接性

低、中合金耐热钢焊接时的主要问题是：淬硬及冷裂倾向、再热裂纹倾向、回火脆性及热影响区软化。

**1. 淬硬性及冷裂纹**

钢的淬硬性取决于碳含量、合金成分及其含量。低、中合金耐热钢中的主要合金元素铬和钼等都能显著地提高钢的淬硬性，其作用机理是延迟钢在冷却过程中的组织转变，提高过冷奥氏体的稳定性，从而增加耐热钢的淬硬倾向及冷裂纹敏感性。对于成分一定的合金钢，淬硬程度则取决于奥氏体的冷却速度，冷却速度越快，接头硬度越大，接头冷裂纹敏感性也越大。

**2. 再热裂纹倾向**

低、中合金耐热钢焊接的再热裂纹（亦称消除应力裂纹）主要取决于钢中碳化物形成元素的特性及其含量和焊接工艺参数。对于某些再热裂纹倾向较高的耐热钢，当采用大热输入焊接时，如多丝埋弧焊或带极埋弧焊，即使焊后未做消除应力热处理，在接头高拘束应力作用下也会形成焊缝层间或堆焊层下的过热区再热裂纹。

再热裂纹一般在500℃～700℃敏感温度范围内形成，并且出现在残余应力较高的部位，如接头咬边、未焊透等应力集中处。这些部位在加热过程中释放残余应力，蠕变变形较大，容易出现再热裂纹。

为防止再热裂纹的形成，可采取下列冶金和工艺措施：

（1）控制母材和焊材中加剧再热裂纹的合金成分，尤其是V、Nb、Ti等合金元素的含量要严格控制到最低程度；

（2）选用高温塑性优于母材的焊接填充材料；

（3）采用低热输入焊接工艺和方法，缩小焊接接头的过热区，限制晶粒长大；

（4）选择合理的热处理工艺，尽量缩短敏感温度区间的停留时间；

（5）适当提高预热温度和层间温度；

（6）合理设计接头的形式，降低其拘束度。

**3. 回火脆性**

铬钼钢及其焊接接头在370℃～565℃长期运行过程中发生渐进的脆变现象称为回火脆性。这种脆变由钢中的微量元素，如P、As、Sb和Sn沿晶界扩散偏析，导致晶间结合力下降

所致。为防止回火脆性，应严格控制 As、Sb、Sn 等有害杂质元素含量，同时降低可促进回火脆性的 P、Si 元素含量。

**4. 热影响区的软化**

低、中合金耐热钢焊接后，其接头热影响区存在软化问题。其软化区的金相组织特征是铁素体 + 少量碳化物，即"白带"，硬度明显下降。软化程度与母材焊前的组织状态、焊接冷却速度和焊后热处理有关。母材合金化程度越高，硬度越高，焊后软化程度越严重。焊后高温回火不但不能使软化区的硬度恢复，甚至还会使硬度稍有降低，只有经正火 + 回火处理才能消除软化问题。

软化区的存在对室温性能没什么影响，但在高温长期静载拉伸条件下，接头往往在软化区发生断裂破坏。

## 10.2.3　低、中合金耐热钢的焊接工艺

**1. 低合金耐热钢的焊接工艺**

低合金耐热钢的焊接工艺内容包括坡口形式及尺寸，焊接方法的选择，焊前准备，焊接材料的选配，焊前预热，层间温度和焊后热处理及焊接工艺参数的选择，焊接顺序及操作技术，接头焊后检查及合格标准等。

1）焊接方法

低合金耐热钢焊件实际应用的焊接方法有焊条电弧焊、埋弧焊、氩弧焊、熔化极气体保护焊等。

埋弧焊具有熔敷效率高，焊缝质量好的优点。在压力容器、管道、重型机械、钢结构、大型铸件及气轮机转子的焊接中都得到了广泛应用，但不能在空间进行全位置焊接，也不适用于薄板焊接。

焊条电弧焊具有机动、灵活、能进行全位置焊的特点。为确保焊缝金属的韧性，降低裂纹倾向，低合金耐热钢的焊条电弧焊大都采用低氢型碱性焊条，低合金薄板焊接也可采用高纤维素或高氧化钛酸性焊条。但焊条电弧焊建立低氢的焊接条件较困难，焊接工艺较复杂，且效率低，焊条利用率不高，逐渐被低氢高效的焊接方法如熔化极气体保护焊取代。

低合金耐热钢管道的封底层焊道或小直径薄壁管的焊接多半用钨极氩弧焊。钨极氩弧焊具有低氢、工艺适应性强、易于实现单面焊双面成形的特点。但钨极氩弧焊焊接低合金钢效率低，常作为厚壁管道焊接的打底焊。

熔化极气体保护焊是一种高效、优质及低成本的焊接方法，其效率介于埋弧焊和焊条电弧焊之间。其具有较高的工艺适应性，采用 0.8 mm、1.0 mm 的细焊丝可实现低电流短路过渡焊接，以完成薄板接头和根部焊道；也可采用 1.2 mm 以上的粗丝实现高熔敷效率的喷射过渡焊接，以完成厚壁接头焊接。其应用范围正在不断扩大。

药芯焊丝气体保护焊与普通的实心焊丝气体保护焊相比具有更高的熔敷效率，且操作性能优良、飞溅小、焊缝成形美观，而且还适用于管道环缝的全位置焊。虽然药芯焊丝的市售价格高于实心焊丝，但由于焊接效率的提高和辅助时间的缩短反而使总的焊接成本有所降低。因此，药芯焊丝气体保护焊在低合金耐热钢焊接结构生产中的应用必将迅速扩大。

2）焊前准备

焊前准备的内容主要是接缝边缘的切割下料，坡口加工，热切割边缘和坡口面的清理以

及焊接材料的预处理。

对于一般的低合金耐热钢焊件，可以采用各种热切割法下料。热切割或电弧气刨快速加热和冷却引起的热切割边缘母材组织变化与焊接热影响区相似，但热收缩应力要低得多。为防止厚板热切割边缘的开裂，应采取下列工艺措施：

(1)对于所有厚度的2.25Cr－Mo、3Cr－Mo型钢和15 mm以上的1.25Cr－0.5Mo钢板，热切割前应将割口边缘预热150℃以上，热切割边缘应作机械加工并用磁粉探伤检查是否存在表面裂纹；

(2)对于15 mm以下的1.25Cr－0.5Mo和15 mm以上的0.5Mo钢板热切割前应预热100℃以上，热切割边缘应作机械加工并用磁粉探伤检查是否存在表面裂纹；

(3)对于15 mm以下的0.5Mo钢板，热切割前不必预热，热切割边缘最好作机械加工。

对热切割边缘或坡口面直接进行焊接，焊前必须清除热切割熔渣和氧化皮。切割面缺口应用砂轮修磨圆滑过渡，机械加工的边缘或坡口面焊前应清除油渍等污物。对焊缝质量要求较高的焊件，焊前最好用丙酮擦净坡口表面。

焊接材料在使用前应作适当的预处理：埋弧焊的焊丝，使用前应将表面防锈油清除干净；镀铜焊丝亦应将表面积尘和污垢仔细清除；焊条电弧焊的药皮焊条和埋弧焊的焊剂要妥善保管，在使用前应严格按工艺规范规定进行烘干，这对于保持焊缝金属的低氢含量至关重要。

3)焊接材料

低合金耐热钢焊接材料的选配原则是焊缝金属的合金成分、力学性能应与母材一致。若焊后需要热处理，则应选择合金成分和强度级别较高的焊接材料。为提高焊缝金属的抗裂性，通常控制焊接材料的含碳量低于母材。常用低合金耐热钢焊接材料的选用可参照表10－3。

4)预热和焊后热处理

预热是防止低合金耐热钢焊接接头产生冷裂纹和再热裂纹的有效工艺措施之一。预热温度一般为80℃～150℃，主要由钢的含碳量、接头的拘束度和焊缝金属的氢含量来决定。局部预热时，必须保证预热宽度大于焊件壁厚的4倍，且不能少于150 mm。对于重要的结构要保证焊件内外表面均达到规定的预热温度。在厚壁焊件的焊接中，必须注意焊前、焊接过程中、焊接结束时预热温度基本保持一致，并将实测预热温度作好记录。

对于低合金耐热钢来说，焊后热处理的目的不仅是消除焊接残余应力，更重要的是改善组织，提高接头的综合性能(包括提高接头的高温蠕变强度、组织稳定性及降低焊缝和热影响区的硬度等)。低合金耐热钢焊后一般作高温回火处理，回火温度在580℃～760℃。选择回火参数时，应考虑尽量避免在对回火脆性及再热裂纹敏感的温度范围内进行，并规定在危险区间内快速加热。

对于某些合金含量较低、拘束度较小的低合金耐热钢焊接接头，如焊前预热温度选择正确，焊接材料选择恰当，经焊接工艺评定试验证实接头具有足够的塑性和韧性时，可以不作焊后热处理。

**表 10－3　低合金耐热钢焊接材料的选用表**

| 钢号 | 焊条电弧焊 | | 埋弧焊 | 气体保护焊 |
|---|---|---|---|---|
| | 牌号 | 国际型号 | 牌号 | 型号(牌号) |
| 15Mo | R102<br>R107 | E5503－A1<br>E5015－A1 | H08MnMoA＋HJ350 | ER55－D2<br>(H08MnSiMo) |
| 12CrMo | R202<br>R207 | E5503－B1<br>E5515－B1 | H10MoCrA＋HJ350 | ER55－B2<br>(H08CrMnSiMo) |
| 15CrMo | R307 | E5515－B2 | H08MoCrA＋HJ350 | ER55－B2<br>(H08CrMnSiMo) |
| 12Cr1MoV | R317 | E5515－B2－V | H08CrMoV＋HJ350 | ER55－B2－MnV<br>(H08CrMnSiMoV) |
| 12Cr2Mo | R406Fe<br>R407 | E6018－B3<br>E6015－B3 | H08Cr3MoMnA＋HJ350 | ER62－B3<br>(H08Cr3MoMnSi) |
| 2.25Cr－Mo | R407 | E6015－B3 | H08Cr3MoMnA＋HJ350 | ER62－B3<br>(H08Cr3MoMnSi) |
| 12Cr2MoWVTiB | R347 | E5515－B<br>3－VWB | H08Cr2MoWVNbB＋HJ250 | ER62－G<br>(H08Cr2MoWVNbB) |
| 18MnMoNb | J606<br>J607<br>J707 | E6016－D1<br>E6015－D1<br>E7015－D2 | H08Mn2MoA＋HJ350<br>H08Mn2NiMo＋HJ350 | ER55－D2<br>(H08Mn2SiMoA) |
| 13MnNiMoNb | J607<br>J707 | E6015－G<br>E7015－G | H08Mn2NiMo＋HJ350 | ER55Ni1<br>(H08Mn2NiMoSi) |

**2. 中合金耐热钢的焊接工艺**

1)焊接方法

中合金耐热钢由于淬硬和裂纹倾向较高，应优先选择低氢的焊接方法。如钨极氩弧焊和熔化极气体保护焊等。在厚壁焊件中，可选择焊条电弧焊、埋弧焊和电渣焊。

2)焊前准备

中合金耐热钢热切割之前，必须将切割边缘 20 mm 宽度内预热到 150℃以上。切割面应采用磁粉探伤检查是否存在裂纹，焊接坡口应机械加工，坡口面上的热切割硬化层应清理干净，必要时应作表面硬度测定加以鉴别。

接头坡口形式和尺寸的设计原则是尽量减少焊缝的横截面积。在保证焊缝根部焊透的前提下应尽量减小坡口角度、U 形坡口底部圆角半径及坡口宽度，这样可以在短时间内完成焊接过程，容易实现等温焊接工艺。

最理想的坡口形式为窄间隙坡口。窄间隙坡口宽度，埋弧焊为 18～22 mm，熔化极气体保护焊为 14～16 mm，钨极氩弧焊为 8～12 mm。

3)焊接材料的选择

中合金耐热钢的焊接材料选择原则是在保证焊接接头具有与母材相同的高温蠕变强度和抗氧化性的前提下改善其焊接性。方案有两种：一是选用这种材料，即异种焊材，主要是因为高铬镍奥氏体焊接材料是防止焊接热影响区裂纹的最有效措施，且工艺简单，焊前无需预热，焊后无需热处理；二是选用与母材化学成分相近的焊接材料，所有中合金耐热钢的焊条和焊剂均为碱性低氢药皮焊条和焊剂。

4）预热和焊后热处理

中合金耐热钢的预热和焊后热处理都是焊接过程中不可缺少的重要工序。预热是防止裂纹产生、降低接头硬度和焊接应力峰值以及提高韧性的有效措施。焊后热处理的目的在于改善焊缝金属及热影响区的组织，使淬火马氏体转变成回火马氏体，降低焊接接头区的硬度，提高其韧性、变形能力和高温持久强度并消除内应力。常用焊后热处理方法是完全退火、高温回火或回火 + 等温退火等。

### 10.2.4 技能训练：15CrMo 钢 300MW 电站锅炉过热器集箱环缝的焊接实例

300MW 电站锅炉过热蒸汽的压力为 18.2 MPa，温度为 540℃。其低温过热器集箱采用壁厚为 92 mm，$\phi$610 mm 的 15CrMo 钢无缝管制造。集箱中部为等径三通。三通及封头材料为 15CrMo，其结构见图 10－1。集箱与封头、三通与筒体相接环缝采用手工钨极氩弧焊打底，焊条电弧焊加厚焊道，埋弧焊填充和盖面工艺。其对接环缝焊接工艺如下：

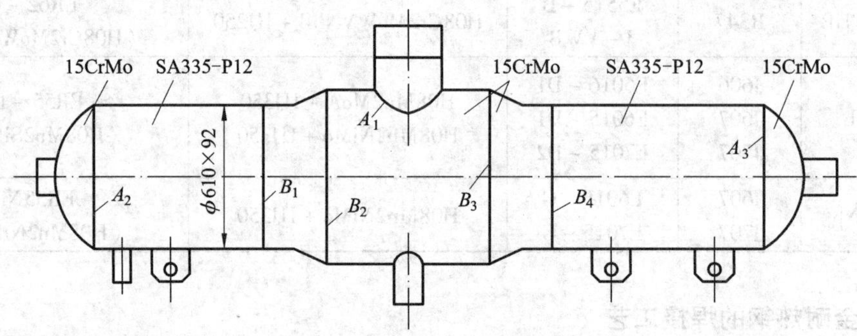


**图 10－1 立式低温过热器集箱结构简图（$\phi$610 mm × 92 mm）**

$A_1$—三通马鞍形焊缝；$A_2$，$A_3$—封头环焊缝；$B_1$ ~ $B_4$—环焊缝

**1. 焊前准备**

（1）坡口制备。对接环缝坡口尺寸如图 10－2 所示，采用变角度组合坡口，以减少熔敷金属和变形量，提高效率，降低成本。

（2）清理坡口及其两侧各 20 mm 内和焊丝上的铁锈、氧化皮等污物。

（3）焊条经 350℃ ~400℃ 烘干 2h，焊剂在焊前经 300℃ ~400℃ 烘干 2h。

**2. 手工氩弧焊打底及焊条电弧焊加厚焊道**

（1）手工氩弧焊打底采用 ER80S－B2（ER55－B2、H08CrMnSiMo）、$\phi$2.5 mm 焊丝，焊条电弧焊采用 E5515－B2（R307）$\phi$4 mm 焊条。

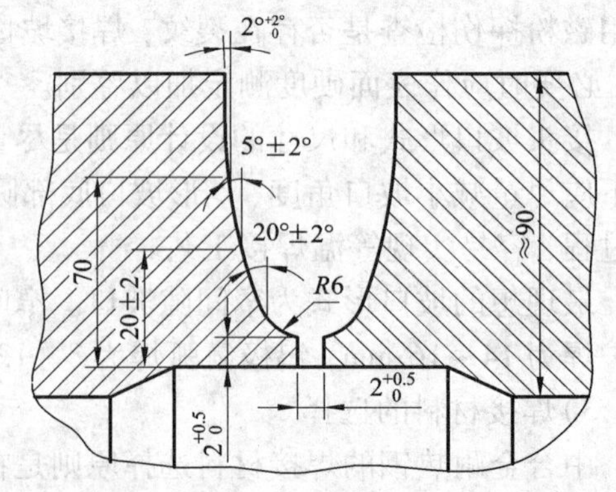


**图 10－2 集箱环缝对接环缝坡口形式**

（2）焊前预热温度≥100℃，保证焊条电弧焊层间温度≥150℃。

(3)手工氩弧焊打底焊一层，钨极$\phi$2.5 mm，直流正接，电流100～120A，电压12～14V，气体流量8～10L/min。焊条电弧焊加厚焊道约10 mm(2～4层)，电流160～180A，电压22～24V。

(4)焊条电弧焊加厚焊道焊后如不能立即进行埋弧焊，应进行200℃～250℃、2h后热处理。

**3. 埋弧焊**

(1)埋弧焊采用H08MoCrA、$\phi$3 mm焊丝与HJ350焊剂。

(2)埋弧焊前将环缝两侧宽约200 mm区域预热至≥150℃。

(3)焊接过程控制层间温度150℃～350℃。

(4)埋弧焊工艺参数为：焊接电流450～500 A，电弧电压32～36 V，焊接速度20～25 m/h，直流反接。

(5)埋弧焊过程中断或焊接结束后，立即作200℃～250℃、2h后热处理。

(6)焊后进行660℃～690℃保温2.5h的焊后热处理。

**4. 焊后检查**

(1)焊后焊缝表面无裂纹、咬边、气孔、凹坑等缺陷，符合质量要求。

(2)外观检验后，焊缝进行100%射线探伤和100%超声探伤，检查结果合格。

## 10.3　高合金耐热钢的焊接

高合金耐热钢常用的有奥氏体高合金耐热钢、铁素体高合金耐热钢和马氏体高合金耐热钢等。其基本合金系统为铬镍型和高铬型，为提高这些耐热钢的抗氧化性、热强性并改善其工艺性，还分别加入了Ti、Nb、Al、W、V、Mo、B、Si、Mn和Cu等合金元素。

### 10.3.1　奥氏体高合金耐热钢的焊接

**1. 奥氏体高合金耐热钢的焊接性**

奥氏体耐热钢与奥氏体不锈钢的焊接性基本相同，由于具有较高的塑性和韧性，且不会淬硬，与低合金、中合金及高合金马氏体耐热钢及铁素体耐热钢相比，具有较好的焊接性。奥氏体耐热钢焊接时的主要问题是：铁素体含量的控制、焊接热裂纹、接头各种形式的腐蚀和$\sigma$相脆变等。这里只讨论铁素体含量的控制和$\sigma$相脆变的问题，其他问题已在奥氏体不锈钢焊接中作了论述。

1)铁素体含量的控制

奥氏体耐热钢焊缝金属中铁素体含量关系到抗热裂性、$\sigma$相脆变和热强性能。从抗热裂性出发，要求焊缝金属中含有一定量的铁素体，但从$\sigma$相脆变和热强性考虑，铁素体含量愈低愈好。从焊接冶金和工艺上妥善、合理地解决这一矛盾是奥氏体耐热钢焊接的核心技术。

各种不同成分的铬镍钢焊缝金属焊后铁素体的含量可按图10－3所示的德龙(Delong)焊缝组织图来确定。该组织图考虑了焊接过程中吸收的氮对组织的影响，故比舍夫勒组织图更科学。在计算焊缝金属铬、镍当量应考虑所采用的焊接方法、工艺参数及母材对焊缝金属的稀释的影响。此外，还应考虑焊接熔池的冷却速度，随着冷却速度的加快，铁素体含量减少。

奥氏体焊缝金属的力学性能与铁素体含量存在一定的关系，如图10－4所示，随着铁素

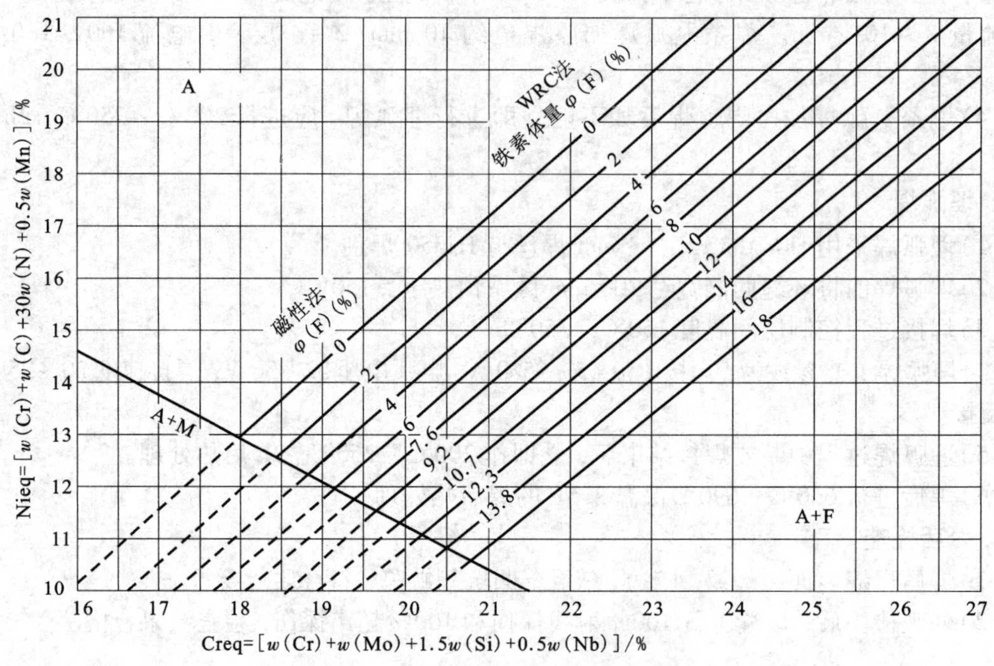


**图 10－3　德龙(Delong)焊缝组织图**

体含量的增加，奥氏体焊缝金属的常温抗拉强度提高，塑性下降。然而，高温短时抗拉强度、高温持久强度及低温韧性随之明显降低。因此，对于奥氏体耐热钢焊接接头，要求考虑控制铁素体含量。在某些特殊的应用场合下，可能要求采用全奥氏体焊缝金属。

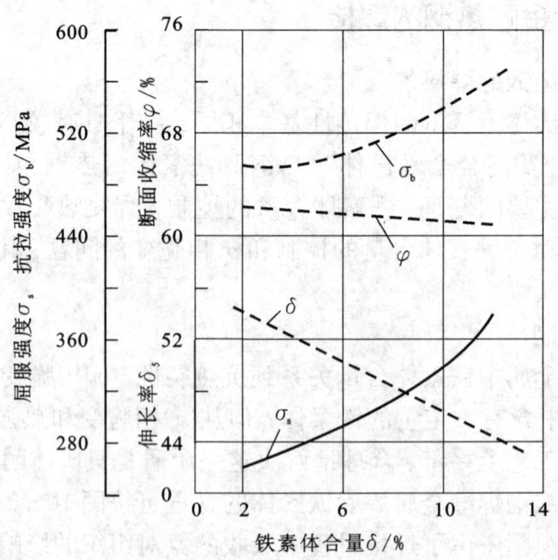


**图 10－4　铁素体含量对奥氏体焊缝金属力学性能的影响**

（2）$\sigma$ 相脆化。奥氏体钢焊缝金属在高温持续加热过程中也会发生 $\sigma$ 相脆化。在奥氏体钢中，$\sigma$ 相析出温度为650℃～850℃，很大程度上取决于金属原始组织的特性和加热过程的参数。$\sigma$ 相从铁素体转变的速度要比从奥氏体转变快得多。奥氏体钢在高温加热过程中如产生塑性变形或施加压力，则可大大加快 $\sigma$ 相析出。

奥氏体钢中 $\sigma$ 相析出的原因可能与温度升高时碳化物的溶解有关。由于碳和铬的扩散速度不同，碳化物溶解时会形成一高铬区，$\sigma$ 相就在这一区域析出。

$\sigma$ 相的形成对奥氏体钢性能不利的影响是促使缺口冲击韧度明显降低，另外 $\sigma$ 相对奥氏体抗高温氧化性和接头的高温蠕变强度也有一定的有害影响。因此必须采取相应措施控制奥氏体焊缝金属的 $\sigma$ 相转变。

防止奥氏体钢焊缝金属 $\sigma$ 相形成的最有效措施是调整焊缝金属的合金成分，严格限制Mo、Si、Nb等加速 $\sigma$ 相形成的元素，适当降低Cr含量并相应提高Ni含量。如Cr23－Ni22钢对 $\sigma$ 相的敏感性比Cr25－Ni20钢低得多。在焊接工艺方面应采用低热输入的焊接方法，焊后焊件应避免在600℃～850℃作热处理。

**2. 奥氏体高合金耐热钢的焊接工艺**

奥氏体高合金耐热钢与铁素体高合金耐热钢、马氏体高合金耐热钢相比具有较好的焊接性，可以采用所有的熔焊方法。焊接时的主要问题是防止焊缝出现热裂纹和保证接头具有与母材相当的使用性能。

1）焊接材料

奥氏体耐热钢焊接材料选择的原则是，在无裂纹前提下保证焊缝金属的热强性与母材金属基本相等。这就要求其合金成分大致与母材金属匹配，同时应考虑焊缝金属内铁素体含量的控制。对于长期在高温下运行的奥氏体耐热钢焊件，焊缝金属内铁素体含量不应超过5%，在 $w$(Ni, Cr)均大于20%的高铬镍耐热钢中，为获得抗裂性高的纯奥氏体组织，可选用 $w$(Mn)为6%～8%的焊接材料。表10－4为我国常用的奥氏体高合金耐热钢焊条和焊丝。

奥氏体耐热钢焊接时，为减少焊接收缩变形，在坡口设计中应尽量缩小焊缝的截面，V形坡口角度通常不大于60°。当焊件板厚大于20 mm时，最好采用U形坡口。如焊件不能从内部施焊并要求全焊透，可采用衬垫，或在坡口外侧使用TIG打底焊。

2）焊接方法及工艺

（1）焊条电弧焊。焊条电弧焊是应用最普遍的焊接方法。奥氏体耐热钢焊条电弧焊时，由于其电阻率较高，焊条夹持端易受电阻热的作用而提前发红，故应选择合适的焊接电流，或选用不易发红的奥氏体钢焊条。

奥氏体耐热钢焊条电弧焊时应采用窄焊道技术，以加快焊道的冷却速度，焊道宽度不应超过焊芯直径的4倍，多层焊每层焊道的厚度不应大于3 mm。为便于脱渣和清渣，最好采用工艺性能良好的钛钙型药皮焊条。为防止焊缝中产生气孔，焊条在焊前应按要求烘干，并将待焊坡口表面清理干净。

表 10－4　常用奥氏体高合金耐热钢焊条和焊丝

| 钢号 | 焊条 | | 埋弧焊焊丝 | 气体保护焊焊丝 |
|---|---|---|---|---|
| | 型号 | 牌号 | | |
| 0Cr18Ni9 | E308－16 | A102 | H0Cr19Ni9 | H0Cr19Ni9 |
| 1Cr18Ni9Ti | E347－16 | A132 | H1Cr19Ni10Nb | H0Cr19Ni9Ti |
| 0Cr18Ni11Ti<br>0Cr18Ni11Nb | E347－16<br>E347－15 | A132<br>A137 | H1Cr19Ni10Nb | H0Cr19Ni9Ti<br>H1Cr19Ni10Nb |
| 0Cr18Ni13Si4 | E316－16<br>E318V－16 | A201<br>A202<br>A232 | H0Cr19Ni11Mo3 | H0Cr19Ni11Mo3 |
| 1Cr20Ni14Si2 | E309Mo－16 | A312 | H1Cr25Ni23 | H1Cr25Ni23 |
| 0Cr23Ni13 | E309－16 | A302 | H1Cr25Ni23 | H1Cr25Ni23 |
| 0Cr25Ni20 | E310－16<br>E310Mo－16 | A402<br>A412 | H1Cr25Ni13 | H1Cr25Ni13 |
| 0Cr17Ni12Mo2 | E316－16 | A201<br>A202 | H0Cr19Ni11Mo3 | H0Cr19Ni11Mo3 |
| 0Cr19Ni13Mo3 | E317－16 | A242 | H0Cr25Ni13Mo3<br>焊剂 HJ206，<br>SJ601 | H0Cr25Ni13Mo3<br>Ar，$Ar+O_2$ 1%<br>$Ar+CO_2$ 2%～3% |

（2）熔化极惰性气体保护焊。熔化极惰性气体保护焊与焊条电弧焊相比，具有一系列的优点。对于厚度为 20 mm 以下的奥氏体耐热钢应优先采用自动或半自动熔化极惰性气体保护焊，当采用这种焊接方法时，由于氩弧的热量比 $CO_2$ 电弧高得多，需注意加强焊枪喷嘴的冷却。半自动焊时选用的焊丝直径为 0.6～1.2 mm；自动焊时选用的焊丝直径为 1.6～3.0 mm。焊接电源可使用平特性的直流电源或直流脉冲电源，直流反接。保护气体可使用纯 Ar、$Ar+O_2$ 或 $Ar+CO_2$，纯 He、$He+Ar+CO_2$ 等混合气体。在 Ar 气中加入体积分数为 1% 的 $O_2$，或体积分数为 2%～3% 的 $CO_2$，使保护气体具有微弱的氧化性，可减小熔滴的表面张力，易于实现喷射过渡，减少飞溅，提高电弧的稳定性，改善熔化金属的润湿性和焊缝的成形。

奥氏体耐热钢熔化极气体保护焊时，可选择比碳钢焊接时较低的焊接电流和电压。在 $Ar+CO_2$ 气体保护下，采用直径 1.2～2.4 mm 焊丝，喷射过渡的焊接电流为 180～380A，电弧电压相应为 25～33V。喷射过渡电弧可焊接最小厚度为 3 mm，适用的厚度范围为 6～25 mm。短路过渡焊接则采用 $\phi$0.8～1.2 mm 焊丝，相应的焊接电流范围为 50～225A，电弧电压为 17～24V。由于焊接热输入低，宜于焊接厚 3 mm 以下的薄板，并能在任何位置下焊接各种接头。

（3）钨极氩弧焊。钨极惰性气体保护焊是奥氏体耐热钢最适用的焊接方法之一。钨极氩弧焊的热输入较低，特别适用于对过热敏感的各种奥氏体耐热钢的焊接，大多用于 10 mm 以下薄板和薄壁管的焊接。

奥氏体耐热钢钨极氩弧焊，按对焊缝质量的要求不同，可采用氩气、氦气或其混合气体作保护气体。单层焊或根部焊道焊接时，焊缝背面应通相同的保护气体或特制的成形气体。焊接电源通常采用直流正接，也可采用频率范围为 0.5 ~ 20Hz 的低频脉冲直流电源。填充焊丝可采用与熔化极气体保护焊焊丝相同成分的焊丝或 $w(\mathrm{Si})$ 为 0.3% ~ 0.5%，其他成分与母材相同的焊丝。手工钨极氩弧焊时，选用的焊丝直径为 1.6 ~ 2.5 mm，自动钨极氩弧焊填充焊丝的直径为 0.8 ~ 1.2 mm。

(4) 埋弧焊。埋弧焊通常用于焊接厚 5 mm 以上的奥氏体耐热钢。为了提高抗裂性，应选用硅、硫、磷含量低、锰含量高的焊丝。为减少从焊剂向焊缝金属增硅，应选用中性或碱性焊剂。

奥氏体钢埋弧焊时，因其电阻率较高，在使用相同焊丝时应选择比碳钢焊接时低 20% 的焊接电流，并严格控制焊丝伸出长度。埋弧焊时，母材的稀释率变化大，可在 10% ~ 75% 内变化。为控制焊缝金属的成分，应选择合理的坡口形状和尺寸以及合适的焊接工艺参数，这对于控制焊缝中的铁素体含量十分重要，通常应以母材稀释率低于 40% 为原则。要严格控制层间温度，最好不超过 150℃，对于一些特殊要求的焊件还应采取加速冷却措施。

3) 焊后热处理

根据生产经验，当壁厚超过 20 mm 时，应考虑实际情况作适当的焊后热处理。奥氏体耐热钢焊接接头焊后热处理的目的可归纳为：消除残余应力，提高结构尺寸的稳定性；提高接头的高温蠕变强度；消除不恰当的热加工形成的 $\sigma$ 相。

奥氏体耐热钢的焊后热处理，按处理的温度可分为低温、中温和高温焊后热处理。加热温度在 500℃ 以下的低温热处理对接头的力学性能不会发生重大影响，其作用主要是降低残余应力的峰值，提高结构尺寸的稳定性。加热温度在 550℃ ~ 800℃ 的中温热处理主要是消除奥氏体钢接头中的残余应力，以提高其抗应力腐蚀的能力，但在这一区间会析出 σ 相和碳化物，从而显著地降低接头的韧性。因此，对于碳含量或铁素体含量较高的奥氏体钢焊缝应尽量避免采用中温热处理。对于某些超低碳铬镍奥氏体耐热钢，800℃ ~ 850℃ 的高温热处理可提高接头的蠕变强度和塑性。

## 10.3.2　马氏体高合金耐热钢的焊接

### 1. 马氏体高合金耐热钢的焊接性

马氏体耐热钢的合金系统基本是 Fe - Cr - C，通常 $w(\mathrm{Cr})$ 在 11% ~ 18%。为提高其热强性还加入 Mo、V 等合金元素。这些钢几乎在所有的冷却条件下都转变成马氏体组织，能够淬硬，冷裂倾向很大，故焊接性很差。因此，为了保证马氏体耐热钢焊接接头的使用可靠性，通常规定进行焊后热处理。

### 2. 马氏体高合金耐热钢的焊接工艺

马氏体高合金耐热钢可以采用所有的熔焊方法。为了避免冷裂纹及改善焊接接头的力学性能，应采取预热、焊后热处理以及低氢焊接材料等措施。

1) 焊接方法及焊接材料

常用的焊接方法有焊条电弧焊及气体保护电弧焊等，焊条电弧焊是最常用的焊接方法。马氏体耐热钢通常要求采用铬含量和母材基本相同的同质焊条和焊丝。电弧焊须用低氢型焊条，焊条焊前要经过高达350℃~400℃的高温烘烤，以便彻底除去水分，减少扩散氢含量和降低冷裂纹敏感性。焊接时要用小的热输入以防过热。钨极氩弧焊用于薄壁件焊接，冷裂倾向较小，薄件可不预热，厚件预热至120℃~200℃，焊后仍需高温回火。$CO_2$气体保护焊焊接时，焊接接头含氢量低，冷裂倾向比焊条电弧焊小，可用较低的预热温度。

2）焊前预热

马氏体耐热钢在使用与母材同成分的焊接材料时，为防止冷裂纹，焊前需预热。预热温度一般选在150℃~400℃，足够的预热温度并保持不低于此温度的层间温度是防止焊接裂纹产生的关键。含碳量是确定预热温度的主要因素，随着含碳量的增加，预热温度应适当提高。选择预热温度时还应考虑的其他因素有：材料厚度、填充金属的种类、焊接方法、拘束度等。当$w(C)\leq 0.1\%$时，可不预热；当$w(C)=0.1\%\sim 0.2\%$时，预热温度为200℃~260℃；当$w(C)>0.2\%$时，需要保持层间温度。或者壁厚<6 mm时预热至200℃；壁厚>10 mm时，预热温度为350℃~400℃。

3）焊后回火前的温度

焊件焊后不应从焊接温度直接升温进行回火处理。焊接结束后，厚度在10 mm以下的接头可直接缓冷到室温后回火。厚度在10 mm以上的接头，焊后冷至100℃~120℃，保温1h，然后加热至回火温度。

4）焊后热处理

焊后热处理主要有回火和退火。完全退火温度为830℃~880℃，保温2h后随炉冷至600℃，然后空冷。这种退火工艺要求严格控制整个加热和冷却过程，而且形成的粗大碳化物需要较长时间的固溶才能溶解。因此除了为得到最低硬度如焊后需机加工等之外，一般不推荐采用完全退火热处理工艺。

马氏体耐热钢一般在淬火+回火的调质状态下焊接，焊后仍会出现不均匀的马氏体组织，整个焊件还需经过调质处理，使接头具有均匀的性能。

马氏体耐热钢焊态的组织一般为马氏体，有时也会产生一些中温转变产物贝氏体组织。当有贝氏体存在时，回火的保温时间必须延长，因为贝氏体组织比马氏体组织稳定，难于分解，只有延长回火的保温时间，才能保证贝氏体转变为回火索氏体组织。回火温度应避开475℃~550℃，因为在这个温度回火的钢韧度很低。

### 10.3.3 铁素体高合金耐热钢的焊接

**1. 铁素体高合金耐热钢的焊接性**

铁素体耐热钢是以低碳高铬Fe-Cr-C合金为主，加入Al、Nb、Mo和Ti等铁素体化元素来阻止形成奥氏体组织。随着铬含量的增加，碳含量的降低，奥氏体区逐渐缩小。当$w(Cr)>17\%$或$w(C)<0.03\%$时，尤其是$w(Cr)>21\%$时，钢内不可能形成奥氏体而出现纯铁素体组织。因此，这些钢不可能淬硬，冷裂倾向随之降低。但是普通铁素体耐热钢在焊接

热循环作用下，晶粒长大倾向明显，焊接接头的塑性和韧性随之下降。为改善其焊接性，在降低碳含量的同时增加少量 $w(\mathrm{Al})$（<0.2%），可阻止晶粒过分长大。为了获得塑性较高的接头，焊后需在 760℃ ~820℃进行退火处理。

改善铁素体高合金耐热钢焊接性的最新方法是，降低钢中杂质 C、N、O 的含量，提高其纯度，并加入铁素体稳定剂，焊前不需预热，焊后也不需热处理，焊接接头仍具有良好的塑性和韧性。

$w(\mathrm{Cr})$高于 21% 的铁素体耐热钢在 600℃ ~800℃内长时间加热时会形成 $\sigma$ 相。$\sigma$ 相形成速度取决于钢中的铬含量和加热温度。800℃高温下，$\sigma$ 相形成速度可达到最高值；在较低的温度下，$\sigma$ 相形成速度减慢而需要较长时间。

$w(\mathrm{Cr})>17\%$ 的铁素体耐热钢在 450℃ ~525℃加热会产生 475℃脆化，但在 700℃ ~800℃短时加热并马上水冷可消除。故对铁素体耐热钢，应避免在 600℃ ~800℃以及 450℃ ~525℃的临界温度区间进行焊接接头的焊后热处理。

**2. 铁素体高合金耐热钢的焊接工艺**

1）焊接方法

铁素体高合金耐热钢对过热较为敏感，只能采用低热输入进行焊接。普通高铬铁素体耐热钢可采用焊条电弧焊、气体保护焊、埋弧焊、等离子弧焊等熔焊方法，通常多采用焊条电弧焊和钨极氩弧焊。

2）焊接材料

焊接材料选用原则是，采用合金成分基本与母材匹配的高铬钢填充材料。此外，也可采用奥氏体钢焊条。目前列入我国国家标准的铁素体高合金耐热钢焊条有两种，即 E430 -16（G302）和 E430 -15（G307），适用于 $w(\mathrm{Cr})>17\%$ 的铁素体高合金耐热钢。

在我国现行国家标准中，尚未纳入铁素体高合金耐热钢焊丝，因此推荐美国的三种 AWSA5.9 焊丝即 ER430、ER630、ER26 -1。

3）焊接工艺参数

焊接时尽可能地减少焊接接头在高温的停留时间，应采用小的焊接热输入，高的焊接速度及尽量减少焊条的横向摆动，以窄焊道进行短弧焊接。控制层间温度，前一道焊缝冷却至预热温度后才允许焊下一道焊缝以防止焊接接头过热，避免铬元素的过多氧化损失和氮的吸收以及气孔的产生。

4）预热和焊后热处理

预热温度在 100℃ ~200℃，使材料在韧性较高的状态下焊接。对含铬量较高的铁素体钢，预热温度相应要高些，有时甚至高达 200℃ ~300℃。

为了使焊接接头的组织均匀化，从而提高其塑性和韧性，焊后应进行 750℃ ~840℃回火处理。回火后应快冷，防止出现 $\sigma$ 相及 475℃脆化，以得到均匀的铁素体组织。对于接头壁厚在 10 mm 以下的高纯度铁素体钢焊件，焊后不作热处理也能保证接头的力学性能。

### 10.3.4　技能训练：18 -8 型奥氏体高合金耐热钢筒体纵缝埋弧焊焊接实例

厚度为 13 mm 的 1Cr18Ni9Ti 奥氏体高合金耐热钢筒体纵缝埋弧焊工艺规程见表 10 -5。

**表 10－5　厚 13 mm 的 18－8 型奥氏体耐热钢筒体纵缝埋弧焊工艺规程**

<table>
<tr><td>焊接方法</td><td colspan="4">埋弧焊</td><td>母材</td><td colspan="2">钢号:1Cr18Ni9Ti<br>规格:13 mm</td></tr>
<tr><td>坡口形式<br>及尺寸</td><td colspan="4">$70^{+2°}_{0}$<br>13<br>$3^{+1}_{0}$</td><td>焊缝<br>层次</td><td colspan="2">3　1<br>2</td></tr>
<tr><td>焊接材料</td><td colspan="4">焊丝牌号:00Cr22Ni10<br>规格:$\phi$2.5 mm<br>焊剂牌号:HJ260</td><td>焊前<br>准备</td><td colspan="2">(1)坡口表面及两侧 20 mm 内和焊丝表面用丙酮擦除油污<br>(2)焊剂焊前 300℃～350℃烘干 2h</td></tr>
<tr><td>预热及层<br>间温度</td><td colspan="4">预热温度:－<br>层间温度:≤120℃</td><td>焊后<br>热处理</td><td colspan="2">(900℃ ±20℃)、1h 稳定化处理</td></tr>
<tr><td rowspan="4">焊接能量参数</td><td>焊道层次</td><td colspan="2">焊接电流/A</td><td colspan="2">电弧电压/V</td><td colspan="2">焊接速度/(mm·min$^{-1}$)</td></tr>
<tr><td>1</td><td colspan="2">400</td><td colspan="2">26</td><td colspan="2">500</td></tr>
<tr><td>2</td><td colspan="2">420</td><td colspan="2">28</td><td colspan="2">600</td></tr>
<tr><td>3</td><td colspan="2">450</td><td colspan="2">32</td><td colspan="2">460</td></tr>
<tr><td>操作技术</td><td colspan="3">1. 焊接位置:平焊<br>3. 焊丝伸出长度:30～32 mm</td><td colspan="4">2. 单道焊技术<br>4. 焊道两侧边缘用薄片砂轮清渣</td></tr>
<tr><td>焊后检查</td><td colspan="7">100%射线照相检查</td></tr>
</table>

## 【综合训练】

### 一、填空题

1. 耐热钢的种类很多，按照合金成分的质量分数分为＿＿＿＿＿、＿＿＿＿＿和＿＿＿＿＿耐热钢。其中合金元素总质量分数在＿＿＿＿＿以下的合金钢通称为低合金耐热钢。

2. 对耐热钢焊接接头性能的基本要求是＿＿＿＿＿、＿＿＿＿＿、＿＿＿＿＿和＿＿＿＿＿。耐热钢按特性分类可分为＿＿＿＿＿和＿＿＿＿＿。

3. 铬钼钢及其焊接接头在＿＿＿＿＿温度区间长期运行过程中发生渐进的＿＿＿＿＿称为回火脆性。

4. 中合金耐热钢由于淬硬倾向和裂纹倾向较高，应优先选择＿＿＿＿＿的焊接方法。

5. 焊接马氏体高合金耐热钢预热温度一般选在＿＿＿＿＿℃。

### 二、判断题

1. 中低合金耐热钢再热裂纹一般在 800℃～900℃敏感温度范围内形成。(　)

2. 中低合金耐热钢只有经淬火＋回火才能消除软化问题。(　)

3．埋弧焊的焊丝，使用前应将表面防锈油清除干净；镀铜焊丝亦应将表面积尘和污垢仔细清除。(　)

4．中合金耐热钢由于淬硬倾向和裂纹倾向较高，应优先选择低氢的焊接方法。(　)

5．奥氏体钢焊后焊件应避免在600℃～850℃作热处理。(　)

6．马氏体高合金耐热钢可以采用所有的熔焊方法进行焊接。为了避免冷裂纹及改善焊接接头的力学性能，应采取预热、焊后热处理以及低氢焊接材料等措施。(　)

7. 低合金耐热钢焊接材料的选配原则是焊缝金属的合金成分、强度性能应与母材一致。　(　)

## 三、简答题

1．简述低、中合金耐热钢的焊接性。

2．简述低合金耐热钢的焊接工艺。

3．简述奥氏体高合金耐热钢的焊接性。

4．简述铁素体高合金耐热钢的焊接工艺。

# 模块十一　异种钢的焊接

牌号不同的两种钢之间的焊接称为异种钢焊接，是异种金属焊接中应用最为广泛的一类。采用异种钢制造焊接结构，不仅能满足不同工作条件对钢材提出的不同要求，而且还能节省高合金钢、降低成本和简化制造工艺，充分发挥不同材料的性能优势。在某些条件下，异种钢结构的综合性能甚至超过单一钢结构。异种钢制成的焊接结构在机械、化工、石油及反应堆工程等行业得到越来越广泛的应用。

## 11.1　异种钢焊接的类型及特点

### 11.1.1　异种钢焊接的类型

异种钢焊接接头可分为两种情况，第一类为同类异种钢组成的接头，这类接头的两侧母材虽然化学成分不同，但都属于同一类型组织，如珠光体钢之间的焊接；第二类接头为异类异种钢组成，即接头两侧的母材不属于同一类型组织的钢，例如一侧为珠光体钢，另一侧为奥氏体钢。此外奥氏体不锈复合钢板的焊接也归纳为第二类接头。常用异种钢焊接结构钢种见表 11－1。

表 11－1　常用异种钢焊接结构的钢种

| 组织类型 | 类型 | 钢　号 |
| --- | --- | --- |
| 珠光体钢 | Ⅰ | 低碳钢:Q215,Q235,Q255,08,10,15,20,25,20g,22g |
| | Ⅱ | 低合金钢:15Mn,Q345(16Mn),20Mn,30Mn,Q295(09Mn2),15Mn2,15Cr,20Mn2,20CrV |
| | Ⅲ | 船用特殊低合金钢:AK25[①],AK25[①],AK25[①],AJ15,901 钢,921 钢 |
| | Ⅳ | 中碳钢及低合金钢:35,40,45,50,55,35Mn,40Mn,50Mn,40Cr,50Cr<br>35Mn2,45Mn2,50Mn2,30CrMnTi,40CrMn,35CrMn2,40CrV,25CrMnSi<br>35CrMnSiA |
| | Ⅴ | 铬钼耐热钢:15CrMo,30CrMo,35CrMo,38CrMoAlA,,12CrMo,20CrMo |
| | Ⅵ | 铬钼钒(钨)耐热钢:20Cr3MoWVA,12Cr1MoV,25CrMoV,10CrMo910 |

续表 11－1

| 组织类型 | 类型 | 钢　号 |
|---|---|---|
| 铁素体，马氏体钢 | Ⅶ | 高铬不锈钢：0Cr13，1Cr13，2Cr13，3Cr13 |
| | Ⅷ | 高铬耐酸耐热钢：Cr17，Cr25，Cr28，1Cr17Ni2 |
| | Ⅸ | 高铬热强钢：1Cr11MoVNb，1Cr12WNiMoV①，1Cr11MoV②，X20CrMoV121②，T91/P91/F91③ |
| 奥氏体及奥氏体－铁素体钢 | Ⅹ | 奥氏体耐酸钢：00Cr18Ni10，0Cr18Ni9，1Cr18Ni，2Cr18Ni9，0Cr18Ni9Ti<br>1Cr18Ni9Ti，1Cr18Ni11N6，Cr18Ni12Mo2Ti，1Cr18Ni12Mo3Ti<br>0Cr18Ni12TiV，Cr18Ni22W2Ti2 |
| | Ⅺ | 奥氏体耐热钢：0Cr23Ni18，Cr18Ni18，Cr23Ni13，0Cr20Ni14Si2，TP304③<br>P347H③，4Cr14Ni14W2Mo |
| | Ⅻ | 无镍或少镍的铬锰氮奥氏体钢和无铬镍奥氏体钢：3Cr18Mn12Si2N<br>2Cr20Mn9Ni2Si2N，2Mn18Al15SiMoTi |
| | ⅩⅢ | 铁素体－奥氏体高强度耐酸钢：0Cr21Ni5Ti①，0Cr21Ni6MoTi①，1Cr22Ni5Ti① |

注：①为原苏联钢号；②为德国钢号；③为美国钢号。

## 11.1.2　异种钢焊接接头特点

由于异种钢接头两侧的母材无论从化学成分上还是物理、化学性能上都存在着差异，因此，比同种钢之间的焊接要复杂得多。异种钢焊接时存在以下焊接特点：

**1. 化学成分的不均匀性**

异种焊接接头的化学成分不均匀性及由此导致的组织和力学性能不均匀性问题极为突出，特别是对于第二类异种钢接头更是如此。不仅焊缝与母材的成分往往不同，就连焊缝本身的成分也是不均匀的，这主要是由于焊接稀释的存在造成的。这种化学成分的不均匀性对接头的整体性能影响较大。

**2. 熔合区组织和性能的不均匀性**

在母材和焊缝金属之间有一个过渡区，即熔合区，由于其存在着明显的宏观化学成分不均匀性，从而引起组织极大的不均匀性，给接头的物理、化学性能及力学性能带来很大的影响。比如用奥氏体不锈钢焊条焊接低合金钢与奥氏体不锈钢之间的异种钢接头，在熔合区就存在着“碳移迁”现象，使熔合区靠近奥氏体不锈钢一侧形成增碳层，而低合金钢一侧形成脱碳层，在此区域内硬度变化剧烈，同时力学性能下降甚至引起开裂。所以焊接异种钢时，不仅要考虑焊缝本身的成分与性能，而且还要考虑过渡区可能形成的成分和性能。

**3. 应力场分布的不均匀性**

异种钢焊接接头中残余应力分布不均匀，是接头各区域具有不同塑性决定的；另外，材料导热性的差异引起焊接热循环温度场的变化，也是因素之一。

由于异种金属焊接接头各区域热膨胀系数不同，接头在正常使用条件下，因温度循环而出现在界面上的附加热应力的分布也不均匀，甚至还会出现应力高峰，从而成为焊接接头断裂的重要原因。

**4. 焊后热处理问题**

异种钢接头的焊后热处理是一个比较难处理的问题，如果处理不当，会严重损坏异种钢接头的力学性能，甚至造成开裂。例如对于同类异种钢接头，一侧母材强度较低，要求焊后热处理温度也较低，而另一侧母材强度及合金元素含量较高，要求焊后热处理温度也较高，此时如果焊后热处理温度选择不当，会使强度低的一侧母材强度过度下降。当两种钢的性能差别较大时，如珠光体钢与奥氏体钢焊接，接头的热处理并不能消除焊接应力，而只能使应力重新分布。

总之，对于异种钢焊接接头来说，成分、组织、性能和应力场的不均匀性是主要特征。

### 11.1.3 异种钢的焊接工艺特点

**1. 焊接方法**

大部分焊接方法都可以用于异种钢的焊接，常用的有焊条电弧焊、埋弧焊、气体保护电弧焊、电渣焊、等离子弧焊、电子束焊、激光焊等。只是在焊接参数及措施方面需适当考虑异种钢的特点。焊接方法选择的原则是，既要保证满足异种钢焊接的质量要求，又要尽可能考虑效率和经济。

一般生产条件下使用焊条电弧焊最为方便，因为焊条的种类很多，便于选择，适应性强，可以根据不同的异种钢组合确定适用的焊条，而且熔合较小。为了减少稀释，降低熔合比或控制不同金属母材的熔化量，通常也可选用热源能量密度较高的电子束焊、激光焊、等离子弧焊等方法。

埋弧焊生产效率高，是常用的方法之一。异种珠光体钢焊接以及珠光体钢与高铬马氏体钢焊接，可采用二氧化碳气体保护焊。高合金异种钢焊接一般采用惰性气体保护焊，薄件采用钨极氩弧焊，厚件采用熔化极惰性气体保护焊。电子束焊可以用于制造异种钢真空设备薄壁构件。小直径的异种钢管可用闪光对焊。形状简单的异种材料构件可用摩擦焊、扩散焊、爆炸焊和钎焊焊接。

**2. 焊接材料的选择**

正确的选用焊接材料是焊接异种钢的关键，焊接接头的质量和使用性能与所选用的焊接材料密切相关。异种钢接头的焊缝和熔合区由于合金元素被稀释及移迁等原因存在一个过渡区，不仅化学成分、金相组织不均匀，而且物理性能、力学性能等通常也有很大的差异，可能会引起焊接缺陷(如裂纹等)或严重降低性能。为此必须按照母材的成分、性能、接头形式和使用要求等来正确的选用焊接材料。焊接材料选用的基本原则有以下几点：

(1)在焊接接头不产生裂纹等缺陷的前提下，若焊缝金属的强度和塑性不能兼顾，则要选用塑性和韧性较好的焊接材料。

(2)焊缝金属性能只需要符合两种母材中的一种，即可认为满足使用技术要求。一般情况下，所选用焊接材料的焊缝金属力学性能及其他性能只要不低于母材中性能较低一侧的指标，即认为满足了技术要求。然而从焊接工艺考虑，在某些特殊情况下反而按性能较高的母材来选用焊接材料，可能更有利于避免焊接缺陷的产生。

(3)同为结构钢的异种钢材焊接时，在可用的相同强度等级结构钢焊条中，一般应选用抗裂性能良好的低氢焊条。对于金相组织差别比较大的异种钢接头，如珠光体 - 奥氏体异种钢接头，则必须充分考虑填充金属受到稀释后焊接接头性能仍然能得到保障。

(4)在满足性能要求的条件下，选用工艺性能好、价格低和易得的焊接材料。

(5)对于异类异种钢接头，一般均选用高铬镍奥氏体不锈钢焊条或镍基合金焊条。对于工作条件苛刻的重要接头，首选镍基合金焊条，虽然其价格较贵，但是可以减少或避免碳迁移，且其焊缝金属的线膨胀系数接近珠光体钢，对接头的组织及力学性能都有好处。

**3. 焊接预热**

预热温度的确定，一般按预热要求高的一侧来确定，但对于异类异种钢接头，如选用奥氏体焊缝时，可以适当降低预热温度或不预热，必要时经试验确定。

**4. 焊接参数**

对于异类异种钢接头，选择焊接参数时应设法降低熔合比。为此，应选择小直径焊条或焊丝，尽量选用小电流快速焊。

**5. 采用预堆焊层的方法进行焊接**

有时为了解决异种钢接头预热和焊后热处理的困难，往往采用预堆焊层的方法进行焊接，如图 11－1 所示。

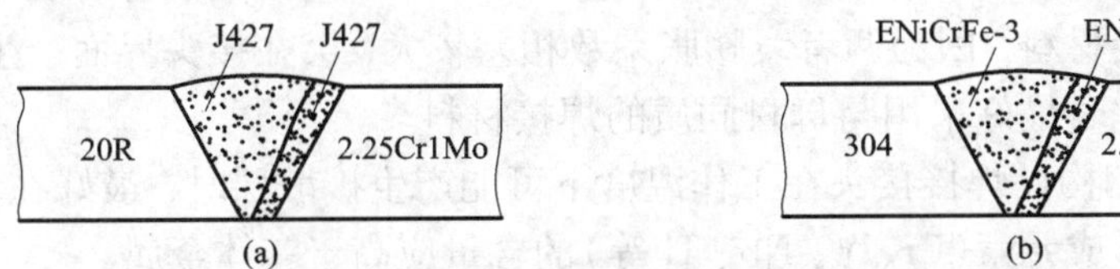


**图 11－1　预堆焊层示意图**

(a) J427 焊条电弧焊堆焊；(b) ENiCrFe－3 镍基焊条电弧焊堆焊

其焊接工艺顺序为，先在需要热处理的一侧母材坡口处，采用与焊缝同种钢的焊条先行施焊，形成 1～2 层的预堆焊层，然后此侧进行焊后热处理，待接头冷却后再焊接整个焊缝，焊后接头不再进行热处理。

上述做法可减少熔合区成分不均匀带来的一切问题，也使接头的热处理更方便，但切记此时预堆焊层的厚度一定要保证大于或等于 4 mm，以起到隔离层的作用。

**6. 焊后热处理温度**

一般是按照焊后热处理温度要求高的一侧母材来选定异种钢接头的焊后热处理温度，此时一定要事先做焊接工艺评定，以防强度低的一侧母材强度严重下降，出现强度不合格的情况。用奥氏体不锈钢焊条焊成的异种钢接头，焊后一般不进行热处理。

## 11.2　异种珠光体钢的焊接

### 11.2.1　异种珠光体钢的焊接性

异种珠光体钢虽然都是珠光体组织，但由于它们化学成分、强度级别及耐热性等不同，焊接性能也可能存在较大差异，所以这类钢的焊接具有同种钢焊接所不同的问题。除一部分低碳钢外，这类钢大部分具有较大的淬硬倾向，焊接时有较明显的裂纹倾向。焊接这类钢首先要采取措施防止近缝区裂纹，其次要注意防止或减轻它们由于化学成分不同，特别是碳及碳化物形成元素含量不同所引起的界面（熔合区）组织和力学性能的不稳定和劣化。

### 11.2.2 异种珠光体钢的焊接工艺

**1. 焊接方法**

异种珠光体钢常用的焊接方法有焊条电弧焊、气体保护电弧焊、埋弧焊等。目前在这类异种珠光体钢焊接中经常采用且行之有效的方法，一是采用珠光体类焊条配合预热或后热；二是采用奥氏体焊条(或堆焊隔离层，不预热)。

**2. 焊接材料的选用**

一般异种珠光体钢焊接时，按强度较低一侧母材的强度要求选择焊接材料，使接头强度不低于两种母材标准规定值的较低者。碳钢、合金钢之间的焊接，选择焊接材料时主要是保证常温力学性能，而对于耐热钢还要保证焊接接头的高温力学性能。

常温下工作的异种珠光体钢，如果焊前不允许或无法预热，可选用奥氏体焊接材料以保持焊缝金属的高塑性，避免焊缝及热影响区出现裂纹。但对于高温工作的异种珠光体钢接头，要慎用奥氏体焊接材料，因为两者线膨胀系数相差较大，会在接头界面产生附加热应力，导致接头提前失效，此时最好采用与母材同质的焊接材料。

如果异种珠光体钢构件焊接接头在工作温度下可能产生扩散层时，最好在坡口上堆焊该层，隔离层中碳化物形成元素(Cr、V、Nb、Ti 等)的含量应高于基体金属。

焊接性能很差的淬火钢，焊前应用塑性好、熔敷金属淬硬倾向低的焊接材料堆焊一层过渡层(厚度 8 ~10 mm)；为防止淬火，堆焊后必须立即回火。

焊接异种珠光体钢时，一般选用低氢型焊条，以保证焊接接头的抗裂性能。

**3. 预热**

含碳量或碳当量是异种珠光体钢接头是否预热及预热温度高低的依据。异种珠光体钢一般按含碳量或碳当量高的珠光体钢的要求来选择焊接预热温度。含碳量或碳当量低于 0.3% 的碳钢采用常规方法进行焊接，近缝区不会产生淬硬组织，焊接性良好，一般不需预热；钢的含碳量或碳当量在 0.3% ~0.6% 时，淬硬倾向较大，一般需预热，预热温度在 100℃ ~200℃；含碳量或碳当量大于 0.6% 时，淬硬及冷裂倾向很大，预热温度一般在 250℃ ~350℃。需注意的是，工件比较厚、刚性比较大时，还需采取焊后保温缓冷等措施。

**4. 焊后热处理**

异种珠光体钢的焊后热处理方法有高温回火、正火及正火 + 回火，应用较多的是高温回火。

(1)当焊件中有强烈淬火倾向的珠光体钢时，焊后应立即进行高温回火。

(2)为了防止焊件变形，焊前需预热的焊件装炉时炉温不得高于 350℃；焊后立即进行回火的焊件装炉时炉温不低于 450℃。

(3)升温速度取决于被焊钢材的化学成分、焊件类型和壁厚、炉子功率等因素，可根据焊件厚度，按式 $200\times25/\delta$(℃/h)计算。当焊件厚度 $\delta>25$ mm 时，回火的升温速度应小于 200℃/h。

(4)在回火的保温过程中，大件、厚件温差不超过 ±20℃。

(5)为消除构件的热应力和变形，冷却速度应小于 200℃/h 或小于 $200\times25/\delta$(℃/h)(当焊件厚度 $\delta>25$ mm 时)，有回火脆性的钢构件回火时，温度不能取在回火脆性温度范围内，通过这一温度区间时应快冷。有再热裂纹倾向的钢回火温度应避开再热裂纹的敏感温度区间。

(6)进行局部回火时，应保证焊缝两边有均匀的加热区宽度 $S$,对管道和容器等局部回火时，$S \geqslant 1.25\sqrt{R\delta}$，式中 $R$ 为平均直径(mm)，$\delta$ 为管壁厚度(mm)，并采取保温措施，尽可能降低残余应力。

异种珠光体钢焊条、预热和焊后热处理工艺参数见表 11－2，其气体保护焊焊丝的选用见表 11－3。

**表 11－2　异种珠光体钢焊条、预热和焊后热处理工艺参数**

| 钢材组合 | 焊接材料 | | 预热温度/℃ | 回火温度/℃ | 其他要求 |
|---|---|---|---|---|---|
| | 牌号 | 型号 | | | |
| Ⅰ＋Ⅰ | J421,J423<br>J422,J424 | E4313,E4301<br>E4303,E4320 | 不预热或<br>100～200 | 不回火或<br>500～600 | 壁厚≥35 mm 或要求保持机加工精度时必须回火，$w$(C)≤0.3%时可不预热 |
| | J426 | E4316 | | | |
| Ⅰ＋Ⅱ | J427,J507 | E4315,E5015 | | | |
| Ⅰ＋Ⅲ | J426,J427 | E4316,E4315 | 150～250 | 640～660 | |
| | A507 | E16－25MoN－15 | 不预热 | 不回火 | |
| Ⅰ＋Ⅳ | J426,J427,J507 | E4316,E4315,E5015 | 300～400 | 600～650 | 焊后立即进行热处理 |
| | A407 | E310－15 | 200～300 | 不回火 | 焊后无法热处理时采用 |
| Ⅰ＋Ⅴ | J426,J427,J507 | E4316,E4315,E5015 | 不预热或<br>150～250 | 640～670 | 工作温度在450℃以下，$w$(C)≤0.3%不预热 |
| Ⅰ＋Ⅵ | R107 | E5015－A1 | 250～350 | 670～690 | 工作温度≤400℃ |
| Ⅱ＋Ⅱ | J506,J507 | E5016,E5015 | 不预热或<br>100～200 | 600～650 | — |
| Ⅱ＋Ⅲ | J506,J507 | E5016,E5015 | 150～250 | 640～660 | — |
| | A507 | E16－25MoN－15 | 不预热 | 不回火 | — |
| Ⅱ＋Ⅳ | J506,J507 | E5016,E5015 | 300～400 | 600～650 | 焊后立即进行回火 |
| | A407 | E310－15 | 不预热 | 不回火 | |
| Ⅱ＋Ⅴ | J506,J507 | E5016,E5015 | 不预热或<br>150～250 | 640～670 | 工作温度≤400℃，<br>$w$(C)≤0.3%，<br>板厚 $\delta$≤35 mm 时不预热 |
| Ⅱ＋Ⅵ | R107 | E5015－Al | 250～350 | 670～690 | 工作温度≤350℃ |
| Ⅲ＋Ⅲ | A507 | E16－25MoN－15 | 不预热或<br>150～200 | 不回火 | — |
| Ⅲ＋Ⅳ | A507 | E16－25MoN－15 | 200～300 | 不回火 | 工作温度≤350℃ |
| Ⅲ＋Ⅴ | A507 | E16－25MoN－15 | 不预热<br>150～200 | 不回火 | 工作温度≤450℃<br>$w$(C)≤0.3%时可不预热 |
| Ⅲ＋Ⅵ | A507 | E16－25MoN－15 | 不预热或 | 不回火 | 工作温度≤450℃，<br>$w$(C)≤0.3%时不预热 |

**续表 11－2**

| 钢材组合 | 焊接材料 | | 预热温度/℃ | 回火温度/℃ | 其 他 要 求 |
|---|---|---|---|---|---|
| | 牌号 | 型号 | | | |
| Ⅳ＋Ⅳ | J707,J607 | E7015－D2,E6015－D1 | 300～400 | 600～650 | 焊后立即进行回火处理 |
| | A407 | E310－15 | 不预热 | 不回火 | 无法热处理时采用 |
| Ⅳ＋Ⅴ | J707 | E7015－D2 | 300～400 | 640～670 | 工作温度≤400℃,<br>焊后立即回火 |
| | A507 | E16－25MoN－15 | 不预热 | 不回火 | 工作温度≤350℃ |
| Ⅳ＋Ⅵ | R107 | E5015－A1 | 300～400 | 670～690 | 工作温度≤400℃ |
| | A507 | E16－25MoN－15 | 不预热 | 不回火 | 工作温度≤380℃ |
| Ⅴ＋Ⅴ | R107,R407<br>R207,R307 | E5015－A1,E6015－B3<br>E5515－B1,E5515－B2 | 不预热或<br>150～250 | 660～700 | 工作温度≤530℃,<br>$w$(C)≤0.3%时可不预热 |
| Ⅴ＋Ⅵ | R107,R207,R307 | E5015－A1,E5515－B1<br>E5515－B2 | 250～350 | 700～720 | 工作温度500℃～520℃,<br>焊后立即回火 |
| Ⅵ＋Ⅵ | R317,R207,R307 | E5515－B2－V<br>E5515－B1,E5515－B2 | 250～350 | 720～750 | 工作温度≤560℃,<br>焊后立即回火 |

**表 11－3　异种珠光体钢气体保护焊焊丝的选用**

| 母材组合 | 焊接方法 | 焊接材料 | | 热处理工艺/℃ |
|---|---|---|---|---|
| | | 保护气体 | 焊丝 | |
| Ⅰ＋Ⅱ<br>Ⅰ＋Ⅲ | $CO_2$ 焊 | $CO_2$ | ER49－1(H08Mn2SiA) | 预热 100～250<br>回火 600～650 |
| | TIG 焊<br>MAG 焊 | Ar＋1%～2% $O_2$ 或<br>Ar＋20% $CO_2$ | H08A<br>H08MnA | |
| Ⅰ＋Ⅳ | $CO_2$ 焊 | $CO_2$ | ER49－1(H08Mn2SiA) | 预热 200～250<br>回火 600～650 |
| | TIG 焊<br>MAG 焊 | Ar＋1%～2% $O_2$ 或<br>Ar＋20% $CO_2$ | H08A, H08MnA | |
| | | | H1Gr21Ni10Mn6 | 不预热,不回火 |
| Ⅰ＋Ⅴ | $CO_2$ 焊 | $CO_2$ 或 $CO_2$＋Ar | ER55－B2<br>H08CrMnSiMo, GHS－CM | 预热 200～250<br>回火 640～670 |
| Ⅰ＋Ⅵ | $CO_2$ 焊 | $CO_2$ 或 $CO_2$＋Ar | H08CrMnSiM, ER55－B2 | |
| Ⅱ＋Ⅲ | $CO_2$ 焊 | $CO_2$ | ER49－1,ER50－2<br>ER50－3,GHS－50<br>PK－YJ507,YJ507－1 | 预热 150～250<br>回火 640～660 |
| Ⅱ＋Ⅳ | $CO_2$ 焊 | $CO_2$ | | 预热 200～250<br>回火 600～650 |
| | TIG 焊, MAG 焊 | Ar＋$O_2$ 或 Ar＋$CO_2$ | H1Cr21Ni10Mn6 | 不预热,不回火 |
| Ⅱ＋Ⅴ | $CO_2$ 焊 | $CO_2$ | ER49－1,ER50－2<br>ER50－3,GHS－50<br>PK－YJ507,YJ507－1 | 预热 200～250<br>回火 640～670 |

续表 11－3

| 母材组合 | 焊接方法 | 焊接材料 | | 热处理工艺/℃ |
|---|---|---|---|---|
| | | 保护气体 | 焊丝 | |
| Ⅱ＋Ⅵ | TIG 焊<br>MAG 焊 | Ar＋$O_2$ 或<br>Ar＋$CO_2$ | ER55－B2－MnV<br>H08CrMoVA | 预热 200～250<br>回火 640～670 |
| | $CO_2$ 焊 | $CO_2$ | YR307－1 | |
| Ⅲ＋Ⅳ<br>Ⅲ＋Ⅴ<br>Ⅲ＋Ⅵ | $CO_2$ 焊 | $CO_2$ | GHS－50，PK－YJ507<br>ER49－1，ER50－2<br>ER50－3 | 预热 200～250<br>回火 640～670 |
| Ⅳ＋Ⅴ<br>Ⅳ＋Ⅵ | TIG 焊<br>MAG 焊 | Ar＋20% $CO_2$ | ER69－1<br>GHS－70 | 预热 200～250<br>回火 640～670 |
| | $CO_2$ 焊 | $CO_2$ | YJ707－1 | |
| Ⅴ＋Ⅵ | TIG 焊<br>MAG 焊 | Ar＋$O_2$ 或<br>Ar＋$CO_2$ | H08CrMoA<br>ER62－B3 | 预热 200～250<br>回火 700～720 |

## 11.2.3　技能训练：液氯钢瓶保护罩异种钢的焊接实例

图 11－2 所示是液氯钢瓶的焊接结构。钢瓶保护罩材质为 Q235－A 钢，钢瓶封头材质为 15 MnV 钢，两种母材金属厚度均为 10 mm。采用对接焊缝，其焊接工艺如下：

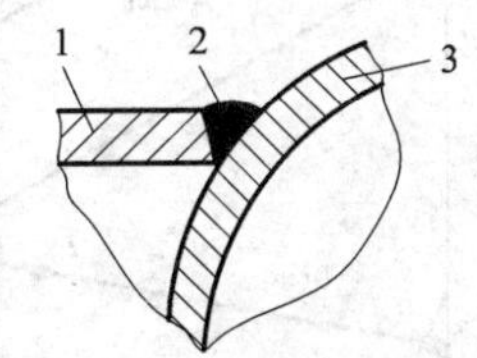


**图 11－2　液氯钢瓶的焊接结构**

1—钢瓶保护罩；2—焊缝；3—钢瓶封头

**1. 焊前准备**

Q235 钢加工成 V 形坡口，坡口面角度为 30°。焊前对坡口和焊丝进行彻底清整，去除油污和锈斑。

**2. 焊接方法和焊接材料**

采用半自动 $CO_2$ 气体保护焊，焊丝ER49－1、$\phi$1.2mm。

**3. 焊接工艺参数**

焊接工艺参数见表 11－4。

**表 11－4　焊接工艺参数**

| 零件名称 | 母材钢号 | 母材厚度/mm | 焊丝型号 | 焊丝直径/mm | 焊接电流/A | 电弧电压/V | 焊接速度/$(m \cdot h^{-1})$ | 送丝速度/$(m \cdot h^{-1})$ | 氩气流量/$(L \cdot min^{-1})$ |
|---|---|---|---|---|---|---|---|---|---|
| 保护罩与封头焊接 | Q235A<br>15MnV | 10 | ER49－1 | 1.2 | 250～260 | 25～27 | 40 | 340～370 | 15～20 |

# 11.3 珠光体钢与奥氏体钢的焊接

## 11.3.1 珠光体钢与奥氏体钢的焊接性

### 1. 焊缝金属的稀释

由于珠光体钢不含合金元素（低碳钢）或合金元素含量相对较低（低合金钢），所以熔化后对整个焊缝金属中的合金元素含量具有冲淡作用，即稀释作用，从而使焊缝的奥氏体形成元素含量减少。结果焊缝中可能会出现马氏体组织，导致焊接接头性能恶化，严重时甚至可能出现裂纹。

焊缝的组织决定于成分，而焊缝的成分决定于母材的熔入量，即熔合比。因此，一定的熔合比决定了一定的焊缝成分和组织。熔合比发生变化时，焊缝的成分和组织都要随之发生相应的变化，这种变化可以根据舍夫勒不锈钢组织图来表示。下面以 Q235 钢与 1Cr18Ni9 奥氏体钢的焊接为例来说明焊缝金属的稀释及焊接材料的选择，图 11－3 所示为 Q235 钢与 1Cr18Ni9 奥氏体钢焊接的舍夫勒组织图。

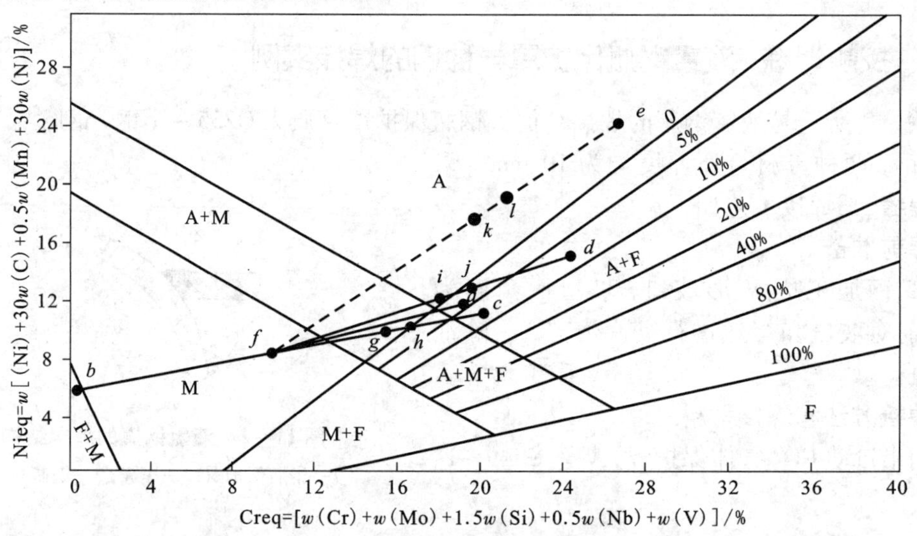


图 11－3　Q235 与 1Cr18Ni9 焊接的舍夫勒组织图

根据舍夫勒组织图的铬、镍当量计算公式，计算出的 1Cr18Ni9 奥氏体钢、Q235 钢和 E308－16（A102）、E309－15（A307）、E310－15（A407）三种焊条的铬、镍当量值见表 11－5，在舍夫勒组织图中的位置分别如图 11－3 中的 *a*、*b*、*c*、*d*、*e* 点所示。

由于 1Cr18Ni9 奥氏体钢铬、镍当量成分点为图 11－3 中的 *a* 点，Q235 钢的铬、镍当量成分点为图 11－3 中的 *b* 点，如果两种母材熔化量相同，则焊缝金属的化学成分为 *ab* 连线的中点 *f* 点。如不填充材料，由图可知，由于 Q235 钢的稀释作用，焊缝金属的铬、镍量减少，使焊缝获得了马氏体组织。因此为避免出现马氏体组织，焊接时必须选用含铬、镍量较高的填充材料。

表 11－5　Q235 钢、1Cr18Ni9 钢及奥氏体焊条的铬、镍当量

| 材料 | 化学成分(质量分数)/% | | | | | Creq/% | Nieq/% | 图 11－3 中的符号 |
|---|---|---|---|---|---|---|---|---|
| | C | Mn | Si | Cr | Ni | | | |
| 1Cr18Ni9 | 0.07 | 1.36 | 0.66 | 17.8 | 8.65 | 18.79 | 11.56 | *a* |
| Q235 | 0.18 | 0.44 | 0.35 | — | — | 0.53 | 5.62 | *b* |
| E308－16(A102) | 0.068 | 1.22 | 0.46 | 19.2 | 8.50 | 19.89 | 11.15 | *c* |
| E309－15(A307) | 0.11 | 1.32 | 0.48 | 24.8 | 12.8 | 25.52 | 16.76 | *d* |
| E310－15(A407) | 0.18 | 1.40 | 0.54 | 26.2 | 18.8 | 27.01 | 24.9 | *e* |

采用 A102 焊条(Cr18－Ni8)时，成分点为 *c* 点，此时焊缝金属可视为当量成分为 *f* 点的母材与焊条金属熔化混合而成，所以焊缝金属当量成分在 *fc* 连线之间。根据熔合比在 *fc* 连线上即可找出焊缝金属的当量成分及组织。

当熔合比为 30%～40%时，对应的线段为 *gh*，此线段正处于 A＋M 组织区，则焊缝为奥氏体＋马氏体组织。由此可见，Q235＋1Cr18Ni9 焊接时，不能采用 A102 焊条(Cr18－Ni8)进行焊接。

采用 A307 焊条(Cr25－Ni13)时，焊条的成分点为 *d* 点，在 *fd* 线上对应熔合比为 30%～40%的线段是 *ij*，*j* 点对应的熔合比为 30%，其焊缝为奥氏体＋2%铁素体双相组织。奥氏体＋铁素体双相焊缝组织抗裂性较好，是常采用的一种焊缝合金成分。

采用 A407 高铬镍焊条(Cr25－Ni20)时，焊条的成分点为 *e* 点，焊缝金属当量成分在 *fe* 连线上，此线上 30%～40%熔合比对应线段为 *kl*，是纯奥氏体区，则焊缝为单相奥氏体组织。这种奥氏体焊缝易产生裂纹，抗裂性并不好，在异种钢焊接中很少采用。

由此可见，Q235 钢与 1Cr18Ni9 奥氏体钢焊接时最理想的是采用 A307 焊条，控制熔合比在 30%以下，就能得到具有较高抗裂性的奥氏体＋铁素体双相焊缝组织。

**2. 过渡层的形成**

上面讨论的是当母材与填充金属材料均匀混合情况下，珠光体钢母材对整个焊缝的稀释作用。事实上，在焊接热源作用下，熔化的母材和填充金属材料相互混合的程度不同熔池边缘是不同的。熔池边缘的液态金属温度较低，流动性较差，液态停留时间较短。由于珠光体钢与奥氏体钢填充金属材料的成分相差悬殊，熔池边缘上熔化的母材与填充金属就不能很好地熔合，结果珠光体钢这一侧焊缝金属中，珠光体钢母材所占的比例较大，而且越靠近熔合线所占的比例越大。所以，珠光体钢和奥氏体钢焊接时，在紧靠珠光体钢一侧熔合线的焊缝金属中，会形成和焊缝金属内部成分不同的过渡层。离熔合线越近，珠光体的稀释作用越强烈，过渡层中含铬、镍量越小，其铬当量和镍当量也相应减少。对照图 11－3 可以看出，此时过渡层是由硬度很高的马氏体或奥氏体＋马氏体组成。过渡层的宽度决定于所用焊条的类型，含镍较高的焊条能显著缩小过渡层宽度，见表 11－6。

当马氏体区较宽时，会显著降低焊接接头的韧性，使用过程中容易出现局部脆性破坏。因此，当工作条件要求接头的低温冲击韧度较好时，应选用含镍较高的焊条。

表 11－6　过渡层宽度/μm

| 焊条的类型 | 马氏体区 | 奥氏体＋马氏体区 |
|---|---|---|
| Cr18－Ni8 | 50 | 100 |
| Cr25－Ni20 | 10 | 25 |
| Cr15－Ni25 | 4 | 7.5 |

**3. 熔合区扩散层的形成**

奥氏体钢和珠光体钢组成的焊接接头中，珠光体钢的含碳量较高，但合金元素含量较少(主要指碳化物形成元素)，而奥氏体钢则相反，这就使珠光体钢熔合区一侧的碳和碳化物形成元素产生浓度差。当接头在温度高于350℃～400℃长期工作时，熔合区便出现明显的碳扩散，即碳从珠光体钢一侧通过熔合区向奥氏体焊缝扩散。结果，在靠近熔合区的珠光体钢母材上形成了一层脱碳软化层，在奥氏体焊缝一侧产生了增碳硬化层。

扩散层是这两种异种钢焊接接头中的薄弱环节，它对接头的常温力学性能影响不大，但会降低接头的高温持久强度，一般达10%～20%。

影响扩散层的因素有以下几个方面：

(1)接头加热温度和高温停留的时间。焊后状态下，特别是在单层焊缝的接头中，即使采用大功率的焊接参数，扩散层也是很弱的。但把接头重新加热到较高温度(500℃左右)并保温一定时间，扩散层就开始明显发展起来，到了600℃～800℃时最为强烈，800℃时达到最大值，并且随着加热时间的延长，扩散层加宽。因此，通常这种异种钢接头进行焊后热处理是不适宜的。

(2)碳化物形成元素。奥氏体钢中碳化物形成元素的种类和数量对珠光体钢中脱碳层的宽度有不同的影响。碳化物形成元素按其对碳亲和力的大小，由弱到强按下列次序排列：Fe、Mn、Cr、Mo、W、Nb、Ti。在数量相同的情况下，与碳亲和力越大的元素，在珠光体钢中形成的脱碳层越宽。对于某一种碳化物形成元素，随其数量增加，脱碳层加宽。因此在珠光体钢中增加Cr、Mo、W、Nb、Ti等碳化物形成元素，且使其数量足以完全把碳固定在稳定碳化物中，是抑制这类异种钢熔合区扩散的有效手段之一，这种钢通常叫做稳定珠光体钢。同样，减少奥氏体不锈钢中的这些元素也是减少扩散层的有效方法。

(3)母材含碳量。珠光体钢中含碳量越高，扩散层的发展越强烈。

(4)镍。镍是一种石墨化元素，它会降低碳化物的稳定并削弱碳化物形成元素对碳的结合能力，因此提高焊缝中的镍含量可以减弱扩散层。在填充材料中增加镍含量，是一种抑制熔合区扩散层的有效手段。

**小提示**

这类异种钢焊接接头加热到高温时，借助于松弛过程能降低焊接残余应力，但在随后的冷却过程中，由于母材和焊缝金属热物理性能的差异，不可避免地又会产生新的残余应力。所以，这类异种钢焊接接头焊后热处理并不能消除残余应力，只能引起应力的重新分布，这一点与同种金属焊接有很大的不同。

**4. 接头应力状态的特点**

由于奥氏体钢和焊缝金属的线膨胀系数比珠光体钢大30%～50%，而热导率却只有珠光体钢的50%左右，因此这种异种钢的焊接接头将会产生很大的热应力，特别是当温度变化较快时，

由热应力引起的热冲击力像合金钢淬火一样容易引起焊件开裂。此外，在交变温度条件下工作时，由于珠光体钢一侧抗氧化性能较差，易被氧化形成缺口，在反复热应力的作用下，缺口便沿着薄弱的脱碳层扩展，形成所谓的热疲劳裂纹。

## 11.3.2　珠光体钢与奥氏体钢的焊接工艺

**1. 焊接方法**

由于焊条电弧焊时熔合比较小，且操作灵活，不受焊件形状的限制，所以焊接这类钢时焊条电弧焊应用最为普遍。带极埋弧焊、非熔化极气体保护焊熔合比小，也是比较适合的焊接方法。不同焊接方法的熔合比如图 11－4 所示。

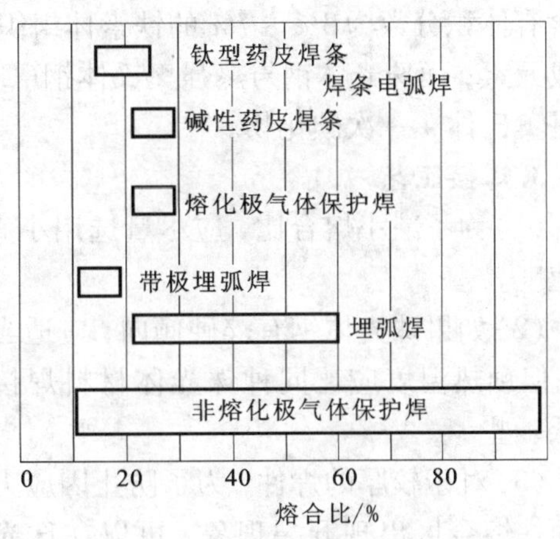


**图 11－4　不同焊接方法的熔合比**

**2. 焊接材料**

珠光体钢与奥氏体钢焊接时，焊缝及熔合区的组织和性能主要取决于填充金属材料。焊接材料应根据母材种类和工作温度等条件进行选择。

(1) 克服珠光体钢对焊缝的稀释作用。由于珠光体钢对焊缝金属有稀释作用，所以不采用填充材料焊接是不允许的。用 E347－16 型焊条施焊时，焊缝中会产生大量马氏体组织，而且在靠近珠光钢一侧马氏体数量多，是脆性破坏的根源，故此种填充金属也不适用。用含 Ni 量大于 12% 的 E309－16 型焊条，焊缝金属得到的组织是奥氏体＋铁素体。由于 Ni 的含量较高，能起到稳定奥氏体组织的作用，是比较理想的填充金属材料。

(2) 抑制熔合区碳的扩散。提高焊接材料中的奥氏体形成元素，是抑制熔合区碳扩散的最有效手段。随着焊接接头在使用过程中工作温度的提高，要阻止焊接接头中碳的扩散，镍的含量也必须提高。不同工作温度条件下，异种钢接头对焊缝含镍量的要求见表 11－7。

**表 11－7　异种钢接头对焊缝含镍量的要求**

| 珠光体钢类型 | 接头工作温度/℃ | 推荐的焊缝含镍量/% |
|---|---|---|
| 低碳钢 | ≤350 | 10 |
| 优质碳素钢、低合金钢 | 350～450 | 19 |
| 低、中合金铬钼耐热钢 | 450～550 | 31 |
| 低、中合金铬钼钒耐热钢 | ＞550 | 47 |

(3) 改变焊接接头的应力分布。在高温工作下的异种钢接头，若焊缝金属的线膨胀系数与奥氏体钢母材接近，那么高温应力就将集中在珠光体钢一侧的熔合区内。由于珠光体钢通过塑性变形降低应力的能力较弱，所以高温应力集中在奥氏体钢一侧较为有利。因此，这类异种钢焊接时，最好选用膨胀系数接近于珠光体的镍基合金焊接材料，如国外常用 Cr15Ni70

镍基合金焊接材料。

(4)提高焊缝金属抗热裂纹的能力。为了解决接头脆化、扩散层等问题，要求采用高镍填充材料。但随着焊缝中镍含量的增加，焊缝热裂倾向明显增大。为了防止焊缝出现热裂纹，珠光体钢与普通奥氏体钢(Cr/Ni >1)焊接时，在不影响使用性能的前提下，最好使焊缝中含有体积分数为3% ~7%的铁素体组织。为此，在填充金属材料中要含有一定量的铁素体形成元素；而珠光体钢与热强奥氏体钢(Cr/Ni <1)焊接时，所选用的填充材料应使焊缝的组织是奥氏体 + 一次碳化物。

**3. 焊接工艺**

(1)为了减小熔合比，应尽量选用小直径的焊条和焊丝，并选用小电流、大电压和高焊接速度。

(2)如果珠光体钢有淬硬倾向，应适当预热，但预热温度应比同种珠光体材料焊接时略低一些。

(3)对于较厚的焊件，为了防止因应力过高而在熔合区出现开裂现象，可以在珠光体钢的坡口表面堆焊过渡层，如图 11 -5 所示。过渡层应含有较多的强碳化物形成元素，具有较小的淬硬倾向，厚度一般为 5 ~6 mm 也可用高镍奥氏体不锈钢焊条堆焊过渡层。

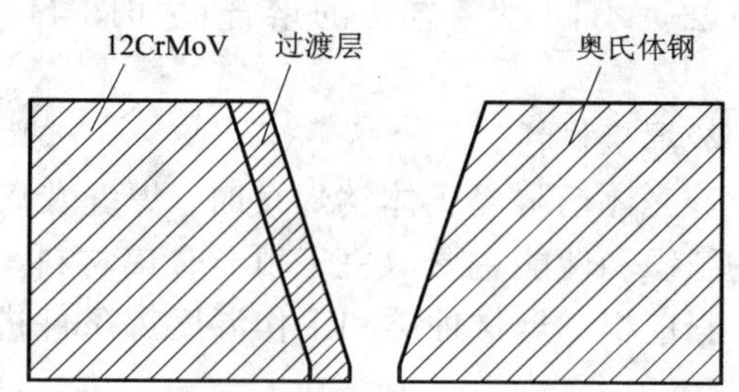

**图 11 -5　珠光体钢坡口表面堆焊的过渡层**

(4)珠光体钢与奥氏体不锈钢的焊接接头，焊后一般不进行热处理。

表 11 -8 为珠光体钢与奥氏体钢焊接的焊条及预热、回火温度，表 11 -9 为珠光体钢与奥氏体钢气体保护焊焊接材料的选择。

## 11.3.3　技能训练：果酱蒸煮锅的焊接实例

某食品厂所用的果酱蒸煮锅为异种金属焊接，其内壳为板厚 3 mm 的 1Cr18Ni9Ti 钢板，外壳为板厚 6 mm 的 Q235 - A 钢板，两者均由九块瓜瓣形板与一块圆形底板焊接而成，其结构如图 11 -6 所示。其焊接工艺如下：

**1. 焊前准备**

焊前分别对有一定弧度的外壳和内壳进行定位焊，焊点间距为 80 mm。将外壳 Q235 - A 钢板开成 60°坡口，钝边为 1 mm，间隙为 2 mm；内壳不锈钢板不开坡口，间隙为 1.5 mm。为防止焊接飞溅物玷污不锈钢板表面，可在内壳板侧 100 mm 范围内涂上用白垩粉调成的糊剂。

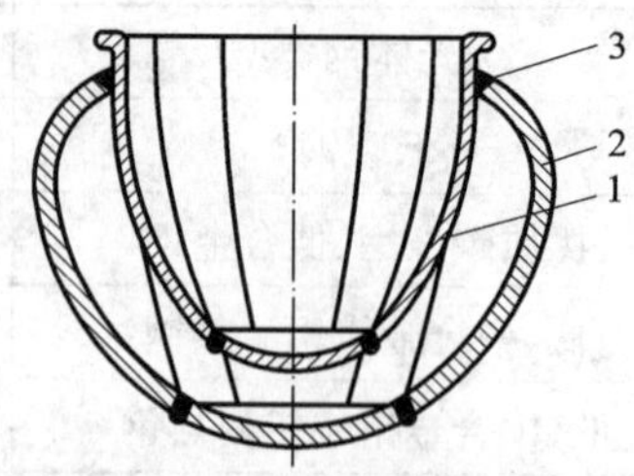

**图 11 -6　果酱蒸煮锅示意图**

1—内壳；2—外壳；3—焊缝

**2. 焊接操作**

(1)内壳焊接。为避免不锈钢焊接接头在 450℃ ~ 850℃温度范围内停留时间过长而产生晶间腐蚀，焊接内壳时要采用小电流、窄道焊和分段跳焊法。选用 $\phi2.5$ 的 E347 -16(A132)焊条施焊。

**表 11－8　珠光体钢与奥氏体钢焊接的焊条及预热、回火温度**

| 母材组合 | 焊条型号 | 焊条牌号 | 预热温度/℃ | 回火温度/℃ | 备注 |
|---|---|---|---|---|---|
| Ⅰ+Ⅹ | E309－16<br>E309－15 | A302<br>A307 | 不预热 | 不回火 | 不耐晶间腐蚀，工作温度不超过350℃ |
| | E310－16<br>E310－15 | A402<br>A407 | | | |
| | E16－25MoN－16<br>E16－25MoN－15 | A502<br>A507 | | | 不耐晶间腐蚀，工作温度不超过450℃ |
| | E316－16 | A202 | | | 用来覆盖A507焊缝，可耐晶间腐蚀 |
| Ⅰ+Ⅺ | E16－25MoN－16<br>E16－25MoN－15 | A502<br>A507 | | | 不耐晶间腐蚀，工作温度不超过350℃ |
| | E318－16 | A212 | | | 用来覆盖A507焊缝，可耐晶间腐蚀 |
| Ⅱ+Ⅹ | E310－16<br>E310－15 | A402<br>A407 | | | 不耐晶间腐蚀，工作温度不超过350℃ |
| | E16－25MoN－16<br>E16－25MoN－15 | A502<br>A507 | | | 不耐晶间腐蚀，工作温度不超过450℃ |
| Ⅱ+Ⅺ | E316－16<br>E318－16 | A202<br>A212 | | | 用A402，A407，A502，A507覆盖的焊缝表面可以在腐蚀性介质中工作 |
| Ⅳ+Ⅹ | E16－25MoN－16<br>E16－25MoN－15 | A502<br>A507 | 不预热或200℃～300℃ | 不回火 | 不耐晶间腐蚀，工作温度不超过450℃ |
| Ⅳ+Ⅺ | ENiCrFe－1 | Ni307 | | | 在淬火珠光体钢坡口上堆焊过渡层 |
| Ⅴ+Ⅹ | E309－16<br>E309－15 | A302<br>A307 | | | 工作温度不超过400℃，含碳量小于0.3%者，焊前可不预热 |
| | E16－25MoN－16<br>E16－25MoN－15 | A502<br>A507 | | | 工作温度不超过450℃，含碳量小于0.3%者，焊前可不预热 |
| Ⅴ+Ⅺ | ENiCrFe－1 | Ni307 | | | 用于珠光体钢坡口上堆焊过渡层，工作温度不超过500℃ |
| | E318－16 | A212 | 不预热 | | 如要求A502，A507，A302，A307的焊缝耐腐蚀，用A212焊一盖面焊道 |
| Ⅵ+Ⅹ或Ⅵ+Ⅺ | E309－16<br>E309－15 | A302<br>A307 | 不预热或200℃～300℃ | 680～710或不回火 | 不耐晶间腐蚀，工作温度不超过520℃，含碳量小于0.3%时可不预热 |
| | E16－25MoN－16<br>E16－25MoN－15 | A502<br>A507 | | | 不耐晶间腐蚀，工作温度不超过550℃，含碳量小于0.3%时可不预热 |
| | ENiCrFe－1 | Ni307 | | | 工作温度不超过570℃，用来堆焊珠光体钢坡口上的过渡层 |
| | E318－16 | A212 | 不预热 | | 在A302，A307，A502，A507焊缝上堆焊覆面层，可耐晶间腐蚀 |

**表 11－9 珠光体钢与奥氏体钢气体保护焊焊接材料的选择**

| 母材组合 | 焊接方法 | 焊接材料的选用 | | 预热温度/℃ | 回火温度/℃ |
|---|---|---|---|---|---|
| | | 保护气体 | 焊 丝 | | |
| Ⅰ＋Ⅹ<br>Ⅰ＋Ⅺ | TIG<br>MIG | Ar | H0Cr26Ni21，H1Cr25Ni20<br>H0Cr19Ni12Mo2<br>H00Cr19Ni12Mo2 | 不预热 | 不回火 |
| Ⅰ＋Ⅻ<br>Ⅰ＋XⅢ | | | H00Cr19Ni12Mo2<br>ERNiCrFe－5<br>ERNiCrMo－6 | | |
| Ⅱ＋Ⅹ(Ⅺ)<br>Ⅱ＋Ⅻ(XⅢ) | | | H0Cr26Ni21，H1Cr25Ni20<br>H0Cr19Ni2Mo2<br>H00Cr19Ni12Mo2 | | |
| Ⅲ＋Ⅹ(Ⅺ)<br>Ⅲ＋Ⅻ(XⅢ) | | | H0Cr19Ni12Mo2<br>H00Cr19Ni12Mo2 | | |
| Ⅳ＋Ⅹ(Ⅺ)<br>Ⅳ＋Ⅻ(XⅢ)<br>Ⅳ＋XⅣ | | | ERNiCrFe－5<br>ERNiCrMo－6 | 不预热或<br>150～200 | 不回火或<br>680～710 |
| Ⅴ＋Ⅹ(Ⅺ)<br>Ⅴ＋Ⅻ(XⅢ) | | | H0Cr24Ni13，H00Cr19Ni12Mo2<br>ERNiCrFe－5，ERNiCrMo－6 | | |
| Ⅵ＋Ⅹ(Ⅺ)<br>Ⅵ＋Ⅻ(XⅢ) | | | H0Cr24Ni13<br>H00Cr19Ni12Mo2，ERNiCrFe－5<br>ERNiCrMo－6 | 不预热或<br>150～200 | 不回火或 |

(2)外壳焊接。从壳体外侧采用两层焊，选用 E4303 型焊条，第一层用 $\phi3.2$ mm 焊条、90 A 的焊接电流、单面焊双面成形；第二层用 $\phi4$ mm 焊条，焊接电流为 165 A，采用月牙形运条法焊接；圆形底板接头在平焊位置焊接。

(3)内、外壳的焊接。由于内、外壳的材质分别为 1Crl8Ni9Ti 不锈钢与 Q235－A 钢，因此该组件属异种钢焊接。如果对接头直接用不锈钢焊条进行焊接，可能因母材的稀释作用而降低焊缝金属的塑性和耐腐蚀性，这对蒸煮锅的使用寿命、卫生条件的影响很大。因此，需先焊堆焊层，其施焊工艺如下：

在整好形的外壳上端头用 $\phi2.5$ mm E309－15(A307)焊条堆焊一层。为减少熔深，焊接电流选用 65A。焊后用手砂轮打磨平整。

把整好形的内壳放人已焊好堆焊层的外壳内进行定位焊，并在内壳上靠近坡口 100 mm 范围内涂上白垩糊剂。为防止焊缝局部过热，减少焊条的熔敷量，内外壳间隙应尽量小些。内、外壳的组焊采用两层焊分段跳焊法完成。第一层选用 $\phi2.5$ mm 的 E309－15 焊条，焊接电流为 80 A。第二层选用 $\phi3.2$ mm 的 E309－15 焊条，焊接电流为 105A。施焊时，电弧主要作用于 Q235A 钢的堆焊层一侧，使不锈钢一侧少熔化。

## 11.4　不锈复合钢板的焊接

复合钢板是由较薄的不锈钢与较厚的珠光体钢复合轧制而成的双金属板。珠光体钢部分称为基体，主要满足强度和刚性的要求；不锈钢部分称为覆层，多由 Cr18Ni9Ti、Cr18Ni12Mo2Ti、Cr23Ni28Mo3Cu3Ti 等制造，主要满足耐蚀性要求。覆层通常处于容器里层，其厚度一般只占总厚度的 10% ~20%。

### 11.4.1　不锈复合钢板的焊接性

不锈复合钢板焊接时，要注意三方面的问题：一是对于基层要避免铬、镍等合金含量增高，因铬、镍含量过高会使基层焊缝中形成硬脆组织，容易产生裂纹，影响焊缝强度；二是对于覆层要避免增碳，否则会大大降低其耐腐蚀性，三是不锈钢覆层和珠光体钢基层具有不同的导热系数和膨胀系数，焊接时易产生较大的焊接变形及应力，甚至导致焊接裂纹的产生。因此不锈复合钢板焊接工作比单层钢板复杂得多，须采取特殊的焊接工艺。

### 11.4.2　不锈复合钢板焊接工艺

**1. 焊接方法**

不锈复合钢板基层或覆层的焊接方法与焊接不锈钢和碳钢、低合金钢一样，可采用焊条电弧焊、埋弧焊、气体保护电弧焊等方法，但过渡层常用焊条电弧焊。

**2. 焊接材料**

由于复合钢板焊接的特殊性，要采用三种不同的焊接材料来焊接同一条焊缝，以保证焊缝质量。

基层与基层焊接，采用与基层同种材质的碳钢或低合金钢焊接材料；覆层与覆层的焊接采用与覆层同种材质的不锈钢焊接材料；基层与复层交界处过渡层的焊接，实际上是异种钢的焊接，必须选用铬、镍含量较覆层高的不锈钢焊条，如 E309－16、E309－15 等，以减小碳钢、低合金钢对不锈钢合金成分的稀释作用和补充焊接过程中合金成分的烧损。

焊接各种不锈复合钢板的焊条电弧焊焊条及埋弧焊的焊丝、焊剂选用，可参照表 11－10。

**3. 焊接坡口与装配**

不锈复合钢板的坡口形式多为 Y 形坡口，一般开在基层一侧，此外还有双 Y 形坡口、U 形坡口等。不锈复合钢板对接接头的坡口形式见表 11－11，角接接头坡口形式如图 11－7 所示。

装配焊件时，要求以覆层为基准对齐，避免产生错边，影响覆层的焊缝质量，所以错边量最好不要超过 1 mm。定位焊一定要焊在基层上，长度应控制在 10 ~30 mm。

**4. 焊接顺序**

为了保证焊缝与复合钢板具有相同的性能，对基层、覆层应分别进行焊接。一般先焊基层，后焊过渡层，最后焊覆层，以尽量减小覆层一侧的焊接量，并避免覆层焊缝的多次重复加热，从而提高焊缝质量。复合钢板焊接顺序如图 11－8 所示。

表 11－10　不锈复合钢板焊条电弧焊的焊条及埋弧焊的焊丝、焊剂选用

| 钢板牌号 | 焊条电弧焊焊条型号 | | | 埋弧焊 | |
|---|---|---|---|---|---|
| | 基层 | 过渡层 | 覆层 | 焊丝牌号 | 焊剂牌号 |
| 0Cr13＋Q235 | E4303<br>E4315 | E309－16<br>E309－15 | E308－16<br>E308－15 | H08MnA<br>基层<br>H08A | HJ431 |
| 0Cr13＋Q345 | E5003<br>E5015<br>(E5515－G) | E309－16<br>E309－15 | E308－16<br>E308－15 | H10Mn2<br>基层 H10MnSi<br>(H08MnMoA) | HJ431<br>HJ330<br>HJ250 |
| 0Cr13＋12CrMo | E5015－$B_1$ | E309－16<br>E309－15 | E308－16<br>E308－15 | 基层 H12CrMo | HJ260<br>HJ250 |
| 1Cr18Ni9Ti＋Q235<br>0Cr18Ni9Ti＋Q235 | E4303<br>E4315 | E309－16<br>E309－15 | E347－16<br>E347－15 | H08MnA<br>基层<br>H08A | HJ431 |
| 1Cr18Ni9Ti＋Q345<br>0Cr18Ni9Ti＋Q345 | E5003<br>E5015<br>(E5515－G) | E309－16<br>E309－15 | E347－16<br>E347－15 | H10Mn2<br>基层 H10MnSi<br>(H08MnMoA) | HJ431<br>HJ330<br>HJ250 |
| 0Cr18Ni12Mo2Ti＋Q235 | E4303<br>E4315 | E309Mo－16 | E318－16 | H08MnA<br>基层 H08A | HJ431 |
| 0Cr18Ni12Mo2Ti＋Q345 | E5003<br>E5015<br>(E5515－G) | E309Mo－16 | E318－16 | H10Mn2<br>基层 H10MnSi<br>(H08MnMoA) | HJ431<br>HJ330<br>HJ250 |

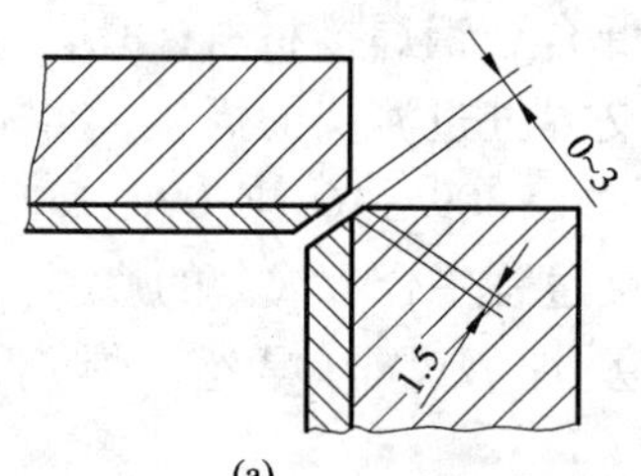

(a)

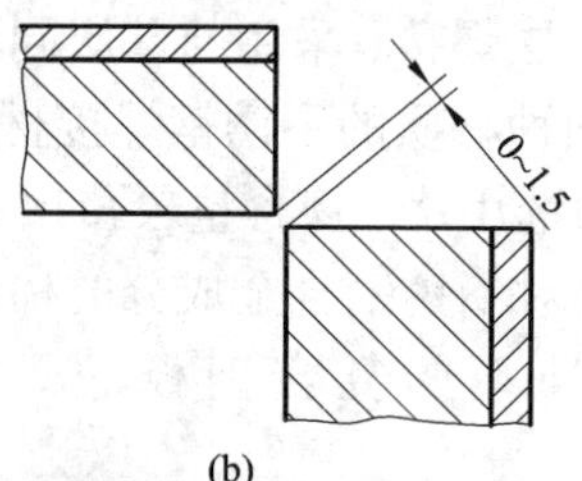

(b)

图 11－7　不锈复合钢板角接接头的坡口形式

(a)覆层位于内侧；(b)覆层位于外侧

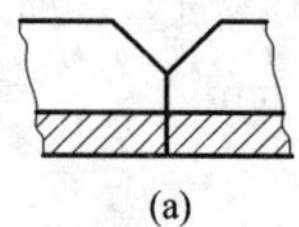
(a)

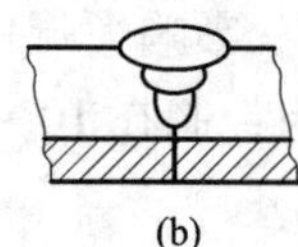
(b)

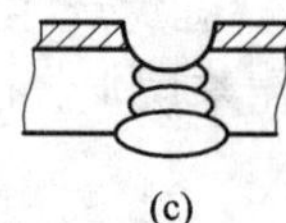
(c)

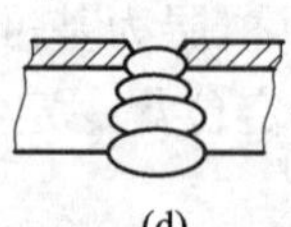
(d)

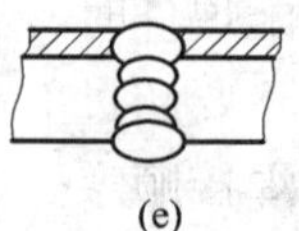
(e)

图 11－8　复合钢板焊接顺序

(a)装配；(b)焊基层；(c)清焊根；(d)焊过渡层；(e)焊覆层

**表 11－11　不锈复合钢板对接接头的坡口形式**

| 板厚/mm | 坡口形式(基层侧) | 坡口形式(覆层侧) |
| --- | --- | --- |
| <15 | 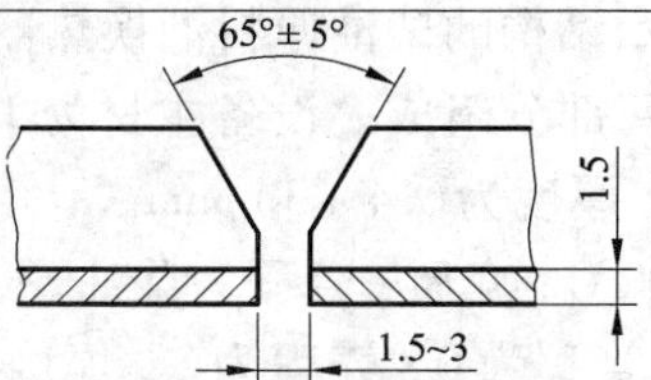 65°± 5°；1.5；1.5~3 | 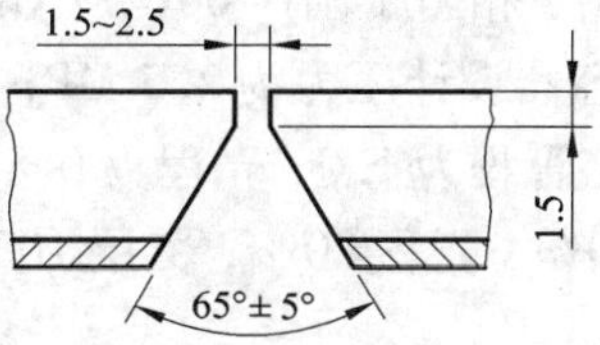 1.5~2.5；1.5；65°± 5° |
| 16 ~ 22 | 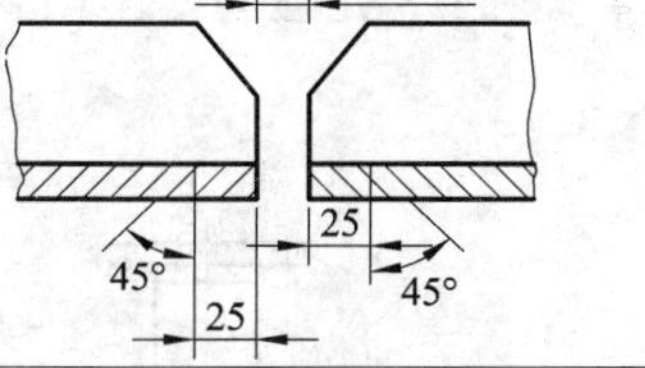 25；45°；45°；25 | |
| 23 ~ 38 | 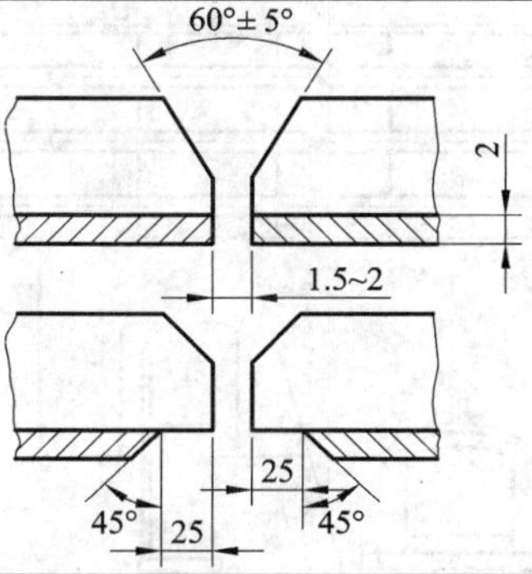 60°± 5°；2；1.5~2；25；45°；45°；25 | 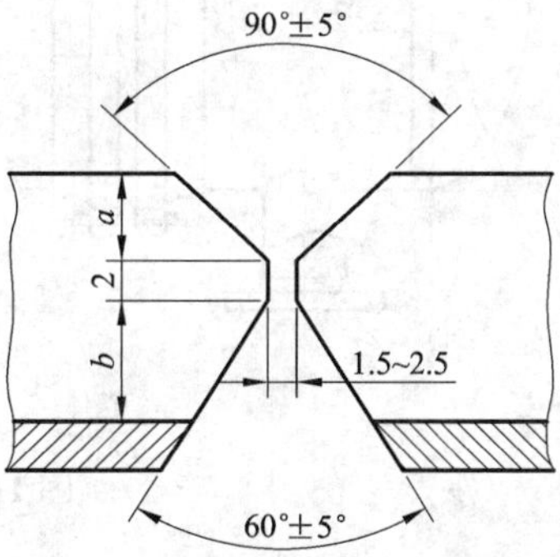 90°±5°；a；2；b；1.5~2.5；60°±5°；$a:b=1:3$ |
| >38 | 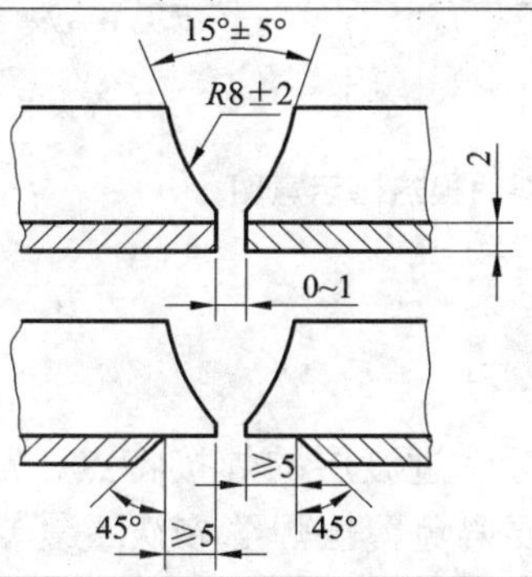 15°± 5°；R8±2；2；0~1；≥5；45°；45°；≥5 | |

**5. 焊接中应注意的问题**

在不锈复合钢板的焊接操作过程中，应注意以下几点：

(1)在基层点焊时，必须用基层焊条，不可使用不锈钢焊条。

(2)严禁用基层焊条焊接覆层和将过渡层焊条焊在覆层表面上。

(3)碳钢焊条的飞溅落在覆层的坡口面上时，要仔细清除干净。

(4)焊覆层焊缝时，为减小热影响区，降低合金稀释率，宜采用小电流、直流反接、多层多道焊，焊接时焊条不宜作横向摆动。

(5)焊基层时的飞溅物黏附在覆层表面将破坏其表面氧化膜，遇腐蚀性介质就会形成腐蚀点，所以焊前应分别在坡口两侧 150 mm 范围内涂上白垩水溶液，以防止飞溅物的黏附。

### 11.4.3 技能训练：柴油原料油换热器的焊接实例

某石化设备制造公司承接了如图 11 -9 所示结构的柴油原料油换热器制造业务。该柴油原料油换热器为Ⅱ类压力容器，由管程和壳程两部分组成。设备主材为 16MnR +316L(316L 美国材料，相当于国产 00Cr17Ni14Mo2 复合板，厚度为(14 +3) mm。

该容器设计压力为2.5 MP；设计温度为200℃；介质：管程为柴油，壳程为原料；焊接接头系数：管程为1.0，壳程为0.85；腐蚀裕量：管程为0，壳程为3；焊接接头 RT 检测比例：管程 100%，壳程 20%；覆层 100% 渗透检测。

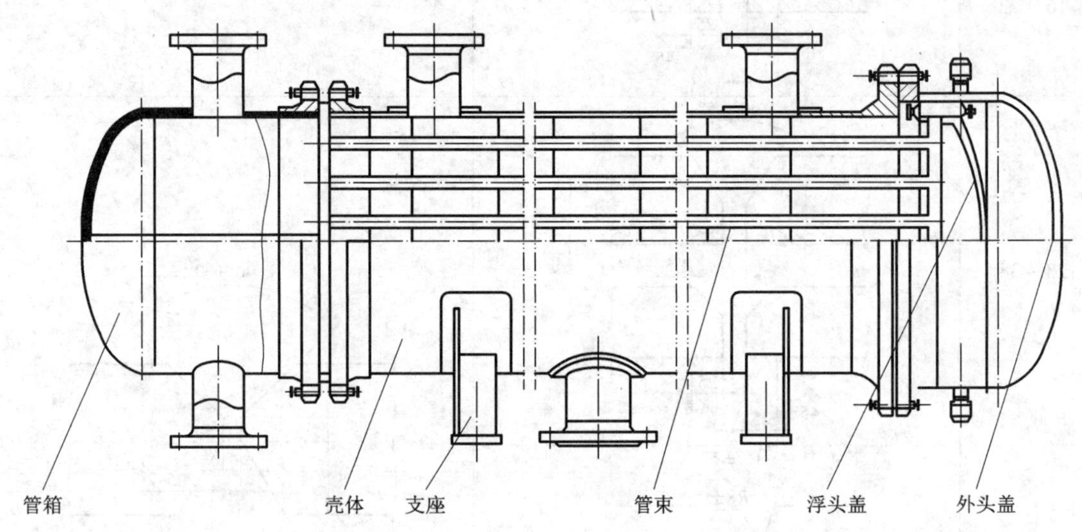


图 11 -9 柴油原料油换热器示意图

**1. 焊接坡口和接头组对**

1)焊接坡口

选择不锈复合钢板的坡口形式时，应充分考虑过渡层的焊接特点，先焊基层，再焊过渡层，最后焊覆层，应尽量减少覆层的焊接量，要避免覆层焊缝多次重复受热，以提高覆层焊缝的耐腐蚀性能，同时可减小设备内部的铲磨工作量，所以选择了如图 11 -10 所示的坡口形式。焊前，在覆层距坡口 100 ~150 mm 内涂防飞溅的白垩涂料。

2)组对

焊件组对时要以覆层为基准对齐，覆层错边量大会影响覆层焊缝的质量，所以错边量以不超过 0.5 mm 为宜。

3)定位焊

对接焊时，只允许在基层用 E5015 焊条进行点焊。点焊工装夹具也只能焊在基层一侧，材质与基层相同，用 E5015 焊条焊接。去除工装时，不能损伤基层金属，并将焊接处打磨光滑。

**2. 焊接工艺参数**

不锈复合钢板焊接工艺参数见表 11 -12，电源极性均为直流反接。

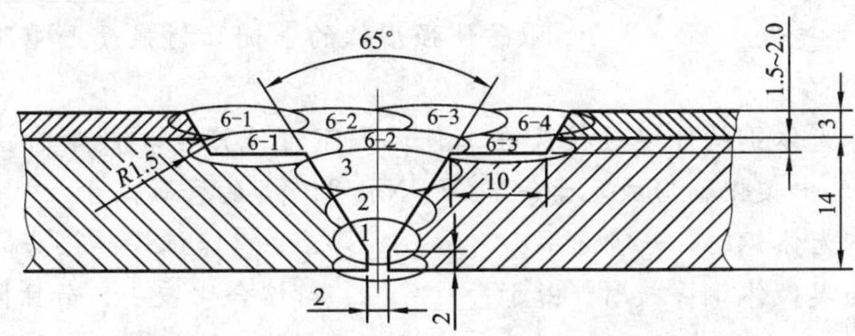


图 11 – 10　坡口形式及焊道分布示意图

表 11 – 12　焊接工艺参数

| 焊道 | 焊材及规格/mm | 焊接电流/A | 电弧电压/V | 焊接速度/(cm · $min^{-1}$) |
|---|---|---|---|---|
| 基层打底焊 | E5015，$\phi$3.2 | 110 ~ 120 | 17 ~ 19 | 14 ~ 15 |
| 基层填充盖面焊 | E5015，$\phi$4 | 160 ~ 180 | 18 ~ 21 | 14 ~ 16 |
| 过渡层 | E309MoL – 16，$\phi$3.2 | 90 ~ 110 | 17 ~ 18 | 13 ~ 15 |
| 覆层 | E316L – 16，$\phi$3.2 | 90 ~ 110 | 17 ~ 18 | 13 ~ 15 |

**3. 焊接工艺要点**

(1)焊接顺序如图 11 – 8 所示，正式焊接时，先焊基层，再焊过渡层，最后焊覆层。

(2)严格控制层间温度，基层及焊道间温度小于或等于 200℃，控制过渡层、覆层的道间温度小于或等于 60℃

(3)过渡层的焊接要采用小电流、直流反接、直道多道焊以降低对覆层的稀释。

(4)在焊接覆层 316L，应采用小电流、直流反接、快速焊、窄焊道的多层多道焊接，焊接时焊条不宜横向摆动，应控制道间温度在 60℃以下，焊后需进行酸洗或钝化处理。

(5)焊覆层前必须清除坡口两侧边缘上的防飞溅涂料及飞溅物。

**4. 焊后检验**

焊后对容器的纵、环焊缝进行了 100% RT 探伤，结果焊缝一次合格率达到 99%，覆层 100% 渗透检测合格。

## 【综合训练】

### 一、填空题

1. 异种钢焊接接头可分为两种情况，第一类为__________的接头，这类接头的两侧母材虽然化学成分不同，但都属于铁素体类钢或都属于奥氏体类钢；第二类为__________的接头，即接头两侧的母材不属于同一类钢。

2. 异种钢焊接具有如下特点：接头中存在着化学成分的__________性；接头熔合区组织和性能的__________性；__________是较难处理的问题。

3. 异种钢焊接时，有时为了解决接头预热和焊后热处理的困难，往往采用__________的方法进行焊接。

4. 异种钢焊后热处理关于温度的确定一般是按照热处理温度＿＿＿＿＿的一侧母材来选定，此时一定要事先做＿＿＿＿＿，以防使强度低的一侧母材强度严重下降，出现强度不合格的情况。

5. 如果异种珠光体钢构件焊接接头在工作温度下可能产生扩散层时，最好在坡口上堆焊＿＿＿＿＿，使其中碳化物形成元素(Cr、V、Nb、Ti等)的含量高于＿＿＿＿＿。

6. 焊接异种珠光体钢时，一般选用＿＿＿＿＿焊条，以保证焊接接头的抗裂性能。

7. 珠光体钢与奥氏体钢焊接时，由于＿＿＿＿＿时熔合比较小，而且操作灵活，不受焊件形状的限制，所以应用最为普遍；＿＿＿＿＿、＿＿＿＿＿熔合比较小，也是比较适合的焊接方法。

8. 为了防止焊缝出现热裂纹，珠光体钢与普通奥氏体钢(Cr/Ni > 1)焊接时，最好使焊缝中含有体积分数为3% ~7%的＿＿＿＿＿组织；而珠光体钢与热强奥氏体钢(Cr/Ni < 1)焊接时，所选用的填充材料应使焊缝的组织是＿＿＿＿＿。

9. 不锈复合钢板在焊接时，为了减少基层对过渡层焊缝的稀释作用，焊接过渡层时应选用＿＿＿＿＿焊条，并使焊缝具有一定量的铁素体组织，以提高其抗裂性能；基层一般用＿＿＿＿＿进行焊接，过渡层一般采用＿＿＿＿＿进行焊接且焊接顺序为先焊＿＿＿＿＿，再焊＿＿＿＿＿，最后焊＿＿＿＿＿。

**二、判断题**

1. 一般异种珠光体钢焊接时，按强度较低的一侧母材的强度要求选择焊接材料，使焊接接头强度不低于两种母材标准规定值的较低者。(　)

2. 焊接异种珠光体钢时，一般选用低氢型焊条，以保证焊接接头的抗裂性能。(　)

3. 珠光体钢与奥氏体钢焊接时，一般常规的焊接方法均可采用。选择焊接方法除考虑生产条件和生产效率外，还应考虑选择熔合比较大的焊接方法。(　)

4. 为减少基层对过渡层焊缝的稀释作用，应尽量采用较大的焊接电流、较大的焊接速度。(　)

5. 不锈复合钢板的坡口形式多为Y形坡口，一般开在基层一侧。(　)

6. 不锈复合钢板装配焊接时，要求以覆层为基准对齐，避免产生错边。(　)

**三、简述题**

1. 试述珠光体钢与奥氏体钢的焊接性。

2. 简述异种珠光体钢焊接特点。

# 模块十二　铸铁的焊接

铸铁是含碳量 >2.0% 的铁碳合金，除铁碳外，工业用铸铁中还含有一定量 Si、Mn 及 S、P 等杂质。有时，有目的地加入不同的合金元素，如 Cu、Mo 等，以改变铸铁的力学性能，从而满足不同的要求。铸铁是一种成本低并具有许多优良性能的金属材料。与钢相比，铸铁虽然力学性能较低，但具有优良的耐磨性、减震性、铸造性和切削加工性，而且熔炼设备和生产工艺比较简单，因此在工业生产中得到了广泛的应用。铸铁的焊接主要是对各种铸造缺陷或损坏的铸铁件进行焊补。

## 12.1　铸铁的种类及性能

### 12.1.1　铸铁的种类及成分

按照碳元素在铸铁中存在的形态以及形式不同，将铸铁分为白口铸铁、灰口铸铁、可锻铸铁、球墨铸铁以及蠕墨铸铁 5 类。

白口铸铁中的绝大多数碳元素以渗碳体($Fe_3C$)的形式存在，断口呈白亮色，因此称之为白口铸铁。灰口铸铁、可锻铸铁、球墨铸铁和蠕墨铸铁中的碳元素主要以石墨状态存在，部分存在于珠光体中，但这 4 种铸铁中的石墨存在形式是不同的。灰口铸铁中的石墨主要以片状存在，断口为灰色，故而得名(简称为灰铸铁)；白口铸铁经过石墨化退火处理后，渗碳体分解为团絮状石墨，即可获得可锻铸铁，其强度高于灰口铸铁，并具有一定的塑性和韧性，但可锻铸铁实际上是不可锻的；液态铸铁在浇注前加入适量的球化剂处理，使得碳元素以球状石墨的形式存在，称为球墨铸铁(简称球铁)，其力学性能是所有铸铁中最好的；蠕墨铸铁中的石墨以蠕虫状存在，其力学性能介于球墨铸铁与灰口铸铁之间，是一种近几十年来逐渐得到推广应用的材料(简称蠕铁)。常用铸铁的化学成分见表 12-1。

**表 12-1　常用铸铁材料的化学成分/%**

| 类别 | 化学成分(质量分数) | | | | | |
|---|---|---|---|---|---|---|
| | C | Si | Mn | S | P | 其他元素 |
| 灰铸铁 | 2.7~3.6 | 1.0~2.2 | 0.5~1.3 | <0.15 | <0.3 | |
| 球墨铸铁 | 3.6~3.9 | 2.0~3.2 | 0.3~0.8 | <0.03 | <0.1 | $Mg_{残余}$ 0.03~0.06<br>$RE_{残余}$ 0.02~0.05 |
| 可锻铸铁 | 2.4~2.7 | 1.4~1.8 | 0.5~0.7 | <0.1 | <0.2 | <0.06 |

## 12.1.2　铸铁的组织与性能

铸铁材料的性能与其内部的组织密切相关，为了便于理解，可以将除白口铸铁之外的铸铁看成是含有大量石墨杂质的碳钢。由于灰口铸铁中石墨的强度、硬度极低，基本没有塑性和韧性，因此可以将其看成是存在于基体组织中的大量小裂纹。石墨的存在不仅减少了金属基体的有效承载面积，还会在尖角处形成应力集中，促使铸铁材料发生局部破裂并迅速扩大而形成脆性断裂。因此，铸铁的塑性和韧性远低于钢。同时，铸铁的性能还在很大程度上取决于石墨的形状、大小、数量及分布规律等。表 12-2 给出了常见灰铸铁牌号及其力学性能。

**表 12-2　常见灰铸铁牌号及其力学性能**

| 灰铸铁类型 | 牌号 | $\sigma_b$/MPa | HBS |
|---|---|---|---|
| | | ≥ | |
| 铁素体灰铸铁 | HT100 | 100 | ≤175 |
| 铁素体+珠光体灰铸铁 | HT150 | 150 | 150~220 |
| 珠光体灰铸铁 | HT200 | 200 | 170~220 |
| | HT250 | 250 | 190~240 |
| 珠光体灰铸铁 | HT300 | 300 | 210~260 |
| | HT350 | 350 | 230~280 |

球墨铸铁的力学性能明显优于灰铸铁，这与铸铁中的石墨状态有重要的关系。球墨铸铁中的石墨呈球团状，相比有尖角的片状石墨，对金属基体的割裂作用大大减少，使其可有效利用的强度达到 70%~80%。球墨铸铁还可以通过合金化或热处理来强化或改变基体组织，以实现提升力学性能的目的。表 12-3 给出了常见球墨铸铁的牌号及其力学性能。

表 12－3　常见球墨铸铁牌号及其力学性能

| 牌号 | $\sigma_b$/MPa | $\sigma_{0.2}$/MPa | δ/% | HBS |
|---|---|---|---|---|
| | ≥ | | | |
| QT400－18 | 400 | 250 | 18 | 130～180 |
| QT400－15 | 400 | 250 | 15 | 130～180 |
| QT450－10 | 450 | 310 | 10 | 160～210 |
| QT500－7 | 500 | 320 | 7 | 170～230 |
| QT600－3 | 600 | 370 | 3 | 190～270 |
| QT700－2 | 700 | 420 | 2 | 225～305 |
| QT800－2 | 800 | 480 | 2 | 245～335 |
| QT900－2 | 900 | 600 | 2 | 280～360 |

## 12.2　灰铸铁的焊接性

灰铸铁的力学性能特点是强度低，基本没有塑性，因而使焊接接头发生裂纹的可能性增大。同时，较高的碳含量以及S、P含量也增加了焊接接头对冷却速度变化以及冷热裂纹发生的敏感性。因此灰铸铁的焊接性较差，主要表现在焊接接头易形成白口组织且易产生裂纹。

### 12.2.1　焊接接头中的白口组织

灰铸铁焊接时，由于焊缝金属的冷却速度很大，远大于灰铸铁在砂型铸造情况下的冷却速度，同时熔池非常小，且存在时间短，焊接区域内的渗碳体来不及转化为石墨，从而在接头的焊缝及熔合区内析出大量的渗碳体，形成白口组织。

铸铁接头中存在白口组织，不仅会造成工件的加工困难，还会引起裂纹等缺陷的产生。因此应采取措施尽量减少白口组织生成以及创造有利于焊接接头石墨化的条件，其主要方法如下：

1）改变焊缝的化学成分

改变焊缝化学成分主要是增加其石墨化元素含量，使焊缝成为非铸铁组织。比如，可以增加焊条药皮或焊芯中的石墨化元素（如C，Si等）含量，从而使焊缝中的C，Si含量高于母材，促进焊缝的石墨化；还可以使用异质材料焊条，如镍基合金、高钒钢等焊条，使焊缝分别形成奥氏体、铁素体等非铸铁组织。这样可以改变焊缝中碳元素的存在形式而不至于出现脆硬的白口组织，并且还可以在一定程度上提高焊缝的塑性。

2）减缓焊缝的冷却速度

减缓焊接冷却速度，可以延长熔合区处于高温状态的时间，有利于石墨的充分析出，从而实现熔合区的石墨化过程。工程实践中通常采用的方法是焊前预热和焊后缓冷。为了确保熔合区的充分石墨化，如焊前预热到400℃～700℃，同时配合保温措施，保证工件在焊接过程中的温度不低于400℃，并且焊后缓冷，可避免白口组织的出现。

### 12.2.2　焊接接头中的裂纹

进行铸铁材料的焊接时，裂纹是一种比较容易出现的缺陷。接头中一旦出现裂纹缺陷，不但会降低承载能力，还会削弱工件的致密性，从而产生很大的事故隐患。根据产生的机理不同，一般将铸铁焊接时出现的裂纹分为热裂纹和冷裂纹两大类。

**1. 冷裂纹**

冷裂纹一般发生在400℃以下。铸铁焊接时，冷裂纹可能发生在焊缝中，也可能发生在热影响区中。

1)焊缝中的冷裂纹

当焊缝为铸铁型时，比较容易出现这种裂纹。裂纹出现和扩展常伴随着可听见的脆性断裂的声音。焊缝较长或工件刚性较大时，常发生这种裂纹，如图 12 -1 所示。

铸铁型焊缝发生裂纹的温度一般在400℃以下，在400℃以上的温度很少发生，这是因为铸铁材料在400℃以上时具有一定的塑性以及焊缝承受的拉应力较小。

在焊接过程中，由于工件局部受热不均匀，焊缝在冷却过程中会产生很大的拉应力。当焊缝为灰铸铁时，由于石墨以片状形式存在，不仅减少了工件的有效受力面积，而且片状石墨的两端尖角将导致严重的应力集中，使其在400℃以下时基本没有塑性、强度低，这时当应力值超过此时铸铁的抗拉强度时，裂纹很快扩展并最终导致工件断裂。

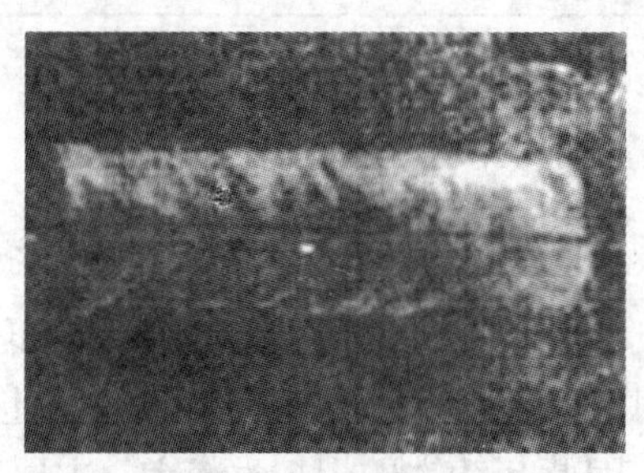

图 12 -1　铸件焊缝中的冷裂纹

如果焊缝中存在白口组织，由于白口铸铁的收缩率(约为2. 3%)比灰口铸铁(约为1. 26%)大，并且其中的渗碳体更脆，这时焊缝更容易出现裂纹，并且渗碳体含量越多，裂纹也越多。当焊缝基体全部为珠光体或者铁素体，同时石墨化程度充分时，由于石墨化过程伴随的体积膨胀可以松弛部分焊接应力，有利于改善焊缝的抗裂性能。焊缝中的石墨形态对焊缝抗裂性具有一定的影响，粗而长的片状石墨容易引起应力集中从而加速焊缝开裂，而石墨以细小片状存在时可以改善焊缝的抗裂性能。有研究表明，石墨以球状或絮团状存在时，焊缝具有较好的抗裂纹性能。

当采用低碳钢焊条进行灰铸铁焊接时，由于母材熔化过渡到焊缝中的碳元素过多，使其第一层焊缝为高碳钢成分，快速冷却时会产生另一种高硬组织——马氏体，高碳马氏体性脆，也很容易产生冷裂纹。

采用异质焊接材料焊接灰铸铁时，形成奥氏体、铁素体或铜基焊缝，由于焊缝金属具有良好的韧性，若配合合理的焊接工艺措施，一般不会产生冷裂纹。

2)热影响区中的冷裂纹

热影响区中的冷裂纹多发生在含有较多渗碳体和马氏体处，某些情况下也会出现在离熔合区稍远的热影响区。

采用低碳钢焊条焊接铸铁时，常在焊接热影响区(熔合区附近)产生一种剥离性裂纹，即焊缝与母材分离现象。产生的原因是碳钢收缩率大(2. 17 %)，收缩应力大，焊缝屈服强度高，母材上的热影响区又有脆性的渗碳体和马氏体。

此外，由于母材上的热影响区白口区较宽，其组织收缩率(2. 3 %)远大于周围的奥氏体区(0. 9% ~1. 3 %)，故在奥氏体区与白口区之间产生很大的切应力，也有利于剥离性裂纹的出现。

在冷焊薄壁(5 ~10 mm)铸铁件时，当焊补处拘束较大，连续堆焊金属面积较大，则冷裂

纹可能发生在离熔合线稍远但温度超过600℃的热影响区。这是由于工件的壁厚较小导致其导热能力远差于厚壁工件，在其他条件都相同的情况下，热影响区超过600℃的区域显著加宽，在加热过程中该区域发生压缩塑性变形，使冷却过程中承受较大的拉应力所致。此外，当铸铁件较薄时，其中微量的气孔、夹渣等铸造缺陷将会产生明显的应力集中，并且会严重减少工件的有效承载面积。在这种情况下，焊接冷裂纹也可能出现在距离熔合区稍远的热影响区内。

防止灰铸铁焊接时冷裂纹产生的方法主要是降低焊接接头的应力及防止其出现渗碳体和马氏体。如电弧冷焊情况下，采用正确的冷焊工艺以减弱焊接接头的应力，有利于防止上述冷裂纹的出现；采用非铸铁塑性较好的焊接材料，由于熔敷金属的屈服强度较低，容易通过焊缝的塑性变形实现松弛焊接应力的目的，也有利于防止上述冷裂纹的出现；在修复厚大工件的裂纹缺陷时，由于坡口尺寸较大，焊接层数多，累积的焊接应力较大，为了防止热影响区冷裂纹发展成剥离性开裂，可采用在坡口两侧栽丝法焊接的措施。此外，焊前预热也是有效的措施之一。在某些情况下，采用加热减应区的方法以降低补焊处所受应力也具有较好的效果。

**2. 热裂纹**

当焊缝为铸铁型时，由于石墨化伴随着膨胀，使焊缝体积增加而收缩率减小，有利于降低接头的拉应力。同时，铸铁焊缝的成分接近共晶点，其固液温度区间小，则脆性温度区较小，所以铸铁型焊缝的热裂纹倾向不大。但当焊缝为异质焊缝(非铸铁型)，即采用低碳钢焊条与镍基铸铁焊条进行焊接时，焊缝容易出现热裂纹(结晶裂纹)。

采用低碳钢焊条焊接灰铸铁时，即使采用小的焊接电流，也容易产生焊缝热裂纹。这是因为第一层焊缝含碳量高达0.7% ~1.0 %，加上灰铸铁S、P含量较高，易促使FeS等低熔点共晶的形成。

利用镍基铸铁焊条焊接灰铸铁工件时，焊缝中容易形成低熔点共晶组织 $Ni-Ni_3S_2$、$Ni-Ni_3P$，而且焊缝中的单相奥氏体晶粒粗大。低熔点共晶容易聚集在晶界处，焊接高温时成为裂纹的源头。因此利用镍基铸铁焊条焊接时焊缝具有较大的热裂纹敏感性。应该指出，这种裂纹往往埋藏在焊缝的下部，肉眼不易发现，给产品带来了更大的安全隐患。

防止灰铸铁焊缝热裂纹产生的措施，归纳起来主要有以下几点：调整焊缝金属的化学成分，缩小其脆性温度区间，如引入稀土元素可以增强焊缝的脱硫、脱磷能力，加入适量的细化晶粒元素等；采用正确的冷焊工艺，降低焊接应力，并控制母材中的有害杂质进入焊缝区。

由以上分析可知，灰铸铁在焊接时，接头中具有较大的裂纹倾向。这主要是由铸铁本身的性能、焊接应力、焊接接头的组织及其化学成分所决定的。为防止铸铁焊接时产生裂纹，在生产实践中应从减少焊接应力、调整焊缝合金系统以及限制母材中杂质熔入焊缝等方面着手。

## 12.3　灰铸铁的焊接工艺

由灰铸铁的焊接性分析可知，灰铸铁材料在进行焊接时主要问题是易出现白口组织和裂纹，故应从防止上述缺陷入手，从多方面考虑来选择焊接方法和制定合理的焊接工艺。目前常用的焊接方法是焊条电弧焊、气焊和钎焊，有时也采用 $CO_2$ 气体保护焊或电渣焊。

### 12.3.1 灰铸铁的电弧热焊及半热焊

焊前将工件整体或有缺陷的局部位置预热到600℃~700℃(暗红色)，然后进行焊补，焊后进行缓冷的铸铁焊补工艺，称之为热焊。如果预热温度为300℃~400℃，则称为半热焊。对结构复杂(如缸体)而焊补处刚性又很大的工件，宜采用整体预热；对于结构简单而焊补处刚性又较小的工件，可采用局部预热。

**1. 电弧热焊特点及焊条**

灰铸铁工件预热到600℃~700℃时，不仅有效地减少了焊接接头上的温差，而且铸铁由常温完全无塑性改变为有一定塑性，其伸长率可达2%~3%，再加以焊后缓慢冷却，故焊接接头应力状态大为改善。此外由于600℃~700℃预热及焊后缓冷可使石墨化过程进行得比较充分，可完全防止焊接接头白口及淬硬组织的产生，从而有效地防止裂纹的产生。在适当成分的焊条配合下，焊接接头的硬度与母材接近、优良的加工性、与母材基本相同的力学性，颜色也与母材一致，焊后残余应力也很小，故热焊的焊接质量是令人满意的。

但热焊成本高、工艺复杂、生产周期长、生产效率较低、焊接时劳动条件差，因此电弧热焊工艺具有较大的局限性。只有当缺陷被四周刚性大的部位包围，焊接时不能自由热胀冷缩，用冷焊易造成裂纹的焊件才采用热焊。

我国目前常用的电弧热焊及半热焊的焊条有两种：一种为Z248，采用铸铁芯+石墨型药皮，主要用于焊补厚大铸件的缺陷。这种焊条多由使用单位自制，专业焊条厂家很少生产，焊条直径较大，可以使用较大的焊接电流，以提高焊接生产率，有利于降低焊接劳动强度，但生产成本较高；另一种为Z208，采用低碳钢焊芯(H08)+石墨型药皮。这种焊条虽然使用低碳钢作焊芯，但药皮中加入较多促进石墨化的物质，如硅铁、石墨、碳粉等，在热焊条件下仍然可以保证焊缝为灰铸铁；原材料来源广泛，成本较低，一般焊条生产企业均可生产。在新的标准中这两种焊条均属EZC型焊条。

**2. 电弧热焊工艺**

电弧热焊适用于厚度大于10 mm的中厚铸件；对于8 mm以下的薄壁铸件，容易烧穿，故不宜使用。

1)预热

对结构复杂的工件，由于焊补区刚性大，焊缝没有自由膨胀收缩的余地，应该采用整体预热。对于结构简单的铸件，补焊处刚性小，焊缝有一定的膨胀收缩余地，比如铸件边缘的缺陷及小范围的裂纹等，可以进行局部预热，采用气焊或煤气火焰加热。

2)焊前清理

焊前用碱水、汽油擦洗及气焊火陷清除焊件及缺陷的油污、铁锈及其他杂质，同时将缺陷处预先制成适当的坡口。制作坡口时应根据缺陷的情况采用砂轮、风铲等工具进行铲、磨加工，直到无缺陷时再开坡口。在保证顺利运条及熔渣上浮的前提下，宜用较窄的坡口，坡口形状应为底部圆滑，开口稍大。对裂纹缺陷应设法找出两端的终点，然后在此钻止裂孔。

3)造型

对于边角部位及穿透类缺陷应在待焊部位造型，目的是防止熔化金属流失，保证原定的焊缝成型。造型的形状尺寸如图12-2所示。造型材料可用水玻璃砂或黄泥。内壁最好放置耐高温的石墨片以防止造型材料受热熔化或塌陷，同时造型材料应在焊前烘干。

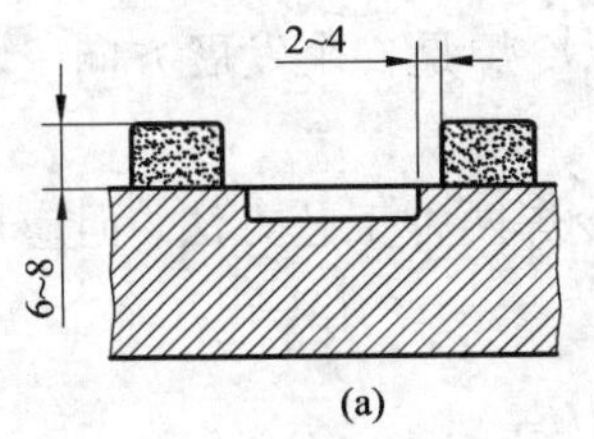


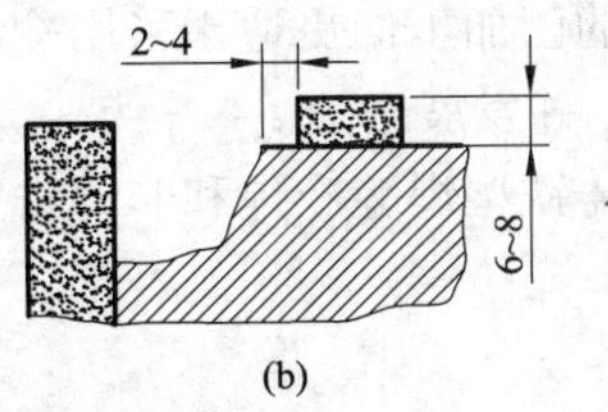


**图 12－2　热焊补焊区造型示意图**

(a)中间缺陷焊补；(b)边角缺陷焊补

4)焊接

焊接时，为了保持预热温度，缩短高温焊接时间，要求在最短的时间内焊完，因此应采用大电流、长弧、连续焊。因为铸铁焊条中含有较多的高熔点难熔物质石墨，故采用适当的长弧焊有利于药皮熔化及石墨向熔池中过渡。焊接电流的经验公式为 $I=(40\sim60)d$，$d$ 表示焊条直径(mm)。

5)焊后缓冷

焊后需要采取保温缓冷措施。常用的保温材料为石棉，最好采用随炉冷却的方式。对于重要铸件，应在 700℃ ~900℃进行消除应力处理。

6)注意事项

(1)为了降低焊缝金属硬度，减少收缩，进行良好的焊接，就要把石墨化的温度缓慢地降下来，但又不能使焊接处的温度降低，这就要求采用横向运条的手法连续堆焊焊道，其目的是为了更好的促进石墨化。

(2)对薄壁或小部件焊接时，要保持中途温度不致降低，这一点特别重要。

(3)热焊时氧化物生成是很显著的，因此要特别注意焊接处的夹渣。另外，热焊时清除焊渣困难，所以应趁着焊渣熔化时用钢刷除掉或用氧－乙炔火焰吹掉。

**3. 电弧半热焊工艺**

人们在实践中发现，在提高焊缝石墨化能力的前提下适当降低预热温度，采用 300℃ ~400℃的整体或局部预热的方法焊接刚性较小的铸件时，也能得到较好的效果，可以改善劳动强度、提高劳动生产率、降低生产成本。

半热焊预热温度较低，铸件在焊接时的温差要比热焊条件下大，故焊缝区的冷却速度将加快。因此，为了防止产生白口组织和裂纹，保证焊缝石墨化进程，焊缝中的石墨化元素含量一般应高于热焊时的含量，其中含 C 量在 3.5% ~4.5%，含 Si 量在 3% ~3.8%。一般情况下可使用 Z208 或 Z248 铸铁焊条。半热焊工艺与热焊基本相同，同样需要采用大电流、长弧、连续焊以及焊后缓冷措施。

由于半热焊预热温度比热焊低，在加热时铸件的塑性变形能力很差，因此在补焊区刚性较大时不易产生变形，内应力增大而导致接头产生裂纹等缺陷。因此，电弧半热焊只能用于铸件焊补处刚性较小或形状较为简单的情况。

## 12.3.2　灰铸铁的电弧冷焊

与电弧热焊相比，电弧冷焊的特点是焊前对被焊补的工件不预热。所以冷焊有很多优点，如劳动条件好、成本低、焊补效率高等。更具有现实意义的是，一些预热很困难的大型铸件或不能预热的已加工面更适于采用冷焊，所以冷焊是一个发展方向。目前电弧冷焊法正在我国推广使用，并发展迅速。

电弧冷焊有铸铁型焊缝冷焊和非铸铁型焊缝冷焊两种工艺方法，但应用较多的是非铸铁型焊缝冷焊。

表 12－4　常用铸铁焊条的性能及主要用途/%

| 型号 | 牌号 | 药皮类型 | 电源种类 | 焊缝金属类型 | 熔敷金属的主要化学成分（质量分数） | 主要用途 |
|---|---|---|---|---|---|---|
| EZFe－1 | Z100 | 氧化铁型 | 交直流 | 碳钢 | | 一般灰铸铁件非加工面的补焊 |
| EZV | Z116 | 低氢钠型 | | 高钒钢 | C≤0.25，Si≤0.70，V 8～13，Mn≤1.5 | 高强度灰铸铁件及球墨铸铁的补焊 |
| EZV | Z117 | 低氢钾型 | 直流 | | | |
| EZFe－2 | Z122Fe | 铁粉钛钙型 | 交直流 | 碳钢 | | 多用于一般灰铸铁件非加工面的补焊 |
| EZC | Z208 | 石墨型 | | 铸铁 | C 2.0～4.0，Si 2.5～6.5 | 一般灰铸铁件的补焊 |
| EZCQ | Z238 | | | 球墨铸铁 | C≤0.25，Si≤0.70，Mn≤0.8，球化剂适量 | 球墨铸铁的补焊 |
| EZCQ | Z238SnCu | | | | C 3.5～4.0，Si≈3.5，Mn≤0.8，Sn，Cu，RE，Mg适量 | 球墨铸铁、蠕墨铸铁、合金铸铁、可锻铸铁以及灰铸铁的补焊 |
| EZC | Z248 | | | 铸铁 | C 2.0～4.0，Si 2.5～6.5 | 灰铸铁件的补焊 |
| EZCQ | Z258 | | | 球墨铸铁 | C 3.2～4.2，Si 3.2～4.0 球化剂 0.04～0.15 | 球墨铸铁的补焊，其中 Z268 也可以用于高强度灰铸铁件的补焊 |
| EZCQ | Z268 | | | | C≈2.0，Si≈4.0，球化剂适量 | |
| EZNi－1 | Z308 | | | 纯镍 | C≤2.0，Si≤2.50，Ni≥90 | 重要灰铸铁薄壁件和加工面的补焊 |
| EZNiFe－1 | Z408 | | | 镍铁合金 | C≤2.0，Si≤2.5，Ni 40～60，Fe 余量 | 重要高强度灰铸铁件及球墨铸铁的补焊 |
| EZNiFeCu | Z408A | | | 镍铁铜合金 | C≤2.0，Si≤2.0，Cu 4～10，Ni 45～60，Fe 余量 | 重要灰铸铁及球墨铸铁件的补焊 |
| EZNiFe | Z438 | | | 镍铁合金 | C≤2.5，Si≤3.0，Ni 45～60，Fe 余量 | |
| EZNiCu | Z508 | | | 镍铜合金 | C≤1.0，Si≤0.8，Fe≤6.0，Ni 60～70，Cu 24～35，Fe 余量 | 强度要求不高的灰铸铁的补焊 |
| | Z607 | 低氢钠型 | 直流 | 铜铁混合 | Fe ≤30，Cu 余量 | 用于一般灰铸铁非加工面的补焊 |
| | Z612 | 钛钙型 | 交直流 | | | |

**1. 电弧冷焊焊条**

表 12－4 为常见铸铁焊条的性能及主要用途，其中除了 Z208 和 Z248 为铸铁型灰铸铁焊

条外，其余均为非铸铁型灰铸铁焊条。Z238、Z258、Z268 为球墨铸铁焊条。非铸铁焊缝电弧冷焊焊接材料按焊缝金属的类型可分钢基、铜基和镍基三大类。

1）钢基焊缝电弧冷焊焊条

钢基焊接材料已有三种型号的焊条纳入国家标准。它们是 EZFe－1 型钢芯氧化性药皮铸铁焊条（Z100），EZFe－2 型低碳钢芯铁粉药皮焊条（Z122Fe）和 EZV 型低碳钢芯低氢高钒铸铁药皮焊条（Z116、Z117）。

（1）强氧化型铸铁焊条 EZFe－1（Z100）。这种焊条采用低碳钢焊芯（H08），并在药皮中加入了适量的强氧化性物质，如赤铁矿、大理石、锰矿等。EZFe－1（Z100）焊条的成本低，焊缝与母材能很好的熔合，并且熔渣流动性好、脱渣容易。但是，由于其加工性不良，只能用于铸件非加工面、焊缝不要求致密及受力不大处缺陷的焊补。

（2）碳钢焊条 EZFe－2（Z122Fe）。这种焊条是低碳钢焊芯铁粉焊条，药皮为钛钙型。药皮中加入了一定量的低碳铁粉，目的是为了降低含碳量。这种焊条只能用于铸件非加工面的焊补。

（3）高钒铸铁焊条 EZV（Z116、Z117）

这种焊条采用低碳钢（H08）焊芯，并在药皮中加入了大量钒铁，故其焊缝为高钒钢组织。在焊缝中加入钒铁的目的是使碳和钒形成高度弥散分布的碳化钒（VC）质点，分布于铁素体基体组织中。由于焊缝中碳的存在形式得到改变，增加了塑性，故可避免白口组织和淬硬组织的产生，提高抗裂能力。

2）铜基焊缝电弧冷焊焊条

常用的铜基铸铁焊条也有两种牌号，分别为：Z607 型为铜芯低氢铁粉焊条，熔敷金属的铜铁比通常为 80∶20；Z612 型是铜包钢芯钛钙型药皮焊条，熔敷金属中含铜量大于 70%。

3）镍基焊缝电弧冷焊焊条

镍基合金铸铁焊条主要有四种：EZNi（Z308）型为纯镍焊芯石墨型焊条；EZNiFe（Z408）型是镍铁合金焊芯石墨型焊条；EZNiFeCu（Z408A）型为镍铁铜合金焊芯石墨型焊条；EZNiCu（Z508）型是镍铜合金焊芯石墨型焊条，熔敷金属镍与铜的质量比为 70∶30，俗称蒙乃尔合金焊条。

采用钢基焊条电弧焊方法焊接灰铸铁件时，不同程度上存在焊缝金属硬度过高，容易产生冷热裂纹，母材熔合区出现白口化等问题，故只能用于表面不要求加工、对焊缝致密性要求较低的铸件补焊。采用铜基焊条电弧焊方法焊接灰铸铁件时，存在焊缝金属抗拉强度低，对焊接热裂纹较敏感，母材熔合区白口化以及焊缝与母材色差大等问题，其应用范围很有限。镍基合金焊条焊接灰铸铁件时，具有焊缝及热影响区硬度低，易于切削加工，焊缝金属抗裂性好，熔合区白口宽度很窄（0.05～0.07 mm），焊缝金属抗拉强度与灰铸铁基本匹配，以及焊缝金属颜色与灰铸铁相近等特点，其应用范围较广。

**2. 电弧冷焊工艺**

1）铸铁型焊缝电弧冷焊

冷焊条件下，为防止焊接接头出现白口组织和淬硬组织，应当从减慢其冷却速度入手，为此采用大直径焊条、大电流连续焊工艺。若采用小电流断续焊工艺，由于冷却速度较快，焊缝容易出现白口组织和裂纹等，且无法加工。同时，如果焊补缺陷面积小于 $8cm^2$，深度小于 7 mm，由于熔池体积较小、冷却较快，焊接接头中依然会出现白口组织。因此，如果条件允许，适当扩大缺陷面积可以消除白口组织。

铸铁型焊条电弧冷焊技术较电弧热焊工艺简便，焊接成本也较低，在补焊较大缺陷（面积

大于 $8cm^2$，深度大于 7 mm）时，只要工艺适当，焊缝的最高硬度不超过 250HBS，具有较好的加工性能。当补焊区的刚性较小时，由于焊缝可以较好地收缩，焊后一般不会出现裂纹，而且性能、颜色与母材基本一致。由于焊缝仍为灰铸铁组织，强度低、无塑性，且采用大电流连续焊工艺，工件局部受热严重，焊缝应力状态较为复杂，故焊补大刚性工件时仍然易出现裂纹缺陷，但在焊接刚性不大的中、大型缺陷时可获得满意的结果。

2）非铸铁型焊缝电弧冷焊

采用异质焊接材料焊条电弧焊焊接灰铸铁时，基本上应用冷焊工艺，其要点可以归纳为：

（1）选择合适的最小焊接电流。在保证电弧燃烧稳定，焊缝与母材熔合良好的前提下，选择尽可能低的焊接电流，最大限度地降低母材在焊缝中的熔合比，减少母材中的 C、S、P 等有害元素的不利影响。同时，小焊接电流可降低焊接热输入，降低焊接接头的拉应力，有利于减少裂纹和白口区宽度。焊接电流的经验公式为 $I=(29\sim34)d$，式中 $d$ 为焊条直径（mm）。

（2）采用较快的焊接速度及短弧焊接。在保证焊缝成形及熔合良好的前提下，选用尽可能快的焊接速度，减小焊缝的熔宽和熔深，使母材熔入焊缝的量减少，焊接热输入降低。采用短弧焊接可进一步减小焊缝的宽度，其效果与降低焊接电流相同。

（3）采用分段焊、断续焊、分散焊及焊后马上锤击焊缝的工艺。可降低焊接应力，防止裂纹的产生。采用异质焊材电弧冷焊铸铁件时，一般每次焊接的焊缝长为 10 ~ 40 mm，对于薄壁铸铁件，一次所焊焊缝长可取 10 ~ 20 mm；焊接厚壁件时焊缝长可取 30 ~ 40 mm。为尽量避免焊补处局部温度过高导致应力增大，应采用断续焊，即待焊缝冷却到不烫手（50℃ ~ 60℃）时再焊下一道焊缝。必要时还可分散焊，即不连续在某一固定部位焊补，而是交替更换焊补部位，使散热均匀，防止焊补处局部温度过高。每焊一段后，立即用小锤迅速锤击焊缝，以松弛应力。

（4）选择合理的焊接方向和焊接顺序。合理的焊接方向和焊接顺序对降低焊接应力具有重要的意义。例如对于裂纹的焊补，合理的焊接方向应是从裂纹两端向中心交替分段焊接，因为两端的拘束度大，中心部位的拘束度相对较小，先焊拘束度大的部位有利于降低焊接应力。焊接顺序亦是如此，如图 12 - 3 所示三种不同的焊接顺序，其中水平型焊接顺序的焊接应力最大，凹字型次之，斜坡型焊接应力最小。

（5）采用栽丝焊等特殊工艺。对于受力较大的厚件（大于 20 mm）开坡口焊接时，可采用栽丝焊。即在基本金属坡口内攻螺纹，然后拧入钢质螺钉，最后焊满坡口。这样，使熔合区附近的焊接应力主要由螺钉承受，从而防止剥离裂纹的产生。栽丝焊如图 12 - 4 所示。

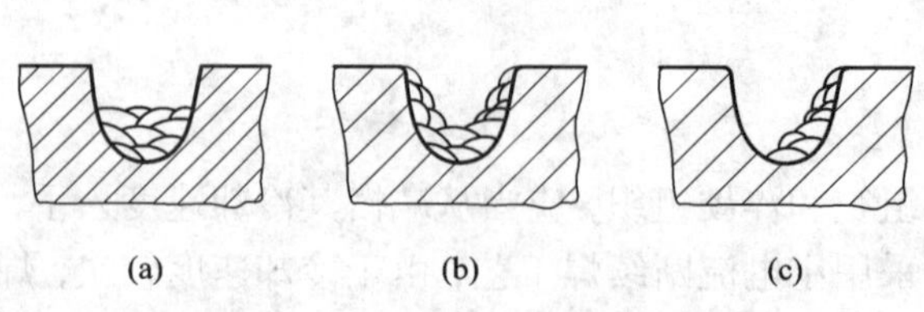


**图 12 - 3　厚壁铸铁件缺陷补焊顺序**

（a）水平型；（b）凹字型；（c）斜坡型

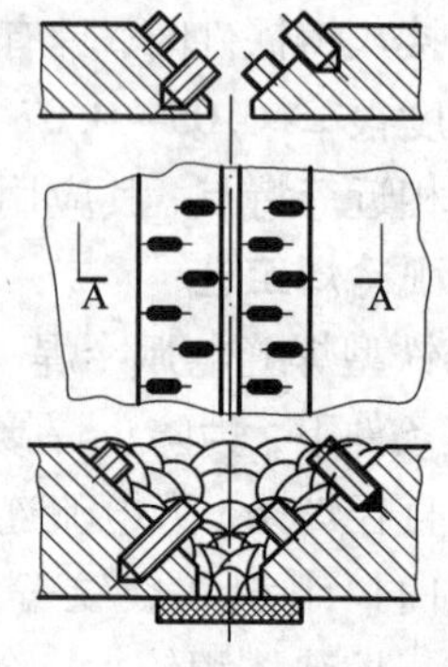


**图 12 - 4　栽丝焊示意图**

## 12.3.3　灰铸铁的气焊

氧－乙炔气焊火焰温度（不超过3400℃）比电弧温度（6000℃～8000℃）要低很多，而且热量不集中，很适于薄壁铸件的焊补。一般气焊进行时，需用很长时间才能将焊补处加热到焊补温度，而且加热面积又较大，实际上相当于焊补处先局部预热再进行焊接的过程。当使用适当成分的铸铁焊丝对薄壁件缺陷进行气焊焊补时，由于冷却速度较低，有利于焊缝石墨化过程的进行，易得到灰铸铁组织，而焊接热影响区也不易产生白口或其他淬硬组织。但是，由于一般气焊时加热时间较长，工件受热面积较大，焊接热应力较大，故焊补刚性较大的缺陷时，气焊比热焊更容易发生冷裂纹，所以一般情况下气焊主要适用于刚性小的薄壁件的缺陷焊补。对于刚性大的薄壁件进行缺陷焊补时，宜采用工件整体预热的气焊热焊法，也可采用“加热减应区”法。

1）气焊焊接材料

灰铸铁气焊时焊缝冷却速度较快，为提高焊缝的石墨化能力，保证有合适的组织和硬度，焊丝中的碳、硅含量应稍高于热焊。气焊过程中，焊丝中的碳、硅元素都有一定程度的烧损，故焊缝中的实际C、Si含量会有一定的降低。气焊热焊时焊缝的C、Si总含量约为6%，与电弧热焊时相当。一般气焊时，焊缝中的C、Si总含量约为7%。灰铸铁气焊的铸铁焊丝型号为RZC－1、RZC－2等。

铸铁气焊时，由于Si容易氧化生成高熔点（1713℃）的氧化物$SiO_2$，黏度较大，流动性差，影响焊接过程的正常进行，而且还易引起焊缝夹渣等缺陷，所以铸铁气焊时必须采用气焊熔剂。我国焊接灰铸铁用气焊熔剂的统一牌号为CJ201。灰铸铁气焊焊丝和熔剂的化学成分详见模块五。

2）灰铸铁气焊工艺

气焊前，要对铸件表面进行清理，过程与要领基本与焊条电弧焊相同。制备坡口一般可以采用机械加工法，当铸件断面很小或不能用机械加工法时，也可用气割法直接开出坡口。

气焊时，应根据铸件厚度适当选用较大尺寸的焊炬和焊嘴，以提高火焰能率，增大加热速度。气焊火焰一般应选用中性焰或弱碳化焰，不能用氧化焰。因为氧化性气氛会增加熔池中碳硅元素的烧损，影响焊缝石墨化过程。为防止焊缝金属流失，焊接操作应尽量保持水平位置。铸件焊后可以自然冷却，但注意不要放在空气流通的地方加速冷却，否则会促使白口组织及裂纹的产生。

一般较小的铸件气焊时，凡是缺陷位于边角和刚性较小的地方，可用冷焊方法。其特点是不用单独预热，仅仅靠气体火焰在坡口周围进行预热后即可熔化施焊，焊后自然缓冷，一般可得到无裂纹缺陷的接头。但是，缺陷位于铸件中央，接头刚性较大或铸件形状较为复杂的情况下，采用冷焊往往达不到较好的效果，这时应采用热焊或加热减应区的方法。

所谓加热减应区法，就是加热补焊处以外的一个或几个区域（即减应区），以降低补焊处的拘束应力，从而防止产生裂纹的一种工艺。图12－5给出了一个简单的加热减应区示例。在使用这种方法之前，应在铸件上选定减应区，即加热后可使接头应力减少的部位，如图中阴影区域，该区一般是阻碍焊接区膨胀和收缩的部位。焊接时先将减应区加热到一定温度（通常为600℃～700℃，最低也应在450℃以上），使其膨胀伸长。这样一来，要焊补的裂纹宽度也随之增大，也就产生了与焊缝收缩方向相反的变形。此时对裂纹进行焊补，同时保证减应区处于较高的温度。焊接结束后减应区与焊接区同时缓冷，接头和减应区将沿着一个方向自由收缩，故使焊接应力减小，降低产生裂纹的倾向。

加热减应区工艺成败的关键是应根据铸件的具体结构形式，选定合适的减应区，使该区的热变形方向与坡口张开的方向一致。此外还应考虑减应区的变形对其他部位不会产生明显的影响，避免减应区因热胀冷缩而拉裂其他部位。要适当控制减应区的加热温度和时间，一般控制在600℃～700℃为宜，不能超过铸铁的相变温度。在焊接过程中，还应注意对减应区适时加热，使该区温度不低于400℃。

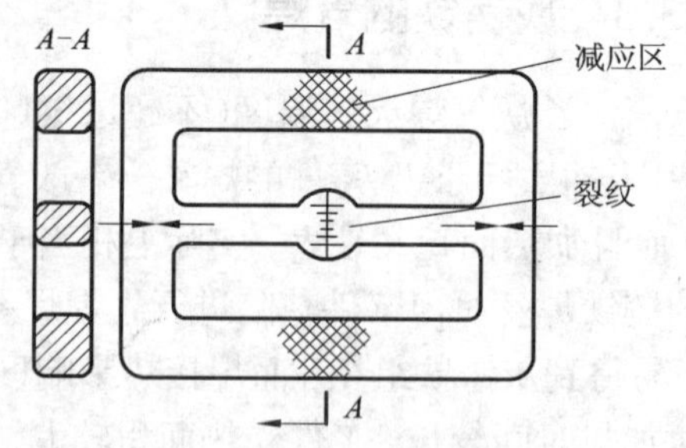


图 12－5　加热减应区示例

加热减应区有些类似于热焊，但比热焊效率高，劳动条件好，焊接成本也较低。但这种方法对工艺要求较为严格，减应区的选择较为复杂，故对焊接操作者的技术要求较高。

### 12.3.4　灰铸铁的钎焊

灰铸铁钎焊时，母材不熔化对避免焊接接头出现白口是非常有利的，还能使接头有优良的机械加工性。此外，钎焊温度较低，接头应力较小且无白口等脆硬组织，对裂纹的敏感性也较小，所以铸铁钎焊具有一定的优越性。

常用的铸铁钎焊热源为氧－乙炔火焰。由于钎焊是靠扩散过程完成的，故对灰铸铁钎焊前的准备工作要求高于电弧焊和气焊，必须将焊件表面清理干净，使其露出金属光泽。由于氧－乙炔火焰温度较低，而且焊前需要将母材加热到一定的温度，故钎焊的生产效率并不高，因此主要用于加工面的缺陷焊补。

由于银基钎料较为昂贵，而锡基钎料强度低，故铸铁焊补所使用的主要是铜基钎料。灰铸铁一般用黄铜钎料，其主要成分为：$w(Cu)=53\%\sim55\%$，其余为Zn。这种钎料我国有定型产品，牌号为HL103，钎剂可用硼砂。采用黄铜钎料钎焊铸铁有一些缺点：一是钎焊接头强度偏低(一般为117.6～147 MPa)，而且钎焊处呈金黄色，与母材颜色差异大；二是为了加强钎焊接头的扩散过程，在黄铜基础上加入一定量的锰。锰为黑色，加入可使黄铜颜色更接近铸铁的颜色，但锰加入后易形成脆性$\beta$相，使接头的塑性降低。

### 12.3.5　技能训练：减速箱上盖裂纹的电弧冷焊焊补实例

某重型卡车发动机减速箱上盖产生裂纹，现采用异质焊缝电弧冷焊法进行焊补。

1)焊接方案

工件的金相组织是以珠光体＋铁素体为基体的灰铸铁，内部组织粗大。由于焊件在工作过程中承受动载荷，属于疲劳裂纹。裂纹较长，结构刚性较大。同时，由于冬季施焊，气温较低，焊补的难度较大。如果采用气焊热焊、电弧热焊，焊件受热面积大，焊后残余应力较大，且焊件预热较为困难。如果采用铸铁型焊缝电弧冷焊，因结构刚性较大容易产生裂纹。比较各种方案，最后确定采用镍基焊缝电弧冷焊工艺。

2)焊前准备

(1)焊机：ZX5－400型弧焊整流器。

(2)焊条：$\phi$4 mm的EZNiFe－1(Z408)，$\phi$3.2 mm的EZNi－1(Z308)，焊前在150℃烘干1～2h。

(3)在裂纹两端10 mm处钻直径为8 mm的止裂孔，并开V形坡口，坡口角度为60°。

(4)清除坡口及其两侧20 mm范围内的污物及锈迹。

3)焊接工艺

EZNiFe－1(Z408)焊条焊缝金属的屈服强度较高，焊接刚性较大的铸件时容易出现剥离裂纹，因此打底焊过渡层用EZNi－1(Z308)，填充层及盖面用EZNiFe－1(Z408)。

(1)使用价格较高的EZNi－1(Z308)焊条打底焊过渡层，焊接电流为90～105A，采用快速短弧以及分散、短段的冷焊工艺，每段焊缝不超过30 mm，焊后立即锤击焊道。

(2)采用价格较低的EZNiFe－1(Z408)焊条焊填充层及盖面，焊接电流为140～150A，采用与打底焊相同的冷焊工艺，每段焊缝不超过40 mm。采用多层多道焊的方式，焊道应尽可能窄。最后盖面焊道高出焊件表面约2 mm，趁焊缝未冷却时锤击并将高出部分砸平。

(3)焊后修磨焊缝并进行质量检验。

## 12.4　球墨铸铁的焊接

### 12.4.1　球墨铸铁的焊接性

球墨铸铁是在熔炼过程中加入一定量的Mg、Ce(铈)、Y(钇)等球化剂使石墨以球状析出而成，它显著地提高了铸铁的力学性能。

球墨铸铁的焊接性与灰铸铁大致相同，但有其特殊性，主要表现在两方面：一方面，球墨铸铁的白口化及淬硬倾向比灰铸铁大，其原因是球化剂达到一定量时有阻碍石墨化及提高淬硬倾向的作用，所以采用铸铁焊条焊接球墨铸铁时，焊缝金属及半熔化区更易白口化，奥氏体区更易出现马氏体组织；另一方面，球墨铸铁的强度、塑性和韧性都比灰铸铁高得多，必然要求焊接接头的力学性能与母材相匹配，增加了球墨铸铁焊接的难度。

### 12.4.2　球墨铸铁的焊接工艺

球墨铸铁常用的焊接方法是电弧焊和气焊，而电弧焊又分为冷焊和热焊。异质焊缝常采用镍铁焊条和高钒焊条进行冷焊，同质焊缝则多采用热焊。

**1. 球墨铸铁的气焊**

由于气焊具有火焰温度低、加热及冷却缓慢的特点，对减弱焊接接头产生白口及马氏体的倾向是有利的。火焰温度低还可减少球化剂的蒸发(Mg的沸点为1070℃，Y的沸点为3038℃)，有利于促使焊缝获得球墨铸铁组织。现在气焊用球墨铸铁焊丝有加轻稀土(如Ce)镁合金和加钇基重稀土两种。由于Y的沸点高，抗球化衰退能力比镁强，更利于保证焊缝球化质量，故近年来钇基重稀土焊丝应用较多。GB/T 10044—2006《铸铁焊条及焊丝》中，规定了专用于球墨铸铁气焊的焊丝，其型号为RZCQ－1和RZCQ－2，这两种焊丝的化学成分见模块五焊接材料表5－29。

球墨铸铁的气焊工艺与灰铸铁基本相同，采用中性焰或弱碳化焰，熔剂与灰铸铁相同，采用CJ201。对于中、小型球墨铸铁件采用不预热焊补工艺时，要注意焊接操作及保温；对于厚大工件及刚性大的缺陷焊补时，应采用预热焊补工艺，即焊前整体或局部预热到500℃～700℃，焊后缓冷。

气焊的不足之处是，焊补时间长、焊补效率较低，此外有时对已加工件焊补，因变形问题而难于采用。气焊主要应用于铸件小缺陷的焊补。

**2. 同质焊缝焊条电弧焊**

电弧焊的效率比气焊高。但由于球化剂一般都严重阻碍石墨化过程，故在冷焊时由于速度大而导致了焊缝白口倾向较大，不仅影响加工，且白口焊缝在焊接应力作用下易出现裂纹，多采用500℃ ~600℃高温预热焊法即热焊法来解决。

GB/T 10044—2006《铸铁焊条及焊丝》对球墨铸铁电弧焊焊条只规定了 EZCQ 一个型号。符合该标准型号的商品焊条牌号有 Z238 和 Z258 等。Z258 由球墨铸铁芯外涂球化剂和石墨化剂药皮组成，通过焊芯和药皮的共同作用使焊缝中石墨球化，而 Z238 则是由低碳钢芯外涂球化剂和石墨化剂药皮组成，通过药皮使焊缝中石墨球化。

球墨铸铁电弧热焊工艺与灰铸铁基本相同，采用大电流、连续焊。中等缺陷应连续填满，较大缺陷采取分段(或分区)填满再向前推移，以保证焊补区有较大的焊接热输入量。球墨铸铁焊后应进行正火或退火处理。正火目的是获得珠光体组织，以便获得足够的强度；退火目的是获得铁素体组织，以获得高的塑性和韧性。

**3. 异质焊缝焊条电弧焊**

由于球墨铸铁力学性能较灰铸铁高，异质焊缝焊条电弧冷焊也是其常采用的焊接方法，可采用 EZNiFe、EZNiFeCu 和 EZV 三种型号的异质焊条，前两种可用于加工面的焊接，后一种则用于非加工面的焊接。其工艺与灰铸铁基本相同。由于球墨铸铁的白口化及淬硬倾向比灰铸铁大，所以在气温较低或焊件厚度较大时，应适当预热，预热温度一般为100℃ ~200℃。

### 12.4.3 技能训练：球墨铸铁的柴油机机体的焊接实例

某柴油机机体采用球墨铸铁整体铸造成形，铸造过程中难免存在气孔、裂纹等缺陷。根据 Ni - Fe 无限互溶的原理，采用镍基焊条打底焊一定厚度的过渡层，再用混合气体保护焊方法焊满余下部分的方法适用于铸铁件精加工前较大缺陷的焊补。

**1. 焊前准备**

焊前铸件必须进行去应力退火。焊前准备具体包括以下内容：

(1)用5 ~10 倍放大镜查出裂纹的起止点。

(2)将裂纹不明显的部位，用火焰加热到200℃左右，利用热胀冷缩原理使不明显的裂纹显示出来。

(3)用煤油渗透法来检查。渗煤油后擦去表面的油渍，再撒上一层滑石粉，用小锤轻敲，不明显的裂纹就会显露出来。

(4)焊前应清除被焊处及其附近表面的砂尘、油污等，保证焊道及其两侧 20 mm 范围内无污物，暴露出基体金属。油污可以采用清洗剂清洗或乙炔焰烘烤，但洗后必须烘干。

(5)根据球墨铸铁的强度级别和焊补部位，可分别选用 Z408，Z408A 等镍铁焊条打底焊过渡层。填充层采用混合气体(80% Ar +20% $CO_2$)保护焊，焊丝选用 ER49 - 1(H08Mn2SiA)。

(6)为降低焊接温度，并使熔合良好，应尽量采用小直径焊条、焊丝施焊。根据缺陷大小，选择直径小于 3.2 mm 的焊条，焊前 150℃左右烘干，随用随取。混合气体保护焊焊丝宜选用直径规格为 0.6 ~1.0 mm 的焊丝。

(7)焊前预热能均衡焊接区域的温度，对控制白口层、减少焊接热应力，使焊缝熔合良好都大有好处。用氧－乙炔火焰等将坡口及其两侧100 mm区域内均匀预热到150℃左右，注意不能使某一点或区域温度升得太快。

(8)采用U形、V形或X形坡口，其尺寸必须包含整个缺陷，坡口角度60°。开坡口必须采用扁铲、砂轮或机加工等冷加工方法。如果铸件中央有裂纹，则应在裂纹两端钻止裂孔，孔的上端用较大的钻头扩成喇叭口状，钻孔深度超过裂纹深度。

**2. 焊接操作要点**

(1)先用镍铁焊条打底焊过渡层，厚度不小于8 mm，应将铸铁基体部分完全覆盖。焊条选用直径2.5或3.2 mm的镍铁焊条，焊接电流80～120 A。焊接时采用间断焊，每段长不超过50 mm。焊后立即去除焊渣，并锤击焊缝释放应力，待焊缝及周围温度降至50℃左右时再焊下一段。再次引弧应在焊缝金属上进行，弧长小于焊条直径，焊道宽度不超过焊芯直径的2倍。

(2)焊完过渡层并清理干净后，待焊点温度手感温热时，方可用混合气体保护焊法焊接，焊丝直径0.6～1.0 mm，焊接电流60～100A，最大不超过110 A。每次焊接长度不大于100 mm，层间温度也应控制在50℃左右，直至焊满为止。焊接过程中每段焊后锤击焊道，以松弛应力。

(3)必要时，应按有关要求进行焊后时效处理，以确保焊补质量。

## 【综合训练】

**一、填空题**

1. 灰铸铁焊接时存在的问题主要是__________和__________。

2. 铸铁焊补时，电弧热焊法的预热温度为__________，电弧半热焊法的预热温度是__________。

3. 非铸铁焊缝电弧冷焊焊接材料按焊缝金属的类型可分__________、__________和__________三大类。

4. 灰铸铁冷焊时，常采用锤击焊缝的方法，其主要目的是__________。

5. 球墨铸铁的白口化倾向及淬硬倾向比灰铸铁大，其原因是__________。

6. 加热减应区法，就是加热补焊处以外的一个或几个区域(即减应区)，以降低补焊处__________，从而防止产生__________的一种工艺方法。

**二、判断题**

1. 铸铁中石墨片越粗大，母材强度越低，发生剥离裂纹的敏感性越大。(　)

2. 灰铸铁型焊缝中产生热裂纹的主要原因是母材中C、S、P过多地溶入到焊缝金属中。(　)

3. Z208焊条由于焊缝强度高，塑性好，不仅可以用于灰铸铁焊接，还可焊接球墨铸铁。(　)

4. 焊条电弧焊补焊铸铁时有冷焊、半热焊和热焊三种工艺。(　)

5. 灰铸铁焊接的主要问题是在熔合区易于产生白口组织和在焊接接头产生裂纹。(　)

6. 处理铸铁件上的裂纹缺陷时，先在裂纹的端头钻止裂孔，后再加工坡口。(　)

7. 灰铸铁热焊时，焊后必须采用均热缓冷措施。(　)

8. 灰铸铁异质焊缝电弧冷焊的工艺特点是分段焊、断续焊、分散焊及焊后马上锤击焊缝。(　)

9. 球墨铸铁的焊接性比灰铸铁的焊接性好得多。(　)

**三、问答题**

1. 简述灰铸铁的焊接性。

2. 灰铸铁电弧热焊焊接工艺特点是什么？

3. 灰铸铁电弧冷焊常用焊材有哪些？其焊接工艺要点有哪些？

4. 球墨铸铁焊接的特点是什么？

# 模块十三　常用有色金属的焊接

有色金属的应用日益广泛，其连接技术也越来越受到人们的关注。有色金属的种类很多，各自具有不同的性能特点，在某些领域中具有很大优势。本模块主要阐述有色金属应用中最常见的铝、铜、钛及其合金的性能及焊接性特点，同时分别介绍其常用的焊接方法、焊接材料和工艺要点。

## 13.1　铝及铝合金的焊接

铝及铝合金具有密度低、比强度高的特点和良好的耐蚀性、导电性、导热性。铝为面心立方点阵结构，无同素异构转变，具有优异的低温韧性，但强度低。铝及铝合金广泛应用于航空航天、汽车、电工、化工、交通运输等工业部门。

### 13.1.1　铝及铝合金的分类、成分及性能

**1. 铝及铝合金的分类**

根据合金系列，铝及铝合金分为工业纯铝、铝铜合金、铝锰合金、铝硅合金、铝镁合金、铝镁硅合金、铝锌镁铜合金及其他类。按强化方式分为非热处理强化铝合金和热处理强化铝合金。按成材方式不同，可分为变形铝合金和铸造铝合金。铝合金的分类见表13－1。

**表13－1　铝合金的分类**

| 分类 | | 合金名称 | 合金系 | 性能特点 | 牌号示例 |
|---|---|---|---|---|---|
| 变形铝合金 | 非热处理强化铝合金 | 防锈铝 | Al－Mn | 抗蚀性、压力加工性与焊接性能好，但强度较低 | 3A21 |
| | | | Al－Mg | | 5A05 |
| | 热处理强化铝合金 | 硬铝 | Al－Cu－Mg | 力学性能高 | 2A11 |
| | | 超硬铝 | Al－Cu－Mg－Zn | 强度高 | 7A04 |
| | | 锻铝 | Al－Mg－Si－Cu | 锻造性能、耐热性能较好 | 6A02 |
| | | | Al－Cu－Mg－Fe－Ni | | 2A70 |

续表 13－1

| 分类 | 合金名称 | 合金系 | 性能特点 | 牌号示例 |
|---|---|---|---|---|
| 铸造铝合金 | 简单铝硅合金 | Al－Si | 铸造性能较好，不能热处理强化，力学性能较低 | ZL102 |
| | 铝锌铸造合金 | Al－Zn | 能自动淬火，易于压铸 | ZL401 |
| | 特殊铝硅合金 | Al－Si－Cu | 铸造性能良好，能热处理强化，力学性能较高 | ZL107 |
| | | Al－Si－Mg | | ZL101 |
| | | Al－Si－Mg－Cu | | ZL105 |
| | 铝铜铸造合金 | Al－Cu | 耐热性好，铸造性能较差 | ZL201 |
| | 铝镁铸造合金 | Al－Mg | 抗蚀性好 | ZL301 |

**2. 铝及铝合金的成分及性能**

纯铝导热性和导电性良好，仅次于银和金，而且具有优异的耐蚀性，但强度低，使用受到限制。非热处理强化铝合金可通过加工硬化、固溶强化提高力学性能，特点是强度中等、塑性及耐蚀性好，焊接性良好，又称防锈铝，是焊接结构中应用最广泛的铝合金。防锈铝最常用的是 Al－Mg 合金，其合金的强度随 Mg 含量的增大而提高，但 Mg 含量增多时会出现脆性的 $\beta$ 相，降低合金的塑性和耐蚀性，尤其降低抗应力腐蚀性。为此，一般含 Mg 量不超过 3.5%。Al－Mg 合金中也应限制 Si 含量，否则可形成脆性相 $Mg_2Si$，因此 Al－Mg 合金用焊丝中也应不含 Si。

热处理强化铝合金包括硬铝、超硬铝、锻铝，可以通过固溶、淬火、时效等工艺提高力学性能，尤其可显著提高抗拉强度。但是这种铝合金的焊接性较差，熔焊时产生热裂纹的倾向较大，使焊接接头的力学性能下降。为了改进焊接性，开发了 Al－Zn－Mg 系合金，接头强度及抗裂性都比较好。但是高强铝合金耐蚀性不好，必须采取防腐措施。合金含量越多，应力腐蚀开裂倾向越大。常用铝及铝合金的牌号及化学成分见表 13－2。

**表 13－2　常见铝及铝合金的牌号及化学成分/%**

| 类别 | 牌号 | 主要化学成分（质量分数） | | | | | | | | | | |
|---|---|---|---|---|---|---|---|---|---|---|---|---|
| | | Mg | Cu | Mn | Fe | Si | Zn | Cr | Ti | Al | Fe＋Si | Ni |
| 工业纯铝 | 1A99 | — | 0.005 | — | 0.003 | 0.002 | — | — | — | 99.99 | — | — |
| | 1A85 | — | 0.01 | — | 0.10 | 0.08 | — | — | — | 99.85 | — | — |
| | 1035 | — | 0.05 | — | ≤0.35 | ≤0.4 | — | — | — | 99.30 | 0.60 | — |
| | 1200 | — | 0.05 | — | ≤0.5 | ≤0.5 | 0.1 | — | 0.05 | 99.00 | 1.00 | — |
| 防锈铝 | 5A02 | 2.0～2.8 | 0.10 | 0.15～0.4 | ≤0.4 | ≤0.4 | — | — | 0.15 | 余量 | 0.6 | — |
| | 5A03 | 3.2～3.8 | 0.10 | 0.3～0.6 | 0.5 | 0.5～0.8 | — | — | 0.15 | | — | — |
| | 5A05 | 4.8～5.5 | 0.10 | 0.3～0.6 | 0.5 | 0.5 | 0.2 | — | — | | — | — |
| | 5A12 | 8.3～9.6 | 0.05 | 0.4～0.8 | 0.3 | 0.3 | 0.2 | — | — | | — | 0.1 |
| | 3A21 | — | 0.20 | 1.0～1.5 | 0.7 | 0.6 | 0.1 | — | 0.15 | | — | — |

续表 13－2

| 类别 | 牌号 | 主要化学成分(质量分数) | | | | | | | | | | |
|---|---|---|---|---|---|---|---|---|---|---|---|---|
| | | Mg | Cu | Mn | Fe | Si | Zn | Cr | Ti | Al | Fe＋Si | Ni |
| 硬铝 | 2A04 | 2.1～2.6 | 3.2～3.7 | 0.5～0.8 | 0.3 | 0.3 | 0.1 | — | 0.05～0.4 | 余量 | — | — |
| | 2A10 | 0.15～0.3 | 3.9～4.5 | 0.3～0.5 | 0.2 | 0.25 | 0.1 | — | 0.15 | | — | — |
| | 2A12 | 1.2～1.8 | 3.9～4.9 | 0.3～0.9 | 0.5 | 0.5 | 0.3 | — | 0.15 | | (Fe＋Ni) 0.5 | 0.1 |
| 锻铝 | 2A70 | 1.4～1.8 | 1.9～2.5 | 0.2 | 0.9～1.5 | 0.35 | 0.3 | — | 0.02～0.1 | 余量 | — | 0.9～1.5 |
| | 2A90 | 0.4～0.8 | 3.5～4.5 | 0.2 | 0.5～1.0 | 0.5～1.0 | 0.3 | — | 0.15 | | — | 1.8～2.3 |
| | 2A14 | 0.4～0.8 | 3.9～4.8 | 0.4～1.0 | 0.7 | 0.6～1.2 | 0.3 | — | 0.15 | | — | 0.1 |
| 超硬铝 | 7A04 | 1.8～2.8 | 1.4～2.0 | 0.2～0.6 | 0.5 | 0.5 | 5.0～7.0 | 0.1～0.25 | — | 余量 | — | — |
| | 7A09 | 2.0～3.0 | 1.2～2.0 | 0.15 | 0.5 | 0.5 | 5.1～6.1 | 0.16～0.3 | — | | — | — |
| | 7A10 | 3.0～4.0 | 3.0～4.0 | 0.2～0.35 | 0.3 | 0.3 | 3.2～4.2 | 0.1～0.2 | 0.05 | | — | — |

## 13.1.2　铝及铝合金的焊接性

铝及铝合金的化学性质活泼、导热性强，表面极易形成难熔氧化膜($Al_2O_3$熔点约为2050℃，MgO熔点约为2500℃)，焊接时易造成不熔合现象。氧化膜与铝的密度接近，易成为焊缝金属的夹杂物。同时，氧化膜(特别是有MgO存在的不致密氧化膜)可吸收较多水分，常常成为焊缝气孔产生的重要原因之一。此外，铝及其合金的线膨胀系数大，焊接时容易产生变形。铝及铝合金焊接时的主要问题是：焊缝中的气孔、焊接热裂纹、焊接接头与母材的不等强及焊接接头耐蚀性能下降等。表13－3所列为铝及铝合金不同焊接方法的相对焊接性比较。

**1. 焊缝中的气孔**

铝及其合金熔焊时最常见的缺陷是焊缝气孔，特别对于纯铝和防锈铝更是如此。铝及其合金本身不含碳，液态铝又不溶解氮，焊接时不会产生一氧化碳气孔和氮气孔，主要是氢气孔。

在焊接高温条件下，焊丝及母材氧化膜所吸附的水分、电弧周围空气中的水分(潮湿季节或湿度大造成)都会侵入电弧空间，分解为原子氢和质子氢而溶入液态铝中。当铝焊缝结晶时，由于氢的溶解度发生突变，由液态的0.69mL/100g突降到固态的0.036mL/100g，相差约20倍，必将有大量的氢析出。由于铝的导热性很强，在同样的工艺条件下，铝熔合区的冷却速度为高强钢焊接时的4～7倍，不利于气泡浮出，焊接时就形成了气孔。

在正常焊接条件下，电弧周围空气中的水分已被严格限制，所以焊缝气孔产生的主要原因是焊丝或工件氧化膜中所吸附的水分。氧化膜不致密、吸水性强的铝合金(如Al－Mg合金)，比氧化膜致密的纯铝产生气孔的倾向更大。因为Al－Mg合金的氧化膜由$Al_2O_3$和MgO构成，而MgO越多，形成的氧化膜越不致密，越易于吸收水分；纯铝的氧化膜只有$Al_2O_3$构成，比较致密，相对来说吸水性要小些。

表 13-3 铝及铝合金不同焊接方法的相对焊接性比较

| 焊接方法 | 焊接性及适用范围 | | | | | | | 备注 |
|---|---|---|---|---|---|---|---|---|
| | 工业纯铝 | 铝锰合金 | 铝镁合金 | | 铝铜合金 | 适用厚度/mm | | |
| | 1035 | 3A21 | 5A03<br>5A04 | 5A02<br>5A05 | 2A14<br>2A12 | 推荐 | 可用 | |
| 焊条电弧焊 | 尚好 | 尚好 | 很差 | 差 | 很差 | 3~8 | — | 直流反接，需预热，操作性差 |
| 气焊 | 好 | 好 | 很差 | 差 | 很差 | 0.5~10 | 0.3~25 | 适用于薄板焊接 |
| 电阻焊(点焊、缝焊) | 尚好 | 尚好 | 好 | 好 | 尚好 | 0.7~3 | — | 需要大电流 |
| TIG 焊(手工、自动) | 好 | 好 | 好 | 好 | 很差 | 1~10 | 0.9~25 | 填丝或不填丝，厚板需预热 |
| MIG 焊(手工、自动) | 好 | 好 | 好 | 好 | 差 | ≥8 | ≥4 | 焊丝为电极，厚板需预热和保温，直流反接 |
| 脉冲 MIG 焊(手工、自动) | 好 | 好 | 好 | 好 | 差 | ≥2 | 1.6~8 | 适用于薄板焊接 |
| 等离子弧焊 | 好 | 好 | 好 | 好 | 差 | 1~10 | — | 焊缝晶粒小，抗气孔性能好 |
| 电子束焊 | 好 | 好 | 好 | 好 | 尚好 | 3~75 | ≥3 | 焊接质量好，适用于厚件焊接 |

**2. 焊接热裂纹**

铝及其合金焊接时，常见的热裂纹是焊缝结晶裂纹，也可见到近缝区液化裂纹。纯铝和非热处理强化铝合金一般不易产生热裂纹，而热处理强化铝合金产生热裂纹的倾向较大。

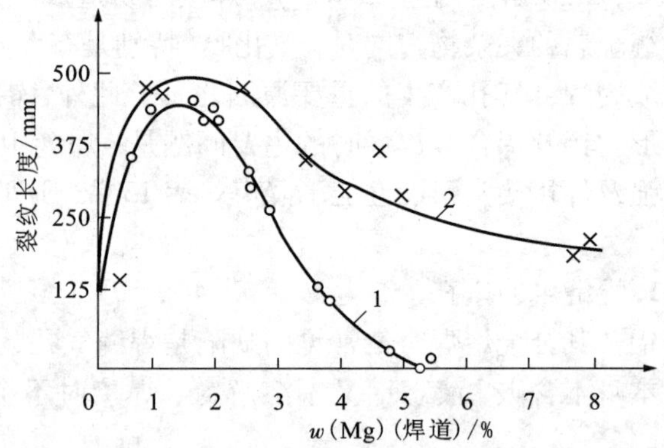


**图 13-1 Al-Mg 合金焊缝热裂纹与含镁量的关系**

1—连续焊道；2—断续焊道

铝合金属于典型的共晶型合金。从理论上分析，最大裂纹倾向与合金的“最大凝固温度区间”相对应。但是，根据平衡状态图得出的结论与实际情况有较大出入。例如，在 T 形角接接头的焊接条件下，Al-Mg 合金焊缝裂纹倾向最大时的成分 $X_m$ 是在 $w(Mg)=2\%$ 附近(如图 13-1)，并不是结晶温度区间最大[$w(Mg)=15.36\%$]的合金。其他铝合金的情况也是如此。这是由于焊接加热和冷却过程都很快，使合金来不及建立平衡状态，在不平衡的凝固条件下固相线一般要向左下方移动的结果。也就是说，固相与液相之间的扩散来不及进行，先凝固的固相中合金元素含量少，而液相中却含有较多的合金元素，以致可在较少的平均浓度下就出现共晶。易熔共晶的存在是铝合金焊缝产生结晶裂纹的重要原因之一。此外铝合金的线膨胀系数比钢约大 1 倍，在拘束条件下焊接时易产生较大的焊接应力，这也是促使铝合金具有较大裂纹产生倾向的原因之一。

近缝区“液化裂纹”同焊缝结晶裂纹一样，也与晶间易熔共晶有联系，但这种易熔共晶夹

层并非晶间原已存在的，而是在不平衡的焊接加热条件下因偏析而形成的，所以称为晶间“液化”。

对于焊缝金属的热裂纹，主要是通过合理确定焊缝的合金成分，并配合适当的焊接工艺控制。对于裂纹倾向大的硬铝之类高强铝合金，在原合金系中通过成分调整来改善抗裂性的成效不大。实际生产中常采用含 $w(\mathrm{Si})=5\%$ 的 Al－Si 合金焊丝来解决抗裂问题，因为可以形成较多的易熔共晶，流动性好，具有很好的“愈合”作用，提高了焊缝的抗裂性能，但接头强度和塑性不理想，达不到母材的水平。

此外采用热能集中的焊接方法，可防止形成方向性强的粗大柱状晶，因而可以改善抗裂性。采用小焊接电流可减少熔池过热，也有利于改善抗裂性。

**3. 焊接接头与母材不等强**

铝及其合金焊接后，会出现焊接接头软化的问题，即接头与母材不等强，特别是热处理强化铝合金的接头软化问题更严重。表 13－4 列出了一些铝合金 MIG 焊接头和母材的力学性能比较。

**表 13－4　铝合金焊接接头（MIG 焊）与母材的力学性能比较**

| 合金 | 母材（最小值） | | | | 接头（焊缝余高削除） | | | | |
|---|---|---|---|---|---|---|---|---|---|
| | 状态 | $\sigma_b$ /MPa | $\sigma_s$ /MPa | $\delta$ /% | 焊丝 | 焊后热处理 | $\sigma_b$ /MPa | $\sigma_s$ /MPa | $\delta$ /% |
| Al－Mg (5052) | 退火 | 173 | 66 | 20 | 5356 | － | 200 | 96 | 18 |
| | 冷作 | 234 | 178 | 6 | 5356 | － | 193 | 82.3 | 18 |
| Al－Cu－Mg (2024) | 退火 | 220 | 109 | 16 | 4043 | － | 207 | 109 | 15 |
| | | | | | 5356 | － | 207 | 109 | 15 |
| | 固溶＋自然时效 | 427 | 275 | 15 | 4043 | － | 280 | 201 | 3.1 |
| | | | | | 5356 | － | 295 | 194 | 3.9 |
| | | | | | 同母材 | － | 289 | 275 | 4 |
| | | | | | 同母材 | 自然时效 1 个月 | 371 | － | 4 |
| Al－Cu(2219) | 固溶＋人工时效 | 463 | 383 | 10 | 2319 | － | 285 | 208 | 3 |
| Al－Zn－Mg－Cu (7075) | 固溶＋人工时效 | 536 | 482 | 7 | 4043 | 人工时效 | 309 | 200 | 3.7 |
| Al－Zn－Mg (X7005) | 固溶＋自然时效 | 352 | 225 | 18 | X5180 | 自然时效 1 个月 | 316 | 214 | 7.3 |
| | 固溶＋人工时效 | 352 | 304 | 15 | X5180 | 自然时效 1 个月 | 312 | 214 | 6.2 |
| Al－Zn－Mg (7039) | － | 461 | 402 | 11 | 5356 | － | 324 | 196 | 8 |
| Al－Cu－Li | 固溶＋人工时效 | － | 650 | － | 2319 | － | 343 | 237 | 3.9 |

1)非热处理强化铝合金的接头软化

纯铝和防锈铝合金(如 Al－Mg 合金),在退火状态下焊接时接头与母材是等强的,但在冷作硬化状态下焊接时会发生接头热影响区软化现象,即接头强度低于母材。这是焊接热循环时,热影响区峰值温度超过再结晶温度(200℃～300℃),使晶粒粗大及冷作硬化效果减退所致。焊前冷作硬化程度越高,焊后软化的程度越大。熔焊时冷作硬化薄板铝合金的强化效果,焊后可能全部丧失。

防止非热处理强化铝合金接头软化的措施是采用能量集中的焊接方法,或焊后锤击接头产生一定的冷作硬化效果。

2)热处理强化铝合金的接头软化

热处理强化铝合金,无论是退化状态下还是时效状态下焊接,焊后若不经热处理,接头强度均低于母材。特别是在时效状态下焊接的硬铝,即使焊后经人工时效处理,接头强度系数(即接头强度与母材强度之比的百分数)也未超过60%。所有热处理强化铝合金,焊后不论是否经过热处理,其接头塑性均低于母材。

接头的软化主要存在于焊缝和热影响区。由于热处理强化铝合金产生热裂纹的倾向较大,为了防止热裂纹,常选用成分与母材成分差别较大的焊丝,加之焊缝是铸态组织,因而焊缝强度与塑性低于母材。焊接热影响区软化是“过时效”软化,即由热影响区第二相脱溶析出并聚集长大使强化效果消失所致。

对于热处理强化铝合金,为防止接头软化,应采用小的焊接热输入,或焊后重新进行固溶处理和人工时效。

**4. 焊接接头的耐蚀性**

铝合金焊接接头的耐蚀性一般低于母材,热处理强化铝合金(如硬铝)接头耐蚀性的降低更是明显。接头组织越不均匀,耐蚀性越低;焊缝金属的纯度和致密性也影响接头的耐蚀性。杂质多、晶粒粗大以及脆性相(如 $FeAl_3$)析出等,耐蚀性也会明显下降;焊接应力更是影响铝合金耐蚀性的敏感因素,极易诱发应力腐蚀。接头的耐蚀不仅产生在接头局部表面腐蚀,而且会出现在晶粒之间。

对于铝合金焊接接头,主要在下列几方面采取措施来改善接头的耐蚀性:

(1)改善接头组织成分的不均匀性。主要是通过焊接材料使焊缝合金化,细化晶粒并防止缺陷;通过限制焊接热输入以减少热影响区过热;采用焊后热处理措施等。

(2)消除焊接应力。表面拉应力可采用局部锤击办法来消除,焊后热处理也有良好效果。

(3)采取保护措施。如采取阳极氧化处理或涂层等保护措施。

铝及铝合金由固态转变成液态时,没有显著的颜色变化,所以不易判断熔池的温度。加之,温度升高时铝的力学性能下降(在370℃时仅为10MPa)。因此,焊接时常因温度控制不当而导致烧穿。

## 13.1.3 铝及铝合金的焊接工艺

**1. 焊接方法**

铝及铝合金的导热性强而热容量大、线膨胀系数大、熔点低、高温强度小,给焊接工艺带来一定的困难。热功率大、能量集中和保护效果好的焊接方法对铝及铝合金的较为合适。

常用的焊接方法有氩弧焊(TIG 焊、MIG 焊)、等离子弧焊、电阻焊和电子束焊等。也可采用冷压焊、超声波焊、钎焊等。气焊和焊条电弧焊在铝合金焊接中已经逐渐被氩弧焊取代，仅用于修复和焊接不重要的结构。

**2. 焊接材料**

铝及铝合金焊丝分为同质焊丝和异质焊丝两大类。同质焊丝是成分与母材相同的焊丝；异质焊丝是为满足抗裂性而研制的，其成分与母材有较大差别。

选择焊丝首先要考虑焊缝成分的要求，还要考虑抗裂性、强度、耐蚀性、颜色等。选择熔化温度低于母材的填充金属，可减小热影响区产生液化裂纹的倾向。纯铝可选用纯铝焊丝SAl－3(HS301)、SAl－2 等。焊接铝镁合金及铝锌镁合金可选用铝镁合金焊丝 SAlMg－5(HS331)、SAlMg－3 等。焊接除铝镁合金外的铝合金可选用铝硅合金焊丝 SAlSi－1(HS311)，这是铝合金焊接通用焊丝，由于 Si 易与 Mg 形成 $Mg_2Si$ 脆性相，故不适宜含镁较高的铝合金焊接。铝锰合金可选用 SAlMn(HS321)焊丝等。

焊接铝及铝合金常用的惰性气体为氩气和氦气。TIG 焊交流焊接选用纯氩气。当 MIG 焊用于板厚 $\delta<25$ mm 时，采用纯氩气；当板厚 $\delta$ 为 25～50 mm 时，采用添加体积分数为10%～35% 氦气的(Ar + He)混合气体；当板厚 δ 为 50～70 mm 时，采用添加体积分数为35%～50% 氦气的(Ar + He)混合气体；当板厚 $\delta>75$ mm 时，推荐用氦气体积分数为 50%～70% 的(Ar + He)混合气体。

**3. 焊前清理和预热**

(1)化学清理。化学清理效率高、质量稳定，适用于清理焊丝以及尺寸不大、批量生产的工件。小型工件可采用浸洗法。焊丝清洗后可在 150℃～200℃烘箱内烘焙 0.5h，然后存放在 100℃烘箱内随用随取。清洗过的焊件应立即进行装配、焊接。大型焊件受酸洗槽尺寸限制，难于实现整体清理，可在坡口两侧各 30 mm 内的表面区域用火焰加热至 100℃左右，擦涂氢氧化钠溶液，并加以清洗，时间略长于浸洗时间。除净焊接区的氧化膜后，用清水冲洗干净，再中和、光化后，用火焰烘干。

(2)机械清理。先用丙酮或汽油擦洗工件表面油污，然后根据零件形状采用切削方法，如使用风动或电动铣刀，也可使用刮刀、锉刀等。较薄的氧化膜可采用不锈钢刷清理，不宜采用砂纸或砂轮打磨。工件和焊丝清洗后应在 3～4h 内进行装配焊接，若不及时装配焊接，工件表面会重新氧化，特别是在潮湿环境以及酸碱蒸气污染的环境中氧化膜生长更快。

(3)焊前预热。焊前最好不进行预热，因为预热可加大热影响区的宽度，降低铝合金焊接接头的力学性能。但由于铝及铝合金导热性强，散热快，故对厚度超过 5～8 mm 的厚大铝件焊前需进行适当预热。通常预热到 90℃即可以保证在始焊处有足够的熔深，预热温度很少超过 150℃。

**4. 焊接工艺要点**

1)铝及铝合金的气焊

气焊主要用于板厚较薄(0.5～10 mm)以及对质量要求不高或补焊的铝及铝合金焊接。铝及铝合金气焊时，不宜采用搭接接头和 T 型接头，因为这种接头难以清理焊缝中的残留熔剂和焊渣，应采用对接接头。为保证焊件焊透、不塌陷和烧穿，可采用带槽的垫板(一般用不锈钢或纯铜等制成)，带垫板焊接可以获得良好的反面成形，提高焊接生产率。

气焊火焰采用中性焰或弱碳化焰，气焊熔剂采用 CJ401。铝及铝合金加热到熔化时颜色变化不明显，给操作带来困难。当加热表面由光亮的银白色变成暗淡的银白色，表面氧化膜起皱，加热处金属有波动现象时，即达熔化温度，可以施焊；用蘸有熔剂的焊丝端头触及加热处，焊丝与母材能熔合时，可以施焊；母材边棱有倒下现象时达到熔化温度，可以施焊。焊后1~6h内，应将熔剂残渣清洗掉，以防止引起焊件腐蚀。

2）铝及铝合金的钨极氩弧焊（TIG焊）

TIG焊最适于焊接厚度小于3 mm的铝及铝合金薄板，工件变形明显小于气焊。交流TIG焊具有去除氧化膜的作用，不用熔剂避免了焊后熔剂残渣对接头的腐蚀，接头形式不受限制，焊缝成形良好、表面光亮。氩气流对焊接区的冲刷使接头冷却加快，改善了接头的组织性能，适于全位置焊接。由于不用熔剂，焊前清理要求比其他焊接方法严格。

焊接铝及铝合金最适宜的是交流TIG焊和交流脉冲TIG焊。脉冲TIG焊扩大了氩弧焊的应用范围，特别适用于焊接铝合金精密零件。增加脉冲可减少热输入，有利于薄铝件的焊接。交流脉冲TIG焊具有加热速度快、高温停留时间短、对熔池有搅拌作用的特点，焊接薄板、硬铝时效果较好；对仰焊、立焊、管子全位置焊、单面焊双面成形等，也可得到较好的焊接效果。表13-5为铝及铝合金手工交流TIG焊的工艺参数。

**表13-5 铝及铝合金手工交流TIG焊的工艺参数**

| 焊件厚度/mm | 钨极直极/mm | 焊接电流/A | 焊丝直径/mm | 喷嘴直径/mm | 氩气流量/(L·min$^{-1}$) | 焊接速度/(mm·min$^{-1}$) |
|---|---|---|---|---|---|---|
| 1.2 | 1.6~2.4 | 45~75 | 1~2 | 6~11 | 3~5 | |
| 2 | 1.6~2.4 | 80~110 | 2~3 | 6~11 | 3~5 | 180~230 |
| 3 | 2.4~3.2 | 100~140 | 2~3 | 7~12 | 6~8 | 110~160 |
| 4 | 3.2~4 | 140~210 | 3~4 | 7~12 | 6~8 | 100~150 |
| 5 | 4~6 | 210~300 | 4~5 | 10~12 | 8~12 | 80~130 |
| 6 | 5~6 | 240~300 | 5~6 | 12~14 | 12~16 | 80~130 |

3）铝及铝合金的熔化极氩弧焊（MIG焊）

MIG焊用于焊接铝及铝合金时通常采用直流反接。焊接薄、中等厚度板材时，可用纯Ar作保护气体；焊接厚大件时，采用Ar+He混合气体。焊前一般不预热，板厚较大时，也只需预热起弧部位。

根据焊件厚度选择坡口尺寸、焊丝直径和焊接电流等工艺参数。表13-6为纯铝、铝镁合金和硬铝自动MIG焊的工艺参数。MIG焊熔深大，厚度为6 mm的铝板对接焊时可不开坡口。当厚度较大时一般采用大钝边，但需增大坡口角度以降低焊缝的余高。

### 13.1.4 技能训练：大型铝合金低温压力容器特种接头的MIG焊实例

大型空气分离装置的空分塔一般为$\phi$2.3~3.0m，高度达25~30m，全部为铝合金制成。空分塔包括上塔、下塔、冷凝蒸发器，通过厚度为90~120 mm的异形环将其焊成一体式结构，如图13-2所示。

**表 13－6　纯铝、铝镁合金和硬铝自动 MIG 焊的工艺参数**

| 母材牌号 | 焊丝型号（牌号） | 板厚/mm | 焊接速度/($m \cdot h^{-1}$) | 坡口尺寸 钝边/mm | 坡口尺寸 坡口角度/(°) | 焊丝直径/mm | 焊接电流/A | 焊接电压/V | 氩气流量/($L \cdot min^{-1}$) | 喷嘴孔径/mm | 备注 |
|---|---|---|---|---|---|---|---|---|---|---|---|
| 5A05 | SAlMg－5（HS331） | 5 | 42 | — | — | 2.0 | 240 | 21～22 | 28 | 22 | 单面焊双面成形 |
| 1060 1050A | SAl－3（HS301） | 6～8 | 25 | — | — | 2.5 | 230～260 | 26～27 | | 22 | 正反面均焊一层 |
| | | 8 | 24～28 | 4 | 100 | 2.5 | 300～320 | 26～27 | 30～35 | 22 | |
| | | 12 | 15 | 8 | | 3.0 | 320～340 | 28～29 | | | |
| | | 16 | 17～20 | 12 | | 3.0 | 380～420 | | 40～45 | 28 | |
| | | 20 | 17～19 | 16 | | 4.0 | 450～490 | 29～31 | 50～60 | | |
| | | 25 | — | 21 | | 4.0 | 490～550 | | | | |
| 5A02 5A03 | SAlMg（HS331） | 12 | 24 | 8 | 120 | 3.0 | 320～350 | 28～30 | 30～35 | 22 | 正反面均焊一层 |
| | | 18 | 18.7 | 14 | | 4.0 | 450～470 | 29～30 | 50～60 | 28 | |
| | | 25 | 16～19 | 16 | | 4.0 | 490～520 | 29～30 | 50～60 | 28 | |
| 2A11 | SAlSi－1（HS311） | 50 | 15～18 | 6～8 | 75 | — | 450～500 | 24～27 | — | 28 | 采用双面U形坡口 |

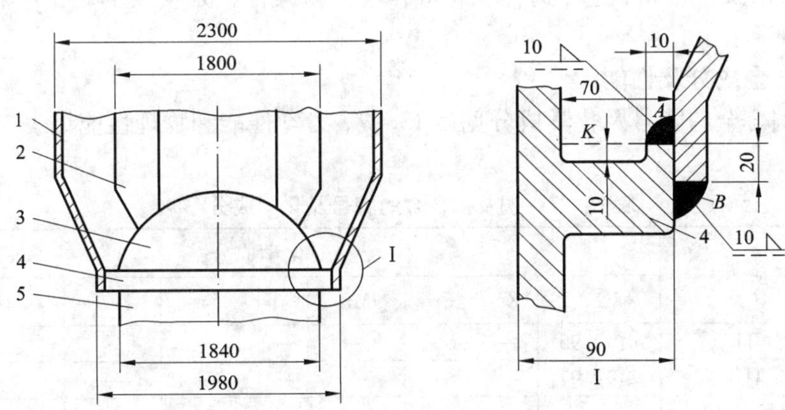


**图 13－2　空分塔异形环与锥形筒连接示意图**

1—冷凝蒸发器锥形筒；2—支座；3—封头；4—异形环；5—下塔

空分塔材料为 5A02 铝合金，焊丝为表面抛光的 ER5356 铝合金焊丝。异形环与锥形筒连接处有 A、B 两个搭接接头，原制造工艺为手工 TIG 焊，焊前需预热。但 A 接头处空间狭小(70 mm)，预热时工作环境恶劣，焊接操作不便；B 接头处零件厚度相差极大(异形环厚度 90 mm)，预热困难，难以保证焊缝根部焊透。因此，手工 TIG 焊效率低，当一人预热另一人焊接时，焊完 A、B 两条焊缝需耗费 4～5h。为提高效率，改为单人 MIG 半自动焊，此时不需预热，采用 V 形坡口和 $\phi$1.6 mm 焊丝，焊接电流 200～210A，电弧电压 25V，氩气流量 30 L/min，焊接速度 350～400 mm/min，焊接内外 A、B 两条焊缝仅需 1.5h，比 TIG 焊提高工效 5 倍，经 X 射线检验，焊接质量合格率达 100%，强度试验及气密性检验时未发现泄露。

## 13.2 铜及铜合金的焊接

铜及铜合金具有优良的导电、导热性，冷热加工性良好，具有高的强度、抗氧化性以及抗淡水、盐水、氨碱溶液和有机化学物质腐蚀的性能，在电气、电子、动力、制氧、酿造、化工、动力及交通等工业部门中应用广泛。

### 13.2.1 铜及铜合金的分类、成分及性能

**1. 铜及铜合金的分类**

铜及铜合金按化学成分可分为纯铜、黄铜、青铜和白铜。纯铜为铜质量分数不小于99.5%的工业纯铜。纯铜在退火状态(软态)下塑性好，强度低，但经冷加工变形后(硬态)，强度可提高一倍，塑性却明显降低。纯铜冷加工硬化后经550℃～600℃退火，可使塑性恢复。焊接结构一般采用软态纯铜及磷脱氧铜。

黄铜是以锌为主要合金元素的铜合金，具有比纯铜高得多的强度、硬度和耐蚀性能，并保持一定的塑性。青铜是不以锌或镍为主要合金元素的铜合金，青铜除铍青铜外，其他青铜的导热性是纯铜和黄铜的几分之一到几十分之一，并且具有较窄的结晶区间，因而改善了焊接性。白铜是以镍为主要合金元素的铜合金，可分为结构铜镍合金与电工铜镍合金。结构铜镍合金广泛用于化工、精密机械、海洋工程等；电工铜镍合金是重要的电工材料。焊接结构中使用的白铜不多。

**2. 铜及铜合金成分及性能**

常用铜及铜合金的牌号及化学成分见表13－7，力学性能和物理性能见表13－8。

表13－7 铜及铜合金的牌号及化学成分/%

| 名称 | | 牌号 | 化学成分 | | | | | | | | |
|---|---|---|---|---|---|---|---|---|---|---|---|
| | | | Cu | Zn | Sn | Mn | Al | Si | Ni＋Co | 其他 | 杂质 |
| 纯铜 | | T1 | ≤99.95 | — | — | — | — | — | — | — | ≤0.05 |
| 无氧铜 | | TU1 | ≤99.97 | — | — | — | — | — | — | — | ≤0.03 |
| 磷脱氧铜 | | TP1 | ≤99.90 | — | — | — | — | — | — | P 0.005～0.012 | ≤0.05 |
| 黄铜 | 压力加工黄铜 | H68 | 67～70 | — | — | — | — | — | — | — | ≤0.3 |
| | | H62 | 60.5～63.5 | 余量 | — | — | — | — | — | — | ≤0.5 |
| | 铸造黄铜 | ZHSi80－3 | 79～81 | 余量 | — | — | — | 2.5～4.5 | — | — | ≤2.8 |
| | | ZHMn58－2－2 | 57～60 | 余量 | — | 1.5～2.5 | — | — | — | Pb 1.5～2.5 | ≤2.5 |
| 青铜 | 压力加工青铜 | QSn6.5－0.4 | 余量 | — | 6～7 | — | — | — | — | — | ≤0.1 |
| | | QBe2.5 | 余量 | — | — | — | — | — | 0.2～0.5 | Be 2.3～2.6 | ≤0.5 |
| | 铸造青铜 | ZQSnP10－1 | 余量 | — | 9～11 | — | — | — | — | Pb 0.3～1.2 | ≤0.75 |
| 白铜 | | B10 | 余量 | — | — | — | — | — | 29～33 | — | — |

**表 13－8　铜及铜合金的力学性能和物理性能**

| 材料名称 | 牌号 | 材料状态或铸模 | 力学性能 | | | 物理性能 | | | |
|---|---|---|---|---|---|---|---|---|---|
| | | | $\sigma_b$/MPa | $\delta_5$/% | HBW | 密度 $\rho$ /(g·cm$^{-3}$) | 线膨胀系数 /10$^{-6}$K$^{-1}$ | 热导率/ (W·m$^{-1}$·K$^{-1}$) | 熔点 /℃ |
| 纯铜 | T1 | 软态 | 196～253 | 50 | — | 8.94 | 1.68 | 395.8 | 1300 |
| | | 硬态 | 329～490 | 6 | — | | | | |
| 黄铜 | H68 | 软态 | 313.6 | 55 | — | 8.5 | 19.9 | 117.04 | 932 |
| | | 硬态 | 646.8 | 3 | 150 | | | | |
| | H62 | 软态 | 323.4 | 49 | 56 | 8.43 | 20.6 | 108.68 | 905 |
| | | 硬态 | 588 | 3 | 164 | | | | |
| | ZHSi80－3 | 砂模 | 245 | 10 | 100 | 8.3 | 17.0 | 41.8 | 900 |
| | | 金属模 | 294 | 15 | 110 | | | | |
| 青铜 | QSn6.5～0.4 | 砂模 | 343～441 | 60～70 | 70～90 | 8.8 | 19.1 | 50.16 | 995 |
| | | 金属模 | 686～784 | 7.5～12 | 160～200 | | | | |
| | QAl9－2 | 软态 | 441 | 20～40 | 80～100 | 7.6 | 17.0 | 71.06 | 1060 |
| | | 硬态 | 584～784 | 4～5 | 160～180 | | | | |
| | QSi3－1 | 软态 | 343～392 | 50～60 | 80 | 8.4 | 15.8 | 45.98 | 1025 |
| | | 硬态 | 637～735 | 1～5 | 180 | | | | |
| 白铜 | B10 | 软态 | — | — | — | — | — | 30.93 | 1149 |
| | | 硬态 | — | — | — | | | | |

## 13.2.2　铜及铜合金的焊接性

铜及铜合金的化学成分、物理性能比较特殊，焊接时以内在和外在的缺陷综合评价其焊接性的好坏。在焊接结构中主要应用的是纯铜及黄铜，因此焊接性分析是对纯铜及黄铜熔焊进行讨论。

**1. 难熔合及易变形**

焊接纯铜及某些铜合金时，如果采用的焊接参数与焊接低碳钢差不多，母材散热太快而很难熔化，填充金属与母材不能很好地熔合，有时会误认为是裂纹。另外，铜及铜合金焊后变形也较严重。这些均与铜及铜合金的热导率大（为钢的 7～11 倍）以及线膨胀系数和收缩率大有关。因此焊接时不仅要使用大功率的热源，在焊前或焊接过程中还要采取加热措施。

铜熔化时的表面张力比铁小 1/3，流动性比铁大 1～1.5 倍，表面成形能力较差，焊接时易导致熔化金属流失，故单面焊时背面须加垫板等成形装置。垫板材料一般与被焊材料相同，也可以采用不锈钢、石墨或陶瓷。铜的线膨胀系数和收缩率比较大，且铜及铜合金导热能力强，使焊接热影响区加宽，焊接时若焊件刚性不大，容易产生较大的变形。当工件刚性较大时，还会产生很大的焊接应力。

**2. 热裂纹**

铜易与其氧化物及杂质形成多种低熔点共晶，如熔点为1064℃的($Cu_2O$ + Cu)共晶、熔点为326℃的(Cu + Pb)共晶、熔点为270℃的(Cu + Bi)共晶和熔点为1067℃的(Cu + CuS)共晶等。这些低熔点共晶在焊接过程中分布在枝晶间或晶界处，使铜及铜合金具有明显的热脆性，故其焊接接头易产生热裂纹。同时铜及铜合金的收缩率及线膨胀系数大，焊接应力较大，也是促使热裂纹形成的一个重要原因。

此外，纯铜焊接时，焊缝为单相$\alpha$组织，由于纯铜导热性强，焊缝易生长成粗大晶粒，也加剧了热裂纹的产生。

防止热裂纹的措施主要是严格控制铜及铜合金中O、Pb、Bi、S等杂质的含量。对于焊接结构中的纯铜，氧的质量分数一般不应超过0.03%。对于重要的焊接构件，氧的质量分数不应超过0.01%。为解决铜的高温氧化问题，还应对熔化金属进行脱氧。常用的脱氧剂有Mn、Si、P、Al、Ti、Zr等。应控制Pb、Bi含量，焊缝中$w(Pb)>0.03\%$，$w(Bi)>0.005\%$时就会出现热裂纹。

黄铜焊接时，使焊缝的力学性能与母材相近，形成($\alpha+\beta$)双相组织，并细化晶粒，也能改善焊缝抗热裂纹的性能。

**3. 气孔**

气孔是铜及其合金焊接时的一个主要问题。铜及其合金焊接时形成的气孔是氢引起的扩散气孔和冶金反应生成的反应气孔。

氢在铜中的溶解度与温度的关系如图13－3所示。氢在铜中的溶解度随温度降低。熔池由液态转为固态时(1083℃)，氢的溶解度突变，而后随温度降低，到了固态铜中继续下降。

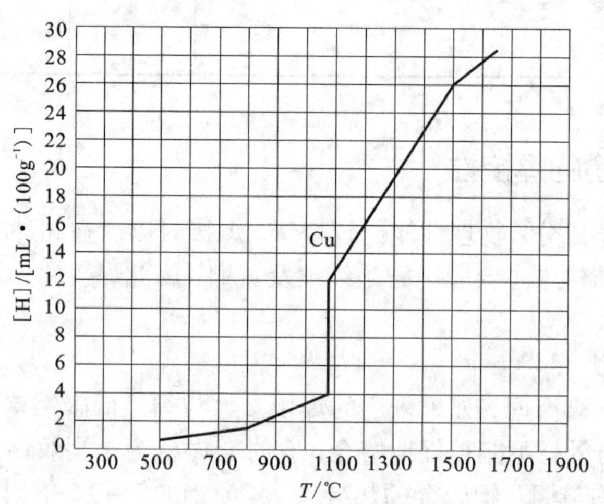


**图13－3　氢在铜中的溶解度与温度的关系**

铜的热导率(20℃)比低碳钢高，达7倍以上，所以铜焊缝结晶过程非常快，由于氢饱和而形成的气泡在凝固结晶过程很快的情况下不易上浮逸出，导致焊缝中形成气孔。

另一种气孔是通过冶金反应生成的气体引起的，称为反应气孔。高温时铜与氧生成的

$Cu_2O$，1200℃时以上能溶于液态铜，在1200℃从液态铜中开始析出，随温度下降析出量随之增大。析出的$Cu_2O$与溶解在液态铜中的氢或CO产生反应，形成不溶于铜的水蒸气和$CO_2$。

$$Cu_2O + 2H = 2Cu + H_2O \uparrow$$

$$Cu_2O + CO = 2Cu + CO_2 \uparrow$$

由于铜的导热性强、熔池凝固快，水蒸气和$CO_2$来不及逸出而形成气孔。当铜中含氧量很少时，发生上述反应气孔的可能性很小。

防止产生气孔的主要途径是减少氧、氢的来源，并降低熔池冷却速度(如预热等)，使气体易于逸出。同时对熔池进行适当脱氧，若采用含有一定铝、钛脱氧剂的焊丝也可得到较好的效果。

**4. 焊接接头性能的变化**

铜及铜合金焊接接头性能变化主要表现在塑性、耐腐蚀性和导电性降低等方面。

纯铜焊接时焊缝与焊接接头的抗拉强度可与母材接近，但塑性比母材低。其主要原因是由于焊缝及热影响区晶粒粗大及为了防止焊缝出现裂纹及气孔，加入了一定量的脱氧元素(如Mn、Si等)，使焊缝强度提高，而在一定程度上降低了塑性所致。

黄铜焊接时，还有一个问题就是锌的蒸发。锌的蒸发在焊接区会产生一层白色烟雾，不但使操作困难，而且影响焊工身体健康。此外，锌的蒸发还使黄铜的力学性能降低。为防止锌蒸发可采用含硅焊丝，因为硅氧化后在熔池表面形成一层氧化薄膜，阻止锌的蒸发。

在熔焊过程中，Sn、Mn、Ni、Al等合金元素的蒸发和氧化烧损会不同程度的使接头耐腐蚀性降低。同时焊接应力的存在易使对应力腐蚀比较敏感的高锌黄铜焊接接头在腐蚀环境中过早失效。

铜的导电性降低是焊接过程中杂质的溶入及焊缝中合金元素的掺入所致。

## 13.2.3　铜及铜合金的焊接工艺

**1. 焊接方法**

焊接铜及铜合金需要大功率、高能束的热源。热效率越高、能量越集中，对焊接越有利。一般薄板焊接以钨极氩弧焊、焊条电弧焊和气焊为好，中厚板以熔化极氩弧焊、等离子弧焊和电子束焊较合适，厚板建议使用埋弧焊和电渣焊。铜及铜合金常用焊接方法的选择见表13－9。

**2. 焊接材料**

焊接材料是控制冶金反应、调整焊缝成分以获得优质焊缝的重要保证。根据对铜及铜合金焊接接头性能的要求，不同焊接方法所选用的焊接材料差别很大。

(1)焊丝。选用铜及铜合金焊丝时，最重要的是控制杂质的含量和提高其脱氧能力，防止焊缝出现热裂纹及气孔等缺陷。常用的铜及铜合金焊丝见表5－27。焊接纯铜用焊丝添加了Si、Mn、P等脱氧元素，对导电性要求高的纯铜不宜选用含P的焊丝。在黄铜焊丝中加Si可防止Zn的蒸发、氧化，提高熔池金属的流动性、抗裂性及耐蚀性。加入Al除可作合金剂和脱氧剂外，还可细化焊缝晶粒，提高接头的塑性和耐腐蚀性。但脱氧剂过多会造成高熔点氧化物过量而成为夹杂缺陷。焊丝中加入铁可提高焊缝的强度和耐磨性，但塑性有所降低。适量地加入Sn可提高液态金属的流动性，改善焊丝的工艺性能。

表 13－9　铜及铜合金常用焊接方法的选择

| 焊接方法（热效率 $\eta$） | 纯铜 | 黄铜 | 锡青铜 | 铝青铜 | 硅青铜 | 说　明 |
|---|---|---|---|---|---|---|
| 钨极氩弧焊（0.65～0.75） | 薄板好 | 较好 | 较好 | 好 | 好 | 用于薄板（小于 12 mm），纯铜、黄铜、锡青铜用直流正接，铝青铜用交流，硅青铜用交流或直流 |
| 熔化极氩弧焊（0.70～0.80） | 好 | 较好 | 较好 | 好 | 好 | 板厚大于 3 mm 可用，板厚大于 15 mm优点更显著，用直流反接 |
| 等离子弧焊（0.80～0.90） | 较好 | 较好 | 较好 | 较好 | 较好 | 板厚在 3～6 mm 可不开坡口，最适合 3～15 mm 中厚板焊接 |
| 焊条电弧焊（0.75～0.85） | 可 | 差 | 可 | 可 | 可 | 采用直流反接，操作技术要求高，适用于板厚 2～10 mm |
| 埋弧焊（0.80～0.90） | 厚板好 | 可 | 较好 | 较好 | 较好 | 采用直流反接，适用于板厚 6～30 mm |
| 气焊（0.30～0.50） | 可 | 较好 | 可 | 差 | 差 | 变形、成形不好，用于板厚小于 3 mm的不重要结构中 |

（2）焊剂和熔剂。为防止熔池金属氧化和气体侵入，改善液态金属的流动性，铜及其合金气焊、碳弧焊、埋弧焊、电渣焊都使用焊剂或熔剂。由于熔焊中各种热源的功率及温度差异很大，不同焊接方法所用的焊剂不同。铜气焊、碳弧焊用的熔剂主要由硼酸盐、卤化物或它们的混合物组成，如 CJ301。铜及铜合金埋弧焊与电渣焊时可采用焊接低碳钢所用的焊剂，常用的牌号有 HJ431、HJ260、HJ150 等。

（3）焊条。焊条电弧焊用的铜焊条分为纯铜焊条和青铜焊条两类，应用较多的是青铜焊条。黄铜中的锌易蒸发，极少采用焊条电弧焊，必要时可采用青铜焊条。常用铜及铜合金焊条的用途见表 13－10。

**3. 焊前准备**

（1）焊丝及工件表面的清理。铜及铜合金焊前清理包括去除油脂和氧化膜，经清洗合格的工件应及时施焊。

（2）接头形式及坡口的制备。搭接接头、丁字接头和内角接头散热快、不易焊透，焊后清除工件焊缝中的焊剂和焊渣很困难，因此尽可能不采用。应采用散热条件对称的对接接头、端接接头，并根据母材厚度和焊接方法的不同，制备相应的坡口。不同厚度（厚度差超过 3 mm）的紫铜板对接焊时，厚度大的一端须按规定削薄。采用单面焊接接头，特别是开坡口的单面焊接接头又要求背面成形时，须在接头背面加成形垫板。一般情况下，铜及铜合金工件不易实现立焊和仰焊。

**表 13－10　铜及铜合金焊条的用途**

| 型号 | 药皮类型 | 焊接电流 | 焊缝化学成分/% | | 焊缝力学性能 | 主要用途 |
|---|---|---|---|---|---|---|
| ECu | 低氢型 | 直流反接 | 纯铜＞99 | | $\sigma_b \geqslant 176$ MPa | 在大气及海水介质中具有良好的耐蚀性，用于焊接脱氧或无氧铜构件 |
| ECuSi | 低氢型 | 直流反接 | 硅青铜 | Si 3<br>Mn＜1.5<br>Sn＜1.5<br>Cu 余量 | $\sigma_b > 340$ MPa<br>$\delta_5 > 20\%$<br>110～130 HV | 适用于纯铜、硅青铜及黄铜的焊接以及化工管道等内衬的堆焊 |
| ECuSnB | 低氢型 | 直流反接 | 磷青铜 | Sn 8<br>P≤0.3<br>Cu 余量 | $\sigma_b \geqslant 270$ MPa<br>$\delta_5 > 20\%$<br>80～115 HV | 适用于纯铜、黄铜、磷青铜的焊接，堆焊磷青铜轴衬、船舶推进器叶片等 |
| ECuAl | 低氢型 | 直流反接 | 铝青铜 | Al 8<br>Mn≤2<br>Cu 余量 | $\sigma_b > 410$ MPa<br>$\delta_5 > 15\%$<br>120～160 HV | 用于铝青铜及其他铜合金，铜合金与钢的焊接以及铸件焊补 |

**4. 焊接工艺**

1）焊条电弧焊

焊条电弧焊所用的焊条使铜及铜合金焊缝中含氧量、含氢量增加，容易形成气孔，且黄铜焊接时 Zn 蒸发严重，因此在焊接过程中应控制焊接参数。焊条焊前应在 200℃～250℃烘干 2h，以去除药皮中吸附的水分。焊前和多层焊的层间应对工件进行预热。纯铜预热温度在 300℃～600℃内选择；黄铜导热比纯铜差，为了抑制 Zn 的蒸发预热温度为 200℃～400℃；锡青铜和硅青铜预热不应超过 200℃；磷青铜的流动性差，预热不应超过 250℃。焊条电弧焊的焊接电流一般取焊条直径的 35～45 倍。黄铜为了防止 Zn 的蒸发，焊接电流应小些。

2）埋弧焊

铜及铜合金埋弧焊时，板厚小于 20 mm 的工件在不预热和不开坡口的条件下可获得优质接头，使焊接工艺大为简化，特别适于中厚板长焊缝的焊接。纯铜、青铜埋弧焊的焊接性能较好，黄铜的焊接性尚可。铜的埋弧焊通常是采用单道焊进行。厚度小于 20 mm 的铜及铜合金可采用不开坡口的单面焊或双面焊。厚度更大的工件最好开 U 形坡口（钝边是 5～7 mm）并采用并列双丝焊接，丝距约为 20 mm。加垫板埋弧焊使用的焊接热输入较大，熔化金属多，为防止液态铜的流失和获得理想的反面成形，无论是单面焊还是双面焊，接头反面均应采用各种形式的垫板。铜及铜合金埋弧焊的工艺参数见表 13－11。焊接铜及铜合金可选用高硅高锰焊剂（如 HJ431）而获得满意的工艺性能。对接头性能要求高的工件可选用 HJ260、HJ150 或陶质焊剂、氟化物焊剂。

**表 13－11　铜及铜合金埋弧焊的工艺参数**

| 材料 | 板厚<br>/mm | 接头、坡口形式 | 焊丝直径/mm | 焊接电流<br>/A | 焊接电压<br>/V | 焊接速度<br>/(m·h$^{-1}$) | 备注 |
|---|---|---|---|---|---|---|---|
| 纯铜 | 5～12 | 对接、不开坡口 | 5 | 500～800 | 38～44 | 15～40 | — |
| | 16～20 | | 6 | 850～1000 | 45～50 | 12～8 | — |
| | 25～50 | 对接、U 形坡口 | 6 | 1000～1400 | 45～55 | 4～8 | — |
| | 16～20 | 对接、单面焊 | 6 | 850～1000 | 45～50 | 12～8 | — |
| | 25～60 | 角接、U 形坡口 | 6 | 1000～1600 | 45～55 | 3～8 | — |
| 黄铜 | 4～8 | — | 2 | 180～300 | 24～30 | 20～25 | 单、双面焊封底焊缝 |
| | 12～18 | — | 2,3 | 450～750 | 30～34 | 25～30 | 单面焊封底焊缝 |
| 铝青铜 | 10～15 | V 形坡口 | 3 | 450～650 | 35～38 | 20～25 | 双面焊 |
| | 20～26 | X 形坡口 | >3 | 750～800 | 36～38 | 20～25 | 双面焊 |

3）氩弧焊（TIG 焊、MIG 焊）

钨极氩弧焊（TIG）具有电弧能量集中、保护效果好、热影响区窄、操作灵活的优点，已经成为铜及铜合金熔焊方法中应用最广的一种，特别适合薄板和小件的焊接和补焊。铜及铜合金 TIG 焊的工艺参数见表 13－12。

**表 13－12　铜及铜合金 TIG 焊的工艺参数**

| 材料 | 板厚<br>/mm | 钨极直径<br>/mm | 焊丝直径<br>/mm | 焊接电流<br>/A | 氩气流量<br>/(L·min$^{-1}$) | 预热温度<br>/℃ | 备　注 |
|---|---|---|---|---|---|---|---|
| 纯铜 | 3 | 3～4 | 2 | 200～240 | 14～16 | 不预热 | 不开坡口，对接 |
| | 6 | 4～5 | 3～4 | 280～300 | 18～24 | 100～450 | 钝边 1.0 mm |
| | 10 | 5～6 | 4～5 | 340～400 | | 450～500 | 正面焊 2 层，反面焊 1 层，V 形坡口 |
| 硅青铜 | 3 | 3 | 2～3 | 120～160 | 12～16 | 不预热 | 不开坡口，对接 |
| | 9 | 5～6 | 3～4 | 250～300 | 18～22 | | V 形坡口，对接 |
| | 12 | | 1.5～2.5 | 270～330 | 20～24 | | |
| 锡青铜 | 15～3.0 | 3 | 4 | 100～180 | 12～16 | 不预热 | 不开坡口，对接 |
| | 7 | 4 | 5 | 210～250 | 12～16 | | V 形坡口，对接 |
| | 12 | 5 | 4 | 260～300 | 16～20 | | |
| 铝青铜 | 3 | 4 | 4 | 130～160 | 20～24 | 不预热 | V 形坡口，对接 |
| | 9 | 5～6 | 3～4 | 210～330 | 12～16 | | |
| | 12 | | | 250～325 | 16～24 | | |

熔化极氩弧焊（MIG）可用于所有的铜及铜合金焊接，是厚板较理想的焊接方法。厚度大于 3 mm 的铝青铜、硅青铜和铜镍合金一般选用 MIG 焊，主要由于其熔化效率高、熔深大、焊速快。焊丝的选用与 TIG 焊几乎相同。铜及铜合金 MIG 焊的工艺参数见表13－13。

表 13－13　铜及铜合金 MIG 焊的工艺参数

| 材料 | 板厚/mm | 焊丝直径/mm | 焊接电流/A | 焊接电压/V | 氩气流量/(L·min$^{-1}$) | 预热温度/℃ | 坡口形式 |
|---|---|---|---|---|---|---|---|
| 纯铜 | 3 | 1.6 | 300～350 | 25～30 | 16～20 | — | I 形 |
| | 10 | 2.5～3 | 480～500 | 32～35 | 25～30 | 400～500 | V 形 |
| | 20 | 4 | 600～700 | 28～30 | 25～30 | 600 | V 形 |
| | 22～30 | 4 | 700～750 | 32～36 | 30～40 | 600 | V 形 |
| 黄铜 | 3 | 1.6 | 275～285 | 25～28 | 16 | — | I 形 |
| | 9 | 1.6 | 275～285 | 25～28 | 16 | — | V 形 |
| | 12 | 1.6 | 275～285 | 25～28 | 16 | — | V 形 |
| 锡青铜 | 3 | 1.0 | 140～160 | 26～27 | — | — | I 形 |
| | 9 | 1.6 | 275～285 | 28～29 | 18 | 100～150 | V 形 |
| | 12 | 1.6 | 315～335 | 29～30 | 18 | 200～250 | V 形 |
| 铝青铜 | 3 | 1.6 | 260～300 | 26～28 | 20 | — | I 形 |
| | 9 | 1.6 | 300～330 | 26～28 | 20～25 | — | V 形 |
| | 18 | 1.6 | 320～350 | 26～28 | 30～35 | — | V 形 |

4）等离子弧焊

等离子弧具有比 TIG 和 MIG 电弧更高的能量密度和温度，很适合于焊接高热导率和对过热敏感的铜及铜合金。厚度 6～8 mm 的铜件可不预热、不开坡口一次焊成，接头质量达到母材水平。厚度 8 mm 以上的铜件可采用留大钝边、开 V 形坡口的等离子弧焊与 TIG 或 MIG 焊联合工艺，即先用不填丝的等离子弧焊焊底层，然后用熔化极或加丝钨极氩弧焊焊满坡口。微束等离子弧焊接厚度 0.1～1 mm 的超薄件可使工件的变形减到最小程度。

## 13.2.4　技能训练：黄铜及青铜冷轧带材坯料等离子弧焊接实例

现有 6 mm 厚的 H62 黄铜、QSn6.5－0.4 锡青铜、QSn4－3 锡锌青铜冷轧带材坯料需要焊接，由于采用不填丝的等离子弧焊可免去冷轧前铣削焊缝余高的工序并使焊缝与母材成分相同，因此确定采用等离子弧焊工艺。

由于铜及铜合金线膨胀系数大，为防止焊件收缩造成烧穿及焊缝正面下凹，焊前必须采用夹具夹紧工件，如图 13－4 所示。焊接时采用穿孔法一次焊双面成形。背面使用带方形槽的铜垫板，以便在背面通入保护气及使正面的等离子气流通过小孔后从垫板槽口排出。

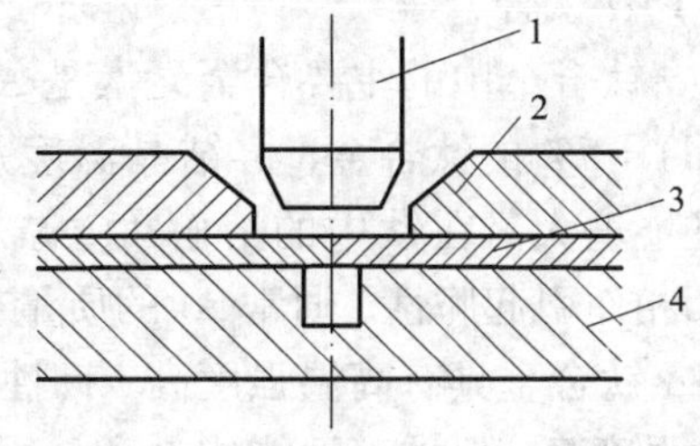


**图 13－4　焊接夹具示意图**

1—焊枪；2—上压板；3—焊件；4—垫板

焊前不需预热，离子气和保护气均采用氩气。H62 黄铜、QSn6.5－0.4 锡青铜及

QSn4－3锡锌青铜的焊接工艺参数如表13－14。由于在轧制生产流程上坯料需经过650℃、4～5h退火工序，能消除焊缝及熔合区的脆性相及焊接内应力，因此不需另加焊后热处理工序。

**表13－14　等离子弧焊接工艺参数**

| 母材 | 喷嘴尺寸 | | 焊接电流/A | 电弧电压/V | 离子气流量/($L\cdot h^{-1}$) | 钨极内缩/mm | 电极直径/mm | 保护气流量/($L\cdot h^{-1}$) | | 焊接速度/($mm\cdot min^{-1}$) |
|---|---|---|---|---|---|---|---|---|---|---|
| | 直径/mm | $l$/d | | | | | | 正面 | 反面 | |
| H62 | 3.6 | 1.14 | 300 | 31 | 300 | 2.5 | 4.75 | 1500 | 600 | 490 |
| QSn6.5－0.4 | 3.85 | 1.17 | 215 | 27 | 175 | 3 | 4.75 | 1500 | 600 | 260 |
| QSn4－3 | 3.4 | — | 200 | 29.5 | 100 | 3 | 4.75 | 1000 | 350 | 300 |

# 13.3　钛及钛合金的焊接

钛及钛合金是一种优良的结构材料，具有密度小、比强度大、耐热耐腐蚀性好、低温冲击韧度高、可加工性好等特点，因此在航空航天、化工、造船、冶金、仪器仪表等领域得到了广泛应用。

## 13.3.1　钛及钛合金的分类和性能

**1. 工业纯钛**

工业纯钛呈银白色，密度小、熔点高、线膨胀系数小、导热性差。工业纯钛根据杂质(主要是氧和铁)含量以及强度差别可分为TA1、TA2、TA3三种牌号。随着牌号中数字的增大，杂质含量增加，强度增大，塑性降低。

**2. 钛合金**

钛合金根据其退火组织分为三大类：$\alpha$钛合金、$\beta$钛合金和($\alpha+\beta$)钛合金，牌号分别以T加A、B、C和顺序数字表示。TA4～TA10表示$\alpha$钛合金，TB2～TB4表示$\beta$钛合金，TC1～TC12表示($\alpha+\beta$)钛合金。

1)$\alpha$钛合金

$\alpha$钛合金中的主要合金元素是Al、Al溶入钛中形成$\alpha$固溶体，从而提高再结晶温度。含$w(Al)=5\%$的钛合金，再结晶温度从600℃提高到800℃，耐热性和力学性能也有所提高。Al还能增大氢在钛中的溶解度，减小氢脆敏感性。但Al的加入量不宜过多，否则易出现$Ti_3Al$相而引起脆性，通常Al的质量分数不超过7%。

$\alpha$钛合金具有高温强度高、韧性好、抗氧化能力强、焊接性好、组织稳定等特点，比工业纯钛强度高，但加工性能比$\beta$和($\alpha+\beta$)钛合金差。$\alpha$钛合金不能通过热处理强化，但可通过600℃～700℃的退火处理消除加工硬化，或通过不完全退火(550℃～650℃)消除焊接时产生的应力。

2)$\beta$钛合金

$\beta$ 钛合金的退火组织完全由 $\beta$ 相构成。通过时效处理，$\beta$ 钛合金的强度可得到提高。$\beta$ 钛合金加工性能良好，并具有加工硬化性，但室温和高温性能差、脆性大、焊接性较差，易形成冷裂纹，在焊接结构中应用较少。

3）$(\alpha+\beta)$ 钛合金

$(\alpha+\beta)$ 钛合金的组织是由 $\alpha$ 相和 $\beta$ 相两相组织构成的。$(\alpha+\beta)$ 钛合金中含有 $\alpha$ 相稳定元素 Al，同时为了进一步强化合金，添加了 Sn、Zr 等中性元素和 $\beta$ 相稳定元素，其中 $\beta$ 相稳定元素的加入量通常不超过 6%。$(\alpha+\beta)$ 钛合金兼有 $\alpha$ 和 $\beta$ 钛合金的优点，具有良好的高温变形能力和热加工性，可通过热处理强化得到高强度。但是，随着 $\alpha$ 相比例的增加，加工性能变差；随着 $\beta$ 相比例的增加，焊接性能变差。

在所有的钛及钛合金中，用量最大的是 TC4，其次是工业纯钛和 TA7。

## 13.3.2　钛及钛合金的焊接性

钛及钛合金具有特定的物理、化学性质和良好的性能。如果仅依据焊接接头强度来评价焊接性，那么几乎所有退火状态的钛合金接头强度系数都接近 1，难分优劣。因此，往往采用焊接接头的韧性、塑性和获得无缺陷焊缝的难易程度来评价钛及钛合金的焊接性。

**1. 焊接接头的脆化**

钛及钛合金焊接区易受气体等杂质的污染而产生脆化。造成脆化的主要元素有 O、N、H、C 等。常温下钛及钛合金比较稳定，但随着温度的升高，钛及钛合金吸收 O、N、H 的能力也随之明显上升，如图 13－5 所示。由图可见，Ti 从 250℃开始吸收氢，从 400℃开始吸收氧，从 600℃开始吸收氮。吸收的氧、氮与钛形成间隙固溶体，造成钛的晶格畸变，使强度、硬度提高，塑性、韧性降低。吸收的氢与钛形成片状或针状的 $TiH_2$、$TiH_2$ 的强度很低，其作用类似缺口，因而使焊缝冲击韧度显著降低，引起焊接接头的脆化。

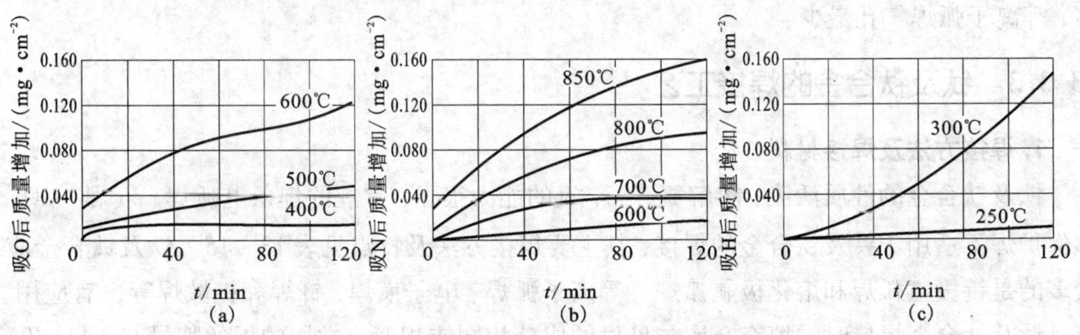


**图 13－5　钛及钛合金吸收 O、N、H 的能力与温度、时间的关系**

碳也是钛及钛合金中常见的杂质，主要来源于母材、焊丝和油污等。碳以间隙形式固溶于钛中，使强度提高和塑性下降，但不及氧、氮的作用强烈。此外随碳溶解度下降，析出网状 TiC，在焊接应力作用下易出现裂纹。

因此，钛及钛合金焊接时，一般不采用常规气体保护焊的焊枪结构及工艺，因为这种焊枪结构所形成的气体保护层对已凝固和尚处于高温状态的钛合金焊缝及附近高温区域无明显保护作用，易使其吸收空气中的氮、氧和氢，从而引起焊缝变脆，塑性、韧性严重下降。生产中常采用高纯度的惰性气体或无氧氟－氯化物焊剂及带有拖罩的焊枪。

**2. 焊接裂纹**

1)热裂纹

由于钛及钛合金中含有S、P、C等杂质较少，很少有低熔点共晶在晶界处生成，而且结晶温度区间很窄，焊缝凝固时收缩量小，因此热裂纹敏感性低。但当母材和焊丝质量差，特别是焊丝有裂纹、夹层等缺陷且积聚有害杂质时，才有可能使焊缝产生热裂纹。

2)冷裂纹

当焊缝含氧、氮量较高时，焊缝性能变脆，在较大的焊接应力作用下，会出现裂纹，这种裂纹是在较低温度下形成的。在焊接钛合金时，热影响区有时也会出现延迟裂纹，氢是主要原因。

钛的熔点高、热容量大、导热性差，因此在焊接时易形成较大的熔池，并且熔池温度高，这使得焊缝及热影响区金属在高温停留时间较长，晶粒长大倾向明显，使接头塑性和韧性降低，也易导致裂纹的产生。长大的晶粒难以用热处理方法恢复，所以焊接时应严格控制焊接的热输入量。熔焊时应采用能量集中的热源，减小热影响区；采用较小的焊接电流和较快的焊接速度，以提高热影响区的塑性。对于$(\alpha+\beta)$钛合金，为了避免$\alpha$相和$\beta$相产生不良结合以及脆性相的形成，应该采用略大的热输入。

**3. 焊缝气孔**

气孔是钛及钛合金焊接中较常见的缺陷，$O_2$、$N_2$、$H_2$、$CO_2$、$H_2O$都可能引起气孔。钛及钛合金焊接时，形成的气孔主要是氢气孔。影响焊缝中气孔产生的主要因素包括材质和工艺两个方面。材质方面主要是氩气不纯及钛板、焊丝表面受到外部杂质的污染；工艺因素方面主要是熔池存在时间和焊接方法等。在氩弧焊、等离子弧焊和电子束焊中，电子束焊气孔最多，等离子弧焊气孔最少。

## 13.3.3　钛及钛合金的焊接工艺

**1. 焊接方法及焊接材料**

钛及钛合金的性质活泼，溶解氮、氢、氧的能力很强，常规的焊条电弧焊、气焊、$CO_2$气体保护焊不适用于钛及钛合金的焊接，其主要焊接方法及特点见表13－15。钛及钛合金应用最多的是钨极氩弧焊和熔化极氩弧焊。等离子弧焊、电子束焊、钎焊和扩散焊等也有应用。

钛及钛合金焊接时的填充金属与母材的成分相同或相似。常用的焊丝牌号有TA1、TA2、TA3、TA4、TA5、TA6及TC3，其成分与相应牌号的钛材料是一致的。

为了改善接头的韧性和塑性，有时采用强度低于母材的填充材料。例如，用工业纯钛(TA1、TA2)作填充材料焊接TA7和厚度不大的TC4；用TC3焊TC4。一般采用纯氩(纯度≥99.99%)作保护气体，只有在深熔焊和仰焊时才用氦气。

**2. 焊前清理**

焊接前应认真清理钛及钛合金坡口及其附近区域。清理不彻底，会导致焊接接头形成裂纹和气孔。

**表 13-15　钛及钛合金的主要焊接方法及其特点**

| 焊接方法 | 特点 | 焊接方法 | 特点 |
|---|---|---|---|
| 钨极氩弧焊 | (1)可用于薄板及厚板的焊接,板厚3 mm以上时可采用多层焊<br>(2)熔深浅,焊道平滑<br>(3)适用于修补焊件 | 等离子弧焊 | (1)熔深大<br>(2)10 mm的厚板可一次焊成<br>(3)手工操作困难 |
| | | 电子束焊 | (1)熔深大,污染少<br>(2)焊缝窄,热影响区小,焊接变形小<br>(3)设备昂贵 |
| 熔化极氩弧焊 | (1)熔深大,熔敷量大<br>(2)飞溅较大<br>(3)焊缝外形较钨极氩弧焊差 | 扩散焊 | (1)可用于异种金属或金属与非金属的焊接<br>(2)形状复杂的工件可一次焊成<br>(3)变形小 |

1)机械清理

对焊接质量要求不高或酸洗有困难的焊件，如在600℃以上形成的氧化皮很难用化学方法清除，这时可用细砂布或不锈钢丝刷清洗，或用硬质合金刮刀刮削待焊边缘，刮削深度约0.025 mm时即可除去氧化膜。然后用丙酮或乙醇四氯化碳或甲醇等溶剂去除坡口两侧的有机物及油污等。焊前经过热加工或在无保护情况下热处理的工件需进行清理，通常先采用喷丸或喷砂方法清理表面，然后进行化学清理。

2)化学清理

钛板热轧后已经过酸洗，但存放较久又生成新的氧化膜，可将钛板浸泡在体积分数为(2~4)% HF+(3~40)% $HNO_3$+$H_2O$(余量)的溶液中15~20 min，然后用清水冲洗干净并烘干。热轧后未经酸洗的钛板，由于氧化膜较厚，应先进行碱洗。碱洗时，将钛板浸泡在80% NaOH+20% $NaHCO_3$的浓碱水溶液中10~15 min，溶液的温度保持在40℃~50℃。碱洗后取出冲洗，再进行酸洗。酸洗液的配方为：每升溶液中硝酸55~60mL，盐酸340~350 mL，氢氟酸5 mL。酸洗时间为10~15 min。取出后用热水、冷水冲洗，并用白布擦干。经酸洗的焊件，焊丝应在4h内焊接，否则要重新酸洗。焊丝可放在温度为150℃~200℃的烘箱内保存，随用随取，取焊丝应戴洁净的白手套，以免污染焊丝。

**3. 坡口的制备与装配**

钛及钛合金TIG焊的坡口形式及尺寸见表13-16。搭接接头由于背面保护困难，尽可能不采用。母材厚度小于2.5 mm时不开坡口、对接接头，可不添加填充焊丝进行焊接。厚度大的母材需开坡口并添加填充金属，尽量采用平焊。钛板的坡口加工时应采用刨、铣等冷加工工艺，以改善热加工时容易出现的坡口边缘硬度增高现象。

由于钛的一些特殊物理性能，如表面张力大、黏度小，焊前须对工件进行仔细装配。一般焊点间距为100~150 mm，长度约10~15 mm。定位焊所用的焊丝、工艺参数及保护气体等与焊接时相同，装配时应严禁敲击和划伤待焊工件表面。

表 13-16 钛及钛合金 TIG 焊的坡口形式及尺寸

| 坡口形式 | 板厚 $\delta$/mm | 坡口尺寸 | | |
|---|---|---|---|---|
| | | 间隙/mm | 钝边/mm | 角度/(°) |
| 不开坡口 | 0.25~2.3 | 0 | – | – |
| | 0.8~3.2 | 0~0.1$\delta$ | – | – |
| V 形 | 1.6~6.4 | 0~1.0$\delta$ | 0.1~0.25$\delta$ | 30~60 |
| | 3.0~13 | | | 30~90 |
| X 形 | 6.4~38 | | | 30~90 |
| U 形 | 6.4~25 | | | 15~30 |
| 双 U 形 | 19~51 | | | 15~30 |

**4. 焊接工艺要点**

1)钨极氩弧焊

(1)接头的保护。钨极氩弧焊是钛及钛合金最常用的方法，常用于焊接厚度 3 mm 以下的薄板，分为敞开式焊接和箱内焊接两种。敞开式焊接是在大气环境中施焊，利用焊枪喷嘴、拖罩和背面保护装置通以适当流量的 Ar 或(Ar + He)混合气体，把焊接高温区与空气隔开，以防止空气侵入而玷污焊接区的金属，这是一种局部气体保护的焊接方法。当工件结构复杂，难以实现拖罩或背面保护时，应采用箱内焊接。箱体在焊接前先抽真空，然后充 Ar 或(Ar + He)混合气体，工件在箱体内惰性气氛下施焊，是一种整体气体保护的焊接方法。

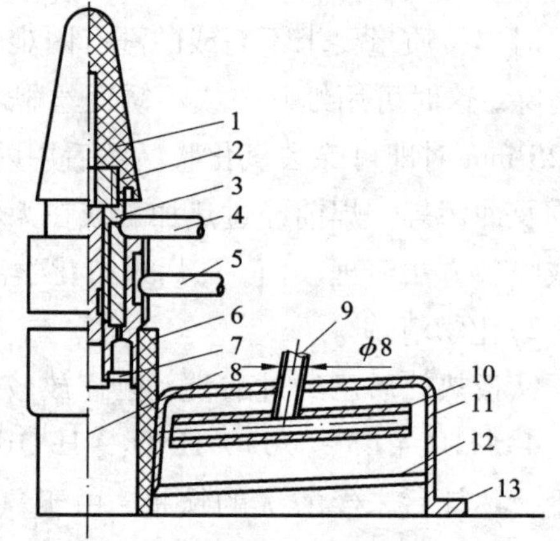


**图 13-6 钛板氩弧焊用焊炬及拖罩**

1—绝缘帽；2—压紧螺母；3—钨极夹头；4—进气管；5—进水管；6—喷嘴；7—气体透镜；8—钨极；9—进气管；10—气体分布管；11—拖罩外壳；12—铜丝网；13—冒沿

焊缝和热影响区的表面色泽是保护效果的标志，钛材在电弧作用后，表面形成一层薄的氧化膜，不同温度下所形成的氧化膜颜色不同。一般要求焊后表面最好为银白色，其次为金黄色。

焊缝的保护效果除了与氩气纯度、流量、喷嘴与焊件间的距离、接头形式等有关外，焊炬、喷嘴的结构形式和尺寸是决定因素。钛的热导率小、焊接熔池尺寸大，因此喷嘴的孔径也应相应增大，以扩大保护区的面积。常用的焊炬及拖罩如图 13-6所示。该结构可以获得具有一定挺度的气流层，保护区直径达 30 mm 左右。

多层多道焊时，不能单凭盖面层焊缝的色泽来评价接头的保护效果。因为若底层焊缝已被杂质污染，焊盖面层时保护效果即便良好，仍会由于底层的污染而使接头的塑性明显降低。

已脱离喷嘴保护区但仍在 350℃ 以上的焊缝及热影响区表面，仍需继续保护，常采用通有氩气流的拖罩，拖罩的长度可根据焊件形状、板厚、工艺

参数等确定。钛及钛合金薄板手工 TIG 焊用拖罩通常与焊炬连接为一体，并与焊炬同时移动。管子对接时，一般是根据管子的外径设计制造专用环形拖罩，如图 13－7 所示。

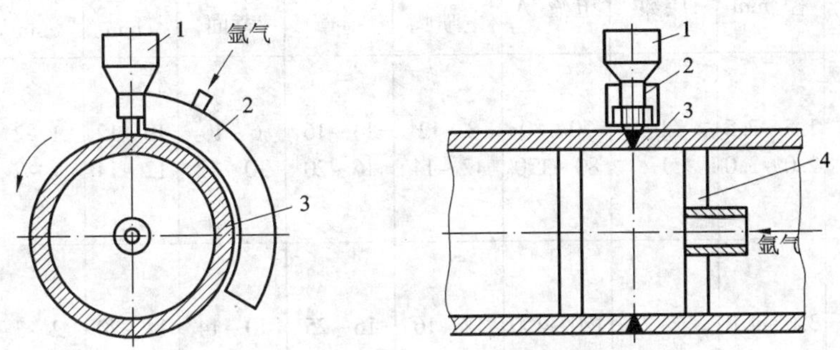


**图 13－7　管子对接环缝焊时的专用拖罩**

1—焊炬；2—环形拖罩；3—管子；4—金属或纸质挡板

(2)焊接工艺参数。钛及钛合金焊接参数的选择，既要防止焊缝在电弧作用下发生晶粒粗化，又要避免焊后冷却过程中形成脆硬组织。因为钛及钛合金焊接有晶粒粗化的倾向，尤以 $\beta$ 钛合金最为显著，所以应采用较小的焊接热输入。如果热输入过大，焊缝容易被污染而形成缺陷。

表 13－17 是钛及钛合金手工 TIG 焊的工艺参数，适用于对接焊缝及环焊缝。一般采用具有恒流特性的直流弧焊电源，直流正接，以获得较大的熔深和较窄的熔宽。已加热的焊丝也应处于气体的保护之下。多层焊时，应保持层间温度尽可能低，等到前一层焊道冷却至室温后再焊下一层焊缝，以防止过热。

(3)焊后热处理。钛及钛合金接头在焊后存在很大的残余应力,如果不及时消除,会引起冷裂纹及增大接头对应力腐蚀开裂的敏感性,因此焊接后须进行消除应力处理。处理前,焊件表面必须进行彻底的清理,然后在惰性气氛中进行热处理。几种钛及钛合金焊后热处理的工艺参数见表13－18。

2)熔化极氩弧焊(MIG 焊)

对于钛及钛合金厚板,采用熔化极氩弧焊可减少焊接层数，提高焊接速度和生产率。MIG 焊主要缺点是飞溅较大,影响焊缝成形和保护效果。MIG 焊短路过渡适用于较薄板焊接,喷射过渡适用于较厚板焊接。MIG 焊时填丝较多,焊接坡口角度较大,厚度 15～25 mm 的板材可选用 90°单面 V 形坡口。钨极氩弧焊的拖罩可用于 MIG 焊,但由于 MIG 焊焊速高、高温区长,拖罩应加长,并采用流动水冷却。MIG 焊时焊材的选择与 TIG 焊相同,但对气体纯度和焊丝表面清洁度要求较高。

3)等离子弧焊

等离子弧焊具有能量密度高、热输入大、效率高的特点,适用于钛及钛合金的焊接。液态钛的表面张力大、密度小,有利于采用小孔法等离子弧焊。采用小孔法可以一次焊透厚度 2.5～15 mm 的板材，并可有效防止气孔的产生。熔透法适合于焊接各种板厚，但一次焊透的厚度较小，3 mm 以上的厚板一般需开坡口。

表 13-17　钛及钛合金手工 TIG 焊的工艺参数

| 板厚/mm | 坡口形式 | 钨极直径/mm | 焊接层数 | 焊接电流/A | 氩气流量/(L·min$^{-1}$) | | | 喷嘴孔径/mm | 焊丝直径/mm | 备注 |
|---|---|---|---|---|---|---|---|---|---|---|
| | | | | | 主喷嘴 | 拖罩 | 背面 | | | |
| 0.5~1.5<br>2.0~2.5 | I形对接 | 1.5~2.5<br>2.0~3.0 | 1<br>1 | 30~80<br>80~120 | 8~12<br>12~14 | 14~16<br>16~20 | 6~10<br>10~12 | 10~12<br>12~14 | 1~2<br>1~2 | 接头间隙为0.5 mm,不加钛丝时间隙为1.0 mm |
| 3.0~4.0<br>4.0~6.0<br>7.0~8.0 | V形对接 | 3.0~4.0<br>3.0~4.0<br>4.0 | 1~2<br>2~3<br>3~4 | 120~150<br>130~160<br>140~180 | 12~16<br>14~16<br>14~16 | 16~25<br>20~26<br>25~28 | 10~14<br>12~14<br>12~14 | 14~20<br>18~20<br>20~22 | 2~3<br>2~4<br>3~4 | 坡口间隙2~3 mm,钝边0.5 mm;焊缝反面加垫板,坡口角度60°~65° |
| 10~13<br>20~22<br>25~30 | 对称双Y形 | 4.0<br>4.0<br>4.0 | 3~4<br>3~4<br>3~5 | 160~240<br>200~250<br>200~260 | 14~16<br>15~18<br>16~18 | 18~24<br>20~38<br>26~30 | 12~14<br>18~26<br>20~26 | 20~22<br>20~22<br>20~22 | 3~4<br>3~4<br>3~5 | 坡口角度60°,钝边1 mm;坡口角度55°,钝边1.5~2 mm;间隙1.5 mm |

表 13-18　钛及钛合金焊后热处理的工艺参数

| 材料 | 工业纯钛 | TA7 | TC4 | TC10 |
|---|---|---|---|---|
| 加热温度/℃ | 482~593 | 533~649 | 538~593 | 482~649 |
| 保温时间/h | 0.5~1 | 1~4 | 2~1 | 1~4 |

纯钛等离子弧焊的气体保护方式与 TIG 焊相似，可采用拖罩，但随着板厚的增加和焊速的提高，拖罩要加长，使处于 350℃以上的金属得到良好的保护。背面垫板上的沟槽尺寸一般宽深各 20~30 mm 即可，同时背面保护气流的流量也要增加。厚度 15 mm 以上的钛材焊接时，一般开 6~8 mm 钝边的 V 形或 U 形坡口，用小孔法封底，然后用熔透法填满坡口。氩弧焊封底时，钝边仅 1 mm 左右。用等离子弧焊封底可减少焊道层数、填丝量和焊接角变形，并能提高生产率。熔透法多用于厚度 3 mm 以下的薄板，比 TIG 焊容易保证焊接质量。等离子弧焊时易产生咬边缺陷，可采用加填充焊丝或加焊一道装饰焊缝的方法消除。焊接 0.5 mm以下的钛及钛合金，可采用微束等离子弧焊。

## 13.3.4　技能训练：航天钛压力容器的焊接实例

航天压力容器大部分是由钛合金制造的。由于经过机械加工，在未玷污条件下焊前不用酸洗，可用丙酮去油，用无水乙醇洗净；容器内的空气需用 10 倍以上的氩气赶净。TC4 钛合金焊前进行 950℃固溶、水淬处理，焊后进行 540℃、4h 真空时效处理，以提高强度和降低残余应力。根据容器壁厚和使用的焊接方法选择坡口形式和尺寸，见表 13-19。

**表 13－19　压力容器焊接坡口形式和尺寸**

| 壁厚/mm | 1.0 | 3.0～5.0 | | |
|---|---|---|---|---|
| 焊接方法 | 小等离子弧焊 | 等离子弧焊 | 钨极氩弧焊 | 真空电子束焊 |
| 坡口形式及尺寸/mm | 0.5　0.5　0.5 | 2.5　2.5　1 | 60°　1 | 2　2　1 |

| 壁厚/mm | 5.1～10.0 | |
|---|---|---|
| 焊接方法 | 等离子弧焊 | 真空电子束焊 |
| 坡口形式及尺寸(mm) | 2.5　2.5　1.5 | 40°　2 |

壁厚小于2.5 mm的压力容器的焊接，采用小等离子弧焊较适宜；壁厚2.5～5.0 mm的压力容器的焊接，钨极氩弧焊、等离子弧焊和真空电子束焊在工程上都已应用。钨极氩弧焊操作简单，但容易产生夹钨、未焊透等缺陷，等离子弧焊不易产生上述缺陷，但操作复杂；真空电子束焊保护效果最好，焊缝窄、性能好，但焊缝成形较差，背面容易形成喷溅，成本较高。壁厚5.0～10 mm的压力容器，可采用等离子弧焊和真空电子束焊。电子束焊时，为防止喷溅和改善背面成形，采用开坡口焊接，第一道封底焊不填焊丝，第二道填焊丝。采用等离子弧焊时，因熔池较深，小孔稳定性好，操作难度较小，焊缝成形好。焊接工艺参数见表13－20。

**表 13－20　压力容器焊接工艺参数**

| 厚度/mm | 焊接方法 | 焊接电流/A | 焊接电压/V | 焊接速度/(m·h$^{-1}$) | 极性 | 氩气流量/(L·min$^{-1}$) | | | |
|---|---|---|---|---|---|---|---|---|---|
| | | | | | | 离子气 | 保护气 | 拖罩 | 背面 |
| 1.0 | 小等离子弧焊 | 35 | 20 | 12 | 正接 | 0.5 | 10 | 10 | 2 |
| 4.0 | 等离子弧焊 | 160 | 24 | 20 | 正接 | 3 | 20 | 25 | 3 |
| 8.0 | 等离子弧焊 | 210 | 26 | 20 | 正接 | 4 | 20 | 30 | 3 |

## 【综合训练】

### 一、填空题

1. 铝及铝合金焊接时的主要问题是__________、__________、__________及__________等。

2. 铜及铜合金焊接时的主要问题是__________、__________、__________和__________等。

3. 钛及钛合金焊接时的主要问题是__________、__________和__________。

4. 铝及其合金焊接时，焊缝中易产生________气孔。

5. 铝及其合金焊接时，熔池表面生成的氧化铝薄膜熔点高达________，比铝及其合金的熔点________高出很多，往往妨碍焊接过程进行。

6. 黄铜焊接时，焊接区周围的一层白色烟雾是________的蒸气。

7. 钛及钛合金常用的焊接方法是________和________。

## 二、判断题

1. 铝及铝合金由于导热性较差，熔池冷却速度快，所以焊接时产生气孔的倾向不太大。（ ）

2. 铝及铝合金焊前要仔细清理焊件表面，其主要的目的是防止产生气孔。（ ）

3. 手工钨极氩弧焊焊接铝及铝合金时，常采用交流电源。（ ）

4. 为了利用氩离子阴极破碎作用，铝及铝合金氩弧焊时，电流应采用直流正接。（ ）

5. 铜及铜合金焊接时，焊缝中形成气孔的气体是氢气和一氧化碳。（ ）

6. 铜及铜合金焊接时，铜的氧化物产物氧化亚铜可以起到防止热裂纹的作用。（ ）

7. 铜及铜合金中的铋、铅等有利于防止热裂纹产生。（ ）

8. 黄铜焊接时的困难之一是锌的蒸发和氧化。（ ）

9. 钛及钛合金焊接时焊缝和热影响区的表面色泽是保护效果的标志，焊后表面最好为银白色，其次为金黄色。（ ）

## 三、简答题

1. 铝及其合金的焊接性如何？纯铝气焊或氩弧焊时，应选用什么焊接材料？

2. 简述铜及其合金的焊接工艺。

3. 简述钛及钛合金的焊接工艺。

# 参考文献


[1] 中国机械工程学会焊接学会. 焊接手册：第二卷,材料的焊接[M]. 北京：机械工业出版社，2002.

[2] 中国机械工程学会焊接学会. 焊接手册:第一卷，焊接方法及设备[M]. 北京：机械工业出版社，2002.

[3] GB/T 3375—1994 焊接名词术语[S]. 北京:中国标准出版社，1995.

[4] 张文钺. 焊接冶金学[M]. 北京：机械工业出版社，2004.

[5] 傅积和，孙玉林. 焊接数据资料手册[M]. 北京：机械工业出版社，1994.

[6] 英若采. 熔焊原理及金属材料焊接[M]. 北京：机械工业出版社，2008.

[7] 陈伯蠡. 焊接冶金原理[M]. 北京：清华大学出版社，1991.

[8] 吴树雄，尹士科. 焊丝选用指南[M]. 北京：化学工业出版社，2002.

[9] 吴树雄. 电焊条选用指南[M]. 北京：化学工业出版社，2003.

[10] 机械工程学会焊接分会. 焊接金相图谱[M]. 北京：机械工业出版社，1987.

[11] 劳动和社会保障部. 焊工[M]. 北京：中国劳动社会保障出版社，2002.

[12] 陈祝年. 焊接设计简明手册[M]. 北京：机械工业出版社，1997.

[13] 朱庄安. 焊工实用手册[M]. 北京：中国劳动社会保障出版社，2002.

[14] 吕德林，李砚珠. 焊接金相分析[M]. 北京：机械工业出版社，1988.

[15] 邱葭菲. 焊接工艺学[M]. 北京：中国劳动社会保障出版社，2005.

[16] 陈祝年. 焊接工程师手册[M]. 北京：机械工业出版社，2002.

[17] 王宗杰. 工程材料焊接技术问答[M]. 北京：机械工业出版社，2002.

[18] 张其枢，堵耀庭. 不锈钢焊接[M]. 北京：机械工业出版社，2006.

[19] 宇永福，张德生. 金属材料的焊接[M]. 北京：机械工业出版社，1994.

[20] 美国金属学会编. 金属手册:. 第九版第六卷. 焊接、硬钎焊、软钎焊[M]. 北京：机械工业出版社，1994.

[21] 中国腐蚀与防护协会主编. 有色金属的耐蚀性及其应用[M]. 北京：化学工业出版社，1995.

[22] 李亚江. 焊接冶金学－材料焊接性[M]. 北京：机械工业出版社，2006.

**图书在版编目（CIP）数据**

熔焊过程控制与焊接工艺／邱葭菲等主编. 一长沙：
中南大学出版社，2010

教育部高职高专材料类专业教学指导委员会工程材料与
成形工艺类专业规划教材

ISBN 978－7－81105－795－9

Ⅰ. 熔… Ⅱ. 邱… Ⅲ. 熔焊－焊接工艺－高等学校：
技术学校－教材 Ⅳ. TG442

中国版本图书馆 CIP 数据核字（2010）第 062435 号

**熔焊过程控制与焊接工艺**

邱葭菲　蔡建刚　主编

□**责任编辑**　史海燕
□**责任印制**　易红卫
□**出版发行**　中南大学出版社
社址：长沙市麓山南路　邮编：410083
发行科电话：0731－88876770　传真：0731－88710482
□**印　装**　长沙印通印刷有限公司

□**开　本**　787×1092　1/16　□**印张** 19　□**字数** 467 千字
□**版　次**　2010 年 5 月第 1 版　□2019 年 7 月第 2 次印刷
□**书　号**　ISBN 978－7－81105－795－9
□**定　价**　48.00 元

图书出现印装问题，请与经销商调换